Agriculture

par

GARAPON

Librairie Delagrave

AGRICULTURE

AGRICULTURE THÉORIQUE

1ʳᵉ, 2ᵉ ET 3ᵉ ANNÉES DES ÉCOLES NORMALES D'INSTITUTEURS

Le Sol. — Étude physique du sol. — Caractère des terres arables. Constitution chimique des terres arables : azote, acide phosphorique, potasse, chaux, magnésie. Analyse chimique des sols : prise d'échantillon, interprétation des résultats d'analyse.

Propriétés absorbantes des terres arables.

Propriétés biologiques du sol.

Améliorations des terres cultivées. — Assainissement. — Drainage et irrigation.

Amendements.

Engrais. — Le fumier de ferme et les engrais organiques divers. Engrais complémentaires (engrais azotés, phosphatés, potassiques, calcaires, divers). — Application rationnelle des engrais. Achat des engrais. — Essais culturaux pour déterminer l'efficacité des engrais.

Travaux du sol et opérations culturales. — Labours, défoncement, hersage, roulage, binage, buttage, destruction des mauvaises herbes.

Semis, récolte, fauchage, fanage, moisson, battage.

Machines et instruments employés.

Conservation des récoltes. Instruments d'intérieur de ferme.

Les plantes cultivées. Sélection et choix des semences. Céréales et légumineuses alimentaires. Prairies et plantes fourragères. Racines et tubercules. Plantes industrielles. Systèmes de cultures et assolements.

Notions pratiques d'arboriculture fruitière et de culture potagère. Étude spéciale des principaux arbres fruitiers de grande production de la région (pommiers à cidre, châtaigniers, noyers, etc.).

Viticulture.

Notions de sylviculture.

Les principales industries agricoles de la région : vinification, cidrerie, laiterie, fromagerie, etc.

Les animaux domestiques. — Alimentation rationnelle des animaux. Calcul des rations. — Préparation des aliments. — Exploitation du bétail : production du lait, de la viande, etc. Méthodes de reproduction.

Notions de zootechnie spéciale aux animaux domestiques de la région et amélioration des races locales.

Aviculture, apiculture et sériciculture.

Hygiène des animaux de la ferme. — Vices rédhibitoires.

Notions de police sanitaire.

Notions d'économie rurale. — L'ordre en agriculture. Nécessité et principes d'une comptabilité agricole.

Institutions auxiliaires de l'agriculture : mutualité, crédit, coopération agricole.

Associations agricoles diverses.

Coup d'œil général sur la situation agricole du département, sur ses cultures, son bétail, son outillage, etc.

Indications sommaires sur l'organisation de l'enseignement agricole en France.

Progrès déjà réalisés, progrès à poursuivre.

Rôle de l'instituteur rural. Son action sur le progrès agricole et mutualiste. Statistique agricole.

BIBLIOTHÈQUE DES ÉCOLES NORMALES
Publiée sous la direction de FÉLIX MARTEL
INSPECTEUR GÉNÉRAL DE L'INSTRUCTION PUBLIQUE

AGRICULTURE

D'APRÈS LES PROGRAMMES OFFICIELS
DU 2 DÉCEMBRE 1921

PAR

GARAPON

INGÉNIEUR AGRICOLE
DIRECTEUR DES SERVICES AGRICOLES
DU DÉPARTEMENT DU DOUBS

PARIS
LIBRAIRIE DELAGRAVE
15, RUE SOUFFLOT, 15
1923

PRÉFACE

L'objet de ce « Cours d'Agriculture » est d'exposer succinctement et simplement aux élèves-maîtres de nos Écoles Normales d'Instituteurs les bases scientifiques sur lesquelles est fondée l'agriculture.

L'agriculture n'est pas une science particulière qui peut s'enseigner indépendamment de toutes les autres ; au contraire, elle se fonde sur plusieurs sciences : sciences physiques, chimiques, naturelles et même économiques. Il importe donc de grouper en un faisceau ceux des éléments de ces sciences qui s'appliquent à l'agriculture, de façon à rendre facilement intelligibles les lois qui règlent la production agricole.

Un cours destiné aux élèves des Écoles Normales d'Instituteurs devait être forcément limité ; seules ont été examinées les questions les plus importantes, les plus indispensables ; il ne s'agit d'enseigner aux futurs instituteurs, ni l'agronomie, ni la pratique agricole, mais seulement le pourquoi et le comment des divers phénomènes qui sont à la base de l'agriculture.

Le programme, inclus dans l'arrêté du 2 décembre 1921, de l'enseignement de l'agriculture dans les Écoles Normales d'Instituteurs a été suivi pas à pas. Nous avons dû cependant nous en séparer sur quelques points :

Les leçons relatives à l'horticulture maraîchère et fruitière, dont l'ensemble constitue la 4ᵉ partie, ont été placées avant celles relatives à l'agriculture spéciale. Suivant toute vraisemblance, en effet, les quatre premières parties feront l'objet du cours en 2ᵉ année, les quatre dernières devant être réservées à la 3ᵉ année ; avec l'ordre que nous avons adopté ici, les leçons sur l'horticulture seront donc enseignées dans le courant du printemps et de l'été et pourront ainsi être accompagnées d'exercices pratiques intéressants exécutés au jardin de l'Ecole ; il n'en serait pas de même si la 4ᵉ et la 5ᵉ partie étaient interverties. De même, la partie relative aux industries agricoles de la ferme a été reportée après l'exploitation du bétail. Il convenait, en effet, d'étudier d'abord la production du lait et ensuite seulement son industrie.

Nous avons également placé dans la dernière partie et incorporé au chapitre : *Economie rurale,* les notions relatives aux systèmes de culture, les séparant du chapitre : *Assolements,* auquel le programme officiel les a rattachées. La question des systèmes de culture est en effet d'ordre économique et ne doit être enseignée que lorsque l'élève a déjà acquis des notions générales sur toutes les branches de la production agricole.

A la fin de chaque partie et en appendice, nous avons donné une liste de plusieurs ouvrages très simples qui peuvent et qui doivent entrer dans toutes les bibliothèques d'écoles rurales, et nous avons indiqué quelques-uns des exercices pratiques susceptibles de compléter l'enseignement théorique donné dans chaque leçon.

Nous n'avons pas besoin de signaler que, selon les régions où ce livre sera utilisé, certains chapitres pourront être passés sous silence (par exemple, la sériciculture dans les régions autres que le bassin inférieur du Rhône, la viticulture dans les départements au nord de Paris, etc.).

Enfin, la nécessité de condenser en un seul volume un cours complet d'agriculture nous a obligés à donner une place relativement importante aux grandes lois de la production végétale et de la production animale et à beaucoup restreindre les chapitres qui concernent les productions spéciales, que nous laissons au professeur le soin de développer selon les besoins de la région, et pour lesquels nous ne pouvons que recommander de s'adresser à des ouvrages spéciaux, le présent cours ne pouvant être à cet égard que d'une grande concision.

C'est ainsi qu'au lieu d'entrer dans le détail des cultures de légumes, nous avons dû nous borner à grouper en un tableau les données les plus nécessaires concernant les principaux légumes.

De même, l'étude des maladies cryptogamiques des plantes cultivées et des insectes qui leur sont nuisibles, qui eût dû trouver sa place dans un cours d'agriculture, a été délibérément écartée ; nous émettons seulement le désir qu'elle soit développée dans le cours de Sciences naturelles.

Tel que nous avons conçu ce livre, nous avons l'espoir qu'il sera un précieux auxiliaire pour les directeurs des Services agricoles dans leur enseignement de l'agriculture à l'École Normale ; pour les élèves-maîtres, qui y trouveront simplement et brièvement exposées les notions les plus importantes d'agriculture théorique, et aussi pour les instituteurs ruraux, qui pourront le consulter avec fruit et le suivre dans leur enseignement de l'agriculture aux adultes.

L. GARAPON,

Directeur des Services agricoles du Doubs.

LEÇON D'INTRODUCTION

L'AGRICULTURE. — ROLE DE LA PLANTE

1. Définition de l'agriculture. Objet du présent livre.
— L'agriculture est l'industrie qui a pour objet de tirer du
sol le maximum de produits avec le minimum de frais.
S'appliquant à des objets très différents, plantes et animaux, ayant son atelier dans le sol et dans l'atmosphère
dont la nature et la composition sont si variables, cette
industrie prend ses fondements dans un grand nombre de
sciences, dont les principales sont les sciences physiques,
chimiques, naturelles, mathématiques, sociales, économiques. Il est donc indispensable d'établir les relations de ces
sciences avec l'industrie agricole, afin d'en accroître les
rendements.

Ce cours d'agriculture comportera les matières suivantes : 1° étude du sol; 2° alimentation de la plante;
engrais; 3° travail du sol; 4° horticulture et arboriculture;
5° plantes de grande culture; 6° exploitation des animaux; 7° industries agricoles de la ferme; 8° économie
rurale (notions très simples).

2. Importance des végétaux. — A la base de l'industrie
agricole est la production des matières d'origine végétale.
C'est la plus importante des branches de l'agriculture,
pour cette raison que *seuls*, dans la nature, *les végétaux
sont capables de fabriquer la matière organique*. Seule la
plante est l'atelier dans lequel, sous l'action de la chaleur
et de la lumière, les matières minérales se combinent
diversement pour donner naissance à ces composés complexes et variés dont les principaux sont les amidons, les
sucres, les huiles, les matières azotées, la cellulose, etc. On
sait à quel point ces corps sont indispensables à la vie des
animaux, et comme ceux-ci sont incapables de fabriquer de la

matière organique, on en déduit qu'en l'absence des plantes, toute vie deviendrait impossible pour le règne animal.

Rappelons donc de quelle façon s'exerce cette fonction, à la suite de quelles transformations les matières minérales donnent naissance à ces composés que renferment les plantes à diverses époques de leur existence[1].

3. Formation des matières organiques. — *a) Rôle de la chlorophylle.* — La *chlorophylle,* cette matière verte qui abonde dans les tissus végétaux exposés à la lumière, est indispensable à la formation des matières organiques. Cette chlorophylle, sous l'action des rayons lumineux du soleil, décompose l'acide carbonique de l'air, rejette l'oxygène, conserve le carbone et fait entrer ce carbone en combinaison avec les éléments minéraux (hydrogène, oxygène, azote, phosphore, etc.) que la plante a pris au sol, à l'air ou à l'eau. Les corps ainsi formés sont les divers composés organiques qu'on trouve dans les organes de la plante.

Les parties vertes de la plante sont donc un véritable laboratoire où s'effectuent les combinaisons les plus complexes, que le chimiste n'est pas encore parvenu à réaliser par les seuls moyens de la science.

b) Eléments minéraux indispensables à la plante. — Quels éléments minéraux sont nécessaires à la plante pour qu'elle fabrique ces matières organiques? On les décèle par l'analyse des végétaux et surtout de leurs cendres. Les plus importants sont :

Oxygène.	Acide sulfurique.	Magnésie.
Hydrogène.	Acide chlorhydrique.	Silice.
Azote.	Potasse.	Oxyde de fer.
Carbone.	Soude.	Oxyde de manganèse
Acide phosphorique.	Chaux.	

De ces éléments, les uns sont pris dans l'air ou dans l'eau (oxygène, hydrogène, carbone); les autres, dans la terre.

Ce sont les feuilles surtout qui puisent dans l'air l'oxygène et l'acide carbonique. L'azote de l'air n'est pas assimilable de cette façon. C'est par les poils absorbants des

---

1. Consulter : Bibl. des E. normales, *Histoire Naturelle,* par E. L. Bou- vier et H. Simiand, 1re année. Tous les chapitres relatifs à la botanique.

racines que les autres éléments minéraux pénètrent dans la plante; cette pénétration s'effectue par osmose.

c) Rôle de l'eau. — Il est indispensable, pour que ces éléments minéraux pénètrent dans la plante, qu'ils soient dissous dans l'eau. C'est la condition *sine qua non* de leur absorption.

Il faut qu'une fois entrés dans la plante, ils soient transportés dans les feuilles pour y servir, grâce à la chlorophylle, à la fabrication des matières organiques; il faut ensuite que les produits fabriqués aillent se déposer dans les différents organes de la plante, où ils sont mis en réserve (racines, fruits, tubercules, etc.). Ce transport s'effectue au moyen de l'eau. L'eau est donc le véhicule indispensable de tous les produits que la plante utilise, et la circulation de l'eau est continuelle à l'intérieur de la plante; elle est la condition même de son activité végétative. Cette circulation a pour conséquence la transpiration. Aussi c'est à l'intensité de la transpiration qu'on mesure l'activité vitale de la plante. De nombreuses observations ont établi par exemple que, pour former un gramme de matière sèche, le blé évapore 338 gr. d'eau, l'avoine 376 gr., le colza 329 gr.

C'est la démonstration la plus frappante du rôle important que joue l'eau en agriculture.

4. Conclusion. — En résumé, il nous faut retenir les données suivantes :

Seule, dans la nature, la plante est capable de fabriquer de la matière organique en partant de l'air, de l'eau et des éléments minéraux que lui fournit le sol; grâce à la chlorophylle, elle combine entre eux l'oxygène, l'hydrogène, le carbone et les éléments minéraux puisés dans le sol, et elle en forme ces composés organiques qui constituent les tissus mêmes de la plante ou les réserves qu'elle accumule dans certains organes. Pour que ces fonctions s'exercent normalement, l'eau est indispensable en grande quantité, d'abord pour dissoudre les éléments minéraux du sol, ensuite pour les transporter dans les différentes parties de la plante.

PREMIÈRE PARTIE

ÉTUDE DU SOL

CHAPITRE PREMIER

LA TERRE ARABLE

5. Le sol et le sous-sol. — Le sol joue à l'égard des plantes, d'abord, un rôle purement physique comme support pour les racines et comme réserve d'eau, puis un rôle chimique si on le considère comme réserve d'aliments. Nous allons l'étudier à ce double point de vue.

Pour nous rendre compte de la constitution du sol, examinons-le dans une tranchée, dans une carrière. On constate, en partant de la surface extérieure, une couche d'épaisseur variable et de couleur plus ou moins foncée ; au-dessous, une autre peu différente et dans laquelle plongent encore les racines des plantes ; enfin, au-dessous encore, une troisième souvent très différente de la précédente, ou parfois même le rocher. On diffère quelque peu dans l'appellation de ces couches successives de terre. Nous admettrons, avec de Gasparin[1], que les deux couches supérieures constituent le *sol,* et la couche sous-jacente le *sous-sol* (fig. 1).

La plus superficielle est la *terre arable* ou *sol actif.* Son épaisseur varie avec l'intensité de la culture. C'est la partie ordinairement remuée par les instruments agricoles. Sa couleur brune est due à ce qu'elle contient des matières organiques.

Sous cette couche, se trouve le *sol inactif* ou *inerte,* qui n'est pas remué par les instruments, mais que pénètrent les racines.

1. Agronome distingué, l'un des fondateurs de la science agronomique d'aujourd'hui, qui a vécu de 1783 à 1862.

L'épaisseur totale du sol (sol actif et sol inerte réunis) est très variable. Dans les régions de bonne culture, cette profondeur est assez grande ; dans les fertiles plaines d'alluvions de l'Algérie, elle atteint plusieurs mètres ; dans les régions pauvres, le sol est, au contraire, très mince ; par exemple, les Causses du Massif central sont recouverts d'une couche de terre de quelques centimètres seulement.

Enfin, le sous-sol est généralement de constitution très

Fig. 1. — Carrière des environs de Paris.

La figure montre les deux couches du sol (terre arable et sol inerte) et le sous-sol constitué par le rocher (pierre meulière).

différente du sol. Cela a une grande importance au point de vue agricole (voir chap. II).

6. **Origine de la terre végétale**[1]. — Il est utile, pour se faire une idée exacte de la valeur agricole de la terre arable, de savoir quelle en est l'origine. Elle peut avoir été formée, soit par la décomposition sur place des roches sous-jacentes, soit par apport de matériaux enlevés à des roches éloignées et charriées par des eaux.

Dans le premier cas, grâce à l'action combinée des agents atmosphériques, pluies, vents, gelées, etc., la roche est dégradée, pulvérisée, et une terre végétale se constitue qui peut être ou de composition analogue au sous-sol, comme

1. Voir : *Sciences Naturelles*, par E.-L. Bouvier et H. Simiand (Bibliothèque des Ecoles Normales), cours de 1re année : Géologie.—Lire également : Déhérain, *Chimie agricole,* formation de la terre arable, p. 372 à 385.

dans les landes de Bretagne, de même composition que le granit qui les a formées, ou de composition différente, parce que certains éléments ont été dissous et entraînés par les eaux chargées d'acide carbonique : c'est le cas du limon des plateaux de la Picardie, complètement décalcifié, bien qu'il provienne d'une roche de craie pure qui se retrouve intacte dans le sous-sol.

Dans le cas d'une terre végétale formée par transport, les roches des régions montagneuses, usées par les glaciers, le gel, les vents, les pluies, sont réduites en éléments de grosseur variable que les cours d'eau transportent dans les vallées et les plaines : là, ces éléments se déposent par ordre de grosseur et de densité lorsque la pente du cours d'eau diminue. Ainsi se sont formées les alluvions, tantôt caillouteuses (plaine de la Crau), tantôt argileuses (cours inférieur de la Garonne), et dont la composition dépend de celle des roches formant les montagnes d'où proviennent ces alluvions.

7. Éléments physiques constituants des terres arables. — 1° Dans un verre mettons avec de l'eau 20 grammes environ de terre sèche, débarrassée de ses cailloux. Agitons vivement. Au bout de quelques secondes, on verra se déposer, au fond du verre, des éléments grossiers qui constituent le *sable* au-dessus duquel l'eau reste trouble. Décantons cette eau trouble et sur le sable qui reste au fond du verre jetons de l'eau aiguisée d'acide chlorhydrique ou d'acide nitrique. Il peut y avoir effervescence. C'est que cette terre renfermait du *sable calcaire*. L'effervescence terminée, même après plusieurs additions d'eau acidulée, il peut rester encore du sable non attaqué : c'est le *sable siliceux*.

2° On prend l'eau décantée qui reste trouble ; on y ajoute quelques gouttes d'une solution étendue de chlorure de calcium. On voit se former des flocons qui tombent au fond du verre et l'eau s'éclaircit : c'est l'*argile* qui s'est précipitée.

3° Reprenons une petite quantité de terre sèche ; chauffons-la en vase clos : elle brunit, parce qu'elle renferme de la matière organique qui a été brûlée. Cette matière organique est l'*humus*.

Tels sont les quatre éléments physiques que renferme généralement toute terre végétale : *silice, calcaire, argile, humus ;* les deux premiers se trouvent d'ordinaire sous forme de sable, fin ou grossier.

8. **Silice.** — A l'état pur, la silice se présente sous la forme de sable plus ou moins fin qui provient de la désagrégation des roches primitives, des grès. C'est un composé de *silicium* et d'*oxygène*. C'est donc un acide (acide silicique), mais il ne rougit pas le tournesol, parce qu'il est insoluble dans l'eau. Le *quartz* ou cristal de roche, le *silex* ou pierre à fusil, sont des types de silices. Le quartz est de la silice cristallisée, tandis que le silex est de la silice amorphe. La silice se combine avec les métaux (potassium, calcium, aluminium, magnésium, fer, etc.) pour former des *silicates* qui constituent la plus grande partie des roches, surtout des roches primitives et primaires.

9. **Calcaire.** — Au point de vue chimique, le calcaire est du carbonate de calcium qui se rencontre plus ou moins pur dans la nature.

Le calcaire, quand il est presque pur, calciné en présence du charbon, fournit la *chaux vive ;* mélangé à des proportions variables d'argile, il constitue la *marne ;* la chaux et la marne sont d'un usage fréquent en agriculture (voir chap. VII).

Le calcaire n'est que faiblement soluble dans l'eau pure ; il l'est davantage dans l'eau qui circule à l'intérieur du sol et qui est chargée d'acide carbonique, car il se produit alors du bicarbonate de calcium, forme sous laquelle la chaux circule dans le sol. L'un des rôles les plus importants du calcaire ainsi dissous est de coaguler l'argile (voir § suivant).

10. **Argile.** — L'argile est un silicate d'aluminium qui, à l'état pur, se présente sous l'aspect d'une roche tendre, qui se laisse rayer à l'ongle et qui happe à la langue. Le kaolin est de l'argile pure, le plus souvent colorée par des oxydes métalliques. Délayée avec l'eau, elle forme une pâte liante, plastique et elle devient imperméable à l'eau.

Sa propriété la plus intéressante en agriculture tient à sa composition physique. Elle paraît être un agglomérat de fines particules de sable, liées par une matière très plastique : l'*argile colloïdale,* dans une proportion toujours très faible ; elle ne dépasse pas 1, 5 p. 100 du poids total de l'argile, mais son action sous un faible volume est très puissante.

Cette argile colloïdale a la propriété de se coaguler sous l'action des acides, et surtout des sels calcaires.

Pour mettre en évidence cette propriété, on peut prendre un fragment d'argile, le laver avec de l'eau acidulée d'acide chlorhydrique pour dissoudre les carbonates terreux (chaux, magnésie, etc.), puis le délayer dans une quantité importante d'eau distillée (eau de pluie) renfermant un peu d'ammoniaque. Cet ammoniaque facilite la diffusion de l'argile en dissolvant la matière organique qui peut l'agglomérer. On abandonne le tout au repos dans un grand verre à expérience. Au bout d'un temps assez long, on constate que du sable très fin s'est déposé au fond du verre et que l'eau reste trouble. C'est l'argile colloïdale qui reste en suspension dans l'eau. On décante cette eau et on l'additionne de quelques gouttes d'un acide ou d'un sel calcaire. On voit alors des flocons se réunir en une matière incristallisable, qui est du silicate d'alumine pur, ou argile colloïdale pure.

La conséquence pratique de ce qui précède est la suivante :

Dans une terre en culture, soumise à l'action d'une pluie modérée, l'eau de pluie, en pénétrant dans le sol, se charge de sels calcaires et, par suite, favorise la coagulation de l'argile colloïdale, ce qui diminue les propriétés liantes et plastiques de l'argile. Cette même eau ensuite, en reparaissant au jour dans les sources après avoir traversé le sol, se trouve claire et renferme des quantités appréciables de sels calcaires. Mais que la pluie tombe avec violence, l'eau n'aura pas le temps de se charger de calcaire ; elle traversera le sol sans précipiter l'argile et reparaîtra dans les sources trouble, parce qu'elle aura entraîné mécaniquement certaines quantités d'argile colloïdale. Ce phénomène est fréquent dans les cours d'eau qui traversent des terrains très pauvres en calcaire (la Loire, par exemple).

11. Humus. — L'humus n'est pas un corps de composition définie. C'est un ensemble de produits provenant de la décomposition plus ou moins avancée des matières organiques, surtout d'origine végétale.

L'humus a généralement une réaction acide. Pour cette raison, on l'appelle souvent *acide humique*. Il peut être combiné à des bases ; il forme alors des humates de calcium, de potassium, de fer, etc.

La propriété la plus importante de l'humus est d'ordre physique. Il agit vis-à-vis des éléments sableux des sols comme un liant, plus actif encore que l'argile. C'est en quelque sorte un véritable ciment de nature organique. Mais, dans la terre végétale, son effet ne s'ajoute pas à celui de l'argile, ciment physique ; au contraire, il le contrarie. Il se passe alors ce phénomène qui paraît contradictoire et qui est du plus grand intérêt en agriculture, c'est que *l'humus donne du corps aux terres légères et ameublit les terres fortes.*

De là la nécessité, sur laquelle nous reviendrons, de ne jamais négliger l'emploi des engrais organiques (fumier, composts, etc.), les seuls capables de conserver au sol les qualités physiques favorables à sa fertilité.

CHAPITRE II

12. Propriétés des éléments constitutifs du sol. — Il importe, pour se rendre compte des propriétés physiques des sols, d'étudier comment se comportent, vis-à-vis de l'eau, de l'air, des instruments agricoles, la silice, le calcaire, l'argile et l'humus.

a) Absorption de l'eau. — L'expérience suivante met en évidence les différentes manières dont se comporte chacun des éléments physiques des terres.

Disposons au-dessus de 4 éprouvettes à pied, pouvant renfermer un peu plus de 100 cc. d'eau, 4 grands entonnoirs dans lesquels nous mettons, au-dessus d'un tampon de coton hydrophile qui en obture le fond, 100 gr. de chacun des corps suivants bien secs : sable siliceux fin, blanc de Meudon pulvérisé, argile plastique pulvérisée, humus[1]. Versons brusquement en une seule fois 100 cc. d'eau dans chaque entonnoir. On constate : 1° que l'eau est absorbée par chacun de ces corps avec une vitesse différente. 2° que la quantité d'eau qui traverse ces corps et passe dans l'éprouvette varie avec chacun d'eux. Voici les résultats de cette expérience :

	Pénétration de l'eau.	Absorption de l'eau (quantité d'eau retenue sur 100 gr.)
Sable siliceux........	Rapide.	19 grammes.
Calcaire	Lente.	48 —
Argile	Très lente.	84 —
Humus	Très rapide.	100 —

On en conclut que le sable siliceux absorbe l'eau rapi-

---

1. On se procure de l'humus en malaxant du terreau dans une grande terrine remplie d'eau. Le sable tombe au fond ; l'humus reste en suspension dans l'eau. On filtre et l'on met ensuite l'humus à dessécher dans une étuve lorsqu'il est sec, on peut l'employer pour l'expérience.

dement, mais n'en retient presque point; que le calcaire l'absorbe avec une vitesse moyenne et en retient aussi des quantités moyennes; que l'argile absorbe l'eau très lentement et en retient beaucoup, tandis que l'humus l'absorbe vite et en retient de grandes quantités.

b) Ascension de l'eau souterraine. — Elle se démontre par l'expérience suivante :

Des tubes de verre verticaux de 40 cm. de long, fermés en bas par un chiffon de toile, sont remplis chacun avec l'un des éléments suivants : sable siliceux, sable calcaire et argile, bien sec et mélangé d'un tiers de son poids de sulfate de cuivre complètement desséché, sous la forme d'une poudre blanche. Ces tubes sont fixés au-dessus d'une cuvette où l'on met de l'eau. Cette eau imbibe la toile et monte dans les tubes jusqu'à un certain niveau, décelé par le changement de couleur du sulfate de cuivre qui bleuit au contact de l'eau. L'expérience terminée, on constate que dans le sable siliceux, l'eau, en quelques heures, monte au sommet du tube; dans le sable calcaire, elle ne s'est élevée, pour le même temps, qu'à quelques centimètres, et dans l'argile, au plus à un centimètre.

Par conséquent, le sable, qui se laisse traverser rapidement (expérience précédente) par l'eau superficielle et, par suite, se dessèche vite, profite, au contraire, au maximum des eaux souterraines qui peuvent l'arroser. Il n'en est pas de même pour les autres éléments.

c) Evaporation de l'eau. — L'expérience permet de constater que la perte d'eau par évaporation à l'air est d'autant plus rapide que les éléments sont plus fins; mais cette évaporation cesse alors qu'ils renferment encore une certaine quantité d'eau.

d) Perméabilité à l'air. — L'air doit circuler dans le sol pour permettre la respiration des racines et aussi pour favoriser les réactions qui s'y passent. La perméabilité à l'air varie selon les éléments considérés. M. Dehérain, qui l'a étudiée, estime que le sable siliceux est très perméable, l'humus également; le sable calcaire et l'argile, quand ils sont humectés d'eau, sont, au contraire, imperméables.

e) Ténacité. — La résistance aux instruments de culture

se mesure par la ténacité ; elle varie dans de notables proportions : faible pour les sables, considérable, au contraire, pour l'humus et surtout pour l'argile.

f) Echauffement. — La chaleur est indispensable au développement des plantes. Le sol absorbe la chaleur pendant
le jour et la perd pendant la nuit par rayonnement.
L'échauffement dépend surtout de la quantité d'eau retenue
dans le sol ; il est d'autant plus lent qu'il y a plus d'eau.
Par suite, le sable s'échauffera plus vite que l'argile et que
l'humus. La couleur intervient également ; plus elle est
foncée, plus l'échauffement sera rapide.

13. **Propriétés physiques des sols**. — On comprend
que la façon dont se comportent les sols vis-à-vis de l'eau,
de l'air, des instruments agricoles et des végétaux dépend
de la proportion dans ces sols de chacun des éléments
physiques qui les constituent.

Les terres où l'un de ces éléments prédomine possèdent les propriétés de cet élément, atténuées, il est vrai,
mais prédominantes par rapport aux autres propriétés.

Ainsi les terres siliceuses, où domine le sable, absorbent facilement l'eau, aussi bien l'eau superficielle que
l'eau souterraine, mais ne la conservent pas. Par suite,
elles craignent la sécheresse et sont avides d'arrosages.
Ces terres sont aussi perméables à l'air ; elles ne possèdent aucune ténacité, ne présentent aucune résistance aux
instruments agricoles. Ne retenant que de très faibles
quantités d'eau, elles s'échauffent rapidement.

Cependant ces caractères s'atténuent à mesure que les
éléments sableux deviennent plus fins. Dans les terres où
prédomine le sable fin, en raison de la ténuité des particules, de leur mobilité et de leur contiguïté extrêmes, la
perméabilité à l'eau et à l'air diminue au point que de
telles terres, dites *battantes,* sont presque asphyxiantes
pour les racines et ont besoin d'être assouplies, ameublies par des apports d'humus.

Les terres *calcaires* retiennent plus facilement l'eau que
les terres siliceuses. Elles craignent cependant la sécheresse, qui les réduit en poussière, et l'excès d'eau, qui

les détrempe. Elles ne présentent pas de résistance appré
ciable aux instruments agricoles.

Les terres *argileuses* sont franchement imperméables,
aussi bien à l'eau superficielle qu'à l'eau souterraine; la
pluie en détrempe la surface, sans les pénétrer, les transforme en marécages; la sécheresse forme à leur surface
une croûte, qui se fendille plus ou moins profondément
selon la teneur du sol en argile et selon l'intensité de la
sécheresse. Ces terres sont imperméables à l'air; elles
présentent aux instruments agricoles une grande résistance, qui oblige parfois à en modifier la forme; enfin elles
sont froides et se réchauffent difficilement.

Enfin, dans les terres *humifères,* qui absorbent et retiennent de grandes quantités d'eau, au point d'en être impré-
gnées, imbibées, toute végétation est à peu près impossible. C'est le cas des tourbières de certains marais ou des
plateaux élevés. Cependant, quand elles ne sont pas gorgées d'eau, ces terres se laissent relativement pénétrer
par l'air; elles présentent aux instruments agricoles une
certaine résistance et, en raison de leur couleur brune,
due à la matière organique qu'elles renferment, elles se
réchauffent assez facilement.

Tels sont les caractères physiques des terres où prédomine l'un des éléments constitutifs que nous venons d'envisager. Mais comme les proportions de chacun de ces
éléments sont variables, les caractères physiques varient
dans le même sens.

Ainsi entre ces deux extrêmes : terres siliceuses et terres
argileuses, se trouve toute une échelle de terres silico-
argileuses ou argilo-siliceuses qui empruntent à l'argile et
à la silice les propriétés en rapport avec le taux d'argile
ou de silice qu'elles renferment.

Parmi ces nombreuses variétés de terres, celles qui
renferment les proportions les plus favorables de chacun
des quatre éléments physiques qui les constituent sont
dites terres *franches;* elles possèdent en tout des qualités
moyennes qui les rendent aptes à toutes les cultures,
favorables à toutes les productions.

14. Caractères agricoles des terres arables. — Les propriétés physiques qui viennent d'être passées en revue entraînent comme conséquence des caractères agricoles différents, qui se manifestent par des aptitudes à porter certaines récoltes de préférence à d'autres, par une végétation adventice qui leur est propre.

Les terres siliceuses légères sont faciles à travailler en toute saison. Ce sont surtout des terres à *seigle*, à *pommes de terre*, à *carottes*, à *topinambour* ; le *trèfle incarnat* y réussit. Les terres tout à fait maigres et superficielles conviennent parfaitement au boisement, et le *châtaignier*, le *peuplier*, le *bouleau*, le *pin sylvestre* y prospèrent. Elles sont caractérisées par une végétation où prédominent la *fougère* (fig. 2), le *genêt à balai*, la *bruyère*, la *digitale pourprée* (fig. 3), la *petite oseille*, la *spergule des champs*, le *géranium sanguin*, la *pensée sauvage*, l'*avoine à chapelet*, la *fétuque rouge*, etc.

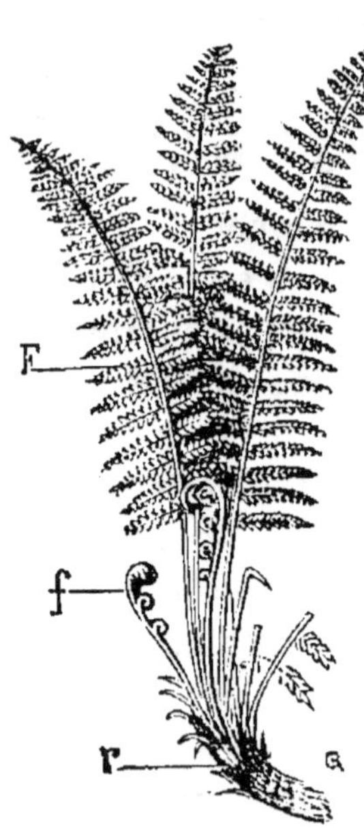

Fig. 2. — Touffe de Fougère mâle.

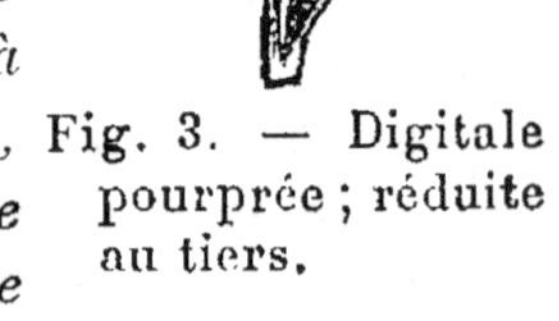

Fig. 3. — Digitale pourprée ; réduite au tiers.

Les terres argileuses sont beaucoup plus difficiles à travailler ; elles nécessitent de forts attelages et ne peuvent être retournées que lorsqu'elles ne sont ni trop sèches ni trop humides. Trop humides, elles adhèrent aux instruments et le travail devient presque impossible ; trop sèches, elles forment de grosses mottes irrégulières, dures comme de la brique et qu'il n'est plus possible de réduire en menus fragments. Ces terres sont favorables à la culture du *blé*, du *colza*, de la *fève*, du *trèfle violet ;* le *trèfle blanc* y croît spontanément et, d'une façon générale, elles s'enherbent facilement. De nombreuses espèces d'arbres peuvent y prospérer. Les plantes adventices qui y dominent sont les suivantes : *prêle* (fig. 4), *ficaire, fausse renoncule, tussilage pas-d'âne, chicorée sauvage* (fig. 5), *lotier corniculé, laitue vireuse, agrostide traçante.*

Les terres calcaires sont généralement d'un travail facile.

Fig. 4.
Prêle.

Fig. 5. — Chicorée
sauvage ; réduite au tiers.

Elles sont caractérisées par l'effet du froid, qui les déchausse. La gelée soulève le sol, qui entraîne avec lui les racines des plantes ; au dégel, la terre revient en place, mais les racines restent exposées à l'air. Ces terres ont été très favorables à la culture de la vigne à l'époque où l'on cultivait la vigne française. Elles conviennent à la production du *sainfoin,* de l'*orge* surtout. Elles peuvent être boisées en *pin noir d'Autriche* (fig. 6). Les plantes adventices caractéristiques sont : la *mercuriale annuelle,* l'*ononis arrête-bœuf,* le *mélampyre des champs,* la *sauge* (fig. 7), le *coquelicot,* la *brunelle à grandes fleurs,* le *buis.*

Les terres humifères proviennent de la décomposition des matières organiques d'origine végétale : feuilles, racines. Elles sont souvent humides et gorgées d'eau l'hiver, sèches et fendillées l'été. Elles conviennent à la culture des *choux,* des *navets,* des *rutabagas.* La végétation spontanée qui les couvre est surtout constituée par la *pédiculaire des marais,* les *joncs,* les *carex* (fig. 8), les *laîches,* les *linaigrettes.*

Quant aux terres franches, elles sont faciles à travailler ; l'eau n'y séjourne pas ; toutes les cultures y sont possibles. On les reconnaît aux plantes spontanées suivantes: *sureau, hyèble, bleuet, chrysanthème des champs,* etc.

15. **Influence du sous-sol.** — Le sous-sol par sa nature modifie les caractères qui précèdent, et, précisé-

Fig. 6. — Pin; de 10 à 15 mètres.

ment en raison de la propriété qu'a le sol d'absorber par capillarité l'eau du sous-sol, celui-ci apparaît comme le véritable régulateur d'humidité, comme le réservoir où s'emmagasine le stock d'humidité qui, grâce à la capillarité, passera à la disposition des récoltes au cours de leur végétation.

a) Terres légères à sous-sol perméable. — Ces terres souffrent généralement de la sécheresse, puisque l'eau peut traverser, sans être retenue, le sol et le sous-sol. Cette situation est défavorable dans les régions à climat sec ; mais partout où l'eau abonde, ces terres conviennent à la culture et les récoltes y sont d'autant plus fortes que les années sont plus humides.

C'est le cas des *savarts* de la Champagne, terres sèches, pâturages à mouton où les plantations de pin noir d'Autriche, de pin sylvestre sont avantageuses ; des prairies des Vosges où, grâce à de copieuses irrigations, la production fourragère est abondante.

b) Terres légères à sous-sol imperméable. — Elles sont favorables à la culture quand le sous-sol, incliné, permet

Fig. 7.
Sauge des prés.

Fig. 8. — Carex des sables ;
réduit au cinquième.

l'écoulement de l'eau. Il n'en est pas de même si le sous-sol est horizontal, car cette situation détermine la stagnation de l'eau et la stérilité de ces terres.

Citons : pour le premier cas, les prairies du Limousin, constituées par des arènes reposant sur un sous-sol rocheux, et que l'irrigation a rendues fertiles. Le pays de Bray, en Normandie, porte d'excellents herbages reposant sur un sous-sol argileux qui apporte au sol l'humidité nécessaire à la végétation herbacée ; pour le second cas, les *landes* de Gascogne, dont le mince sol sablonneux repose sur une couche d'argile ferrugineuse, l'*alios*, dont la présence détermine la stagnation de l'eau et la formation des marais;

*c) **Terres fortes à sous-sol imperméable***. — L'eau séjourne généralement sur ces terres, qui ne sont cultivables que quand le drainage les a débarrassées de leur excès d'eau.

Telles sont les terres de la Brie et d'une certaine partie de la Flandre.

*d) **Terres fortes à sous-sol perméable***. — Ce sont souvent les meilleures terres, quand on peut pousser le labour jusqu'au sous-sol pour favoriser l'écoulement de l'eau superficielle ; elles sont généralement fertiles.

Ce sont nos meilleures terres de culture de la Picardie, du Soissonnais, du Vexin français, du Pays de Caux, terres à blé, à betteraves, qui doivent être travaillées avec précaution, mais qui sont très fertiles.

CHAPITRE III

I. — *Azote.*

16. Éléments chimiques constituants des sols. — Nous avons vu, dans la leçon d'introduction, que les plantes ont besoin, pour se développer et remplir leurs fonctions, de se nourrir d'un certain nombre d'aliments qu'elles puisent, les uns dans l'air, les autres dans le sol.

De ces divers aliments, quelques-uns se trouvent naturellement en si grande abondance qu'il n'y a pas lieu de se préoccuper de leur approvisionnement, les plantes en ayant à leur disposition plus qu'il ne leur en faut. C'est le cas de l'oxygène et de l'acide carbonique, qui sont dans l'air, de la silice, du manganèse, du fer, qui sont dans le sol. D'autres, au contraire, ne se trouvent dans le sol qu'en quantité insuffisante, ou, s'ils existent assez abondamment, s'offrent sous une forme peu assimilable pour les plantes.

Ces corps sont: *l'azote, l'acide phosphorique,* la *potasse,* la *chaux* [1].

Il est donc utile d'étudier dans quelles proportions et sous quelle forme chacun de ces corps se trouve dans les sols agricoles, comment ils évoluent et comment ils sont absorbés par les plantes. Tel est l'objet du présent chapitre.

17. L'azote du sol. — *a) Richesse des sols en azote.* En

---

1. Dans l'état actuel de nos connaissances, nous croyons utile de nous préoccuper seulement de quatre éléments nutritifs. Il est possible que lorsque nous connaîtrons mieux les réactions complexes qui se passent dans le sol et dans les plantes, nous aurons besoin d'étudier d'autres éléments chimiques. C'est ainsi que quelques expériences paraissent établir que l'apport au sol de *magnésie,* de *manganèse,* de *soufre,* augmente les récoltes et qu'il est par suite utile d'étudier l'alimentation des plantes en ces éléments.

Mais, pour le moment, nos connaissances à cet égard ne sont pas assez avancées.

général, la richesse d'un sol en azote dépend surtout de la proportion d'humus qu'il renferme : les terres riches en humus le sont aussi en azote, et réciproquement.

b) Formes sous lesquelles se présente l'azote. — L'analyse révèle également que la presque totalité de l'azote que renferme un sol, les quatre-vingt-dix-huit centièmes environ, s'y trouve sous forme d'*azote organique*, c'est-à-dire combiné à l'oxygène, à l'hydrogène et au carbone, incorporé par conséquent à l'humus, qui peut être d'origine animale ou végétale. Nous avons vu au chapitre précédent le rôle important que joue l'humus au point de vue physique; il nous apparaît ici comme la réserve la plus importante d'azote dans le sol.

Mais ce n'est point tout, le reste de l'azote que révèle l'analyse d'une terre s'y trouve sous deux formes différentes : soit sous forme de combinaison d'acides avec l'ammoniaque (AzH^3) (carbonate d'ammonium, phosphate d'ammonium, etc.), c'est là l'*azote ammoniacal,* soit sous forme de combinaison de l'acide azotique ou nitrique (AzO^3H) avec les bases du sol (nitrate de calcium, nitrate de potassium, nitrate de magnésium, etc.), c'est là l'*azote nitrique.*

18. Transformations de l'azote dans le sol. Nitrification. — Ces trois formes sous lesquelles l'azote nous est révélé par l'analyse ne sont point indépendantes l'une de l'autre. Bien loin de là, elles sont, au contraire, en évolution continuelle, l'azote organique se transformant en azote ammoniacal, et celui-ci en azote nitrique. Ces transformations s'effectuent dans les conditions suivantes :

a) Nitrification de l'azote organique. — L'humus, qui renferme la totalité de l'azote organique, provient de la décomposition de la matière vivante sous l'influence notamment de corps organiques, infiniment petits, les *microbes.* Cette décomposition se poursuit continuellement lorsque l'humus est abandonné à l'air, et il y a formation d'ammoniaque, dont on perçoit nettement l'odeur au voisinage d'humus en voie de décomposition (fumier, détritus végétaux, etc.). Cette *fermentation ammoniacale ou ammonisation* est l'œuvre de bactéries extrêmement répandues. L'ammoniaque ainsi formée se combine aux acides du sol, surtout à l'acide carbonique (CO^3H^2), et il se forme du carbonate d'ammonium ($CO^3.2AzH^4$). Ce corps, sous l'action d'autres ferments que les précédents, subit une série de nouvelles transformations qui l'amènent à la forme de nitrates.

Ces transformations consistent en une oxydation en deux phases successives sous l'action des *ferments nitrificateurs*. Tout d'abord, l'ammoniaque passe à l'état d'acide nitreux, et par suite les sels ammoniacaux à l'état de sels nitreux ou nitrites, c'est la *nitritation;* l'acide nitreux se transforme en acide nitrique, par suite, les nitrites en *nitrates*, c'est la *nitratation*. L'ensemble de ces transformations, ammonisation, nitritation et nitratation, constitue la *nitrification*.

b) Durée de la nitrification. — La durée de ces opérations varie avec les conditions dans lesquelles elles s'effectuent. Plus ces conditions sont favorables, plus la nitrification s'effectue rapidement. L'ammonisation, en général, est lente; la nitritation et la nitratation peuvent être, au contraire, relativement rapides.

c) Conditions de la nitrification. — Les conditions pour que s'effectue la nitrification sont les suivantes :

1° présence dans le sol d'azote nitrifiable. Cet azote se trouve le plus généralement sous forme d'humus;

2° aération. La nitrification étant une oxydation, plus l'air circulera facilement dans le sol, plus elle sera active. D'où la nécessité de travailler la terre; les terres qui ne sont pas travaillées (prairies naturelles), celles qui sont gorgées d'eau (terres imperméables, marais) ne nitrifient pas ou ne nitrifient que très peu;

3° humidité. La nitrification ne s'effectue pas dans les terres sèches; où elle s'effectue le mieux, c'est dans les terres dosant de 10 à 15 centièmes d'eau;

4° température. La nitrification ne commence qu'à partir de 5°; elle devient appréciable à 12°; elle augmente jusqu'à 37°, température à laquelle elle est maximum, pour décroître ensuite et cesser à 55°;

5° présence d'une base. La nitrification ne s'effectue et ne se poursuit, une fois commencée, qu'autant que le sol renferme des bases susceptibles de neutraliser l'acide nitrique à mesure qu'il se forme. Ainsi dans les sols dépourvus de calcaire, la nitrification est nulle ; elle devient possible après apport de chaux à ces sols (voir chap. VII); mais, d'autre part, une alcalinité trop grande s'oppose aussi à la nitrification. Ainsi l'urine concentrée des animaux, sur une terre sèche, se transformera en ammoniaque qui se dégagera dans l'atmosphère sans pouvoir nitrifier ; c'est pourquoi il est nécessaire d'additionner le purin d'une importante proportion d'eau, avant de l'épandre dans un champ.

d) Dénitrification. — Dans certaines conditions d'aération insuffisante et de surabondance de matières organiques, mais qui ne se réalisent pas communément en agriculture, des bactéries dites *dénitrifiantes* réduisent les nitrates et appauvrissent ainsi quelque peu le sol en azote.

19. Absorption de l'azote par les plantes. — Sous quelle forme les plantes assimilent-elles l'azote dont elles se nourrissent?

L'*azote organique* est insoluble dans l'eau, aussi les plantes n'en absorbent-elles aucune quantité appréciable.

L'*azote ammoniacal* se présente sous forme de sels solubles, aussi est-il assimilable ; cependant cette forme de l'azote n'étant que transitoire, les plantes n'en assimilent que des quantités peu importantes.

L'*azote nitrique* se trouve dans le sol sous forme de nitrates, sels éminemment solubles ; c'est sous cette forme que les plantes absorbent presque tout l'azote qu'elles prennent au sol.

Ce qui précède s'applique à toutes les plantes ; mais certaines d'entre elles — ce sont les *légumineuses* — ont la propriété d'assimiler l'*azote atmosphérique.* Cette assimilation se produit de la manière suivante :

On constate sur les racines des légumineuses des nodosités qui, on s'en rend compte quand on les observe au microscope, renferment des colonies de bactéries, dont le rôle est d'absorber l'azote de l'atmosphère et de fabriquer, avec cet azote et la matière carbonée que leur envoient les feuilles, de la matière organique dont s'enrichit la plante.

Les légumineuses ne sont pas seules capables d'assimiler l'azote atmosphérique; certaines bactériacées qui se trouvent communément dans tous les sols cultivés jouent le même rôle.

De ce qui précède, on peut conclure ceci : l'azote organique de l'humus constitue la plus importante réserve d'azote pour l'alimentation des plantes ; mais elles ne peuvent pas le consommer sous cette forme, il est nécessaire qu'il subisse la nitrification pour devenir assimilable.

20. Bilan de l'azote du sol. — Il devient donc possible d'établir le bilan de l'azote dans les terres cultivées en tenant compte des causes qui, d'une part, permettent l'enrichissement du sol et, d'autre part, en déterminent l'appauvrissement.

Les sols cultivés s'enrichissent en azote : 1° par absorption de l'azote gazeux atmosphérique ; 2° par apport de matières organiques provenant des débris végétaux des cultures ; 3° par apport de petites quantités d'azote nitrique et ammoniacal que fournissent les eaux atmosphériques. Ils s'appauvrissent en azote : 1° parce que les récoltes en enlèvent ; 2° parce que les nitrates qui se forment sont entraînés par les eaux (voir chap. V) ; 3° parce que certaines quantités d'azote gazeux et surtout d'azote ammoniacal disparaissent dans l'atmosphère.

En définitive, selon la prédominance de l'une ou l'autre de ces causes, les terres en culture s'enrichiront ou s'appauvriront en azote.

Ainsi les terres abandonnées à la végétation spontanée, les terres de forêt, les prairies permanentes s'enrichissent en azote qui s'accumule sous forme d'azote organique, et la mise en culture de ces terres mobilise de la sorte des stocks importants d'azote.

Au contraire, les terres arables, où la nitrification est active, s'appauvrissent : de notables quantités d'azote sont perdues, les unes entraînées par les eaux de drainage, les autres exportées par les récoltes.

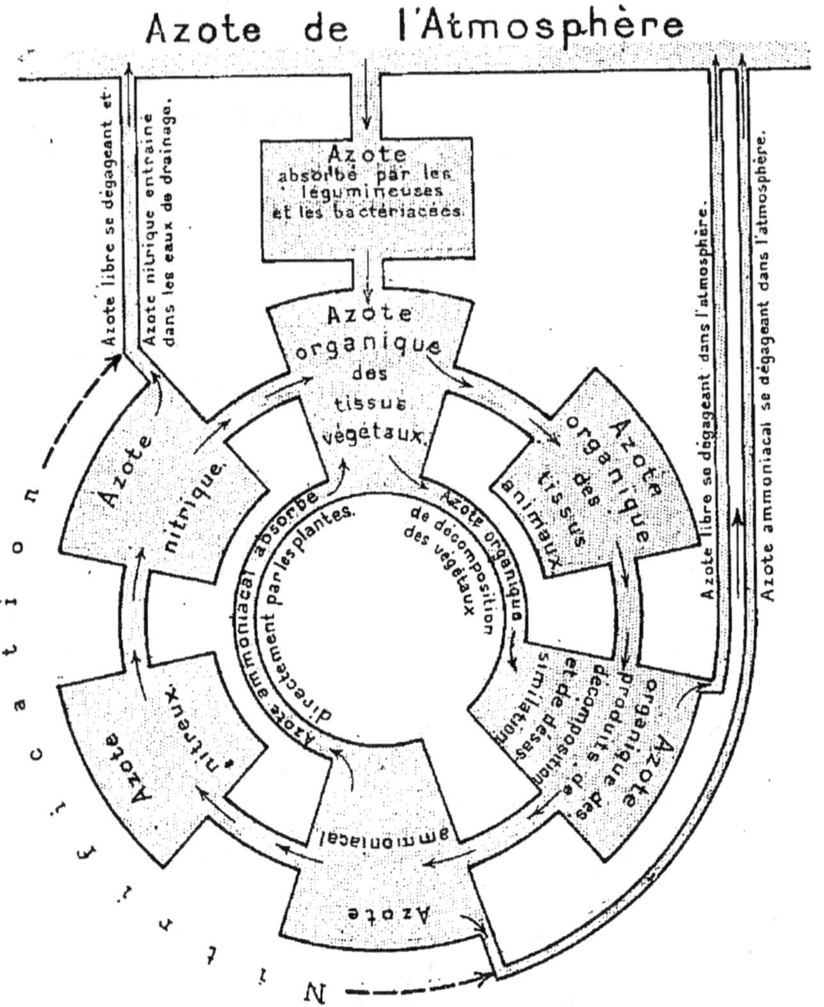

Fig. 9. — Représentation schématique du cycle de l'azote.

Il est intéressant ici de présenter en un graphique le *cycle* parcouru dans la nature par l'azote. L'examen de ce graphique met en évidence qu'une certaine proportion de l'azote qui circule dans la nature est en quelque sorte emprisonnée dans un cycle fermé qui commence à l'azote organique des tissus végétaux et qui, après avoir subi la décomposition ammoniacale et la nitrification, retourne à cette même forme. Mais les pertes subies, chemin faisant, par ce stock se reconstituent par l'apport d'azote provenant de l'atmosphère (fig. 9).

CHAPITRE IV

II. — *Acide phosphorique, Potasse et Chaux.*

21. L'acide phosphorique du sol. — L'acide phosphorique existe dans tous les sols dans des proportions variables, mais sous des formes qui sont toujours les mêmes.

a) Richesse des sols en acide phosphorique. — Cette richesse dépend surtout de l'origine géologique des sols considérés ; généralement, les terres granitiques sont très pauvres ; les terres calcaires, pauvres ; les terres d'origine volcanique sont, au contraire, riches.

b) Formes sous lesquelles se présente l'acide phosphorique. — Ce corps se présente sous forme de combinaisons avec les bases naturelles du sol : chaux, fer, alumine, magnésie, etc. Or, ces phosphates sont très faiblement solubles dans l'eau. L'eau n'en peut guère dissoudre plus de 1 mmg. par litre. C'est pourquoi les eaux qui circulent dans le sol ne renferment, quelle que soit la richesse du sol, que de très faibles doses d'acide phosphorique.

D'autre part, les acides que renferme la terre rendent les phosphates plus solubles ; les combinaisons de l'humus et des phosphates, dites *humo-phosphates,* sont ainsi plus assimilables par les végétaux.

L'observation et l'expérience scientifiques ont établi qu'on peut prendre l'acide acétique[1] comme type des acides organiques susceptibles d'augmenter la solubilité des phosphates, et l'on s'est servi de ce corps pour chercher les quantités d'acide phosphorique d'une terre solubles et, par suite, assimilables par les végétaux. Les constatations auxquelles on est arrivé sont les suivantes : l'acide phosphorique se trouve dans le sol sous deux états. La partie la plus importante est insoluble ; l'eau qui circule à l'intérieur du sol n'en dissout que de très faibles quantités. Une autre par-

---

1. On utilise aussi, à la place de l'acide acétique, un réactif, le *citrate d'ammonium*, qui joue le même rôle.

tie est soluble dans l'acide acétique ou dans le citrate d'ammonium; elle peut être considérée comme soluble, grâce aux acides organiques du sol et à ceux qui sont sécrétés par les racines, et, par suite, assimilable par les plantes.

22. La potasse du sol. — *a) Richesse du sol en potasse.* — Les terres d'origine granitique ou volcanique, les terres argileuses sont généralement assez riches en potasse; les terres calcaires le sont insuffisamment.

b) Formes sous lesquelles se présente la potasse. — L'analyse la révèle sous les états suivants : elle est combinée avec les acides du sol : acides sulfurique, chlorhydrique, phosphorique, etc. Elle peut faire partie de silicates dans les argiles, ou bien être combinée avec l'acide carbonique sous forme de carbonate de potassium retenu par les propriétés absorbantes de la terre arable (voir chap. suivant).

23. La chaux du sol. — La chaux joue un double rôle, un rôle physique (voir le chap. I) et un rôle chimique, au point de vue de l'alimentation.

a) Richesse des sols en chaux. — Alors qu'au point de vue physique, il est utile que les sols renferment des doses de calcaire voisines de 50 gr. pour 1000, au point de vue de l'alimentation des plantes, une dose de chaux de 1 gr. pour 1000 suffit. On en peut conclure qu'il n'y a pas lieu de se préoccuper à cet égard de la teneur du sol en chaux.

b) Formes sous lesquelles se présente la chaux. — Ce corps se présente à l'état de combinaisons avec les acides qui existent dans le sol. Ces principaux sels sont les suivants :

1° carbonate de calcium ou calcaire. Cette forme, qui résulte de la combinaison de la chaux avec l'acide carbonique, est la plus répandue dans les terres arables. Le calcaire est peu soluble dans l'eau; il l'est seulement dans l'eau chargée d'acide carbonique. Ce corps est d'autant plus actif qu'il est divisé, parce que les surfaces d'attaque par les autres acides (acide humique, nitrique, sulfurique, phosphorique, etc.) sont multipliées. Si, au contraire, le calcaire se présente sous forme de grosses masses, il est peu attaquable : il est dit inactif ou inerte;

2° Nitrate de calcium. C'est le corps qui se forme au

cours de la nitrification, par réaction de l'acide nitrique sur le calcaire. Extrêmement soluble dans l'eau, il est continuellement entraîné dans le sous-sol par le mouvement descendant de l'eau ;

3° Humate de calcium. Cette forme de combinaison est fréquente dans les terres arables. Les humates de calcium ne sont pas des corps définis ; au contraire, ils sont très complexes, l'acide humique lui-même étant une combinaison organique de nature et de proportions variables.

4° Sulfate de calcium. Ce sel se trouve dans les terres à l'état extrêmement diffusé, en raison de sa solubilité dans l'eau et surtout dans l'eau chargée d'acide carbonique ;

5° Phosphate de calcium. Ces phosphates sont peu répandus dans les terres arables. Ils se présentent parfois sous la forme d'une combinaison avec l'acide humique ; ce sont les « humophosphates de calcium » ;

6° Silicate de calcium. Ce corps est fréquent dans le sol, mais peut être considéré comme inerte en raison de la lenteur avec laquelle il est attaqué et se décompose.

c) Mouvements de la chaux dans le sol. — La chaux, sous sa forme la plus commune de carbonate de calcium, est continuellement en mouvement dans les sols. Le calcaire, en effet, est soluble dans l'eau chargée d'acide carbonique qui le fait passer sous la forme de bicarbonate de calcium. Or, par suite des fermentations (voir le chap. suivant) et des oxydations qui s'effectuent continuellement dans les terres arables, l'atmosphère de ces terres est chargée d'acide carbonique qui dissout le calcaire et l'entraîne dans le sous-sol ; d'où appauvrissement du sol en chaux. De même, la nitrification, nous venons de le voir, a pour conséquence d'entraîner la chaux dans les eaux de drainage.

Pour toutes ces raisons, il sera utile que le cultivateur porte remède à cet appauvrissement du sol en chaux.

24. Magnésie du sol. — Ce n'est qu'à la suite d'observations récentes qu'on a jugé utile de se préoccuper aussi de la magnésie que contient le sol. Ce corps se présente sous forme de carbonate et de silicate, et il est en général en quantité suffisante pour l'alimentation des plantes.

CHAPITRE V

POUVOIR ABSORBANT ET PROPRIÉTÉS BIOLOGIQUES
DES TERRES ARABLES

25. Propriétés absorbantes des terres arables. — La plupart des matières fertilisantes nécessaires aux plantes, lorsqu'elles traversent le sol à l'état de dissolution dans l'eau, sont retenues par les particules de la terre végétale, où elles sont fixées comme une teinture sur une étoffe, à tel point que l'action dissolvante de l'eau ne peut s'exercer pour les en enlever. C'est ce qu'on appelle les *propriétés absorbantes* ou le *pouvoir absorbant* de la terre arable.

Comment s'expliquer que les plantes puissent s'alimenter, une fois les matières fertilisantes fixées et rendues insolubles par le pouvoir absorbant des terres arables? En réalité, l'eau qui circule dans le sol a la propriété de dissoudre de minimes quantités de ces matières et de renouveler les quantités dissoutes quand elles sont absorbées par les plantes.

Cependant cette action ne s'exerce pas également dans toutes les terres ni pour toutes les matières.

L'expérience, en effet, permet de constater ceci :

1° Les bases alcalines (potasse, ammoniaque, etc.) et les carbonates alcalins (carbonate de potassium, carbonate d'ammonium, etc.) sont retenus presque en totalité;

2° Il en est de même des phosphates et des humates solubles dans l'eau;

3° Les sels alcalins (chlorure, sulfate de potassium, d'ammonium, etc.) ne sont retenus qu'après avoir été transformés, grâce au calcaire des sols, en carbonates alcalins;

4° Les nitrates ne sont pas retenus du tout; ils filtrent à travers la terre végétale comme à travers une écumoire;

5° Les terres argileuses ou humifères ont un pouvoir

absorbant considérable vis-à-vis de tous les éléments fertilisants, sauf les nitrates, tandis que le sable pur et le calcaire pur possèdent un pouvoir absorbant nul. Tous les
intermédiaires existent selon la composition physique des
sols.

Les expériences suivantes mettent en évidence ces lois :
Pouvoir absorbant du sol. — 1° La terre arable fixe la potasse,
l'acide phosphorique et l'ammoniaque. Remplissons un filtre avec
de la terre arable,
légèrement tassée, et
versons dessus du
purin. Il passe inco-
lore et, si on l'analyse,
on constate qu'il ne
contient presque plus
de potasse, d'ammo-
niaque et d'acide phos-

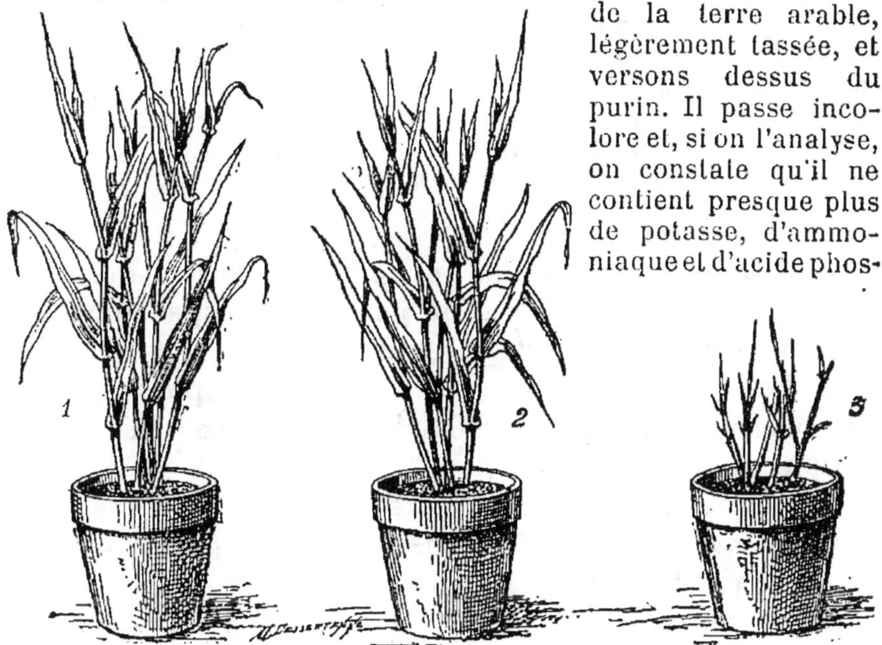

Fig. 10. — Expérience démontrant le pouvoir absorbant
de la terre arable.

phorique. Le sol est donc un excellent filtre, et c'est pourquoi l'eau
de source est habituellement si pure.

2° Les matières précédentes sont fixées à l'état insoluble. Faisons passer de nouveau cinq ou six litres d'eau pure sur la terre
contenue dans le filtre et qui a absorbé les principes indiqués.
Cette eau, versée pure, passe pure aussi ; elle n'enlève donc rien
à la terre. Les éléments, une fois absorbés, ne sont plus solubles
dans l'eau.

On le démontre de la manière suivante. On prend trois pots à
fleurs (fig. 10) ; on les remplit de terre presque stérile, de sable
siliceux par exemple. Sur le premier et sur le deuxième on filtre
du purin ; sur le troisième on fait passer de l'eau claire ; on arrose
ensuite le n° 2 avec quelques litres d'eau ; cette eau n'enlève

aucun élément fertilisant, car, si l'on sème sept ou huit grains d'orge ou d'avoine dans chaque pot, la végétation dans les pots 1 et 2 est identique, mais l'orge du pot n° 3 sera jaune et petite et ne tardera pas à périr. Les eaux de pluie n'enlèvent donc au sol ni la potasse, ni l'azote ammoniacal, ni l'acide phosphorique

3° Dans n'importe quel sol, le pouvoir absorbant à l'égard de l'acide nitrique est nul. Il suffirait de recommencer l'expérience n° 1, en versant du nitrate en dissolution sur une terre stérile. Le nitrate n'est pas absorbé : l'eau qui s'écoule en contient toujours à peu près la même proportion.

D'autre part, on constate que l'eau de chaux qui passe à travers une terre calcaire passe comme sur un filtre ordinaire sans abandonner de chaux ; de même si,'dans l'expérience avec le purin, on poursuit longtemps l'arrosage de la terre au purin, celui-ci finit par passer intact. Cela tient à ce que le pouvoir absorbant des terres arables est limité par un maximum au delà duquel il ne s'exerce plus.

26. Conséquences des propriétés absorbantes des terres arables. — Elles sont considérables, surtout en ce qui concerne l'emploi des engrais.

1° Les engrais apportant aux sols l'acide phosphorique, la potasse, peuvent être répandus à l'avance ; leur déperdition est peu à craindre ;

2° Ceux qui apportent l'azote ammoniacal doivent être utilisés avec quelque prudence. Si l'ammoniaque est absorbé par les sols, il se nitrifie rapidement suivant les terres et la saison, et, sous forme d'azote nitrique, il est entraîné par l'eau ;

3° Les sols s'appauvrissent continuellement en nitrates, par conséquent en azote, par suite de l'entraînement des nitrates dans le sous-sol et les eaux de drainage ;

4° Les engrais qui apportent l'azote nitrique (nitrate de sodium, de calcium, de potassium, de magnésium) doivent être employés au moment même où les plantes doivent les utiliser ; sans quoi, ils sont entraînés et perdus pour les récoltes ;

5° Les terres très légères, dépourvues d'humus et d'argile, n'ayant qu'un très faible pouvoir absorbant, il faut n'y apporter les engrais que par petite quantité et au moment où les plantes doivent les utiliser.

E. N.

27. Propriétés biologiques des terres arables. — Les réactions qui se passent au sein des terres arables ne sont pas purement chimiques ; plusieurs, parmi les plus importantes, sont le fait de microorganismes qui pullulent dans les sols et qui, toutes les fois qu'ils rencontrent des conditions favorables (température, aération, humidité), manifestent leur activité par les réactions qui leur sont propres.

Ces microbes sont les auxiliaires indispensables du cultivateur. La fertilité des sols dépend bien de leur constitution physique, de leur composition chimique, mais aussi de leurs propriétés biologiques.

On le démontre par les faits d'expérience suivants :

1° Une terre, fût-elle de constitution physique et de composition chimique favorables, si elle a été stérilisée à plus de 100°, ne peut porter une récolte normale ; la plupart des réactions s'y effectuent incomplètement et irrégulièrement ;

2° Si une terre où la nitrification s'effectue convenablement est traitée par le chloroforme, qui est un anesthésique pour les microbes, la nitrification cesse temporairement, pour reprendre quand les vapeurs du chloroforme se sont dissipées.

L'importance de la faune microbienne des sols est considérable et varie suivant la nature des terres. Les microbes sont plus développés dans les terres humifères, fumées, riches en matières organiques. C'est par plusieurs millions de microbes par centimètre cube de terre qu'il faut évaluer cette population dans les terres de culture.

28. Principaux microbes de la terre arable. — Nous avons vu, au chapitre précédent, que deux des principales réactions des terres arables, la nitrification et la fixation de l'azote atmosphérique, sont le fait de microorganismes.

a) Nitrification. La formation de l'humus est l'œuvre de *ferments humificateurs*, puis la transformation de l'azote organique en azote ammoniacal est due, dans les sols bien aérés et de bonne constitution, à des bacilles extrêmement communs, les mêmes que ceux qui engendrent la putréfaction, les *Bacillus mycoides, mesentericus, liquefaciens, arborescens*, le *bacterium coli*, le *micrococous ureae*, etc. pour ne citer que les plus répandus. Dans les sols acides, privés de calcaire, ce sont des moisissures (*mucor racemosus*, etc.) qui interviennent.

Le *ferment nitreux* (*nitrosococcus*, *nitrosomonas*) transforme l'azote ammoniacal en acide nitreux et, par suite, les sels ammoniacaux en nitrites ; le *ferment nitrique* transforme l'acide nitreux en acide nitrique, c'est-à-dire les nitrites en nitrates.

Enfin intervient, dans une moindre mesure heureusement, une *bactérie dénitrifiante* qui réduit les nitrates formés et met en liberté l'oxygène.

b) Fixation de l'azote atmosphérique. — Les nodosités des racines des légumineuses renferment des millions de microbes de formes diverses, dont le plus fréquent est le *bacillus radicicola*. D'autre part, les sols, par l'intermédiaire des algues et surtout de microbes, dont les plus importants sont le *clostridium pastorianum*, les *azotobacter*, peuvent fixer directement l'azote de l'atmosphère.

On a recherché à multiplier artificiellement les plus utiles de ces microbes, ceux notamment qui fixent l'azoté atmosphérique, à créer de véritables colonies en bouillons de culture appropriés pour en ensemencer les terres arables. C'est ainsi qu'on a mis dans le commerce la *nitragine*, l'*alinite*. Les résultats obtenus sont loin d'avoir été concluants. On le comprend si l'on tient compte de ce fait que les bacilles extrêmement répandus dans tous les sols y pullulent lorsqu'ils sont dans des conditions favorables. C'est donc surtout sur ces conditions qu'il faut agir, plutôt que sur les microbes eux-mêmes[1].

1. *Rôle des vers de terre.* — Il est utile de signaler le rôle favorable à la culture des *lombrics* ou vers de terre, qui remuent continuellement la terre, la creusent de galeries, mélangent ainsi intimement au sol les débris végétaux, aèrent complètement la couche superficielle et la pulvérisent. Dans toutes les régions où ils abondent, on a constaté l'heureux effet de leur travail sur les cultures.

CHAPITRE VI

29. Objet de l'analyse des sols. — On vient de voir dans les chapitres précédents quelle utilité présente pour le cultivateur la connaissance de la constitution de ses terres. Cette connaissance, il peut l'acquérir par leur analyse.

L'analyse physique ou mécanique lui donnera la notion de leur constitution physique, de la proportion de sable, siliceux ou calcaire, d'argile, d'humus qu'elles renferment.

Quant à l'analyse chimique, elle n'apporte malheureusement pas, dans l'état actuel de nos connaissances, de précisions suffisantes au sujet des quantités d'éléments fertilisants assimilables par les plantes contenues dans une terre.

Quoi qu'il en soit, l'une et l'autre de ces analyses doivent répondre aux conditions suivantes :

Elles doivent être effectuées au moyen de méthodes toujours et partout les mêmes, de façon que les résultats obtenus soient comparables entre eux et qu'on puisse en tirer des déductions applicables à la pratique ;

Elles doivent être confiées à des spécialistes, en raison de la difficulté même des opérations qu'elles comportent et du matériel approprié dont elles exigent l'emploi.

Pour ces raisons, nous recommandons de ne confier les analyses de terres qu'à une Station agronomique, dirigée par un chimiste compétent et utilisant les méthodes prescrites par le Comité central des Stations agronomiques. C'est une erreur, contre laquelle il est utile de s'élever, que de croire qu'une analyse de terre peut être faite rapidement avec un matériel quelconque et par le premier venu. Aussi n'indiquerons-nous pas ici les méthodes prescrites par les instructions du Comité des Stations agronomiques, car elles ne sauraient être appliquées que par des chimistes de profession.

30. Prise d'échantillon. — Mais il est une opération dans laquelle l'intervention du chimiste n'est pas indispensable ; c'est le prélèvement de l'échantillon à analyser : il peut être effectué par le cultivateur ou l'instituteur, à condition qu'ils y apportent quelques soins et de l'esprit d'observation, car de ce prélèvement dépend la valeur de l'analyse qu'effectuera le chimiste.

S'il s'agit de procéder à l'analyse des terres d'un domaine, il faut d'abord y délimiter, en se fondant sur la nature géologique du sol, sur les caractères de la végétation, des zones présentant une unité agricole. Sur chacune sera prélevé un seul échantillon moyen. Cet échantillon sera pris en un seul point ou bien sera constitué par le mélange de plusieurs échantillons pris en différents points présentant des caractères analogues.

Voici comment on prélève un échantillon : on creuse une tranchée dont la paroi, au moins d'un côté, soit verticale ; la tranchée doit être assez profonde pour atteindre le sous-sol. Sur la paroi verticale, on découpe une motte, en ayant soin de séparer la couche superficielle, qui contient des racines et des débris végétaux riches en humus et qui fausserait les résultats. On recueille ainsi une dizaine de kilogrammes de terre. On mélange bien cette terre ; on en sépare les cailloux, que l'on pèse, et l'on prélève environ 2 kilogr. de terre mélangée. C'est là l'échantillon destiné à l'analyse et qui est envoyé au laboratoire avec des indications détaillées sur la profondeur de la couche de terre, sa couleur, la proportion de cailloux, la végétation naturelle, etc.

Le prélèvement d'un échantillon de terre de sous-sol s'effectue de la même façon.

31. Principes de l'analyse d'une terre. — Il ne nous est pas possible, dans un manuel de ce genre, d'entrer dans le détail de la pratique des analyses, nous ne pourrons qu'indiquer les principes des différentes opérations.

a) *Analyse physique ou mécanique.* — Elle consiste à séparer, par des tamisages et des lévigations successifs, les éléments constituants suivants et à déterminer le poids de chacun d'eux : cailloux, gravier, sable grossier siliceux et calcaire, sable fin siliceux et calcaire, argile et humus.

b) Analyse chimique de la terre. — Elle comporte la détermination des éléments fertilisants du sol. Seul, nous intéresse ici le dosage de l'azote, de l'acide phosphorique, de la potasse, de la chaux, de la magnésie.

Une observation s'impose : ce qu'il importe surtout au cultivateur de connaître, c'est la quantité d'éléments fertilisants utilisables par les plantes. Or, on ne sait pas encore très bien quels moyens mettent en œuvre les plantes pour rendre solubles et, par suite, assimilables ces éléments fertilisants. On ne peut donc que procéder par des méthodes conventionnelles qui donnent à l'analyse un caractère d'incertitude et obligent à apprécier ensuite, à discuter, à interpréter par le raisonnement des résultats qui n'ont rien de mathématique.

1° Dosage de l'azote. On détermine l'azote total, l'azote organique, l'azote ammoniacal et l'azote nitrique.

2° Dosage de l'acide phosphorique. On détermine l'acide phosphorique total et l'acide phosphorique soluble dans l'acide acétique ou dans le citrate d'ammonium, ce dernier étant considéré comme assimilable par les plantes.

3° Dosage de la potasse. On dose la potasse soluble dans l'acide nitrique bouillant.

4° Dosage de la chaux. On a intérêt à doser le carbonate de calcium ou calcaire. Cette détermination est importante. Voici comment elle s'exécute.

32. Dosage spécial du calcaire. — La proportion pour 100 du calcaire d'un sol se déduit de la quantité de gaz carbonique que laisse dégager, sous l'action de l'acide chlorhydrique, 1 gramme de terre fine et sèche. Cette évaluation se fait généralement en volume avec un appareil appelé calcimètre. Le plus employé de ces appareils est le calcimètre Bernard.

Calcimètre Bernard (fig. 11). — Il se compose d'une fiole tronconique A, reliée par un tuyau de caoutchouc B à un tube mesureur C, gradué en demi-centimètres cubes. Ce tube est rempli d'eau ; il communique par sa base avec un ballon à pointe D, suspendu en E. Le tube mesureur C et le ballon D forment vases communicants.

Dans le tube mesureur C, la quantité d'eau doit être telle que, si l'on ferme la fiole tronconique A avec le bouchon en caoutchouc F, le ménisque inférieur de l'eau atteindra la graduation zéro en G.

Pour doser le calcaire d'une terre avec cet appareil, peser un gramme de terre sèche et passée au tamis de 1 millimètre ; introduire cette terre dans la fiole A ; puis verser de l'acide chlorhydrique étendu de moitié d'eau, dans un petit tube T qu'on remplit aux trois quarts environ. Ce tube est déposé avec précaution dans la fiole A, au moyen d'une pince. Boucher ensuite la fiole avec le bouchon, enfoncer ce bouchon jusqu'à ce que le niveau de l'eau du tube mesureur soit au zéro de la graduation. Cela fait, décrocher le ballon D avec la main gauche, tandis que la main droite fera chavirer le tube d'acide chlorhydrique, de façon à en mélanger le contenu avec la terre. Pour obtenir ce renversement, on conseille de prendre le col de la fiole entre deux doigts, l'index sur le bouchon et la paume de la main éloignée de la fiole, afin de ne pas l'échauffer. Sans cette précaution, il peut se produire une erreur de plusieurs centimètres cubes dans le mesurage du gaz. Dès que l'acide chlorhydrique dilué est mélangé à la terre, il attaque le calcaire. Le gaz carbonique se dégage et fait baisser le niveau de l'eau dans le tube mesureur C.

L'opérateur doit agiter doucement et continuellement la fiole A, jusqu'à ce qu'il ne se produise plus de dégagement de gaz. On le reconnaîtra à ce que le niveau de l'eau restera stationnaire dans le tube mesureur. A ce moment, on suspendra le ballon en E, de façon à se rendre compte de la quantité de gaz dégagé. Elle est indiquée par le tube mesureur, du zéro au point où l'eau s'est arrêtée.

En multipliant par 0,4 le nombre de centimètres cubes obtenu, on a la proportion pour 100 du calcaire contenu dans la terre. Un centimètre cube de gaz carbonique est, en effet, produit par un poids de calcaire d'environ 4 milligrammes.

Exemple : 1 gramme de terre a dégagé 12 centimètres cubes de gaz.

La terre dosée doit contenir $12 \times 0,4 = 4,8$ p. 100 de calcaire.

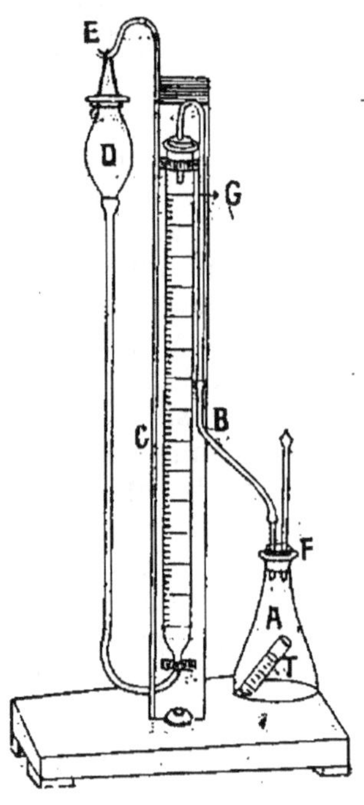

Fig. 11.
Calcimètre Bernard.

33. Interprétation des résultats de l'analyse. — L'analyse physique ou mécanique d'un sol peut donner des résultats suffisamment précis sur les proportions que renferme ce sol en chacun des éléments physiques, mais il n'en est pas de même pour l'analyse chimique, dont les résultats sont entachés d'incertitude. Ce que le cultivateur demande surtout à l'analyse chimique, c'est de le renseigner sur la quantité d'éléments fertilisants que renferme son sol afin d'y apporter ceux qui pourraient manquer. Mais nous connaissons mal dans quel état se trouvent ces éléments, à quel degré ils sont actuellement assimilables et quelle quantité de chacun d'eux peut devenir assimilable au cours de la végétation. Aussi n'est-il pas possible de tirer un

parti complet de l'analyse chimique, dont les résultats se trouvent parfois en désaccord avec les données de l'observation et de la pratique. Voyons cependant comment, dans l'état actuel de nos connaissances, nous pouvons interpréter les résultats d'une analyse complète de terre.

34. Constitution physique. — Le *sable grossier* (calcaire ou siliceux) est l'agent de division, d'aération, de perméabilité, de légèreté du sol; c'est lui qui rend les terres *légères*. Sa proportion la meilleure est de 600 à 700 p. 1000.

Le *sable fin* (calcaire ou siliceux) est, au contraire, l'agent de tassement, d'asphyxie, en raison de la ténuité extrême de ses particules; il rend les terres *battantes*. Sa proportion la plus favorable est de 200 à 300 p. 1000.

L'*argile* est l'agent de plasticité, d'adhérence, d'imperméabilité, de compacité quand la terre est humide; elle est l'agent de cohésion, de dureté quand la terre est sèche. Elle donne les *terres plastiques* et, mélangée au sable fin, les *terres fortes*. La proportion d'argile désirable dans une terre est de 60 à 100 p. 1000 environ.

L'*humus* est un agent de correction qui, sous un faible volume, rend plus légères, plus souples les terres compactes, battantes, fortes, et donne du corps aux terres légères, divisées, perméables.

Quant au *calcaire total*, c'est-à-dire à la somme des sables calcaires fin et grossier, elle doit se tenir, pour que le calcaire joue au maximum son rôle utile, autour de 100 p. 1000.

Le bulletin d'analyse mécanique d'une terre bien constituée au point de vue physique se présentera à peu près ainsi :

	Total.	Calcaire.	Siliceux.
Cailloux et graviers............	Peu.	»	»
Sable grossier.................	650	50	600
Sable fin	250	50	200
Argile........................	70		
Humus .... Quelques dixièmes.			
	1000	100	800

Toute différence en plus ou en moins dans les proportions ci-dessus doit correspondre à une exagération en plus ou en moins des propriétés auxquelles correspondent ces chiffres. Ces chiffres ne sont que des moyennes, tirées d'un nombre considérable d'observations. Ces moyennes mêmes peuvent varier selon les régions, et les déductions tirées des chiffres fournis par l'analyse doivent être contrôlées et vérifiées par l'observation et la pratique.

35. Composition chimique. — L'interprétation des résultats de l'analyse chimique est encore bien plus incertaine. Les procédés d'analyse chimique, en effet, sont purement conventionnels ; ils n'ont rien de comparable avec ce qui se passe dans la nature pour l'alimentation des plantes, ils ne peuvent donc nous éclairer suffisamment sur le seul point qui nous soit utile : sur les quántités de chacun de ces éléments que peuvent utiliser les plantes. Il est donc nécessaire de confronter les résultats fournis par l'analyse chimique d'une terre avec ceux d'une longue pratique et d'observations nombreuses. Il est indispensable, à notre avis, de compléter l'analyse chimique d'un sol au laboratoire par son analyse pratique, en quelque sorte, au moyen des engrais. (Voir ci-après, 2ᵉ partie.)

Le cultivateur, conseillé par l'instituteur rural, peut procéder à cette analyse pratique avec les directives que donneront pour le département tout entier le directeur des Services agricoles et les professeurs d'agriculture. Cette méthode, pour apprécier la valeur culturale d'une terre, fournit toujours des résultats applicables dans la pratique et, en cas de désaccord avec l'analyse chimique, c'est à l'analyse par les engrais qu'il faut accorder confiance.

Une terre qui présente à l'analyse au laboratoire la composition suivante est réputée suffisamment riche :

Azote total	1 p. 1000
Acide phosphorique .	1 p. 1000
Potasse..............	2 p. 1000
Chaux...............	50 p. 1000
Magnésie	1 p. 1000

Cela ne veut pas dire qu'une terre présentant une telle composition peut se passer d'éléments fertilisants. Il arrive souvent, au contraire, qu'une telle terre se trouve fort bien d'un apport d'engrais complémentaires.

CHAPITRE VII

AMENDEMENTS

36. Améliorations à apporter aux sols. — De ce qui précède on peut conclure que le cultivateur, après avoir acquis la connaissance de sa terre, peut utilement s'occuper des modifications à y apporter pour la rendre plus féconde.

Ces modifications peuvent être les suivantes :

1° amélioration des caractères physiques généraux par l'apport d'*amendements ;*

2° enlèvement des eaux nuisibles par le *drainage* ou l'*assainissement ;*

3° apport d'eau, en cas d'insuffisance, par *irrigations ;*

4° apport des éléments nutritifs nécessaires aux plantes et qui peuvent faire défaut aux sols, par les *fumures.*

37. Définition et objet des amendements. — Amender une terre, c'est en corriger les défauts et la rendre plus propre à la culture. Cette opération consiste le plus généralement à y apporter les éléments physiques qui lui manquent (sable, argile, calcaire). Mais comme elle se traduit, quand il s'agit du sable ou de l'argile, par le transport de masses importantes de matériaux, elle n'est économique que dans des circonstances exceptionnelles, par exemple lorsque cet apport peut s'opérer sans déplacement, par un labour profond permettant d'effectuer le mélange d'un sous-sol argileux avec un sol sableux, comme dans quelques régions de la Sologne.

Il n'en est pas de même pour les amendements calcaires, qui sont les plus employés en raison du rôle important de la chaux.

38. Amendements calcaires. Leur nécessité. — Le calcaire agit dans les sols au point de vue physique et chimique.

1° Il est un aliment pour les plantes (voir § 3).

2° Il coagule l'argile colloïdale et par suite ameublit les terres argileuses (voir § 10).

3° Il est indispensable à la nitrification (voir § 18).

Au point de vue de l'alimentation des plantes, il suffit que le sol contienne 1 p. 1000 de chaux ; mais pour que les autres rôles soient remplis, il faut que la teneur en chaux s'élève à 50 p. 1000 en moyenne. Si les terres considérées comme pauvres en chaux en contiennent assez pour l'alimentation des plantes, il n'en est pas de même aux autres points de vue, et il peut être nécessaire d'en apporter de notables quantités.

Il est facile de se rendre compte si une terre a besoin de chaux : d'abord par l'analyse chimique du sol. Le dosage du calcaire est facile (voir § 32) ; mais il ne suffit pas de trouver un chiffre pour savoir si la terre est riche ou pauvre en calcaire ; il faut considérer quelle est la nature physique du sol. Un sol sableux léger est assez riche quand il renferme 10 pour 1000 de calcaire ; un sol argileux ou humifère est pauvre s'il en renferme seulement 30 ou 40 pour 1 000. Il faut compléter les données provenant de l'analyse par celles que fournit la pratique agricole. Les terres manquant de calcaire sont caractérisées par la bruyère, la fougère, l'oseille, la matricaire, l'ajonc ; si, au surplus, elles sont humides, elles portent des carex, des linaigrettes ; on constate dans les rigoles l'apparition sur l'eau d'une sorte de pellicule irisée, aux reflets d'arc-en-ciel. Au contraire, les terres suffisamment riches en calcaire produisent des légumineuses.

Les amendements calcaires les plus employés sont : la chaux vive (*chaulage*) et la marne (*marnage*).

39. **Pratique du chaulage.** — L'agriculture utilise pour le chaulage soit la *chaux grasse,* soit la *chaux maigre ;* celle-ci étant moins pure que la première, il en faut employer une plus grande quantité. On rejette pour cet usage la chaux hydraulique.

Pour effectuer le chaulage, on dispose sur le champ, à 6 ou 8 mètres les uns des autres, de petits tas de chaux vive dont l'importance varie selon la dose de chaux employée. Ils sont recouverts de terre fine et abandonnés à eux-mêmes. Sous l'influence de l'humidité de l'atmosphère, la chaux se délite et, au bout de 15 à 20 jours, elle n'est plus qu'une poudre impalpable qu'on répand sur le sol mélangée à la terre qui la recouvrait. Quinze jours après l'épandage, on peut labourer et semer sans risquer de brûler les grains et les jeunes plantes.

La quantité à employer varie avec la nature des terres à chauler. Dans les terres fortes, il n'y a pas d'inconvénients à espacer, sans exagération, les chaulages et à forcer les doses. Dans les terres légères, au contraire, il faut rapprocher les chaulages et diminuer les doses. On verra pourquoi au paragraphe suivant.

Dans les terres légères, sableuses, il convient de chauler tous les trois ans à la dose de 10 à 12 hectolitres à l'hectare chaque fois ; dans les mêmes terres, riches en humus, il faut doubler la dose de chaux ; apporter, dans les terres de consistance moyenne, 15 hectolitres tous les quatre ans ; dans les terres fortes, argileuses, 20 hectolitres tous les quatre ou cinq ans.

Il est bon, dans les terres tourbeuses, acides, de chauler tous les cinq ans à la dose massive de 30 à 40 hectolitres à l'hectare.

Dans beaucoup de régions, les chaulages sont plus espacés, et les doses plus fortes. Cette pratique n'est pas à conseiller, en raison des déperditions de chaux et de matières azotées qu'elle occasionne.

Enfin, en ce qui concerne l'époque des chaulages, il n'y a pas de règle fixe ; cette opération se pratique sur la terre nue, c'est-à-dire généralement au printemps ou à l'automne avant les semailles ou les plantations.

40. Conséquences du chaulage. — Que devient la chaux mise dans le sol ? Elle se transforme en carbonate de calcium (calcaire) très pulvérulent et, par suite, extrêmement actif.

Ce calcaire active la nitrification (voir § 18, 5°). La conséquence indirecte du chaulage est donc un enrichissement du sol en nitrate, mais à condition que le sol soit bien pourvu de matières organiques, soit naturellement (sols humifères), soit par l'apport d'abondantes fumures organiques, surtout de fumier de ferme.

D'autre part, ce calcaire précipite l'argile colloïdale (voir § 10) et, par conséquent, ameublit les sols argileux, les rend plus poreux, plus perméables.

Enfin, ce calcaire se combinant à la potasse, à l'ammoniaque, qui se trouvent dans le sol, forme du carbonate de potassium et du carbonate d'ammonium, qui sont retenus par les propriétés absorbantes de la terre (voir § 25).

De toutes ces actions bienfaisantes, résulte une transformation complète des récoltes : les mauvaises espèces végétales disparaissent, les légumineuses se développent, les récoltes sont de meilleure qualité, les fourrages plus nutritifs pour le bétail, le froment remplace le seigle.

Mais, de ce qui précède, il ne faut pas conclure que la chaux enrichit le sol; au contraire, elle favorise la nitrification et, par conséquent, l'utilisation des engrais azotés; elle épuise donc le sol à cet égard, et c'est bien ce que la pratique a constaté : le chaulage, quand il n'est pas complété par des fumures, appauvrit le sol en hâtant la consommation des réserves. C'est ce que l'expérience et l'esprit d'observation des cultivateurs ont traduit par ces deux proverbes :

La chaux enrichit le père et ruine les enfants.

et   *Qui chaule sans fumer*
Se ruine sans y penser.

Au contraire, la chaux ou la marne apportées en complément des fumures, surtout d'azote organique, fertilisent singulièrement les terres.

Grâce au chaulage, l'agriculture de certains pays a été complètement transformée; de stériles et misérables, ces pays sont devenus fertiles et prospères. C'est le cas du Limousin, qui, à l'époque où Turgot l'administrait, ne produisait que la châtaigne et qui, depuis que les chemins de fer ont pu y amener la chaux de l'Indre et du Cher, est devenu riche en blé et en bétail. C'est aussi le cas de la Bretagne, dont toute la zone maritime septentrionale, appelée aujourd'hui « Ceinture doré », a été améliorée par l'emploi des calcaires marins : tangues et mœrls. De même, grâce à la chaux, les landes du Nivernais, du Bourbonnais, du Maine, de la Vendée, ont fait place aux cultures et aux herbages.

Il semble que devant l'emploi des engrais chimiques et notamment des scories de déphosphoration, l'usage de la chaux soit quelque peu abandonné. C'est un tort, et il est à désirer que les cultivateurs reviennent au chaulage : la productivité de leur terre s'en ressentira favorablement.

41. Marnage. — Le marnage est une opération semblable dans laquelle la chaux est remplacée par la marne.

La marne est un mélange, en proportions variables, de carbonate de calcium, d'argile et de sable ; elle est, par conséquent, moins active que la chaux. Mais elle a la propriété de se déliter à l'air, sans avoir besoin, comme le calcaire, d'avoir été transformée au préalable en chaux vive.

Il existe trois sortes de marnes, selon l'élément prédominant : les marnes calcaires, les marnes argileuses, les marnes sableuses ; les premières sont les plus avantageuses à employer.

L'époque la meilleure pour le marnage est l'automne. La marne, renfermant du calcaire et non de la chaux vive, n'a pas d'effet corrosif, et elle peut être répandue sur toute la surface du champ ; elle est ensuite enfouie par la charrue, une fois qu'elle s'est complètement délitée.

L'effet de la marne est le même que celui de la chaux, mais moins rapide et moins énergique. Les doses de marne à employer dépendent de la teneur de la marne en calcaire. Tout ce que nous avons dit plus haut du chaulage est vrai pour le marnage, toutes proportions gardées.

42. Autres amendements calcaires. — A défaut de chaux vive et de marne, et dans des situations spéciales, il peut y avoir intérêt à recourir à d'autres amendements calcaires. Les *faluns*, sables renfermant d'abondantes coquilles calcaires, se délitent comme la marne, mais moins rapidement. Les *tangues*, les *mœrls*, sables calcaires marins, sont utilisés sur la côte septentrionale de la Bretagne. Les *cendres de houille*, dont la valeur fertilisante est peu élevée, peuvent être employées pour la chaux qu'elles renferment.

CHAPITRE VIII

DRAINAGE ET ASSAINISSEMENT

43. L'eau dans le sol. Eaux nuisibles et eaux utiles.
— L'eau est indispensable dans le sol pour dissoudre les
principes nutritifs qui y sont renfermés. Mais son rôle
varie selon qu'elle est en quantité normale ou en surabondance, et surtout selon qu'elle est stagnante ou courante.

L'eau qui se trouve à l'intérieur du sol est nuisible toutes
les fois qu'elle est stagnante. Les raisons en sont les suivantes :

1° Elle n'est pas aérée et les racines des plantes peuvent
périr par manque d'air, par asphyxie;

2° Les réactions chimiques et biologiques, étudiées dans
les chapitres III, IV et V, ne peuvent s'effectuer en raison
du manque d'oxygène;

3° Les terres gorgées d'eau restent froides, parce que
la grande quantité d'eau qu'elles renferment en retarde
l'échauffement; par suite, la végétation, tardive, manque
d'activité;

Aussi le sol est-il envahi par les plantes de mauvaise
qualité, au détriment des récoltes qui végètent et quelquefois même sont supprimées si la quantité d'eau stagnante
est trop importante et noie la couche superficielle du sol.

Lorsque l'eau, au contraire, n'est pas en surabondance
et surtout lorsque, par suite de la disposition des couches
de terrain (voir chap. II), elle circule à l'intérieur du sol,
elle est utile aux récoltes en leur apportant les éléments
nutritifs nécessaires à leur alimentation et en favorisant
l'aération du sol.

Le cultivateur doit donc s'efforcer par des travaux spéciaux d'améliorer ses terres en enlevant les eaux nuisibles
(assainissement, drainage).

44. Assainissement superficiel par fossés ouverts. — C'est le procédé le plus économique : le cultivateur peut le réaliser lui-même, en creusant une série de fossés dont la profondeur varie avec la quantité d'eau à évacuer. Généralement, un fossé principal plus profond occupe la partie la plus basse du terrain, *le thalweg ;* une série de fossés secondaires viennent y aboutir et y apportent les eaux de toute la surface à assainir.

Ce système d'assainissement convient aux terres de peu de valeur (en raison du terrain que fait perdre l'établissement des fossés), aux terres inondées, aux marais, aux fonds de vallée à pente très faible. Lorsqu'il s'agit d'assainir une surface qui reçoit des eaux de ruissellement provenant de terrains voisins supérieurs, il faut compléter ces canaux par un fossé de ceinture qui recueille les eaux provenant

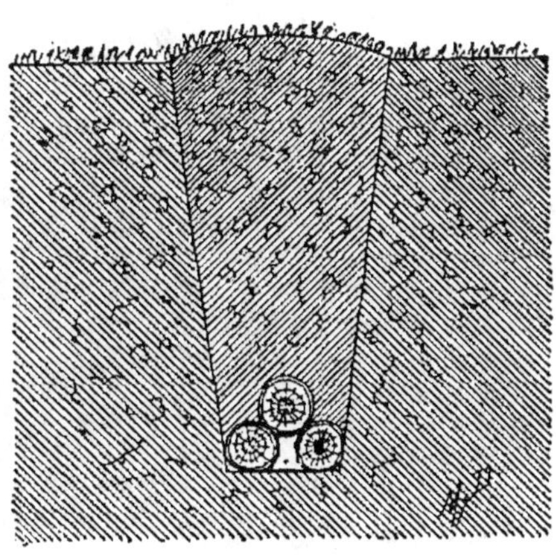

Fig. 12.

de l'extérieur. Dans certains cas même, il est utile de faire varier le niveau de la nappe souterraine ; de l'élever pendant l'été quand le terrain est trop sec, de l'abaisser à l'époque des grandes pluies. Pour y arriver, il suffit de placer un barrage en travers du canal principal de décharge, de tenir ce barrage fermé quand il faut élever le niveau de l'eau et ouvert quand il s'agit de l'abaisser.

Il est indispensable de curer régulièrement tous ces fossés, de couper l'herbe qui peut les envahir et dont les semences peuvent infester les terres voisines. Les rongeurs (souris, mulots, etc.) peuvent y trouver asile ; il faut donc visiter souvent ces fossés.

45. Assainissement par fossés couverts. — Ce procédé complète le précédent. Il consiste surtout, lorsque les fossés sont profonds, à placer au fond de chacun d'eux

des matériaux de gros éléments qui facilitent l'écoulement
de l'eau rassemblée dans ces fossés.

On utilise ainsi des fascines ou des bûches de bois groupées par trois ou quatre (fig. 12) (on recherche pour cet
usage les bois résineux), des pierres brisées irrégulières
ou des pierres plates laissant entre elles une rigole d'écoulement de section triangulaire ou rectangulaire (fig. 13).
Au-dessous de ce canal, on dispose un lit de pierres, de
moins en moins volumineuses, de 20 à 30 centimètres de
hauteur, et l'on couvre le
tout de terre dont on dame
les couches inférieures. Ce
système, qui est le mode de
drainage le plus ancienne-
ment employé, est encore
utilisé quand il s'agit de
débarrasser le terrain à assainir des pierrailles qui
l'encombrent, par exemple
dans les régions granitiques
du Massif Central.

**46. Drainage par drains
de poterie.** — Le procédé

Fig. 13.

le plus parfait d'assainissement consiste à disposer dans
le sol, à une certaine profondeur, un réseau de drains en
poterie brute qui évacuent l'eau dans un déversoir. Un
système complet de drainage comporte de petits drains,
dits *drains d'asséchement,* d'un diamètre intérieur pouvant
varier de 3 à 4 centimètres, qui se jettent dans un *drain
collecteur,* tuyau en poterie d'un diamètre intérieur de 5 à
7 centimètres. Plusieurs collecteurs peuvent se réunir et
se jeter dans le déversoir chargé d'évacuer les eaux de drainage par des bouches d'évacuation grillées et parfois même
pavées (fig. 14).

a) Comment s'effectue l'asséchement du sol. — Ce mode
d'assainissement convient surtout aux terres qui reposent
sur un sous-sol imperméable. L'eau en surabondance dans
le sol pénètre à l'intérieur des tuyaux; et là, entraînée par

la pente donnée aux drains, elle s'écoule. Cet écoulement cause une sorte de vide, qui provoque une véritable aspiration de l'eau dont la terre est imprégnée.

L'intensité de l'asséchement du sol dépend de plusieurs facteurs, dont les principaux sont les suivants :

1° écartement des drains d'asséchement;

2° profondeur donnée aux drains;

3° diamètre des drains. Ces trois facteurs, déterminés par le calcul, doivent varier suivant la nature du terrain à assainir, et selon la quantité d'eau à évacuer;

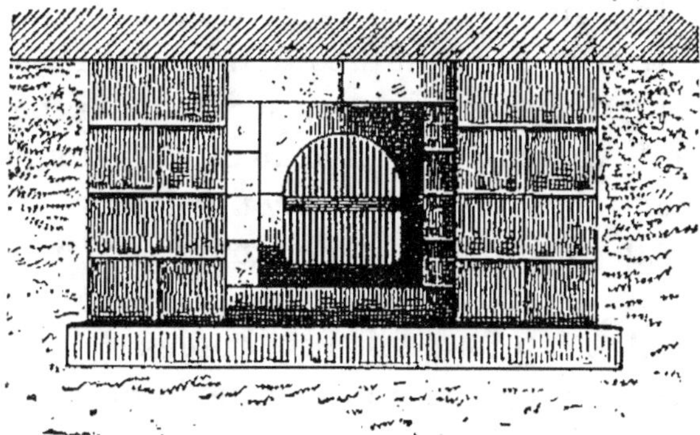

Fig. 14. — Bouche d'évacuation d'un train collecteur principal.

4° disposition à donner aux drains d'asséchement et aux drains collecteurs. Ici, deux méthodes sont en présence : l'ancien procédé, qui consiste à disposer les drains d'asséchement selon la plus grande pente du sol et les drains collecteurs selon une diagonale, et le nouveau procédé, [préconisé surtout par Risler[1], dans lequel les drains d'asséchement sont disposés selon une diagonale à la pente du terrain et les drains collecteurs selon la plus grande pente. La pratique agricole a montré que dans ce dernier système il se produit une véritable aspiration par les drains de l'eau dont est gorgée la terre et, pour cette raison, ce système réalise le plus rapidement l'asséchement de la plus grande surface possible de terrain, et il permet le mieux d'éviter les obstructions des tuyaux par les dépôts de matières que l'eau tient en suspension.

b) Exécution d'un drainage par drains en poterie. — La

1. Agronome français remarquable (1828-1905), qui exploita un domaine à Calèves (Canton de Vaud, Suisse) et fut directeur de l'Institut agronomique de Paris.

nécessité de déterminer exactement les facteurs indiqués au paragraphe précédent (écartement, profondeur, diamètre des drains) oblige à procéder tout d'abord à une étude approfondie des conditions dans lesquelles on se trouve, quant à la nature et au relief du sol, au régime des pluies dans la région considérée. Cette étude indispensable doit être confiée à un spécialiste qui établit un plan des terres à drainer et un devis complet des dépenses à prévoir, après quoi, il faut remettre à un entrepreneur de drainage disposant d'une équipe d'ouvriers draineurs le soin de procéder à l'exécution du travail sur le terrain. Il ne nous est pas possible ici de donner de plus amples détails sur l'établissement de ce mode de drainage ; il nous suffira de signaler que le Ministère de l'Agriculture offre aux cultivateurs qui, désireux de drainer leurs terres, se groupent en une association syndicale de drainage, le concours du personnel technique du Service du Génie rural. Les agents de ce service procèdent gratuitement aux études nécessaires et à l'établissement des projets et des devis de drainage qui leur sont demandés.

47. Effets du drainage. — Les terrains qui ont besoin d'être drainés ne sont pas exclusivement ceux qui sont couverts d'eau pendant une certaine partie de l'année. La fertilité de beaucoup de terrains, parfaitement susceptibles de porter des récoltes, est augmentée par le drainage.

Ces terrains se caractérisent ainsi, d'après Barral :

« Partout où, quelques heures après une pluie, on aperçoit l'eau qui séjourne ; partout où la terre est forte, grasse, s'attache au soulier, où le pied laisse des cavités dans les quelles l'eau demeure ; partout où le bétail ne peut pénétrer après un temps pluvieux sans enfoncer ; partout où le soleil forme sur la terre une croûte dure, légèrement fendue, resserrant comme dans un étau les racines des plantes ; partout où l'on voit les dépressions de terrain plus humides que le reste des pièces, trois ou quatre jours après les pluies ; partout où un bâton, enfoncé à une profondeur de 0 m. 40 à 0 m. 50, forme un trou qui ressemble à un puits au fond duquel l'eau s'aperçoit ; partout où la tradition a consacré comme avantageux l'usage de la culture en billons, le drainage produira de bons effets. »

La composition de la flore est une caractéristique de la surabondance de l'eau. Ainsi dans les prairies on voit dominer, au point qu'elles peuvent étouffer la végétation des espèces fourragères favorables, les mauvaises plantes suivantes : le jonc commun, le colchique d'automne, la renoncule âcre (fig. 15), la cardamine des prés, le populage des marais, la laîche, l'orchis à larges feuilles, etc.

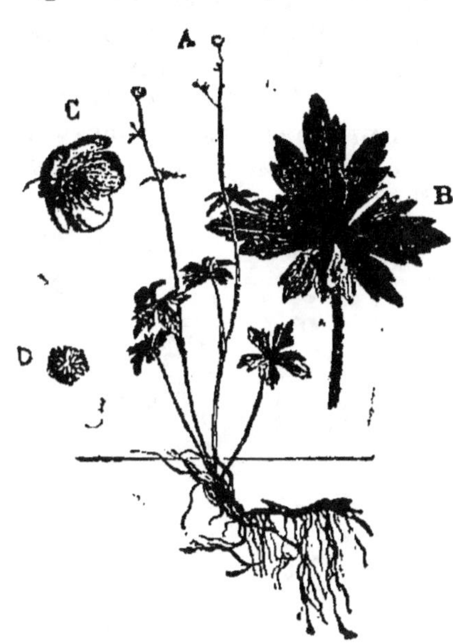

Fig. 15. — Renoncule âcre.

A, pied très réduit; B, C, D, feuilles, fleur et fruit réduits de moitié.

Dans les terres de culture, ce sont les renoncules diverses, le poivre d'eau, la prêle, qui prédominent.

Le drainage modifie complètement cet état de choses. Les mauvaises espèces végétales se font plus rares et même disparaissent; les réactions chimiques et biologiques du sol (nitrification, fixation de l'azote) s'effectuant normalement, la fertilité du sol augmente; la terre étant moins froide, le départ de la végétation se fait plus tôt, l'argile perd ses propriétés défavorables à la culture, les terres sont plus aisément accessibles, les travaux s'y exécutent plus facilement, enfin, les plantes et les animaux ont moins à souffrir des maladies cryptogamiques et parasitaires dont un milieu humide facilite le développement (rouille et piétin pour le blé, anthracnose et chlorose pour la vigne, piétin des moutons, douve des ruminants, etc.).

L'exemple le plus frappant des améliorations que procure le drainage est fourni par la Brie, dont la fertilité est devenue considérable lorsque s'est généralisé le drainage des sols argileux qui constituent cette région.

48. **Dispositions législatives et administratives en faveur du drainage.** — L'importance des avantages à

attendre du drainage a conduit l'État à prendre plusieurs mesures pour le favoriser.

1° *Loi du 10 juin 1854.* — Cette loi oblige à accepter le passage des eaux provenant de terrains drainés, sous réserve de justes indemnités.

2° *Associations syndicales.* — La loi du 21 juin 1865, complétée par celle du 22 décembre 1888, et par le décret du 9 mars 1894, permet la constitution d'associations syndicales libres ou autorisées entre cultivateurs ayant intérêt au drainage de leurs terres.

3° *Moyens financiers.* — Diverses lois mettent à la disposition des cultivateurs et dans certaines conditions prévues des avances du Crédit Foncier (loi du 28 mai 1858) ou du Crédit agricole (lois du 19 mars 1910, du 5 août 1920).

CHAPITRE IX

49. Nécessité d'apporter de l'eau aux cultures. — Les récoltes doivent trouver dans le sol et dans les couches supérieures du sous-sol les quantités considérables d'eau nécessaires à leur activité végétative. Nous avons vu (leçon d'introduction) que les récoltes ont besoin de beaucoup d'eau. Un hectare de blé évapore dans le cours de sa végétation plus d'un milion de litres d'eau, un hectare d'avoine plus de 2 millions. Cette quantité correspond à une couche d'eau variant de 100 mm. à 200 mm. d'épaisseur. En raison du ruissellement et de l'évaporation des eaux de pluie et de l'eau qui passe dans les couches profondes du sous-sol, il n'est pas exagéré de dire que, pour qu'une semblable quantité d'eau circule dans les couches superficielles du sol, il faut qu'il en tombe 5 fois plus, soit de 500 à 1000 mm. Or, il y a peu de pays où la chute de pluie annuelle soit aussi importante. Dans la région méditerranéenne, il tombe à peine 600 mm. d'eau ; dans la région parisienne, 650 mm. ; dans l'ouest de la France, 850 mm. ; dans l'est, 950 mm. Ainsi la quantité d'eau tombée peut être insuffisante au total dans l'année. En outre, la pluie peut ne pas tomber aux époques de l'année utiles pour la végétation. Dans le Midi, il ne pleut pas du mois de mai au mois de septembre. Dans la plupart des régions, l'eau tombée en hiver ne sert pas aux besoins immédiats des plantes, dont l'activité végétative est suspendue ; elle s'emmagasine presque en totalité dans le sous-sol.

Tout cela oblige le cultivateur à se préoccuper d'apporter à ses cultures l'eau qui peut leur manquer. De là, la nécessité des irrigations.

De plus, même dans les régions où le régime des pluies est satisfaisant, il peut être utile de pratiquer les irrigations. L'eau, en effet, tient en suspension ou en dissolution une proportion de matières fertilisantes qui varie selon sa nature et son origine. Il y a donc intérêt, dans certains cas, à répandre sur une terre une quantité d'eau importante ; c'est véritablement la fertiliser. C'est là un autre objet auquel répond l'irrigation.

Dans le premier cas, insuffisance des pluies ou répartition peu favorable à la culture, les irrigations ont pour but l'apport de l'eau ; ce sont les *irrigations d'arrosage*. Dans le second cas, pluies en quantité suffisante et bien réparties, les irrigations ont pour but l'enrichissement de la terre ; ce sont des *irrigations de fertilisation*.

50. Effets bienfaisants des irrigations. — Dans peu de pays le régime des pluies est en harmonie avec l'évolution des récoltes, et c'est le résultat le plus immédiat et le plus appréciable des irrigations de remédier à ce défaut d'équilibre, *de compenser l'insuffisance des pluies pendant la période d'activité de la végétation*.

De plus, *l'irrigation aère le sol ;* l'eau, à la condition de ne pas rester stagnante, apporte au sol l'oxygène qu'elle tient en dissolution et qui favorise les réactions chimiques et biologiques dont le sol est le siège. C'est ainsi notamment que la nitrification est rendue plus active, et l'azote organique mobilisé sous forme d'azote nitrique.

L'irrigation apporte aussi des matières fertilisantes, de nature et en quantité variables suivant leur origine (voir le § suivant). Ces matières peuvent être en suspension, ce sont *des limons,* ou en dissolution à l'état de sels (sels de calcium, de potassium, nitrates, phosphates, etc.). Cet avantage est surtout appréciable dans le mode d'irrigation où l'eau est employée en grande abondance.

Enfin, l'irrigation pratiquée à propos est un moyen de délivrer les prés des insectes, des animaux et de certaines plantes nuisibles.

51. Des eaux à employer pour les irrigations. — On peut employer des eaux d'origine différente, mais leurs qualités varient avec leur origine, et leur usage nécessite des précautions et des travaux différents.

Eaux de source. — Le plus souvent, ces eaux ne sont pas assez aérées. Il est bon, avant de les envoyer sur les terres, de les réunir dans un réservoir, ce qui permet également d'augmenter les quantités d'eau utilisable quand le débit de la source est insuffisant.

Eaux de puits. — Dans certains cas, il faut aller chercher l'eau dans les couches profondes du sous-sol; on creuse pour cela des puits (ou *norias* en Algérie et Tunisie), et l'eau est montée au moyen de chaînes à godets mues par un moteur ou par des animaux.

Eaux de rivières. — Ce sont les plus utilisées. Leur emploi nécessite la création de canaux de dérivation. On doit, au sujet de la captation des eaux de rivière, comme des sources, observer certaines prescriptions légales obligatoires.

Eaux résiduaires et eaux d'égouts. — L'emploi des eaux résiduaires de certaines usines oblige à des précautions, ces eaux pouvant contenir des substances nocives pour les plantes. Il faut les aérer ou ne les utiliser que sur les terres nues, avant l'ensemencement, de façon à modifier la nature des matières qu'elles tiennent en dissolution.

Les eaux d'égout, au lieu d'être envoyées dans les rivières, devraient, toutes les fois qu'il est possible, être employées pour l'irrigation, comme on le fait sur plus de 5 000 hectares aux environs de Paris, à *Gennevillers* (Seine), *Achères*, *Triel*, *Carrières*, *Pierrelaye* (Seine-et-Oise). Par filtration, ces eaux enrichissent le sol de tous les éléments fertilisants qu'elles renferment.

Les eaux d'égout de Paris sont très chargées de matières diverses, elles renferment par mètre cube :

Azote total............	30 gr. environ.
Acide phosphorique...	18 gr.
Potasse.................	37 gr.

ce qui, au cours des matières fertilisantes, leur donne une valeur élevée. Ces eaux sont répandues par un système de canaux, méthodiquement établis, sur des cultures très variées. La nitrification est particulièrement active et les eaux, après avoir traversé les couches de terre, sont éliminées à peu près complètement purifiées.

Les conditions nécessaires à la bonne utilisation de ces eaux sont les suivantes : la durée des périodes d'épandage doit être courte, elle varie de 5 à 10 heures, et ces périodes doivent être séparées par un intervalle d'au moins 4 fois leur durée. Dans la pratique, elles reviennent tous les huit à neuf jours. Dans ces conditions, l'épuration des eaux est complète et les récoltes en profitent au maximum.

52. Époque des irrigations. — Elle varie avec leur objet. Les irrigations d'arrosage ne sont utiles, naturellement, qu'au cours de la saison où les chutes d'eau sont insuffisantes, et où la végétation est en pleine activité. Ce sont des *irrigations d'été* surtout, également de printemps et d'automne.

Dans le Midi et en Algérie, il est bon de les pratiquer pendant la nuit, pour éviter une différence trop grande de température entre le sol surchauffé par le soleil, et l'eau plus froide.

Les irrigations de fertilisation se font surtout en *hiver;* elles commencent dès l'automne pour finir au printemps. Elles ne doivent pas être pratiquées pendant les grandes gelées, surtout sur les sols couverts de végétation.

53. Pratique des irrigations. — Les méthodes d'irrigation, les quantités d'eau utilisées varient selon l'objet de l'irrigation, la nature de la culture à laquelle elle s'applique, la nature physique du sol.

a) Modes d'irrigations. — 1° *Par aspersion :* l'eau est envoyée sur les cultures par un appareil (lance ou tourniquet) qui la répartit en pluie ;

2° *Par infiltration :* l'eau, maintenue courante dans de petites rigoles rapprochées les unes des autres, imbibe la terre avec laquelle elle est en contact;

3° *Par submersion :* le sol est divisé en compartiments et l'eau les recouvre complètement pendant plusieurs jours de suite ;

4° *Par déversement :* cette méthode ne se pratique que sur des terrains suffisamment en pente. On dispose des rigoles suivant les lignes de niveau du terrain. La rigole

supérieure se remplit d'eau : l'excédent, s'écoulant, arrive
en une nappe mince sur la surface du sol qui la sépare de
la deuxième rigole. Celle-ci se remplit comme la première
et se déverse à son tour, et ainsi de suite jusqu'au bas. Si
la pente est régulière, les rigoles sont parallèles et on leur
donne le même écartement. Plus le terrain est en pente,
plus on les rapproche, car l'eau en ruisselant se réunit en

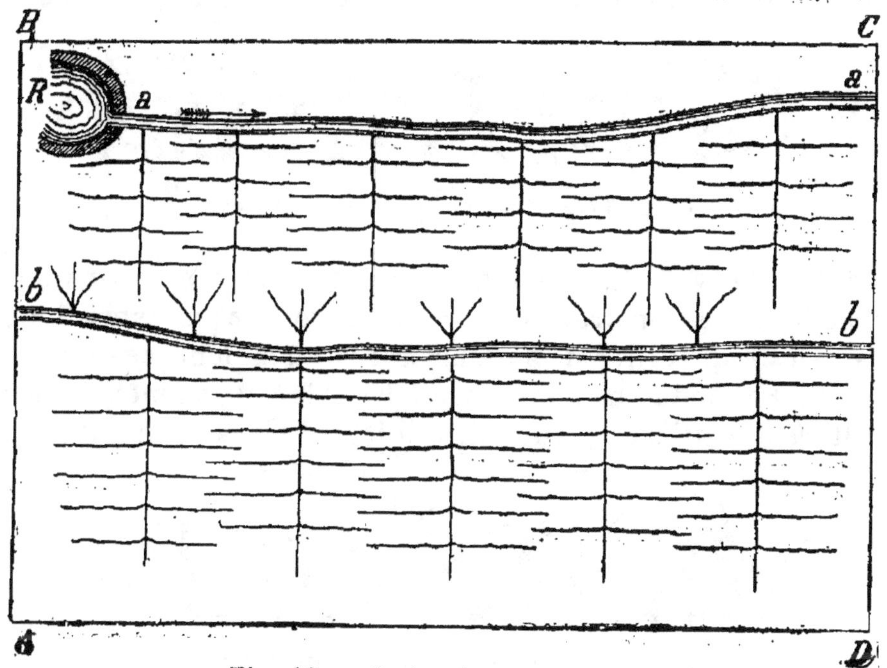

Fig. 16. — Irrigations par razes.

aa, rigole primaire de distribution ; *bb*, rigole secondaire de distribution.

filets qui ravinent la surface du terrain. Cet écartement
varie de 2 à 40 mètres. C'est là l'irrigation par *rigoles de
niveau*. On peut en rapprocher l'*irrigation par razes* (fig. 16)
(centre de la France) ou par *rigoles en épis*; elle consiste
à répartir sur le terrain des rigoles principales de distribution, d'où se détachent des rigoles secondaires qui déver-
sent l'eau. A ce mode d'irrigation par déversement se rat-
tache l'*irrigation par planches* (fig. 17) *ou demi-planches en
ados* (fig. 18), applicable aux terrains ayant peu de pente
naturelle et partagés en planches auxquelles est donnée
une pente suffisante pour l'écoulement de l'eau.

b) *Cultures à arroser*. — Toutes les cultures peuvent être arrosées avec avantage ; cependant certaines cultures profitent mieux des irrigations que d'autres.

Les céréales ne sont pas souvent arrosées. Cependant dans la région méridionale, on a augmenté considérablement les récoltes en pratiquant un ou deux arrosages en mai, selon le caractère de la saison.

Les cultures maraîchères sont parmi celles qui bénéfi-

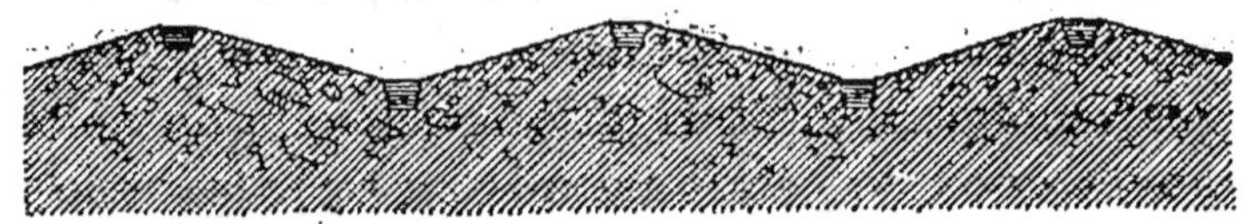

Fig. 17. — Irrigations par planches.

cient le plus de l'apport de l'eau. Dans les environs des grandes villes, on pratique surtout l'arrosage par aspersion ; dans le Midi (vallée de la Durance, notamment) ces cultures sont abondamment arrosées. En Algérie, de même. Les cultures fruitières dans le Midi, en Corse, en Algérie

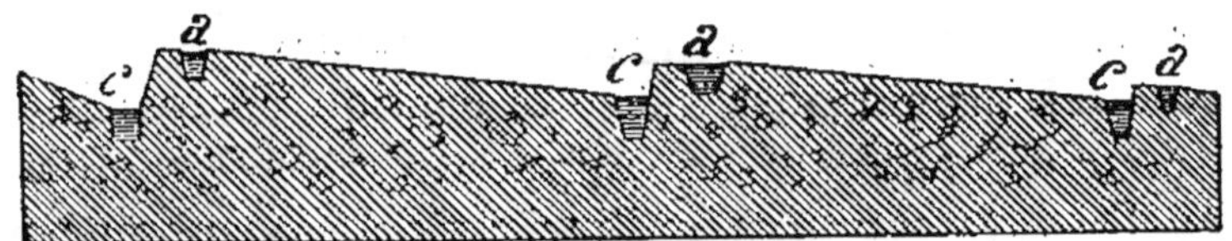

Fig. 18. — Irrigations par demi-planches.
a, rigoles d'arrosage ; *c*, rigoles de collature.

(aurantiacées diverses, oliviers, vignes, dattiers), sont à peu près toujours arrosées.

Pour les cultures maraîchères et fruitières, c'est l'arrosage d'été, de mai à octobre, par infiltration, qui est adopté. L'emploi des eaux d'égout est à rejeter pour la production des légumes à consommer crus.

Un mode un peu spécial d'irrigation d'hiver consiste dans la *submersion* des vignes, employée dans quelques régions, notamment en Camargue, en vue de la destruction du phylloxera.

Ce sont surtout les prairies, permanentes ou artificielles,

qui, sous tous les climats et à toutes les époques de l'année, bénéficient le plus généralement des irrigations.

Selon la disposition du terrain, on adopte l'un ou l'autre mode d'arrosage : en planches ou demi-planches, dans les régions du Nord ou en Belgique où la pente est insuffisante, par rigoles de niveau ou par razes, dans les montagnes. Dans les Vosges, l'arrosage dure toute l'année ; il est interrompu seulement à l'époque de la fenaison. Les terres étant généralement sableuses, légères, les quantités d'eau apportées sont considérables. Dans le centre de la France, les herbages reçoivent des irrigations d'hiver, de novembre à avril ; après quoi, le bétail est mis au pré. Dans le Limousin, les Cévennes, les prés sont arrosés depuis la fenaison jusqu'au printemps suivant. Dans le Midi, on pratique surtout les irrigations d'été sur les prairies artificielles, la luzerne, dont la récolte passe ainsi de 3 000 kilogrammes de foin sec à l'hectare, sur terre non irriguée, à 10 000 kilogrammes sur terre irriguée.

54. Colmatage et limonage. — Le colmatage consiste à exhausser le niveau du sol, au moyen de terre charriée par les eaux. Ainsi compris, le colmatage se confond un peu avec les irrigations. Cette opération change la nature de la couche arable et en augmente considérablement la valeur. De même que pour l'irrigation par submersion, le terrain qu'on veut colmater doit être divisé en compartiments. On opère sur les côtes de la Manche et de l'Océan un colmatage marin, qui a donné naissance à des terrains d'une fertilité exceptionnelle : polders de l'Ouest dans la baie du Mont Saint-Michel ; baie de Bourgneuf (Loire-Inférieure) ; Marais de la Vendée et de la Charente-Inférieure, etc.

Le limonage est le résultat de l'apport de matières terreuses sur un terrain voisin d'un cours d'eau. Il ne change pas la nature du sol arable comme le colmatage ; il dépose des substances utiles aux plantes, en couches très minces, parfois imperceptibles.

55. Dispositions législatives relatives à l'irrigation. — Les articles 641 et 644 du Code Civil donnent aux cultivateurs la disposition de l'eau de source ou de l'eau courante qui traverse ou borde leur propriété.

La loi du 29 avril 1845 règle les questions de servitude, de passage, relatives à l'irrigation.

En raison des difficultés techniques de l'établissement d'un réseau d'irrigation, surtout quand il s'agit d'amener l'eau de fort loin, il est à recommander aux cultivateurs de constituer des Associations syndicales régies par la loi du 21 juin 1865[1]. Ces associations peuvent obtenir le concours du Génie Rural pour l'établissement gratuit d'un projet et d'un devis et une subvention proportionnée au montant de la dépense nécessitée par l'exécution des travaux.

1. Dans certaines régions existent des syndicats d'irrigation dont l'origine remonte à plusieurs siècles. Ces associations ont pour but la répartition de l'eau entre leurs adhérents. Les plus célèbres sont les communautés d'arrosants du Roussillon, qui existent depuis la conquête des Arabes, et les associations d'Arles et de Craponne, qui datent du XIIe siècle.

APPENDICE

Exercices pratiques.

Examen du sol en place. — Au cours d'une promenade, examiner dans une tranchée ou une carrière les différentes couches de terre végétale. — Du sommet d'un bâtiment, ou d'une hauteur, examiner l'aspect général du territoire, distinguer les terrains formés en place et les terrains de transport. — Ces exercices peuvent être liés avec ceux de géologie.

Étude de la constitution physique de la terre. — Se livrer, sur un échantillon de terre arable, à la séparation des éléments physiques du sol, telle qu'elle est indiquée au § 7. — Examen de quelques échantillons purs de silice, de calcaire, d'argile, d'humus. — Séparation de l'argile colloïdale (§ 10).

Étude des propriétés physiques des terres arables. — Reproduire les expériences décrites au § 12, *a*, *b*. Au cours d'une excursion, se livrer à l'examen des sols d'après leurs propriétés physiques, d'après leur végétation adventice, leurs productions agricoles (§ 14), se rendre compte de l'effet du sous-sol (§ 15). — Il serait utile de faire constituer par les élèves un herbier où seraient classées à part les plantes adventices caractéristiques des différents terrains.

Étude du pouvoir absorbant du sol. — Réaliser les expériences décrites au § 25.

Étude de la constitution chimique des terres arables. — Nous ne conseillons pas de procéder à des analyses chimiques de terre, mais seulement à des analyses mécaniques et à des dosages de calcaire (§ 32) à l'aide du calcimètre Bernard.

Amendements, drainage, irrigations. — Etudier sur place, si possible, la pratique suivie dans le pays.

Bibliographie. — *Chimie agricole*, par P.-P. DEHERAIN. — *Chimie agricole*, par CHANCRIN. — *Cours d'Agriculture* (tome I), par DE GASPARIN. — *Agriculture générale*, par BOITEL. — *Agriculture générale* : I. Le sol et l'amélioration des terres, par DIFFLOTH. — *Géologie agricole*, 4 vol., par RISLER. — *Les Irrigations*, par RONNA. — *Irrigations et drainages*, par RISLER et WÉRY.

DEUXIÈME PARTIE

ALIMENTATION DES PLANTES. — ENGRAIS

CHAPITRE PREMIER

LES ENGRAIS

56. Utilité des engrais. — Les engrais sont des matières d'origine et de nature fort diverses, qui apportent au sol les matières fertilisantes utiles à la plante et qui manquent au sol ou s'y trouvent dans un état tel qu'elles ne peuvent être utilisées.

Nous savons que le sol renferme un certain approvisionnement en chacune des matières fertilisantes : azote, acide phosphorique, potasse, chaux, magnésie. Cet approvisionnement est-il suffisant pour les besoins des récoltes ? Le calcul dit oui ; la pratique répond presque toujours non.

Prenons comme exemple une terre de bonne composition moyenne, renfermant :

Azote.................	1 p. 1000
Acide phosphorique.	1 p.
Potasse...............	2 p.
Chaux	50 p.

Une couche de terre arable de $0^m,30$ d'épaisseur et d'un poids moyen de 1 000 kgs au mètre cube, renfermera par hectare :

Azote...............	3 600 kilogr.
Acide phosphorique.	3 600
Potasse.............	7 200
Chaux	180 000

Or, des recherches scientifiques ont établi qu'une récolte de blé de 25 quintaux à l'hectare enlève au sol les quantités suivantes d'éléments fertilisants :

Azote.............. De 90 à 100 kilogr.
Acide phosphorique. 35 à 40
Potasse............. 100 à 120
Chaux.............. 20 à 30

Ainsi, une terre de composition moyenne renfermerait des quantités suffisantes d'éléments fertilisants pour satisfaire au moins à une trentaine de récoltes successives.

Or, la pratique montre qu'au bout de très peu d'années, une terre cultivée sans engrais manifeste des symptômes d'épuisement; les récoltes baissent au point de devenir déficitaires après trois ou quatre ans.

En réalité, les matières fertilisantes révélées par l'analyse se trouvent bien dans le sol, mais surtout à l'état insoluble et, par suite, non assimilable par les plantes; elles constituent une véritable réserve, et ce ne sont que de très faibles fractions de cette réserve qui, chaque année, sont rendues solubles et assimilables, grâce aux transformations d'ordre chimique et biologique qu'elles subissent. La provision de principes nutritifs qui se trouve dans le sol peut être comparée à un véritable capital, dont le revenu annuel est représenté par la quantité de ces principes qui sont rendus assimilables par les plantes. Lorsque ce revenu est suffisant pour assurer les exigences d'une récolte, la terre n'a pas besoin d'engrais[1]. Mais, s'il est insuffisant, ce qui est le cas le plus général dans notre pays, la terre manifeste le besoin d'engrais.

Le cultivateur est donc obligé d'envisager l'emploi des engrais, sans lesquels il est impossible d'accroître les récoltes et de les maintenir à un niveau élevé.

57. Lois sur lesquelles est fondé l'emploi des engrais. — L'emploi rationnel des engrais s'appuie sur les deux

---

1. Ce cas ne se rencontre pas en France, malheureusement. Signalons les terres noires de Russie où les cultures se succèdent sans que la fertilité du sol diminue, les plateaux des Andes où, quoique l'emploi des engrais soit inconnu, les récoltes sont depuis longtemps excellentes.

lois suivantes, vérifiées par la pratique : la loi du minimum et celle des avances à faire au sol.

a) Loi du minimum. — Les récoltes, pour venir à maturité, mobilisent dans le sol des quantités déterminées de chacun des éléments fertilisants. Or, *les récoltes sont proportionnelles* (quand les circonstances atmosphériques sont favorables) *à la quantité assimilable par les plantes de l'élément fertilisant qui se trouve en moindre quantité, relativement aux besoins des récoltes.*

Exemple : une bonne récolte de blé exige par hectare :

Azote................ 95 kilogr.
Acide phosphorique. 37
Potasse 115

Si le blé trouve dans le sol les quantités d'azote et d'acide phosphorique assimilables dont il a besoin (95 et 37 kg.), mais s'il trouve seulement la moitié de la potasse (60 kg.), la récolte sera théoriquement réduite de moitié. En pratique, elle ne sera pas réduite de moitié en poids, mais elle sera très diminuée en poids et de qualité très inférieure à la moyenne.

La loi qui précède s'applique à des matières vivantes et, par suite, de nature extrêmement complexe et variable. Elle a quelque analogie avec la loi de chimie dite : *loi de Proust ou des proportions définies.* Une récolte est comparable à un composé chimique qui doit renfermer des proportions définies de chacun des éléments fertilisants qui entrent dans sa composition; c'est donc l'élément qui se trouve dans le sol en plus faible proportion qui réglera le poids de la récolte, une certaine quantité des autres éléments fertilisants restant inemployée.

Pour mettre en évidence la façon dont joue la loi du minimum, on peut comparer la fertilité d'une terre à la capacité d'un baquet, dont chaque douve représente un des éléments fertilisants du sol, la longueur de la douve étant proportionnelle à la quantité de cet élément que renferme le sol (fig. 19). Il est évident que la capacité du baquet dépend de la longueur de la plus petite douve et que, pour augmenter cette capacité, il faut augmenter la longueur non pas de n'importe quelle douve, mais de la plus petite seulement. De même la fertilité d'une terre est proportionnelle à la quantité que renferme cette terre de l'élément qui s'y trouve en moindre proportion et, pour accroître cette fertilité, il faut avant tout lui apporter, sous forme d'engrais, l'élément fertilisant qui se trouve en moindre quantité relativement aux besoins de chaque récolte,

Les conséquences à tirer de cette loi sont les suivantes :

L'absence d'un seul élément fertilisant dans le sol peut compromettre les récoltes ;

L'insuffisance d'un seul élément fertilisant peut réduire beaucoup les récoltes à la fois en quantité et en qualité ; elle est toujours une cause d'affaiblissement et de dégénérescence ;

Il suffit, pour provoquer un plus fort rendement, d'apporter au sol celui ou ceux des éléments fertilisants qui sont en moindre quantité relativement aux besoins des récoltes.

b) Loi des avances à faire au sol. — On a cru longtemps qu'il suffisait, pour s'assurer de bonnes récoltes, de restituer au sol ce qui lui était enlevé à chaque récolte. Ce n'est pas exact.

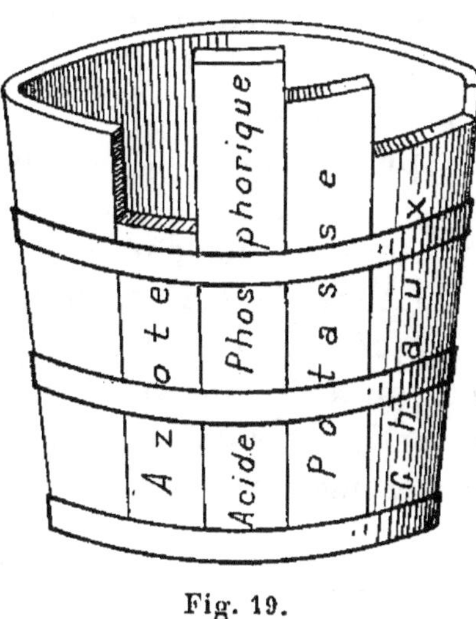

Fig. 19.

Ainsi il n'est pas nécessaire de restituer au sol certains éléments fertilisants qui s'y trouvent à l'état assimilable en grande abondance.

Par exemple, les terres profondes de la Limagne produisent de remarquables céréales, au grain lourd et bien nourri. Quoique chaque récolte exporte une quantité importante d'acide phosphorique, la pratique a démontré que l'apport d'engrais phosphatés n'y produisait aucun effet utile.

Au contraire, s'il s'agit d'un élément qui se trouve dans le sol en quantité réduite, il est insuffisant de restituer au sol ce que les récoltes lui enlèvent ; il faut lui faire des avances importantes, afin d'augmenter ses réserves et d'accroître ainsi ses produits. Ces avances porteront surtout sur l'acide phosphorique, la potasse, qui sont retenus par les propriétés absorbantes du sol (voir § 25), tandis qu'en ce qui concerne l'azote, il faudra, en raison de la nitrification, opérer prudemment.

58. Etude des engrais. — Les divers engrais seront étudiés d'après les éléments fertilisants qu'ils apportent aux cultures.

En premier lieu, seront placés les engrais produits à la ferme ou sur l'exploitation. Leur composition chimique varie dans une certaine mesure, mais leur principal avantage est de renfermer une proportion importante d'humus et de jouer, par suite, un rôle considérable dans l'amélioration des propriétés physiques des sols. Ces engrais sont les fumiers, auxquels s'ajoutent le purin, les composts, les engrais verts.

Mais ces engrais n'apportent pas tous les éléments fertilisants dont les récoltes ont besoin. Aussi faut-il recourir à des engrais complémentaires, fabriqués par l'industrie, qui apportent en proportion bien déterminée l'un ou l'autre ou plusieurs à la fois des éléments fertilisants que réclament les récoltes. Ce sont les engrais commerciaux ou engrais chimiques.

Nous allons donc étudier successivement : 1° les engrais produits à la ferme et dans l'exploitation ; 2° les engrais du commerce, en les classant selon leur composition en engrais azotés, phosphatés, potassiques, calciques, magnésiens.

CHAPITRE II

59. Constitution du fumier. — Le fumier est constitué par le mélange de la litière des animaux avec leurs déjections. Sa valeur fertilisante dépend donc de celle de ces deux éléments.

a) Déjections des animaux. — La quantité des déjections émises par les animaux et leur valeur fertilisante varie avec la nature des animaux, leur âge, leur régime alimentaire.

Les tableaux suivants fournissent à ce sujet quelques indications moyennes.

I. — *Quantités d'excréments produits par an :*

ANIMAUX DE L'ESPÈCE : EXCRÉMENTS

	Solides.	Liquides.	Total.
Chevaline.............	4.862 k.	1.000 k.	5.862 k.
Bovine................	10.512 k.	4.343 k.	14.855 k.
Ovine.................	471 k.	237 k.	708 k.
Porcine	661 k.	865 k.	1.526 k.

II. — *Composition des déjections animales.*

	Azote.	Acide phosphorique.	Potasse.
		Pour 1.000.	
		EXCRÉMENTS	
Chevaux	5.5	3.5	1
Bœufs et vaches	4	1.2	0.4
Moutons	7.2	4.5	1.8
Porcs	7	8.1	0.2
		URINES	
Chevaux	15.2	Traces	9.2
Bœufs et vaches	20.5	»	13.6
Moutons	13	»	17
Porcs	2.5	»	4

b) Litière. — A l'étable, les animaux sont isolés du sol

grâce à une litière constituée par des matières qui diffèrent selon les régions. Ce sont surtout : la paille de céréales, les fanes de haricots, pois, lentilles, topinambours, les tiges de colza, la bruyère, la fougère, les herbes grossières des marais (joncs, carex, laîches), la tourbe, la sciure, etc. Le rôle de la litière est de rendre plus agréable le coucher des animaux, mais surtout d'absorber les déjections liquides (urines) et de fixer les déjections solides (matières fécales). Les quantités de déjections retenues varient suivant la nature de la litière. On mesure le *pouvoir absorbant* d'une litière par la quantité d'eau que peuvent retenir 100 kg. de litière.

Voici, classées d'après leur pouvoir absorbant, les litières les plus employées :

Tourbe.	Paille de blé.
Sciure de bois.	Fanes de légumineuses.
Paille d'orge.	Fougères
Paille d'avoine.	Bruyères.

Ainsi, la tourbe et la sciure de bois sont d'excellentes litières, mais elles ne s'emploient que dans les régions où le cultivateur peut se les procurer facilement. La paille de céréales, dont le pouvoir absorbant est moitié moindre que celui de la tourbe et de la sciure, est d'un emploi plus général, car on n'a guère d'autres moyens d'en tirer parti.

c) *Quantités de litières à donner aux animaux.* — Ces quantités sont très variables suivant le mode d'exploitation agricole. On peut même supprimer la litière, comme dans les régions montagneuses de l'Est. Ailleurs on peut en employer beaucoup. La litière étant moins riche en matières fertilisantes que les déjections, plus le fumier sera riche en litière, plus il sera pauvre, à poids égal, en matières fertilisantes.

Voici les quantités moyennes de litière que l'on peut donner par jour aux différents animaux :

Chevaux.....	De 3 à 6 kg.
Bovins.......	6 à 9
Porcs........	6 à 10.
Moutons.....	$0^k,500$ par tête.

Ce qui doit guider le cultivateur, c'est que le bétail soit toujours en état de propreté et que la litière absorbe la plus grande quantité possible des urines émises.

d) Quantités de fumier produites dans une exploitation.

Quantités moyennes de fumier (litières et déjections) produites par an et par animal, la litière étant comptée en paille de blé :

Cheval	10.500 kg.
Bœuf de travail........	11.100
Bœuf à l'engrais.......	24.100
Vache................	13.200
Mouton	600
Porc.................	4.800

Des chiffres qui précèdent, il est facile de déduire quelle est l'importance, dans une exploitation, des déjections animales au double point de vue de la quantité et de la valeur fertilisante et, par suite, l'intérêt qui s'attache à ne pas laisser perdre une seule fraction de ces déjections, à apporter au contraire tous les soins à les bien recueillir et à bien fabriquer le fumier.

60. **Le fumier à l'étable.** — Le fumier est produit à l'étable. Il est aussitôt l'objet de transformations que le cultivateur doit connaître.

Les matières minérales ne subissent pas de modifications; seules les matières azotées deviennent la proie de fermentations qui transforment l'urée, l'acide urique, l'acide hippurique en carbonate d'ammonium (réaction analogue à celle que nous avons signalée dans le § 18 pour l'ammonisation). Cette fermentation a lieu à toutes les températures, même par le froid ; elle est le plus intense entre 20 et 30 degrés.

Ce carbonate d'ammonium se décompose aussitôt en acide carbonique et en ammoniaque (ce phénomène est appelé *dissociation*), l'ammoniaque se dégage et une quantité importante d'azote se perd ainsi dans l'atmosphère. Or, cet azote ammoniacal est un fertilisant, comme le démontre l'expérience suivante (fig. 20) :

Prenons deux vases en grès d'environ 20 centimètres de hauteur. Mettons du gravier à une hauteur d'environ 8 centimètres et achevons de remplir ces vases avec de la terre.

Faisons reposer les pots sur une assiette qu'on maintiendra pleine d'eau et exposons le tout à la lumière solaire. Semons sur cette terre du ray-grass, végétal avide d'azote. Le ray-grass pousse d'abord jusqu'à 3 ou 4 centimètres de hauteur; coupons-le à ce moment, puis mettons un des deux pots en communication avec un flacon bouché et traversé par deux tubes, dont l'un est deux fois coudé à angle droit. Dans ce flacon, on a introduit un mélange de fumier et de purin. Les vapeurs ammoniacales qui

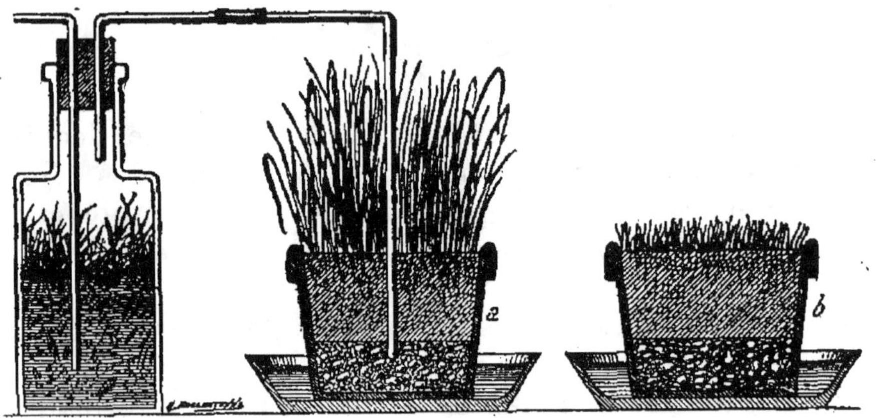

Fig. 20. — **Expérience démontrant le rôle fertilisant des gaz ammoniacaux dégagés par le fumier.**

se dégagent du flacon font pousser rapidement le ray-grass du vase A, tandis que celui du vase B jaunit et ne tarde pas à mourir.

Il faut donc à tout prix éviter les déperditions de l'azote dans l'atmosphère.

Comment y parvenir?

On a cherché d'abord à ajouter au fumier des substances susceptibles de fixer l'ammoniaque qui se dégagerait; on a ainsi préconisé le plâtre, les sels bruts de potassium, le sulfate de fer; ces corps sont sans action. Il faut chercher une autre solution.

On évite la dissociation du carbonate d'ammonium en plaçant les matières azotées dans une atmosphère d'acide carbonique. Pour cela, on laisse séjourner le fumier le moins possible à l'étable; on le porte sur le tas avant que la fermentation ammoniacale se soit déclarée. Quant à l'urine, qui, non retenue par la litière, peut s'écouler sur le sol de l'étable, il faut la conduire dans une fosse fermée où la fermentation qui s'établit forme une atmosphère d'acide carbonique s'opposant aux déperditions d'ammoniaque.

Il faut donc soigneusement éviter que l'odeur d'ammoniaque se perçoive dans une étable, écurie ou bergerie. Outre l'inconvénient pour les animaux de mal respirer dans un semblable milieu, il en résulte une perte importante d'azote. On l'évite en nettoyant le plus souvent possible les étables et en envoyant toutes les urines dans la osse à purin.

61. Le tas de fumier. — Ainsi la mise en tas du fumier est le seul moyen d'éviter les pertes d'azote; en effet, aussitôt le tas formé, il se produit dans son sein **des fer**mentations actives qui dégagent de l'acide carbonique, et constituent ainsi une atmosphère qui empêche la **dissocia** tion du carbonate d'ammonium.

a) Fermentations dans le tas de fumier. — Aussitôt le fumier accumulé en tas, la température de la surface s'élève à 50° environ; des microorganismes spéciaux attaquent la matière organique azotée et produisent de l'ammoniaque et de l'acide carbonique. Puis, à quelques centimètres de profondeur, la température s'élève jusqu'à plus de 70°[1] et il ne se forme plus que de l'acide carbonique, qui constitue la totalité de l'atmosphère du tas de fumier. Ces fermentations sont produites par des ferments aérobies et se traduisent par de violentes oxydations. Elles sont plus actives dans les fumiers chauds (cheval, mouton); elles le sont moins dans les fumiers froids (bovins, porcs), qui renferment une plus grande proportion d'eau.

Mais ce n'est pas tout. A l'intérieur du tas, au sein de l'atmosphère d'acide carbonique, se produit une seconde fermentation anaérobie où se forment du gaz des marais

---

1. La température dégagée par cette fermentation est utilisée dans la pré- paration des couches (Voir 4° partie [horticulture maraîchère]).

(formène ou méthane), de l'acide carbonique et de l'eau, en même temps que les substances végétales, la cellulose notamment, se transforment en matières humiques (beurre noir du fumier).

b) Conditions d'une bonne fermentation. — Il faut s'efforcer de réduire le plus possible la première partie de la fermentation aérobie, celle qui produit de l'ammoniaque, et favoriser au contraire la fermentation anaérobie, qui dégage exclusivement de l'acide carbonique. On y arrive en arrosant le tas de fumier avec le purin ; grâce à son alcalinité, ce liquide entre en fermentation avec production d'acide carbonique, ce qui soustrait le fumier à l'action de l'air. L'activité des fermentations, voilà donc la condition qui permet le minimum de pertes d'ammoniaque. Le ralentissement, au contraire, de l'activité des fermentations se traduit par le desséchement de la surface et même par la formation d'un champignon dit *blanc du fumier* ou *chancissure*, qu'il faut éviter à tout prix en tassant le fumier à mesure que le tas s'élève et en l'arrosant avec du purin, et même avec de l'eau au cas où le purin ferait défaut.

62. Composition du fumier. — Fabriqué dans les conditions qui viennent d'être indiquées, le fumier s'appauvrit très peu en azote entre l'époque de sa production à l'étable et le moment où on l'utilise.

Sa composition varie avec la nature des litières employées, avec l'alimentation des animaux et aussi avec son âge, le fumier frais étant moins riche, à poids égal, que le fumier consommé, en raison des combustions qui se produisent durant sa fabrication.

La composition chimique du fumier, constitué par le mélange des déjections de tous les animaux de l'exploitation, est en moyenne la suivante, pour un fumier moyennement consommé et par 1 000 kilogrammes de fumier :

Azote.................... 4 à 5 kg.
Acide phosphorique.... 2 à 3
Potasse................. 4 à 5

63. Aménagement des fumiers. — De ce qui précède,

il résulte qu'il importe de prendre dans toutes les exploitations agricoles des dispositions spéciales en vue de tirer le
parti le plus complet du fumier et du purin.

D'abord, dans les étables, le purin sera recueilli dans

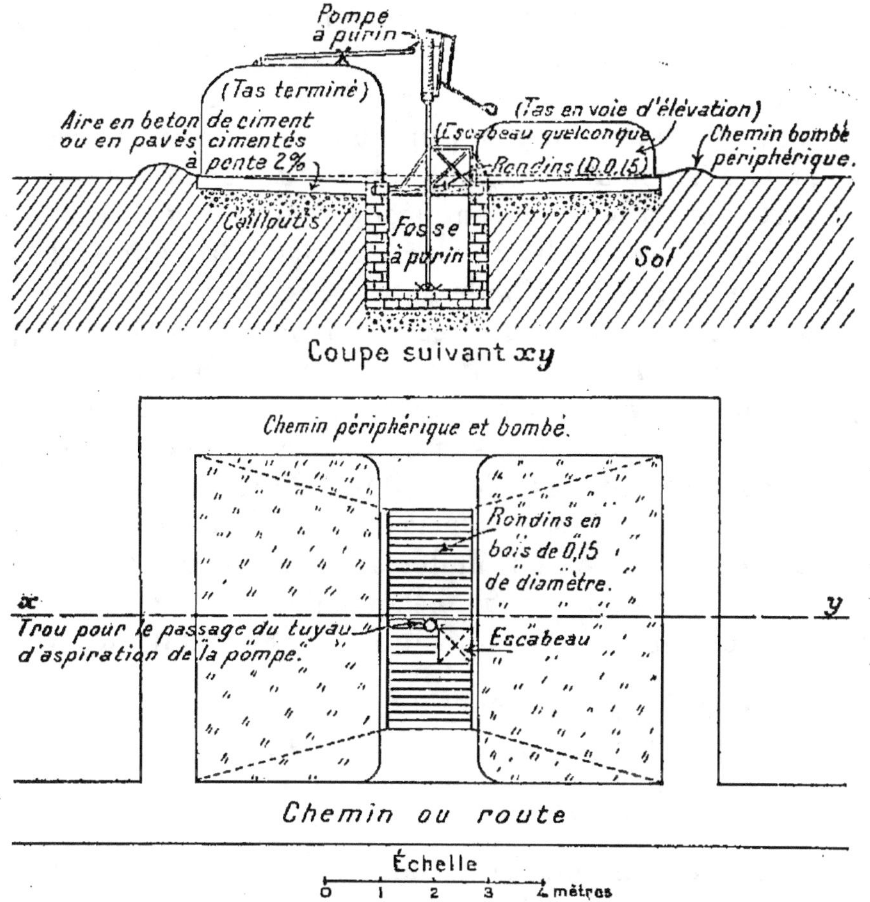

Fig. 21. — Coupe et plan d'une plate-forme à fumier bien aménagée.

des rigoles qui le conduiront dans une fosse *absolument
étanche* et fermée. Cette fosse à purin sera placée à proximité du tas de fumier, pour qu'il soit facile d'élever le purin
au moyen d'une pompe et d'en arroser le fumier.

Quant au fumier lui-même, il est placé, selon les régions,
soit sur une plate-forme, soit dans une fosse.

La plate-forme (fig. 21) est constituée par une aire imperméable accusant une pente légère, soit vers l'intérieur, soit

vers l'extérieur, et aboutissant à la fosse à purin; les liquides qui s'écoulent du fumier pourront ainsi s'ajouter au purin. Le fumier est amené le plus souvent possible sur cette plate-forme; il y est fortement tassé pour éviter les pénétrations de l'air et il est tenu constamment humide par des arrosages fréquents au purin. Dans certaines exploitations du Midi, on couvre le fumier, pour en ralentir la dessiccation; mais c'est une précaution qu'il est difficile de recommander, à cause de la dépense élevée qui en résulte.

La région du Nord a remplacé la plate-forme à fumier par la fosse. On établit une fosse rectangulaire de trois ou quatre mètres de profondeur, dont le fond vient finir en pente douce sur l'un des côtés, pour permettre le chargement des voitures. Le fumier est accumulé dans cette fosse, qui le plus souvent est couverte, et même les animaux de l'exploitation séjournent sur ce tas de fumier. L'avantage de la fosse est que les déperditions d'azote sont moindres qu'avec le tas, mais les frais d'établissement sont plus élevés et l'utilisation du fumier un peu plus difficile.

64. Purin. — Le purin, mélange des urines des animaux de l'exploitation, a la composition moyenne suivante :

1.000 litres de purin renferment :

Azote.....................	0^k500.
Acide phosphorique....,	Très peu.
Potasse..................	2 kg.

Sa richesse en potasse lui donne une alcalinité qui serait nuisible aux plantes. Il est nécessaire, avant de le répandre dans les prés ou les champs, de l'additionner de 4 ou 5 fois son volume d'eau.

Dans certaines régions montagneuses de l'Est où la paille est très rare, il est d'usage de faire coucher les bovins à l'étable sur un lit de planches et d'évacuer à grande eau le mélange des déjections solides et liquides dans une fosse où les matières solides se dissolvent, en quelque sorte, dans le purin. Le produit ainsi obtenu est le *lizier,* qui, étendu d'eau, est répandu sur les prairies, les pâturages, où il joue le rôle du fumier.

65. Mode d'emploi du fumier. — Pour éviter l'appauvrissement du fumier en matières azotées, le mieux serait de le conduire sur le champ aussitôt produit et de l'enfouir immédiatement. On comprend que cela est impossible dans la pratique. D'autre part, il est à recommander d'utiliser le fumier consommé, parce que le fumier trop frais, en raison de la paille qu'il contient, rend la terre « creuse », ce qui est un inconvénient, surtout pour les terres légères et calcaires. Il faut donc le laisser « mûrir » en tas et, quand le moment est venu, généralement au printemps et à l'automne, le conduire dans les champs. Il est disposé en petits tas ou *fumerons* régulièrement espacés, puis écarté à la fourche et enterré avec la charrue.

Il ne faut pas laisser séjourner les fumerons sur le sol, mais les écarter aussitôt et enfouir tout de suite le fumier, parce que si les fumerons séjournent sur un champ, ils sont lavés par la pluie ; l'eau, enrichie en matières azotées, s'infiltre dans le sol, constituant ainsi une fumure extrêmement riche qui peut occasionner des accidents à la récolte (verse des céréales), et de plus, exposé à l'air, le fumier s'appauvrit en ammoniaque, par suite en azote.

Il s'emploie à des doses variables suivant les récoltes et suivant les pays. On en répand généralement 30 000 kilogrammes à l'hectare.

66. Action du fumier. — Son action sur les terres varie suivant leur nature physique. Outre les matières fertilisantes qu'il renferme et qui enrichissent la terre, les matières humiques qui le constituent améliorent les propriétés physiques du sol, mais elles subissent au bout d'un certain temps la nitrification ; après quoi, cesse l'effet correcteur du fumier.

Dans les terres légères, d'une part, la nitrification est rapide et les propriétés absorbantes des terres sont faibles ; aussi le fumier est-il rapidement consommé. Pour éviter des pertes de matières fertilisantes, il est bon de fumer souvent et à petites doses, par demi-fumures de 20 000 kilogrammes tous les deux ans.

Dans les terres fortes, c'est le contraire qui se produit ;

la nitrification est lente, les propriétés absorbantes du sol sont grandes, il n'y a pas de pertes à craindre. Aussi recommande-t-on de fumer à fortes doses à intervalles éloignés. Les terres fortes du Nord reçoivent des fumures de 50 000 kilogrammes à l'hectare tous les trois ans.

Les terres calcaires nitrifient rapidement, elles consomment beaucoup de fumier; il faut les fumer souvent et à doses peu élevées. Comme les terres siliceuses, elles « brûlent » le fumier.

Enfin, dans les terres acides, il y a déjà trop d'humus, et la nitrification ne se produit pas; pour l'assurer, il est indispensable de chauler au préalable.

67. Insuffisance de l'action du fumier. — Ainsi le fumier doit être utilisé parce qu'il renferme d'importantes quantités de matières fertilisantes et corrige les propriétés physiques des terres. Mais, employé sur les terres du domaine où il a été produit, il ne leur apporte pas les éléments fertilisants qui leur font défaut. D'autre part, il contient ces éléments fertilisants en proportions déterminées qu'on ne peut pas modifier selon les besoins des cultures. Pour ces raisons, il est indispensable de compléter l'emploi du fumier par des engrais chimiques.

CHAPITRE III

Outre le fumier que produit toute exploitation, il existe un certain nombre d'autres engrais qui agissent par l'humus qu'ils apportent à la terre autant que par leur composition chimique. Ce sont les engrais dits *organiques*. Les uns sont produits dans l'exploitation, les autres se trouvent dans le commerce. Nous étudierons séparément ceux qui sont d'origine végétale et ceux qui sont d'origine animale.

I. — *Engrais organiques d'origine végétale.*

68. Engrais verts. — Un engrais vert est constitué par des végétaux enfouis dans le sol à l'état vert.

1° Les matières végétales propres à être enfouies en vert doivent avoir des racines très profondes, pour puiser dans le sous-sol les éléments nutritifs entraînés par les pluies (on a calculé que les pluies d'automne causent une perte de plus de 60 kilogrammes d'acide nitrique, correspondant à 340 kilogrammes environ de nitrate de sodium);

2° Ces matières doivent posséder un développement foliacé assez grand pour fournir beaucoup de matières organiques;

3° Les plantes enfouies en vert doivent avoir une croissance rapide et très vigoureuse.

Ces conditions sont remplies par certaines crucifères, surtout le colza et la navette, qu'on sème, en juillet, après un labour de déchaumage et qu'on enfouit en novembre.

Mais les engrais verts les plus précieux sont fournis par les légumineuses : lupin, vesce, pois, etc., qui répondent, en effet, aux conditions précédentes et ont de plus l'avantage de fixer l'azote de l'air (voir § 19). Une récolte de légumineuses peut fixer par hectare jusqu'à 100 kilogrammes d'azote, mais à la condition que la terre soit assez riche en acide phosphorique et en potasse. Si ces éléments sont insuffisants, on y répandra à l'hectare 500 kilogrammes de scories et 300 kilogrammes de sylvinite riche qui profiteront aux récoltes suivantes.

Le lupin et la serradelle sont les engrais verts des sols sableux. Les racines, tiges et feuilles du lupin sont riches en azote. On le sème à la dose de 150 kilogrammes à l'hectare dans le seigle d'hiver; après la moisson, on l'enfouit quand il est en fleur. La serradelle se sème en avril ou en mai à la dose de 45 kilogrammes à l'hectare, dans l'orge ou l'avoine.

La vesce et surtout les trèfles sont les engrais verts des sols argileux. La vesce d'hiver résiste au froid, mais apporte moins d'azote au sol (de 55 à 60 kilogrammes par hectare).

L'enfouissement des engrais verts s'effectue par un labour, soit après qu'ils ont été fauchés, soit après qu'ils ont été roulés dans le sens où passera la charrue.

L'emploi des engrais verts est surtout répandu dans le midi de l'Europe et dans les régions sablonneuses de l'Allemagne. Il porte le nom de *sidération*.

Les engrais verts exercent les effets suivants :

1° Ils enrichissent le sol en humus, formé en grande partie aux dépens de l'atmosphère ;

2° La plante destinée à être enfouie met en circulation, durant sa végétation, une certaine quantité d'éléments minéraux qui jusque-là étaient inertes, et que, grâce à ses racines puissantes, elle est allée chercher dans les profondeurs du sous-sol ;

3° L'engrais vert étant riche en humus, son enfouissement rend le sol plus meuble, plus perméable, s'il est compact ; au contraire, lui donne du corps, le rend plus consistant s'il est léger ; dans tous les cas, le sol est aéré et la nitrification s'y fait mieux ;

4° Enfin, grâce à l'acide carbonique que la matière végétale en décomposition dégage, les carbonates (carbonate de magnésium, de potassium, de calcium surtout) sont plus vite rendus solubles.

Les résidus végétaux divers (fanes de pommes de terre, de betteraves, de rutabagas, tiges de topinambours) constituent des engrais verts à ne pas dédaigner.

Ainsi les engrais verts permettent d'utiliser une certaine quantité d'éléments qui auraient pu passer dans le sous-sol et devenir inutilisables (nitrates de l'automne); ils les mettent, la saison suivante, à la disposition des plantes, et de plus ils enrichissent le sol en azote qu'ils ont pris surtout à l'atmosphère.

Voici la composition des plantes les plus utilisées comme engrais verts :

	EAU	AZOTE	ACIDE PHOS-PHORIQUE	POTASSE
	%	%	%	%
Vesces	82	0,59	0,12	0,61
Féveroles	87	0,44	0,06	0,42
Pois	81	0,55	0,11	0,50
Trèfle	80	0,56	0,14	0,32
Lupin	80	0,50	0,11	0,15
Moutarde	86	0,52	»	»
Colza	86	0,45	0,13	0,38
Navet	85	0,30	0,09	0,28
Spergule	66	0,39	0,20	0,17
Sarrasin	85	0,39	0,08	0,38
Seigle	76	0,52	0,13	0,15
Ajoncs	50	0,80	0,11	0,45
Feuillards	»	0,78	0,26	0,15
Roseaux	»	0,35	0,18	0,60
Buis	»	1.	»	»

69. Goémons. — *Les goémons et les varechs* sont recueillis sur le rivage de la mer à marée basse. Grâce à ces plantes, la Bretagne est comme entourée près du rivage d'une « ceinture dorée » où les cultures sont très riches, tandis qu'à quelques kilomètres de la mer, on trouve la lande dénudée. Ces engrais sont très riches en potasse et en soude. On en fait des composts avec du fumier, ou bien on les laisse fermenter en tas. La quantité à employer est de 20 000 à 60 000 kilogrammes à l'hectare. Le goémon de mer, qu'on retire du fond de la mer à époques déterminées, est le meilleur. Le goémon de rivage, que la mer rejette, est moins bon. La composition moyenne du goémon est la suivante :

	$^o/_{oo}$	
Azote	0,3 à	0,4
Acide phosphorique	0,2	0,3
Potasse	1	2
Chaux	0,5	1

70. Marcs. — Les marcs de raisins et de pommes n'ont pas une grande valeur fertilisante ; on aurait tort cependant de les laisser perdre. Leur composition moyenne est la suivante :

	Marc de raisin. $^o/_{oo}$	Marc de pommes. $^o/_{oo}$
Eau	760	775,00
Azote	11,1	1,8
Acide phosphorique	2,7	0,66
Potasse	6,7	2

Ces marcs aigrissent très rapidement, il convient de les employer frais. Le mieux est de les incorporer à des composts avec de la chaux, des scories de déphosphoration.

71. Résidus industriels divers. — 1° Les *tourteaux* proviennent de la fabrication de l'huile ; ils sont constitués par les graines oléagineuses pressées et qui renferment encore un peu de matière grasse. Généralement, ils sont employés pour l'alimentation du bétail. Quand l'extraction de l'huile a été faite au sulfure de carbone ou quand ils sont avariés, ils ne peuvent pas servir pour le bétail, et il faut les employer comme engrais après les avoir broyés.

On les emploie à deux époques : à l'automne, sur le labour, quatre ou cinq jours avant de semer, car en se décomposant ils pourraient nuire à la graine en germination ; au printemps, en couverture, sur les plantes en végétation. La dose varie de 800 à 1500 kilos à l'hectare. Afin qu'ils se décomposent plus facilement, on choisit un temps pluvieux pour les répandre. On peut aussi les délayer dans l'eau ou le purin, les laisser fermenter et les répandre ensuite :

2° On utilise encore comme engrais les *vinasses de distillerie,* liquide riche en potasse ; les *résidus de féculerie ;* les *drèches de brasserie,* qui servent à l'alimentation du bétail, mais qui sont un engrais quand elles sont avariées ; les *touraillons* de brasserie, constitués par les radicelles et les tigelles qui se détachent de l'orge germée quand on la dessèche dans les tourailles ; la *tannée*, quand elle a servi au tannage des peaux, les poussières de moulins, le marc de café, etc.

Voici la composition moyenne de ces différents produits :

	AZOTE	ACIDE PHOSPH.	POTASSE
	%	%	%
Tourteaux d'Arachide........	5,2	0,6	»
— de Sésame...............	6,5	2,6	1
— de Colza	4,9	2,8	1,3
— de Navette	4,5	1,7	1,4
Drèches....................	0,8	0,5	»
Touraillons	4,5	1,5	2
Poussières de moulins.......	1 à 2	0,5 à 1	0,6
Vinasses (par m³ de liquide)			
de grains.................	2,5	3,5	2,6
de betteraves.............	1,3	0,5	2,2
de pommes de terre	2	0,6	3

72. Gadoues ou boues de ville. — Les gadoues résultent du mélange des boues des villes avec les résidus de ménage ou d'atelier, en un mot, de tous les détritus dont les villes doivent se débarrasser, pour des raisons d'hygiène et de propreté. Leur composition est à peu près celle du fumier de ferme.

On laisse fermenter les gadoues comme le fumier. On peut aussi en faire des composts. On les utilise pour la culture maraîchère, aux environs des grandes villes, où elles sont à prix réduit et d'un transport facile.

Lorsque les gadoues sont fraîches, elles portent le nom de gadoues vertes ; lorsqu'elles sont restées en tas quelques semaines, elles portent le nom de gadoues noires, à cause de leur couleur.

La composition moyenne des gadoues vertes est la suivante, au point de vue des éléments fertilisants :

	%
Azote......................	0,38
Acide phosphorique.....	0,41
Potasse	0,42
Chaux	2,57

Après triage des éléments grossiers, les gadoues noires ont la composition suivante :

	%
Azote	0,48
Acide phosphorique	0,65
Potasse	0,56
Chaux	4,10

Les gadoues peuvent s'employer pour toutes les cultures.

73. Composts. — Les composts sont formés par des débris organiques de toutes sortes, végétaux ou animaux, auxquels on ajoute de la terre et des substances minérales susceptibles de les enrichir ou d'en activer la décomposition (phosphate de calcium, chaux).

Un agriculteur ne doit jamais manquer de faire des composts, dans lesquels il peut incorporer les détritus les plus divers : balayures de cours, curures de fossés et de mares, boues, déchets de greniers, débris animaux et végétaux, plâtras, etc., qu'on laisse fort souvent sans emploi à la ferme.

Toutes ces substances mélangées intimement constitueront, au bout d'un certain temps, un excellent engrais, auquel il est utile d'ajouter environ un dixième de chaux, qu'on fait éteindre à l'intérieur du tas. Plusieurs brassages assurent une homogénéité parfaite et, si l'on peut se procurer du purin, on fera bien d'en arroser le compost. On crée ainsi une véritable nitrière artificielle (production d'azote nitrique).

Les composts conviennent tout spécialement pour fertiliser les prairies.

II. — Engrais organiques d'origine animale.

74. Déjections humaines. — Les déjections de l'homme constituent un excellent engrais, dont la richesse en azote et en acide phosphorique tient à l'alimentation complexe de l'homme. Voici la composition moyenne de ces déjections :

	AZOTE	ACIDE PHOSPHORIQUE	POTASSE	CHAUX
	°/₀₀	°/₀₀	°/₀₀	°/₀₀
Excréments humains frais	10	10,9	2,5	6,2
Urine humaine fraîche	6	1,7	2	0,2

Par suite de la répugnance des cultivateurs à employer ces déjections et de l'usage dans les villes du système du tout-à-l'égout, cet engrais est presque entièrement perdu, et cependant les excréments de vingt personnes suffiraient dans une année à fumer un hectare. Ces chiffres, plus que tous les raisonnements, permettront de convaincre l'agriculteur de la nécessité de recueillir les déjections humaines.

Une bonne méthode pour les utiliser serait de les rassembler dans une tinette, qu'on pourrait facilement verser dans les fosses à purin, sur les fumiers ou sur les composts. Les fosses d'aisances pourraient, d'autre part, être placées au-dessus des fosses à purin ou mises en communication avec elles au moyen d'une canalisation ; le nettoyage en serait assuré par les eaux du ménage ou des gouttières.

On utilise de préférence les matières fécales à l'état frais. C'est le cas, en Flandre, de l'*engrais flamand*.

Les déjections humaines doivent être utilisées avec circonspection. Leur action est très puissante, mais de courte durée, presque annuelle. A cause de leur décomposition rapide, on doit les employer sur les plantes qui ne craignent pas la verse (racines fourragères, choux) et très prudemment sur les graminées. D'un autre côté, ces déjections apportent à la terre beaucoup d'azote par rapport aux autres éléments ; or, il est très important de ne pas bouleverser l'équilibre des éléments fertilisants. L'excès de l'un d'eux est inutile et nuit même à la fécondité du sol.

On se sert également, sous le nom de *poudrette,* des déjections humaines desséchées. Lorsqu'on abandonne les matières fécales à elles-mêmes, une partie solide se dépose et une partie liquide surnage. Celle-ci, appelée eaux-vannes, contient une grande proportion de la potasse et de l'ammoniaque des déjections ; elle est utilisée industriellement pour extraire le sulfate d'ammonium. Quant à la partie solide, qui est riche en acide phosphorique, elle est desséchée, et le produit de cette dessiccation, quelquefois mélangé à d'autres substances, prend le nom de *poudrette*.

La poudrette se répand au moment des labours. Elle est semée en poudre fine, à la dose de 20 à 25 hectolitres par hectare. Cet engrais contient 1,5 p. 100 d'azote et 2 à 3 p. 100 d'acide phosphorique.

75. Sang desséché. — Le sang desséché est fabriqué avec du sang défibriné et additionné de sulfate de fer. Il se présente sous la forme de grains noirs à cassure brillante et doit être conservé dans un endroit sec, parce qu'il absorbe facilement l'humidité et alors dégage de l'ammoniaque. Sa composition est la suivante :

		%
Azote organique	10	à 13
Acide phosphorique	0,5	1,5
Potasse	0,6	0,8

C'est un engrais à action rapide et d'une grande efficacité.

76. Déjections animales et résidus divers. — 1° *Colombine.* — La colombine est la fiente produite par les pigeons. Sous le nom de *galline* ou de *poulaite*, on désigne les déjections des poules.

La proportion d'eau expulsée par les voies intestinales est, chez les oiseaux, assez faible, ce qui fait que la fiente des oiseaux de basse-cour a toujours une certaine consistance. Ces engrais contiennent de 2 à 4 p. 100 d'azote, de 1,5 à 2 p. 100 d'acide phosphorique et de 1 à 2 p. 100 de potasse.

Ils conviennent spécialement à la culture maraîchère, car ils sont très actifs. La dose à employer est de 400 à 600 kilogrammes par hectare.

2° *Crottin de mouton.* — L'emploi direct des déjections animales est très restreint. Cependant, dans quelques régions pauvres où les troupeaux de moutons constituent la principale ressource du pays, on ramasse avec soin tous les excréments pour les vendre aux agriculteurs des régions voisines. Ainsi les bergers des Causses vendent les crottins de leurs moutons aux viticulteurs du Midi.

Le parcage des moutons est enfin une méthode d'emploi directe des déjections animales.

3° *Guano*. — Cet engrais, constitué par les déjections longtemps accumulées d'oiseaux marins, provient en grande partie de l'Amérique du Sud. Il est aujourd'hui peu utilisé.

En voici la composition chimique approximative :

		%
Azote....................	De 8 à	13
Acide phosphorique ...	15	23

4° *Engrais de poisson*. — On le prépare avec les résidus de pêcherie et les poissons non comestibles débarrassés au préalable des matières grasses qu'ils renferment. On l'utilise surtout sur les terres sableuses légères à la dose de 400 à 600 kilogrammes à l'hectare.

5° *Débris animaux divers* (laine, cuirs, cornes, etc.). — Ce sont des engrais à décomposition lente qui sont employés surtout pour les cultures arbustives (vignes, arbres fruitiers).

CHAPITRE IV

77. Comment reconnaître si une terre a besoin d'engrais azotés. — 1° *Par l'analyse chimique.* — Toute terre qui, à l'analyse chimique, accuse une teneur en azote total inférieure à 1 p. 1000 peut être considérée comme pauvre en azote, et profite de l'apport d'engrais azotés. Mais il est possible qu'une terre donnée par l'analyse comme riche en azote manifeste le besoin d'engrais azotés; c'est que la proportion d'azote assimilable qu'elle renferme est faible, tandis que la proportion d'azote organique insoluble est considérable et que les circonstances ne sont pas favorables à la nitrification de cet azote en réserve (trop grande humidité de la terre, insuffisance de calcaire). On augmente alors le pouvoir de nitrification de la terre en l'assainissant ou en lui apportant de la chaux ou de la marne.

2° *Par l'aspect du sol et des récoltes.* — Les sols riches en azote organique ont le plus souvent une teinte brune due à la forte proportion d'humus qu'ils renferment.

Dans un sol pauvre en azote assimilable, généralement, la partie herbacée des céréales est jaune, insuffisamment développée : les tiges sont étiolées.

3° *Par l'expérimentation directe des engrais* (voir chap. VII).

78. Différentes sortes d'engrais azotés. — Il est possible d'apporter l'azote sous la forme qui convient le mieux à la fois au sol et aux récoltes.

L'azote organique est apporté par toute la série des engrais qui ont été examinés dans les chapitres précédents.

L'azote ammoniacal est apporté par des sels d'ammoniaque : sulfate d'ammonium, phosphate d'ammonium, crud ammoniaque, et par la cyanamide de chaux.

L'azote nitrique est apporté par des nitrates (nitrates de sodium, de potassium, de calcium).

Engrais azotés organiques.

Les engrais azotés qui apportent l'azote sous la forme organique ont été étudiés dans les chapitres précédents. Nous n'y reviendrons pas; examinons seulement leur influence sur les récoltes.

79. **Effet des engrais organiques.** — Les engrais organiques apportent au sol l'azote sous la forme non assimilable. Pour que cet azote soit absorbé par les récoltes, *il est indispensable qu'il nitrifie*. La vitesse et l'intensité de la nitrification varient avec l'état de l'engrais, la température et la nature du sol.

Certains engrais sont à nitrification lente : les débris de corne, de cuir, les déchets de laine, le fumier ; d'autres sont à nitrification plus rapide : les poudres de viande, les tourteaux, les déchets de poissons, les engrais verts et surtout le sang desséché.

Les engrais à décomposition lente sont à action longue, peu marquée et pouvant s'appliquer à plusieurs récoltes successives : ceux à décomposition rapide ont, au contraire, une action courte, mais énergique.

La nature du sol intervient dans l'action des engrais organiques. Leur effet est nul, et, par suite, leur apport inutile, dans les terres où la nitrification ne peut s'effectuer. Dans les terres légères, l'action de ces engrais est rapide; dans les terres fortes, elle l'est beaucoup moins.

Engrais azotés ammoniacaux.

80. **Sulfate d'ammoniaque** (*sulfate d'ammonium*)[1]. — Cet engrais a deux origines : il peut provenir du traitement des eaux d'égout (eaux vannes) qui sont distillées en

---

1. En tête de chaque paragraphe, dans ce chapitre et les suivants, nous désignerons les engrais sous leur nom vulgaire et commercial, suivi de leur dénomination scientifique qui est quelquefois différente.

présence de la chaux ; le gaz ammoniac se dégage et il est recueilli dans de l'acide sulfurique avec lequel il se combine et forme du sulfate d'ammonium ; ou bien il s'obtient comme résidu de la fabrication du gaz.

Il se présente sous la forme de cristaux blancs d'odeur piquante ; mais le plus souvent, en raison des impuretés qu'il renferme, c'est un sel de couleur grise. Le sulfate d'ammonium de fabrication française dose 21 p. 100 d'azote, celui de fabrication anglaise dose seulement 19 p. 100.

Parmi les impuretés qu'il peut contenir, il en est une qui est dangereuse pour les plantes, c'est le *sulfocyanure d'ammonium* ou *rhodanammonium*. On peut déceler sa présence par la réaction simple suivante : on ajoute à la dissolution de sulfate d'ammoniaque qu'on veut essayer quelques gouttes de perchlorure de fer ; en présence des sulfocyanures, il se produit une coloration rouge.

On fraude cet engrais avec du sel marin, du sulfate de sodium, du sulfate de fer anhydre. Aussi l'acheteur doit-il exiger la teneur de 20 à 21 p. 100 d'azote ammoniacal, et l'absence de sulfocyanure.

81. Effet du sulfate d'ammonium. — Les propriétés absorbantes du sol vis-à-vis de l'azote ammoniacal ne s'exercent que sur l'ammoniaque libre ou sur le carbonate d'ammonium, mais pas sur le sulfate d'ammonium. Il importe donc, pour que cet engrais reste dans le sol à la disposition des végétaux, qu'il soit au préalable transformé en carbonate d'ammonium. Cette réaction ne s'effectue que dans les sols calcaires selon l'équation suivante :

$$CO^3Ca + SO^4(AzH^4)^2 = CO^3(AzH^4)^2 + SO^4Ca.$$

Il est donc indispensable que le sol sur lequel on apporte le sulfate d'ammonium soit calcaire. S'il ne l'est pas, il peut y avoir entraînement de cet engrais dans le sous-sol et les eaux de drainage. D'autre part, si le sol est très calcaire, il peut arriver que le carbonate d'ammonium formé, au contact de la chaux en excès, laisse déplacer son ammoniaque qui se perd dans l'air. Dans les terres très légères et calcaires, il y a quelque inconvénient à employer de grandes quantités de sulfate d'ammonium, celui-ci pouvant se trouver en dissolutions concentrées, nuisibles pour les plantes.

En définitive, il convient de réserver l'emploi du sulfate d'ammonium dans les terres suffisamment pourvues en calcaire, dans les terres argileuses, et de l'éviter dans les terres sèches.

82. Autres engrais ammoniacaux. — Ils sont d'un emploi beaucoup moins général que le sulfate d'ammonium.

Le *nitrate d'ammoniaque* (nitrate d'ammonium) renferme 40 p. 100 d'azote nitrique et ammoniacal. Il est d'un prix élevé et pour cette raison ne s'emploie que pour la culture en pots des plantes de luxe.

Le *phosphate d'ammoniaque* (phosphate d'ammonium) dose 28 p. 100 d'azote et 50 p. 100 d'acide phosphorique. Il est d'un prix élevé et s'emploie surtout en floriculture.

Le *carbonate d'ammoniaque* (carbonate d'ammonium) est trop volatil, le *chlorhydrate d'ammoniaque* (chlorure d'ammonium) d'un prix trop élevé pour pouvoir être employés en agriculture.

Le *crud ammoniaque* est un résidu des matières qui servent à épurer le gaz d'éclairage; il est constitué par un mélange de sels ammoniacaux, de sulfocyanures, de sulfate de fer et de sulfate de calcium. Le crud ammoniac est noirâtre et pulvérulent. Il ne faut pas l'employer sur les plantes en végétation, car il les ferait périr. Quand on le répand sur sol nu longtemps à l'avance, les sulfocyanures qu'il contient s'oxydent, ce qui fait disparaître leur toxicité. Pour la fumure de la vigne, on peut employer le crud ammoniac dès l'arrêt de la végétation.

83. Chaux-azote ou cyanamide (*cyanamide de calcium*). — Nous mettons à cette place cet engrais parce que son azote, aussitôt dans le sol, se transforme en azote ammoniacal.

C'est un produit qu'on obtient en faisant passer un courant d'azote sur du carbure de calcium porté à une température voisine du rouge-blanc sous l'influence de l'effluve électrique (procédé Franck et Caro). La cyanamide du commerce est une poudre noirâtre, d'odeur assez forte, qui contient de 20 à 21 p. 100 d'azote. Elle ne doit pas être employée en couverture, mais mélangée au sol par un labour, quelque temps avant les semailles ou la plantation (de 8 à 15 jours). Son contact avec les semences nuit à leur germination.

Comme elle contient de la chaux vive, la cyanamide doit être mélangée avec de la terre avant son épandage; les ouvriers sont, de la sorte, moins gênés. Au surplus, on fabrique maintenant une cyanamide granulée dont l'emploi est beaucoup plus commode.

La dose à employer est de 200 à 250 kilogrammes à l'hectare.

Engrais azotés nitriques.

84. Nitrate de soude (*nitrate de sodium*). — A l'état pur, il contient 16,47 p. 100 d'azote. Celui qu'on trouve dans le commerce ne dose que 15 ou 16 p. 100 d'azote; sa pureté n'est que de 95 p. 100 environ. Le nitrate de sodium est quelquefois falsifié avec des sels bruts de potassium, avec du sel marin, du sable blanc ou même du verre pilé.

Cet engrais nous vient du Chili et du Pérou, où on le trouve en bancs de 0 m. 50 à 2 m. 50 d'épaisseur. Très soluble dans l'eau, il absorbe facilement l'humidité et devient déliquescent. Il est donc nécessaire de le conserver dans un endroit sec.

85. Autres engrais nitriques. — 1° *Nitrate de potasse ou salpêtre* (nitrate de potassium). — Cet engrais fournit à la fois l'azote et la potasse, mais ces deux éléments y sont cotés à un prix trop élevé pour qu'on puisse s'en servir économiquement, sauf en floriculture ou en culture maraîchère. Il a également l'inconvénient d'apporter au sol une trop grande quantité de potasse par rapport à l'azote.

Le nitrate de potassium du commerce dose de 12 à 14 p. 100 d'azote et de 41 à 46 p. 100 de potasse; son degré de pureté varie généralement entre 95 et 90 p. 100. On le falsifie de la même façon que le nitrate de sodium.

Il se présente en grande quantité, sous forme d'efflorescences peu épaisses qui recouvrent de vastes étendues, en Chine et dans les Indes. On en prépare dans l'industrie par voie de double décomposition du chlorure de potassium et du nitrate de sodium.

2° *Nitrate de chaux* (nitrate de calcium). — Cet engrais est fabriqué industriellement en Norvège par la combinaison de l'oxygène et de l'azote de l'air sous l'influence de l'électricité (procédé Birkeland et Eyde). L'acide nitrique ainsi obtenu est ensuite combiné à de la chaux.

Les résultats qu'il fournit en culture sont analogues à ceux que fournit le nitrate de sodium. Il est plus avide encore d'humidité que ce dernier; aussi faut-il le soustraire complètement au contact de l'air.

86. **Effet des engrais nitriques.** — Les nitrates, n'ayant pas besoin de nitrifier, sont immédiatement assimilables par les récoltes; d'autre part, ils ne sont pas retenus par les propriétés absorbantes du sol, et, s'il survient des pluies abondantes, ils peuvent être entraînés dans le sous-sol et passer dans les eaux de drainage. Aussi ne faut-il employer les nitrates qu'au moment où les récoltes ont besoin de trouver à leur portée de l'azote assimilable, et il faut même les appliquer par petites doses successives.

Il ne faut cependant pas s'exagérer l'importance des déperditions de nitrate qui peuvent survenir du fait de grandes pluies. Au printemps, les pluies même abondantes sont suivies de périodes chaudes, les eaux qui ont pu entraîner le nitrate dans le sous-sol remontent alors par capillarité vers la surface, et il s'établit ainsi une sorte de mouvement des eaux chargées de nitrate, grâce auquel cet engrais se trouve au contact des racines des plantes et les alimente en azote nitrique.

Une fois à l'intérieur du sol, le nitrate de sodium, au contact de la chaux et de la potasse de la terre arable, subit la double décomposition, et ainsi, quel que soit le nitrate utilisé comme engrais, c'est toujours du nitrate de calcium et de potassium que les plantes utilisent.

87. **Effet comparé sur les récoltes des trois formes d'azote (organique, ammoniacal et nitrique).** — Si l'on compare les effets de l'azote organique avec ceux de l'azote minéral (ammoniacal ou nitrique), on constate que le pre-

mier doit être surtout considéré comme azote de réserve, tandis que l'azote apporté par les sels ammoniacaux ou les nitrates est un azote qui a déjà subi une partie ou la totalité des phases de la nitrification. Il est beaucoup plus rapidement assimilable.

Il faudra donc utiliser les engrais organiques avant que les plantes aient besoin de l'azote qu'ils apportent; leur effet pourra se faire sentir sur plusieurs récoltes de suite, tandis que les engrais azotés minéraux devront être employés sur les cultures auxquelles ils sont destinés : les sels ammoniacaux au moment du labour qui précède la culture, afin que la nitrification ait le temps de s'accomplir; les nitrates au moment même où les récoltes doivent l'utiliser.

De plus, les engrais organiques apportent une certaine quantité d'humus, variable selon leur nature, abondante avec le fumier de ferme, très faible avec le sang desséché. Il faut donc tenir compte de leur rôle qui améliore les propriétés physiques du sol.

Quant aux considérations qui doivent guider les cultivateurs dans le choix entre les engrais ammoniacaux et les engrais nitriques, elles sont fondées sur la pratique et sur de longues observations.

Sur les terres franches et les terres fortes, l'emploi du sulfate d'ammoniaque pour apporter aux récoltes l'azote qui leur est nécessaire vaut mieux que celui du nitrate. Sur les terres légères, dépourvues ou non de calcaire, ou sur les terres extrêmement calcaires, l'emploi du nitrate est préférable.

Souvent, au printemps, au moment du départ de la végétation, surtout après un hiver rigoureux, les plantes ont besoin de trouver une quantité appréciable d'azote immédiatement assimilable. Seul un apport de nitrates à cette époque met à leur disposition cet azote, qui est immédiatement absorbé.

CHAPITRE V

LES ENGRAIS PHOSPHATÉS

88. Comment reconnaître si une terre a besoin d'engrais phosphatés. — 1° *Par l'analyse chimique.* — L'analyse chimique nous permet seulement d'affirmer qu'une terre a besoin d'engrais phosphatés, quand cette analyse accuse une teneur en acide phosphorique inférieure à 1 p. 1000. Mais, même quand cette teneur est supérieure à ce chiffre, il n'est pas certain que la terre n'ait pas besoin d'engrais phosphatés. Aussi faut-il toujours contrôler les résultats de l'analyse chimique par la pratique et faire crédit surtout aux conclusions que fournit celle-ci.

2° *Par l'examen des récoltes.* — Il n'y a guère que les céréales qui manifestent extérieurement leurs besoins en acide phosphorique. Cet élément influe surtout sur la formation du grain, alors que l'azote agit sur la matière verte et la paille. Toutes les fois que le grain sera léger, iusuffisamment nourri, ou quand il sera avorté et l'épi court et peu fourni, ce sera signe d'insuffisance d'acide phosphorique.

Mais c'est surtout dans l'ensemble de l'exploitation que se manifestent les conséquences de la pauvreté des sols en acide phosphorique. Une partie de la récolte, en effet (pailles, fourrages, grains, racines), est consommée par le bétail. Celui-ci, ne trouvant pas dans ses aliments la proportion de phosphates suffisante pour la formation de son squelette, se développe mal, est atteint de rachitisme, conserve une apparence souffreteuse, et, quand il s'agit de bétail importé, dégénère rapidement. Au contraire, dans les régions bien pourvues en acide phosphorique, le bétail est développé, vigoureux et précoce.

L'influence de l'acide phosphorique se manifeste dans toutes les régions qui, naturellement pauvres en chaux, ont été améliorées par des apports abondants et persévérants d'engrais phosphatés. La Bretagne, par exemple, au sol granitique et naturellement dépourvu de phosphates, nourrit un bétail bovin à squelette peu développé. Aussi a-t-on pu constater un accroissement de poids et de format consécutif à l'apport des phosphates, dont l'emploi depuis quarante ans a transformé la culture de ce pays. De même le développement de l'élevage du cheval est une conséquence de l'emploi des phosphates.

On arrive aux mêmes conclusions si l'on compare l'ancien bétail du Limousin, peu développé et mal conformé, à celui qui est aujourd'hui nourri sur les prairies de cette région, enrichies par l'apport de chaux, de scories et par les irrigations.

3° Enfin, mieux que toute autre méthode, *l'expérimentation directe des engrais* phosphatés éclairera sur les besoins de chaque terre et de chaque récolte.

89. Principaux engrais phosphatés. — Ces engrais peuvent être classés selon leur origine en quatre catégories :

1° Phosphates d'origine organique ou phosphates d'os ;

2° Phosphates d'origine minérale ou phosphates naturels ;

3° Phosphates ayant subi un traitement chimique (notamment superphosphates) ;

4° Phosphates métallurgiques ou scories de déphosphoration.

90. Phosphates d'origine organique. — *a) Poudre d'os verts.* — Les os bruts ou os verts se trouvent surtout dans les ateliers d'équarrissage. Ils contiennent 20 p. 100 d'acide phosphorique, de 5 à 6 p. 100 d'azote et 4 p. 100 de carbonate de calcium. Réduits en poudre fine, ils constituent un excellent engrais.

b) Poudre d'os dégraissés. — Le broyage des os verts est difficile, à cause de la présence de la graisse. En opérant un dégraissage préalable, soit à l'eau bouillante, à la benzine ou au sulfure de carbone, on obtient un engrais plus facile à broyer et d'assimilation plus rapide. La poudre d'os dégraissés dose de 20 à 26 p. 100 d'acide phosphorique et de 3,5 à 4 p. 100 d'azote.

c) Poudre d'os dégélatinés. — Les os dégélatinés ne

contiennent pas autant d'azote que les poudres d'os verts et d'os dégraissés; ils constituent des engrais presque exclusivement phosphatés.

Le dégélatinage s'obtient dans des autoclaves à une pression de deux ou trois atmosphères. La pulvérisation des os dégélatinés est très facile.

Cet engrais contient de 60 à 70 p. 100 de phosphate de calcium et de 0,9 à 1,8 d'azote.

d) Noir animal. — Cet engrais provient de la calcination des os en vase clos. Il existe trois sortes de noir animal : le noir vierge, le noir de sucrerie et le noir de raffinerie.

Le noir vierge est celui qu'on obtient par le broyage des os calcinés en vases clos; il dose 78,5 p. 100 de phosphate de calcium.

Le noir de sucrerie est du noir animal qui a servi à clarifier les jus de betteraves; il dose de 65 à 75 p. 100 de phosphate de calcium.

Le noir de raffinerie est un noir animal qui a servi au raffinage du sucre; il est mélangé à une certaine quantité de sang de bœuf. Cet engrais contient de 55 à 65 p. 100 de phosphate de calcium et de 1,5 à 2 p. 100 d'azote.

e) Effet des phosphates d'origine organique. — Ces phosphates renferment une certaine quantité d'azote dont l'effet s'ajoute à celui de l'acide phosphorique.

Il faut les réserver pour les sols pauvres en matières organiques, les sols très légers. Mais leur emploi est forcément très limité.

91. Phosphates d'origine minérale. — Ces phosphates se trouvent dans les gisements assez nombreux, dont voici les principaux :

Apatite. — C'est du phosphate de calcium cristallisé qu'on trouve en Allemagne (Nassau), en Espagne (Estramadure, Murcie), en Russie (Podolie), en Norvège et au Canada. On n'en trouve pas en France. L'apatite dose de 60 à 70 p. 100 de phosphate de calcium.

Phosphorites du Lot. — Ils sont constitués par une roche dure, fortement concrétionnée. Les phosphates obtenus de ces phosphorites ont une coloration plus ou moins foncée;

leur dosage est assez inégal : de 50 à 77 p. 100 de phosphate de calcium.

Nodules de la Meuse et des Ardennes. — Ces nodules ou coprolithes se trouvent dans les sables verts, par couches de $0^m,10$ à $0^m,30$ d'épaisseur. Ils sont d'un gris verdâtre et dosent de 35 à 50 p. 100 de phosphate de calcium, correspondant à une quantité de 16 à 23 p. 100 d'acide phosphorique.

Sables phosphatés de la Somme et du Pas-de-Calais. — Ces phosphates sont jaunâtres; ils contiennent 70 p. 100 de phosphate de calcium, correspondant à 31,8 p. 100 d'acide phosphorique.

Craies phosphatées de l'Oise et de la Belgique. — Ces craies phosphatées sont peu riches, en général ; leur teneur dépasse rarement 30 p. 100 de phosphate de calcium et varie habituellement entre 12 et 24 p. 100. Leur coloration est jaunâtre.

Phosphates noirs des Pyrénées. — Ces phosphates sont riches; ils contiennent de 60 à 75 p. 100 de phosphate de calcium.

Phosphates des États-Unis. — La production en phosphates des Etats-Unis (Caroline du Sud, Tennessee, Floride) est considérable. Ces phosphates se présentent sous une forme variable et avec des dosages également variables.

Phosphates d'Algérie, de Tunisie et du Maroc. — Ce sont ceux qui nous intéressent le plus. Leurs gisements sont très considérables, ils occupent dans la région sud du massif de l'Atlas une longue bande qui s'étend depuis Gafsa jusqu'au Maroc. Ce sont les gisements de Gafsa et de Tébessa les plus considérables. La roche exploitée dose de 60 à 70 p. 100 de phosphate de calcium.

92. Effet des phosphates minéraux naturels.

Il importe, pour comprendre les transformations que subissent dans le sol les phosphates, de rappeler que les phosphates de calcium sont des sels d'acide phosphorique et de chaux, que l'acide phosphorique est tribasique et qu'il peut, par conséquent, donner trois phosphates différents répondant aux formules suivantes :

E. N.

Acide phosphorique......	PO^4H^3
Phosphate monocalcique.	$(PO^4)^2Ca\,H^4$
Phosphate bicalcique	$(PO^4)^2\,Ca^2H^2$
Phosphate tricalcique....	$(PO^4)^2\,Ca^3$

Le phosphate monocalcique est soluble dans l'eau ; le phosphate bicalcique est insoluble dans l'eau, mais soluble dans le citrate d'ammonium (ce réactif a été choisi parce que la solubilité des phosphates dans le citrate d'ammonium correspond sensiblement à la solubilité dans les acides faibles du sol et émis par les plantes) ; le phosphate tricalcique est insoluble dans l'eau et faiblement soluble dans l'eau chargée d'acide carbonique et dans les acides faibles du sol (acides acétique, citrique en solution étendue).

De ce qui précède, il est facile de conclure que les phosphates minéraux naturels (phosphates tricalciques) ne pourront être dissous qu'à la faveur des acides du sol. Cette solubilité et, par suite, l'effet produit par ces phosphates, sera très faible dans les terres de bonne composition moyenne, et même nulle dans les terres calcaires ; au contraire, elle sera appréciable dans les terres acides, complètement dépourvues de chaux. La valeur d'un phosphate naturel est aussi en rapport avec l'intensité de l'attaque de ce phosphate par les acides du sol. Certains phosphates très durs, comme les apatites, sont inattaquables ; d'autres, au contraire, comme les nodules phosphatés des Ardennes, sont poreux et, réduits en poudre fine, sont facilement attaquables.

En résumé, l'acide phosphorique étant retenu par les propriétés absorbantes des sols, il y a intérêt à utiliser les phosphates naturels réduits en poudre et à haute dose (de 1 000 à 1 500 kg. à l'hectare) dans les terres acides (terres tourbeuses, vieilles prairies, landes).

93. Superphosphates. — Pour rendre les phosphates tricalciques assimilables, on a imaginé de les traiter par l'acide sulfurique. On déplace ainsi une partie de la chaux qu'ils renferment et il en résulte un mélange complexe renfermant du *phosphate monocalcique,* soluble dans l'eau, du *phosphate bicalcique,* ainsi que des *phosphates de fer et d'alumine,* insolubles dans l'eau, mais solubles dans le citrate d'ammonium, du *phosphate tricalcique* insoluble dans l'eau et le citrate d'ammonium.

La valeur agricole de ces différents phosphates varie selon leur solubilité ; elle est grande quand ils sont solubles dans l'eau, encore bonne quand ils sont solubles dans le citrate d'ammonium, faible quand ils sont insolubles dans l'un et l'autre.

La proportion de chacun de ces phosphates dans les superphosphates varie avec leur origine, et comme c'est elle qui détermine leur valeur fertilisante, il ne faut pas manquer, au moment de leur achat, d'exiger que le vendeur l'indique.

C'est ainsi qu'on a plusieurs types de superphosphates :

1° Les superphosphates d'apatite à haut dosage et dont l'acide phosphorique est presque en totalité soluble dans l'eau ;

2° Les superphosphates provenant de phosphorites et de nodules ; ils contiennent de 10 à 16 p. 100 d'acide phosphorique, soluble en totalité dans le citrate d'ammonium et dans la proportion des 3/4 dans l'eau ;

3° Les superphosphates de sables et craies phosphatés, dosant de 15 à 19 p. 100 d'acide phosphorique, soluble dans l'eau et le citrate ;

4° Les superphosphates d'os bruts et d'os dégraissés, dosant de 12 à 15 pour 100 d'acide phosphorique, soluble dans l'eau et le citrate.

5° Les superphosphates d'os dégélatinés, qui contiennent de 16 à 18 p. 100 d'acide phosphorique, soluble dans l'eau et le citrate, et de 0,5 à 0,6 d'azote ;

6° Les superphosphates de noir animal, qui contiennent de 14 à 18 p. 100 d'acide phosphorique, soluble dans l'eau et dans le citrate d'ammonium.

A côté des superphosphates, et provenant comme eux de phosphates ayant subi un traitement chimique, se placent les *phosphates précipités* et les *superphosphates enrichis*. On obtient les *phosphates précipités* en faisant agir de l'acide chlorhydrique sur les os, puis un lait de chaux qui forme un précipité de *phosphate bicalcique,* insoluble dans l'eau, mais soluble dans le citrate d'ammonium. Ils contiennent de 36 à 42 p. 100 d'acide phosphorique. Les *superphosphates enrichis* s'obtiennent comme les superphosphates, l'acide sulfurique étant remplacé par l'acide phosphorique. Ils contiennent de 30 à 35 pour 100 d'acide phosphorique soluble.

94. Effets des superphosphates. — Que deviennent, une fois incorporés aux sols, les différents phosphates qui constituent le mélange qu'est le superphosphate?

Le phosphate monocalcique, étant soluble dans l'eau, se diffuse immédiatement dans tout le sol et imprègne les particules de terre; mais, au contact du calcaire et des autres bases du sol (magnésie, alumine, oxyde de fer), son acidité se neutralise, il passe à l'état de phosphate tribasique et devient insoluble dans l'eau. Il est alors fixé par les propriétés absorbantes du sol et ne sera absorbé par les plantes que progressivement sous l'action de l'acide carbonique et des acides faibles en solution dans l'eau du sol. Ce phénomène s'appelle la *rétrogradation*. Il est indispensable pour éviter que l'acide phosphorique traverse le sol et soit entraîné dans les eaux de drainage. Mais il exige, pour s'effectuer, la présence du calcaire ou celle de l'argile qui renferme de l'alumine et souvent de l'oxyde de fer. Si le superphosphate est ajouté à une terre manquant de calcaire et pauvre en argile, cette rétrogradation ne s'effectue pas : le phosphate monocalcique conserve son acidité qui est nuisible aux plantes, et il en peut résulter des accidents de végétation. Il est donc indispensable de ne répandre les superphosphates que dans les terres renfermant du calcaire ou de l'argile.

Les choses se passent à peu près de la même façon avec le phosphate bicalcique, les phosphates de fer, d'aluminium, que renferme le superphosphate. Quant au phosphate tricalcique qui est insoluble dans l'eau, il ne subit pas de transformations.

95. Phosphates métallurgiques ou scories de déphosphoration. — Les scories de déphosphoration sont un résidu de la fabrication de l'acier; elles sont produites au cours de la déphosphoration des fontes provenant de minerais phosphoreux.

Leur richesse en acide phosphorique varie avec les pro-

cédés de fabrication employés et la nature des fontes trai-
tées. Elles renferment également d'appréciables quantités
de chaux. Les dosages varient :

		%
Acide phosphorique....	De 8 à 24
Chaux................	34 à 55

Le phosphate qu'elles renferment est un phosphate
tétracalcique, rapidement soluble dans les acides faibles.

L'industrie métallurgique fournit deux types de scories
selon les méthodes de déphosphoration employées : les
scories Thomas et les scories Martin.

La valeur agricole des scories se détermine d'après
leur finesse de mouture et d'après leur degré de solubilité
au réactif de Wagner (solution d'acide citrique à 1,5 pour
100). Les scories Thomas ont une solubilité de 75 p. 100
au minimum au réactif de Wagner et parfois de 90 pour
100 ; les scories Martin ont une solubilité au maximum de
75 p. 100. Elles ont donc une valeur agricole moindre que
les premières.

Une fraude à craindre dans les scories de déphosphoration consiste dans leur mélange avec un phosphate naturel et notamment
un phosphate d'aluminium (phosphate de Redonda). La fraude se
décèle par la solubilité au réactif de Wagner et par l'emploi du
bromoforme. Dans un verre à expérience ou dans un tube à
essais, on met du bromoforme et l'on y jette une pincée de scories. Les scories, très lourdes, tombent au fond ; le phosphate
de Redonda, plus léger, surnage au-dessus du liquide.

Le cultivateur doit exiger les garanties suivantes :
Une finesse de mouture minimum de 75 p. 100 au tamis
n° 100 (c'est-à-dire un refus de 25 p. 100 au maximum
par tamisage sur une toile métallique dont les mailles ont
0 mm. 17 de côté) ;
Une solubilité dans le réactif de Wagner de 75 p. 100 au
minimum, et même de 80 et 90 p. 100 ;
Une garantie d'origine.
96. Effet des scories. — Grâce à leur richesse en calcaire, les scories conviennent surtout aux terres pauvres en

calcaire, aux sols tourbeux, acides, aux terres de bruyères.

L'expérience a montré que, sur toutes les cultures, les scories ont un effet excellent; mais c'est surtout sur les prairies dont le sol est riche en matières organiques qu'elles améliorent les récoltes à la fois en quantité et en qualité. Le poids de fourrage est augmenté, et la nature de la végétation est complètement changée.

Il ne faut pas déduire de ce qui précède que l'emploi des scories doit être exclusivement réservé aux terres non calcaires. Cet engrais réussit partout. Il est donc à recommander de l'expérimenter sur tous les sols et pour toutes les récoltes.

97. Comparaison entre les différents engrais phosphatés. — De nombreuses expériences culturales ont permis de classer les engrais phosphatés au point de vue de leur valeur agricole comparée :

1ʳᵉ catégorie, engrais ayant une haute valeur fertilisante : superphosphates, scories de déphosphoration, phosphates précipités.

2ᵉ catégorie, engrais ayant une moindre valeur fertilisante : phosphates naturels, minéraux ou organiques.

Les engrais de la seconde catégorie ne doivent être employés que dans les terres riches en matières organiques et acides, au moment, par exemple, du défrichement de vieilles prairies, de landes à bruyère et à genêts, et encore, même dans ce cas, l'usage des scories est au moins aussi avantageux, sinon plus.

Restent les engrais de la première catégorie, desquels il n'y a que les scories et les superphosphates à retenir, les phosphates précipités ne se trouvant dans le commerce qu'en quantités très restreintes.

Les scories pourront être préférées, d'une façon générale, pour tous les sols peu calcaires. Leur effet sera excellent, surtout sur les terres bien pourvues en azote organique, parce qu'elles facilitent beaucoup la nitrification.

D'autre part, les scories sont à préférer toutes les fois qu'il s'agira d'une fumure fondamentale à apporter à une terre, car l'effet des scories se prolonge très longtemps; souvent même, on l'a constaté sur toutes les cultures de l'assolement.

S'il s'agit, au contraire, de mettre à la disposition de la plante une certaine quantité d'acide phosphorique immédiatement assimilable, les superphosphates sont préférables, leur action paraissant plus rapide que celle des scories. Les scories s'emploieront donc à l'automne, les superphosphates au printemps. Il ne faut pas oublier, cependant, que l'acide phosphorique est retenu par le pouvoir absorbant des sols arables.

CHAPITRE VI

LES ENGRAIS POTASSIQUES ET LES ENGRAIS DIVERS

98. Comment reconnaître si une terre a besoin d'engrais potassiques. — *a) Par l'analyse chimique.* — C'est peut-être en ce qui concerne les besoins de la terre en potasse que les données de l'analyse chimique sont le plus imprécises et le plus insuffisantes. Il n'y a le plus souvent aucun rapport entre la richesse, donnée par l'analyse, d'un sol en potasse et l'effet des engrais potassiques sur ce sol. Il faut toujours avoir recours à l'observation et à l'expérimentation.

b) Par l'examen des récoltes. — La pauvreté du sol en potasse se manifeste par l'aspect souffreteux général de la récolte ; les feuilles surtout sont jaunes, tachées de brun ; elles se chiffonnent sur les bords et finissent par mourir. Ce caractère est particulièrement apparent sur les plantes sarclées (tabac, betteraves, pommes de terre). Dans les prairies, lorsqu'on constate une insuffisance des légumineuses, on en peut conclure que la terre est mal pourvue en potasse.

c) Par l'expérimentation directe. — Il faut s'adresser à l'expérience directement et essayer sur chaque terre les engrais potassiques. En raison de ce que la potasse agit favorablement sur la vigueur générale de la plante, il est indispensable de peser les récoltes. Toutefois on peut constater que l'apport de potasse a pour conséquence une amélioration immédiate de l'état de santé de la plante ; la partie herbacée devient plus forte, plus « grossière », plus saine ; la résistance aux maladies cryptogamiques augmente et les rendements en poids s'accroissent.

99. Principaux engrais potassiques. — Citons d'abord les cendres de bois, de tourbe. Comme pour le fumier, on en produit à la ferme des quantités qui ne sont pas négligeables et qu'il ne faut pas laisser perdre.

Les cendres de bois contiennent des carbonates, sulfates, silicates et phosphates de potassium, ou de sodium, ou de calcium et de magnésium. On les emploie sur les prairies marécageuses, les sols acides, les terres de bruyère. Elles font disparaître les joncs, les carex et développent les plantes aimant la potasse, telles que le trèfle. On les sème au printemps à la dose de 20 hectolitres à l'hectare. Elles contiennent de 8 à 16 p. 100 de potasse et de 5 à 8 p. 100 d'acide phosphorique.

Les cendres de bois lessivées, pauvres en potasse, mais riches en phosphates, produisent également un bon effet sur les mêmes sols et sur les terres argilo-calcaires. Dose : 80 hectolitres à l'hectare ; durée de l'action : de 8 à 10 ans.

Les cendres de tourbe sont peu riches en potasse, mais, en raison de la quantité de carbonate de calcium qu'elles renferment, elles sont efficaces sur les terres argileuses.

Les engrais potassiques les plus utilisés sont des sels minéraux qui ne se trouvent actuellement en quantités importantes que dans deux gisements : ceux de Stassfurth (Allemagne) et ceux de Mulhouse (Alsace).

Étudions avec quelques détails les sels produits par le gisement de Mulhouse, qu'emploiera surtout l'agriculture française.

Le sel brut extrait de la mine est la *sylvinite,* constituée par un mélange en proportions variables de *chlorure de potassium,* de *chlorure de sodium,* avec de petites quantités de chlorure de magnésium et de sulfate de calcium.

Il ne faut pas confondre la sylvinite que produisent les mines de Mulhouse avec la *kaïnite* qui provient des gisements de Stassfurth et qui est constituée par un mélange moins riche en potasse et contenant, par contre, des quantités appréciables de sulfate de magnésium (15 à 18 p. 100), nocif pour les plantes. La kaïnite est très déliquescente, tandis que la sylvinite ne l'est pas.

La sylvinite après son extraction est broyée et fait l'objet d'un premier triage purement mécanique qui enlève les impuretés et, par suite, l'enrichit en potasse ; on obtient ainsi la *sylvinite riche*. Puis ce produit passe dans des usines où il est transformé en *chlorure de potassium* ou en *sulfate de potassium*.

Voici la teneur en potasse pure de chacun des sels ci-dessus :

	%	
Sylvinite ordinaire.....	14 à	16
Sylvinite riche.........	20	22
Chlorure de potassium.	60	62
Sulfate de potassium...	50	60

100. Effet des engrais potassiques. — Une fois incorporés au sol, les engrais potassiques subissent des transformations chimiques. En présence du carbonate de calcium du sol, le chlorure de potassium donne du carbonate de potassium et du chlorure de calcium, le sulfate de potassium donne du carbonate de potassium et du sulfate de calcium. Dans les deux cas, il se forme donc du carbonate de potassium qui est fixé par les propriétés absorbantes du sol ; mais, d'autre part, à la suite de l'emploi du chlorure de potassium, il se produit du chlorure de calcium extrêmement soluble et qui est aussitôt entraîné dans les couches profondes du sol, d'où appauvrissement du sol en calcaire ; tandis qu'à la suite de l'emploi du sulfate de potassium, il se forme du sulfate de calcium, très peu soluble et qui reste dans le sol. Par conséquent, il faut éviter d'employer le chlorure de potassium dans les terres pauvres en calcaire, auxquelles il faut réserver le sulfate de potassium. Néanmoins, on voit que les sels de potasse ne jouent leur rôle fertilisant que lorsque les sols sur lesquels on les répand renferment des quantités appréciables de calcaire.

En raison de la nocivité sur les plantes des dissolutions concentrées des sels de potasse, comme d'une façon générale de tous les engrais salins, il faut éviter d'employer ces engrais en couverture ou au moment même des semailles ; il faut les répandre sur le sol au moment du labour qui précède les semailles ou la plantation. De même, sur les prairies naturelles, ces engrais ne doivent être apportés que pendant la période d'arrêt de la végétation et autant que possible par temps pluvieux, pour éviter la formation de dissolutions concentrées de ces sels.

C'est d'ailleurs cette propriété qui fait que la sylvinite, qui renferme une notable proportion de chlorure de sodium, peut être utilisée pour la destruction des plantes adventices ; on l'épand au printemps, le matin à la rosée et à fortes doses ; les mauvaises herbes sont brûlées, les céréales résistent et le sol profite de l'engrais ainsi répandu.

101. Engrais calcaires. — Nous avons vu précédemment que les terres renferment le plus souvent assez de chaux pour l'alimentation des plantes, mais qu'il peut être utile de leur en apporter de grandes quantités en raison du rôle physique que joue le calcaire (voir chap. VII, 1re partie). Nous ne reviendrons donc pas sur les engrais calcaires qui sont des amendements.

102. Le plâtre. — Le plâtre a une influence favorable sur certaines cultures, et surtout sur les légumineuses ; il agit quelque peu aussi sur les crucifères, mais pas sur les céréales ni sur les plantes sarclées.

L'expérience de Franklin est connue. Pour mettre en évidence l'action du plâtre, Franklin en répandit sur un champ de trèfle de manière à disposer les mots suivants : Ceci a été plâtré. Dans le cours de la végétation, les plantes qui avaient reçu du plâtre s'élevèrent au-dessus des autres et firent apparaître les mots : *Ceci a été plâtré.*

Le plâtre peut s'employer cru ou cuit. Le plâtre cuit a été chauffé à 150° et a perdu de l'eau. En cet état, il est facilement pulvérisable. Le plâtre cru est moins pulvérisable, mais il coûte moins cher.

La composition moyenne du plâtre cru est la suivante :

	%
Sulfate de chaux.....	70,4
Carbonate de chaux.	7,6
Argile, sable, etc. ...	3,2
Eau...............	18,8

Le plâtre s'emploie au printemps ou à l'automne, à la

dose de 350 à 500 kilos à l'hectare. On choisit un jour où le vent est sec. On sème à la volée sur le sol. On peut aussi faire des composts, comme pour la chaux.

Le mode d'action du plâtre a donné lieu à de nombreuses théories, on n'est pas encore absolument fixé à ce sujet. On admet que le plâtre fournit de la chaux au sol, ce qui favorise la nitrification ; enfin, par l'acide sulfurique qu'il contient, il transforme en sulfate de potassium certains sels de potassium non assimilables.

Ce sulfate de potassium décompose lui-même l'humate de calcium du sol et le transforme en humate de potassium très assimilable et dont les légumineuses sont spécialement avides.

De ce qui précède il résulte que l'emploi du plâtre favorise l'utilisation des réserves de potasse du sol, et peut-être aussi d'azote, et qu'il est prudent ,d'accompagner les plâtrages d'un apport des autres engrais.

On peut assimiler l'action, encore peu connue, du plâtre à celle d'un *condiment* (sel de cuisine, par exemple) qui, sans être lui-même un aliment, permet de consommer les autres aliments.

103. **Engrais magnésiens.** —Nous avons vu plus haut (§ 3) que la magnésie est indispensable aux plantes. Des expériences faites depuis quelques années semblent avoir démontré que l'apport de magnésie, sous forme de sel basique, associé à la chaux, est favorable aux cultures. C'est la raison pour laquelle il y aurait intérêt dans des situations très diverses à expérimenter un engrais nouveau : la *dolomagnésie,* qui semble procurer des excédents de récoltes intéressants.

104. **Engrais manganésés.** — A ce sujet, encore, nos connaissances sont trop récentes. Cependant, des nombreuses expériences conduites avec méthode et précision dans tous les pays et sur toutes espèces de végétaux, se dégage la conclusion que le *manganèse* a une action favorable sur le développement des récoltes et sur leurs produits.

On n'est pas encore fixé quant à la forme sous laquelle il convient d'apporter ces engrais ; le sulfate de manganèse et surtout la *chaux manganésée* et le *manganose* (carbonate double de manganèse et de calcium) paraissent avantageux.

105. **Sel marin.** — Bien que le sodium n'entre pas dans la composition des plantes et que le sel, quand il se trouve à dose élevée dans une terre, soit nuisible aux récoltes, il semble qu'un apport de sel marin, de 100 à 200 kilogr. à l'hectare, soit favorable. La

raison en est que le chlorure de sodium, à l'intérieur du sol, en présence de sels insolubles de potassium, passe à l'état de chlorure de potassium. L'emploi du sel marin est donc avantageux quand on peut se procurer des saumures et des sels de rebut à très bas prix.

106. **Engrais catalytiques.** — On comprend sous le nom d'engrais catalytiques des substances diverses (le manganèse est de ce nombre) dont les principales sont le soufre, le sulfate de fer, le bore, etc., qui paraissent agir en rendant solubles des matières fertilisantes qui se trouvent dans le sol. Le rôle des engrais catalytiques est encore incomplètement connu ; il est nécessaire de se livrer à cet égard à de nombreuses recherches scientifiques et à l'expérimentation agricole directe.

CHAPITRE VII

EMPLOI RATIONNEL DES ENGRAIS. — COMMERCE
DES ENGRAIS

107. Engrais composés. — Les engrais que nous venons
d'étudier, exception faite pour les engrais organiques ou
produits à la ferme, apportent au sol un seul élément fertilisant. On trouve dans le commerce des engrais qui renferment, dans des proportions variables, plusieurs éléments
fertilisants. On les dénomme engrais composés, engrais
complets, engrais pour telle ou telle culture.

Il faut déconseiller aux cultivateurs d'acheter ces engrais
pour les raisons suivantes :

1° Généralement, ces mélanges d'engrais renferment des
quantités insuffisantes des éléments fertilisants qui les
constituent et ils sont vendus beaucoup plus cher qu'ils ne
valent ;

2° Même vendus à des prix correspondant à leur composition chimique, ces engrais ne renferment pas les proportions d'éléments fertilisants dont ont besoin les sols ou les
cultures auxquels ils sont appliqués. Le cultivateur soucieux de ses intérêts doit savoir quel mélange convient le
mieux à telle ou telle culture, étant donnée la nature du
sol. Il doit acheter séparément l'azote, l'acide phosphorique,
la potasse, et composer lui-même des mélanges appropriés
aux besoins de ses cultures et de ses terres.

La préparation des mélanges d'engrais par le cultivateur
réclame quelques précautions. Il est nécessaire d'étendre
les engrais sur une aire et de les mélanger intimement.
De plus, il faut :

1° Ne jamais mélanger de superphosphate et des scories
de déphosphoration : le phosphate monocalcique du super-

phosphate, s'unissant à la chaux libre des scories, formerait du phosphate tricalcique moins assimilable ;

2° Eviter de mélanger les divers engrais potassiques au nitrate de sodium et aux scories, car, les premiers se prenant facilement en mottes, on aurait de la difficulté à pulvériser le mélange. On pourra, au contraire, mélanger sans inconvénient les divers engrais potassiques avec des poudres d'os verts ou d'os dégélatinés ;

3° Ne jamais mélanger de sulfate d'ammonium avec des scories de déphosphoration ; la chaux libre des scories ferait dégager l'ammoniaque.

De même ne jamais mélanger le nitrate de sodium et le superphosphate. L'acide sulfurique et l'acide phosphorique contenus dans le superphosphate mettent l'acide nitrique en liberté. Celui-ci, en présence des matières organiques, les oxyde et dégage du bioxyde d'azote qui se répand en vapeurs rouges dans l'atmosphère.

108. Expérimentation directe des engrais. — Nous avons vu dans les chapitres précédents que l'analyse chimique ne peut nous faire connaître les besoins des terres en matières fertilisantes, que l'aspect du sol et des récoltes ne renseigne qu'imparfaitement et que le procédé d'investigation le plus certain était l'expérimentation directe s'appliquant à chaque terre et à chaque culture.

Voici rapidement exposées les règles qu'il convient de suivre dans l'établissement des champs d'expériences.

Il importe de choisir une terre de nature homogène et représentant bien le type des terres auxquelles on entend que l'expérience s'applique. L'examen de la végétation au cours d'une année suffit pour renseigner à cet égard.

La surface des parcelles d'expérimentation sera d'un are, en moyenne. Les parcelles ne devront pas être bordées par des chemins, parce que le développement de la végétation sur le bord des chemins est plus grand.

La disposition des parcelles et la répartition des engrais devra être telle que les résultats cherchés soient bien mis en évidence. Si par exemple on se propose de chercher quel est le rôle de chacun des éléments fertilisants dans un sol donné et pour une culture donnée, on disposera de la manière suivante les parcelles et les fumures :

Parcelle 1, témoin, pas d'engrais chimiques ;

Parcelle 2, engrais complet comportant azote, acide phosphorique et potasse ;

Parcelle 3, engrais complet moins l'azote ;

Parcelle 4, engrais complet moins l'acide phosphorique ;

Parcelle 5, engrais complet moins la potasse.

Les cinq parcelles devront porter la même fumure au fumier de ferme ; les doses employées pour chacun des engrais seront les mêmes dans chacune des parcelles qui comportent ces engrais. De cette façon, il est facile de mettre en relief l'effet propre à l'une des matières fertilisantes. Ainsi la comparaison entre les récoltes des parcelles 2 et 3 indiquera le rôle de l'azote ; entre 2 et 4, celui de l'acide phosphorique ; s'il se trouvait, par exemple, que la différence entre les récoltes des parcelles 2 et 5 ne fût pas sensible, il en faudrait conclure que l'apport de potasse est inutile.

Nous reproduisons ici deux expériences (fig. 22 et 23) réalisées à l'Ecole normale et qui mettent en évidence le rôle de certains engrais.

Avec les champs d'expérience, on peut se proposer aussi de rechercher quel est, de deux engrais apportant le même élément fertilisant (par exemple scories ou superphosphates, sulfate de potasse ou chlorure de potassium), celui qui est le plus avantageux, ou encore quelles sont les doses les plus favorables d'un engrais donné, ou encore quelle est l'époque d'épandage la plus favorable.

Quel que soit l'objet poursuivi, il est indispensable de peser les récoltes et de traduire en argent les résultats fournis par l'expérience. L'emploi d'un engrais n'est en effet avantageux que lorsque les excédents de récolte qu'il procure ont une valeur supérieure à la dépense occasionnée par son emploi.

Il faut ne pas oublier non plus que l'effet de certains engrais se prolonge au delà d'une année. Il est donc utile de suivre plusieurs années de suite sur les mêmes parcelles l'effet produit par les engrais, et de ne pas, deux années de suite, instituer des expériences sur les mêmes champs, les

Fig. 22. — Expérience faite à l'école normale de Montbrison (1901), reproduite d'après une photographie : action de l'azotate de sodium, du superphosphate de calcium, du chlorure de potassium.

Plante d'épreuve : Chanvre. — 1, engrais complet ; 2, sans nitrate ; 3, sans superphosphate ; 4, sans chlorure et ainsi sans potasse ; 5, témoin sans engrais.

résultats de la seconde fumure devant être faussés par ceux de la fumure précédente.

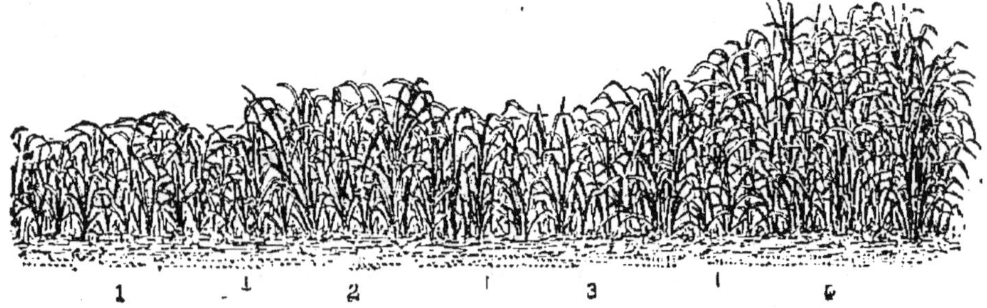

Fig. 23. — Expérience faite dans la plate-bande agricole de l'école annexe à l'école normale de Bonneville (1892), reproduite d'après une photographie : action de l'azotate de sodium et du superphosphate de calcium.

Plante d'épreuve : Maïs. — Quatre carrés : 1, témoin ; 2, azotate de sodium ; 3, superphosphate de calcium ; 4, azotate et superphosphate.

Enfin, est-il nécessaire de signaler qu'il serait imprudent de conclure après un seul ou un petit nombre d'essais ?

Il faut une série d'expériences favorables pour qu'on puisse considérer l'emploi d'un engrais comme avantageux.

109. Champs d'expérience et champs de démonstration. — Rien ne vaut, pour convaincre les cultivateurs de l'avantage de l'emploi des engrais, l'examen des résultats fournis par deux champs voisins, placés dans les mêmes conditions de culture et fumés l'un selon la routine du pays, l'autre avec les engrais chimiques et d'une façon méthodique. D'où l'utilité de mettre sous les yeux des cultivateurs des champs de démonstration.

Voici les indications que donne Grandeau à ce sujet. Les instituteurs les consulteront avec fruit :

« La distinction la plus tranchée existe entre le champ d'expérience et les champs de démonstration. Le premier a pour objet l'étude expérimentale de divers modes de fumure, de diverses méthodes de culture, de différentes semences, appliqués à une plante quelconque de grande culture. Les tâtonnements, les divergences dans les résultats, les insuccès mêmes sont autant de conditions inséparables de l'expérimentation; ils portent avec eux leurs enseignements, mais ne sauraient être placés sous les yeux des cultivateurs sans commentaires.

« Les champs de démonstration, au contraire, ne doivent laisser aux résultats qu'on en attend d'autres aléas que l'influence des conditions climatologiques de l'année, qui échappent entièrement à l'action de l'homme. Ils ont pour but de démontrer les résultats acquis dans les champs d'expérience ou dans la pratique agricole la mieux entendue de la région. C'est donc uniquement la reproduction de faits acquis par l'expérience et par la pratique intelligente, concernant le choix de telle ou telle variété de graine prolifique, s'il s'agit de semences, de telle ou telle matière fertilisante, la plus avantageuse pour une récolte donnée, s'il s'agit d'engrais, que les champs de démonstration ont pour objet unique de mettre sous les yeux des cultivateurs du pays.

« A part les cas de force majeure, les résultats des champs de démonstration doivent toujours être bons, ceux qu'on obtient dans les champs d'expérience peuvent être bons, médiocres ou mauvais, puisqu'ils ont pour objet l'étude d'un procédé, d'une semence ou d'un engrais nouveaux. »

110. Calcul de la valeur d'un engrais. — La valeur d'un engrais s'établit d'après sa richesse en éléments fertilisants.

a) Engrais azotés. — L'azote nitrique, qui est immédiatement assimilable par les plantes, est généralement le plus cher ; l'azote ammoniacal a une valeur toute voisine ; l'azote organique est généralement le moins cher.

b) Engrais phosphatés. — La valeur de l'acide phosphorique varie avec sa solubilité. L'acide phosphorique soluble dans l'eau et celui qui est soluble dans le citrate d'ammoniaque que l'on trouve dans les superphosphates ont sensiblement la même valeur : ce sont ceux qui se vendent le plus cher. L'acide phosphorique des scories, qui est seulement soluble dans le réactif de Wagner, vaut un peu moins cher, enfin l'acide phosphorique insoluble, celui des phosphates minéraux naturels, est d'une valeur bien moindre que les précédents.

c) Engrais potassiques. — Le seul élément à considérer est la potasse ; quand elle est fournie par le sulfate de potasse, elle est un peu plus chère que quand elle provient du chlorure de potassium.

Pour calculer la valeur d'un engrais à un moment donné, on se fonde sur le cours, à ce moment, des matières fertilisantes.

De même on peut calculer, connaissant leur dosage en matières fertilisantes, la valeur des engrais produits à la ferme (fumier, purin, etc.).

111. Achat des engrais. — La valeur d'un engrais dépendant de sa richesse en éléments fertilisants, il importe que le cultivateur s'entoure de toutes les précautions possibles dans l'achat des engrais.

La loi du 4 février 1888 oblige le vendeur à garantir la richesse de l'engrais en azote, acide phosphorique et potasse et l'état de solubilité de ces éléments fertilisants. Le cultivateur, pour ne pas être trompé, n'a donc qu'à prélever des échantillons des engrais qu'il reçoit et à les faire analyser dans des laboratoires autorisés. Mais, bien mieux encore, le cultivateur ne devra acheter ses engrais que par l'intermédiaire d'un syndicat agricole, qui, en raison de l'importance de ses achats, est en mesure d'exiger de ses fournisseurs toutes les garanties utiles et de faire procéder à l'analyse quand il le jugera nécessaire.

APPENDICE

Exercices pratiques. — *Détermination pratique des engrais.* — Examiner de nombreux échantillons d'engrais, s'habituer à reconnaître les engrais par grande quantité chez les cultivateurs ou chez un négociant en engrais ou un syndicat agricole.

Etude de l'effet des engrais. — Organiser des cultures en pots et des champs de démonstration en grande culture. Au jardin de l'Ecole, disposer des carrés d'expérimentation pour les différents principes fertilisants. On s'inspirera avec profit des règles et directives données dans le livre de M. René LEBLANC, Inspecteur général de l'Instruction publique : *l'Enseignement agricole.*

Le fumier et les engrais de ferme. — Visiter plusieurs exploitations et apprécier les installations du fumier, de la fosse à purin, des étables et écuries.

Emploi des engrais. — Résoudre de nombreux problèmes relatifs à l'emploi des engrais, à la détermination de leur valeur commerciale, etc.

Bibliographie. — *Chimie agricole,* par P.-P. DEHERAIN. — *Chimie agricole,* par CHANCRIN. — *Cours d'agriculture,* tome I, par DE GASPARIN. — *Agriculture générale.* I. Le sol et l'amélioration des terres, par DIFFLOTH. — *Les Engrais* (2 volumes), par GAROLA. — *Les Engrais,* par A.-CH. GIRARD. — *Aménagements des fumiers et des purins,* par RINGELMANN. — *Législation sur la répression des fraudes et commerce des engrais,* par LAMBERT.

TROISIÈME PARTIE

LE TRAVAIL DU SOL

CHAPITRE PREMIER

LE TRAVAIL DU SOL. — SON OBJET

112. Le travail du sol. Son objet. Sa nécessité. — Les plantes ne prospèrent que dans les sols suffisamment meubles, aérés et pourvus d'eau.

1º Le sol doit être meuble, pour que les racines des plantes, surtout au début de la végétation, s'y développent facilement;

2º Il doit être aéré, pour que les organes souterrains des plantes (racines, rhizomes, tubercules) puissent y respirer. Les arbres des villes, vivant dans un sol tassé, sous des trottoirs qui les privent d'air, ont une végétation tardive et languissante;

3º Il doit être pourvu d'eau, afin que l'alimentation des plantes s'effectue dans les meilleures conditions.

Seul le travail du sol permet de réaliser ces trois conditions et, par surcroît, il est le moyen le plus sûr, connu jusqu'à présent, de débarrasser les cultures des plantes adventices qui, chaque année, réduisent notablement les récoltes.

De tout temps, d'ailleurs, les cultivateurs ont senti la nécessité de ce travail. A l'origine, il était le seul moyen de fertiliser la terre. Aujourd'hui, sans avoir perdu de son importance, il doit se compléter par d'autres opérations culturales (fumure, sélection des semences, alternance des cultures, etc.). C'est à cette nécessité impérieuse que le travail du sol doit son nom : il est le labeur par excellence, le *labour,* et le cultivateur est l'homme du labeur, du labour, le *laboureur.*

Ainsi, aucune culture n'est possible si la terre n'est *ameublie, aérée* et *approvisionnée en eau.* Ces trois conditions indispensables à la fertilité des sols sont réalisées par une série de travaux qui se complètent les uns les autres et que nous allons étudier.

113. Les différents travaux. Leur objet. — Avant de confier une semence à la terre, il faut ameublir le sol. C'est l'objet du *Labour,* par lequel la couche de terre arable est retournée. Ainsi les racines des jeunes plantes se développent sans obstacle et se multiplient, au grand avantage des récoltes ; le foisonnement d'une terre labourée donne la mesure des vides qui se sont établis et dans lesquels l'air circule, favorisant à la fois la respiration des organes souterrains et l'activité microbienne du sol ; dans les cavités ainsi produites s'emmagasinent les eaux météoriques, dont l'approvisionnement permet de satisfaire aux besoins de la végétation.

Le labour forme généralement des mottes, de grosseur variable suivant la nature physique des terres, ou, tout au moins, des crêtes. Quand le labour est effectué avant l'hiver, les intempéries de cette saison et surtout les alternatives de gel et de dégel détruisent ces mottes et ces crêtes ; on dit que *l'hiver mûrit les labours.* Néanmoins la surface du champ labouré reste inégale et l'épandage des semences se ferait irrégulièrement. D'où la nécessité de faire suivre le labour d'un *hersage,* dont l'objet est de pulvériser la surface du sol.

Si le labour facilite la pénétration dans le sol des eaux météoriques, il s'oppose dans une certaine mesure à l'ascension des eaux souterraines. L'expérience suivante le démontre.

Prenons un échantillon de sable, que nous séparons en trois parties, à l'aide de tamis à mailles de plus en plus serrées. Nous obtiendrons ainsi des échantillons de sable fin, demi-fin et grossier, que nous mélangerons avec du sulfate de cuivre blanc. (Le sulfate de cuivre desséché à 200° devient blanc.)

Nous placerons ce sable dans des tubes dont l'extrémité est fermée par une toile grossière, et nous plongerons cette extrémité dans une mince couche d'eau.

Lorsque la toile se sera imbibée, on verra l'eau s'élever rapidement dans le tube à sable fin, qui se colorera en bleu, dans presque toute son étendue. Dans le tube renfermant le sable demi-fin, l'eau n'arrivera qu'à la moitié de sa hauteur ; et elle n'atteindra que quelques centimètres dans le tube de sable grossier.

Cette expérience prouve que l'ascension de l'eau s'effectue le mieux dans une terre suffisamment tassée (sable fin) et qu'elle est retardée au contraire dans les terres à grandes cavités, comme celles qui viennent d'être labourées. Il est donc nécessaire, avant les semailles ou immédiatement après, de tasser le sol, pour favoriser l'ascension de l'eau par capillarité. C'est l'objet du *Roulage*. En outre, il arrive souvent, surtout sur les terres calcaires, que celles-ci se soulèvent pendant l'hiver, sous l'effet des gelées ; les racines des plantes semées à l'automne (blé, seigle) sont déchaussées, elles perdent le contact avec la couche de terre sousjacente. Il est alors utile, à la sortie de l'hiver, de relier la terre soulevée avec la couche inférieure ; le roulage remplit aussi ce but.

Le *Buttage* est en quelque sorte un labour qui, sans retourner la terre, a pour objet d'en accroître l'épaisseur au pied des plantes afin de favoriser le développement des racines adventices.

Au cours de la végétation, sous l'action répétée des pluies, la terre se tasse, se lisse à sa surface ; l'eau des couches profondes remonte par capillarité à la surface du sol et s'évapore sous l'action du soleil. Pour éviter cet appauvrissement en eau, il faut rompre la capillarité dans le voisinage immédiat de la surface du sol. On y arrive par le *Binage* et par le *Sarclage*.

Une expérience facile montre le rôle que joue le binage :

Prenons un morceau de sucre raffiné et couvrons-en la surface avec du sucre en poudre. Plaçons le tout dans une assiette où nous verserons un peu d'eau colorée avec de la fuchsine : l'eau s'élève par capillarité dans le morceau de sucre, mais elle s'arrête à la partie pulvérisée, dont la blancheur contraste avec la couleur vive du morceau entier. On conçoit donc qu'une terre lissée, battue par les pluies, aura chance de se dessécher rapidement, si l'eau s'élève par capillarité jusqu'à la surface où elle s'évapore. Au contraire, cette évaporation cessera si, par des binages, on rompt la capillarité dans la couche superficielle.

C'est pour cette raison que les cultivateurs ont l'habitude de dire : *Deux binages valent un arrosage.*

En outre, le binage permet la destruction des mauvaises herbes au cours de leur végétation.

CHAPITRE II

114. Exécution du labour. — Le labour a pour objet de retourner la couche de terre arable. Il constitue l'opération capitale de la culture, à l'exécution de laquelle le cultivateur attache le plus de soin.

En horticulture, on exécute les labours à la main avec des instruments (bêche, houe) qui permettent de retourner et d'émietter complètement le sol.

En agriculture, le labour à la charrue est plus complexe. Théoriquement, il a pour but de détacher des bandes de terre et de les retourner de façon à exposer à l'air les couches profondes du sol arable.

Si l'on suppose indéformable la bande de terre retournée, ce qui ne peut être que théorique, on démontre par le calcul que la surface de terre exposée à l'air à la suite du labour est maximum quand l'inclinaison de cette bande est de 45°. Ce retournement est effectué par le versoir de la charrue. Or, le travail exécuté varie avec la nature des terres, l'écrasement de la bande étant plus complet pour les terres légères, sablonneuses, que pour les terres argileuses. Pour cette raison, on est obligé de faire varier la forme du versoir selon les terres dans lesquelles travaillent les charrues.

Pour que la bande de terre séparée du champ et retournée sur la partie labourée soit inclinée de 45°, il faut que la largeur de la bande soit égale à sa profondeur multipliée par 1,41.

Pour exécuter un labour, il importe de tracer avec grand soin la première raie ou *enrayure,* que viendra recouvrir la raie suivante. La dernière raie, qui reste ouverte, est la *dérayure.*

Les raies doivent être, autant que possible, dirigées selon la plus grande dimension du champ, pour que soient évitées les pertes de temps aux *tournières (fourrières* ou *cheintres).* Il serait bon également qu'elles fussent dirigées du nord au sud, pour que l'éclairement soit le même sur les deux versants du labour.

115. Forme du labour. — On distingue les labours en *billons*, les labours en *planches* et les labours à *plat*.

Les *billons* (fig. 24) sont constitués par un ensemble de deux, quatre, six, ou huit bandes de terre à surface plus ou moins bombée, limité de chaque côté par une dérayure.

Le labour en billons augmente l'épaisseur du sol sur une partie de la surface et facilite l'écoulement de l'eau, qui se réunit dans les dérayures ; en outre, les petites cultures, binages, sarclages, sont plus faciles à exécuter. Mais il rend le sol

Fig. 24.

inégalement fertile, par suite de l'accumulation de la terre arable dans la partie bombée, et de la répartition irrégulière des engrais chimiques et du fumier. De plus, une certaine partie de la surface du champ est perdue pour la culture, et l'emploi des instruments perfectionnés y est difficile.

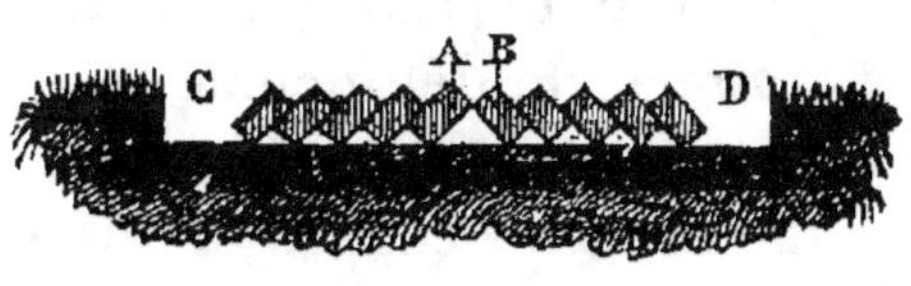

Fig. 25.

Aussi n'emploiera-t-on le labour en billons que dans les terres humides, à sous-sol argileux, très voisin de la surface du sol, et pour lesquelles tout autre mode de labour serait inutilisable.

La *planche* (fig. 25) est, en quelque sorte, un billon élargi, constitué par un ensemble de plus de 8 raies. La surface en est moins bombée. Ce mode de labour s'emploie dans les terres qui craignent encore un peu l'humidité, les dérayures facilitant l'écoulement des eaux superficielles.

Ces deux formes de labours s'exécutent avec une charrue versant la terre toujours du même côté. Le laboureur commence par tracer l'enrayure et il couche successivement sur cette première raie les bandes suivantes.

D'un labour à l'autre, le billon ou la planche doivent être refendus, de façon que l'enrayure d'un labour corresponde à la dérayure du labour précédent, et réciproquement.

Dans le *labour à plat*, toutes les bandes de terre sont renversées du même côté ; le champ ne présente ni planche ni billon, mais une surface régulière sur laquelle l'emploi des machines perfectionnées est facile.

Cette forme de labour ne peut être appliquée qu'aux terres saines, se ressuyant facilement et suffisamment profondes.

116. Profondeur du labour. — La profondeur varie suivant les cultures. Les *labours superficiels* sont ceux dans lesquels la couche de terre remuée ne dépasse pas 12 ou 13 centimètres ; les *labours moyens* retournent une couche de terre de 15 à 20 centimètres ; les *labours profonds* atteignent de 20 à 30 centimètres, et les *labours de défoncement* descendent vers 40 et même 45 centimètres.

Les premiers s'appliquent aux cultures dérobées (semailles d'été), au déchaumage. Les labours moyens préparent la terre pour les cultures des céréales dont les racines fasciculées se tiennent, pour la plus grande partie, dans le voisinage de la surface du sol. Les labours profonds s'exécutent pour les cultures à racines pivotantes (betteraves), qui ont besoin d'aller chercher leur nourriture dans les couches profondes du sol. Les labours de défoncement ne s'exécutent sur une même terre qu'à intervalles éloignés. Ils atteignent le sous-sol, que, dans certains cas, il y a intérêt à mélanger au sol arable. La terre est alors complètement retournée. Dans d'autres cas, il faut simplement ameublir le sous-sol sans le ramener à la surface. Les défoncements sont pratiqués surtout au moment de la plantation de la vigne, des arbres fruitiers.

Nous avons vu que l'aération de la surface du sol est le plus complète quand, la profondeur du labour étant 1, sa largeur est 1,41. Ce rapport, appliqué avec les labours moyens, varie suivant la profondeur du labour. Pour les labours superficiels, il diminue, la largeur pouvant être égale à deux fois la profondeur ; pour les labours profonds, il augmente, la largeur pouvant devenir égale à la profondeur.

117. Objet des labours. — Les labours s'effectuent pour des buts différents. Le plus fréquemment, ils ont pour objet l'ameublissement du sol en vue des semailles. Ce sont alors des labours moyens ou profonds, qui s'exécutent à l'automne pour les céréales d'hiver, au printemps pour les cultures sarclées et les céréales de printemps. En même temps, les fumiers sont enfouis, et les engrais chimiques incorporés au sol.

En été, dans certains pays, on exécute souvent sur terres nues des labours dits de *jachère,* dont l'objet est de nettoyer le sol et de favoriser la nitrification. Cette pratique tend, à juste raison, à disparaître, car les mêmes résultats peuvent être obtenus sans que la terre reste inculte une année entière. Grâce aux cultures sarclées, le sol peut être maintenu propre, et, grâce aux cultures fourragères, à l'usage des engrais verts, son enrichissement en azote peut être considérable.

En été, aussitôt après la récolte des céréales, un labour superficiel, dit de *déchaumage,* permet d'enterrer les graines des plantes adventices qui se sont répandues sur le sol ; elles germent et, au labour d'automne suivant, les mauvaises herbes qui se sont développées sont enfouies et détruites. De même, le labour de déchaumage prépare la terre pour les cultures dérobées qui occupent le sol depuis la moisson jusqu'au commencement de l'hiver.

Dans le courant de l'hiver, on exécute les labours de *défrichement.* Ce sont généralement des labours profonds, par lesquels on retourne les vieilles prairies naturelles, les luzernières anciennes qu'on veut remettre en culture et qu'on ensemencera au printemps, après que les gelées auront ameubli la terre ainsi préparée.

Quoi qu'il en soit des objets à réaliser par les labours, le choix de leur époque est d'une importance capitale. La terre doit être retournée alors qu'elle n'est ni trop sèche ni trop humide. Tout labour exécuté quand la terre est dans de mauvaises conditions physiques risque de la gâter et nuit aux récoltes. A cet égard, les terres les plus difficiles à travailler sont les terres argileuses et les terres marneuses : les labours n'y peuvent être exécutés que pendant un temps très court ; les terres sableuses, au contraire, peuvent être labourées à toute époque.

L'habileté du cultivateur consiste à connaître sa terre, à savoir à quelle époque elle doit être « prise » pour que le résultat du travail soit le plus favorable.

CHAPITRE III

118. Principaux organes de la charrue. — La charrue (fig. 26) est l'instrument avec lequel on exécute les labours.

A l'origine, elle permettait à peine d'égratigner la surface du sol ; aujourd'hui, elle est pourvue d'organes grâce auxquels on peut effectuer un travail plus complet.

Dans toute charrue, si simple soit-elle, il y a des organes

Fig. 26. — Charrue.

1. Age. — 2. Versoir. — 3. Coutre. — 4. Soc. — 5 et 6. Étançons.
7. Mancherons. — 8. Régulateur.

travaillants, des organes de direction et des organes de liaison.

119. Organes travaillants. — Ce sont le *coutre,* le *soc* et le *versoir.*

Le *coutre* a pour rôle de fendre le sol, en avant du ver-

1. Il ne saurait être question dans ce chapitre, comme dans les suivants, de décrire complètement les appareils et les machines de culture. Nous indiquerons seulement le rôle rempli par les instruments et leurs différents organes, en recommandant de montrer ces appareils, et autant que possible quand ils sont au travail.

soir, de façon à détacher la bande de terre que le *soc* soulèvera en la prenant par dessous et que le *versoir* retournera. Le *coutre* a le plus souvent la forme d'un couteau, incliné la pointe en bas et en avant, et faisant avec la verticale un angle de 20°, de façon à attaquer le sol et à soulever les obstacles qui pourraient se rencontrer. Dans les charrues américaines, le coutre a la forme d'un disque qui tourne autour d'un axe central.

Le *soc* est placé horizontalement ; sa pointe est en sde-

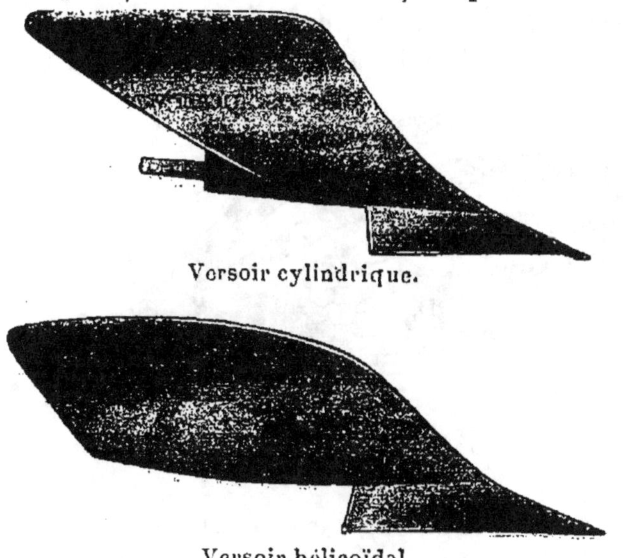

Fig. 27. — Différents types de versoirs.

sous et dans le voisinage de celle du coutre. Comme il supporte un frottement considérable, il doit être construit en acier dur.

Le *versoir* est une lame d'acier dont la courbure oblige la bande de terre à se retourner et à se coucher sur la bande précédente. Il doit être construit en un acier à la fois résistant à l'usure et suffisamment doux pour que le frottement de la terre soit réduit au minimum. C'est pourquoi les versoirs dans les meilleures charrues sont construits en acier triplex, constitué par une plaque d'acier doux recouverte sur chaque face d'une tôle d'acier manganésé, très résistant à l'usure.

La forme des versoirs varie avec la nature des sols travaillés. Ils sont généralement de forme *cylindrique* ou *hélicoïdale*. Les premiers émiettent plus complètement la terre que les seconds; ils sont donc préférables dans les climats secs, puisqu'ils s'opposent dans une certaine mesure à l'évaporation de l'eau du sol, tandis que les versoirs hélicoïdaux conviennent aux climats humides (fig. 27).

Ils sont courts pour travailler dans les terres sablonneuses, légères, n'ayant pas de corps, et au contraire allongés pour travailler dans les terres argileuses et compactes; et même pour ces dernières terres on construit des ver-

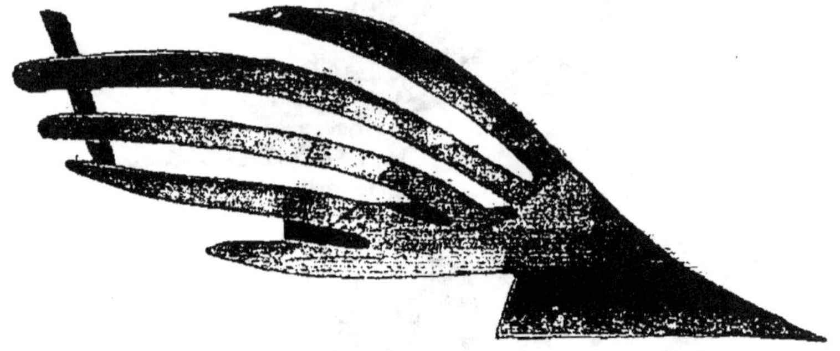

Fig 28. — Versoir à claire-voie.

soirs à claire-voie (fig. 28), ce qui diminue sensiblement le frottement de la terre.

Certaines charrues comportent en plus une *rasette* constituée par un petit versoir, muni d'un petit soc; placée en avant du coutre, elle détache une bande superficielle de terre qui est jetée au fond de la raie précédente. L'emploi de la rasette est avantageux dans les défrichements de prairie, parce que l'herbe est ainsi enterrée au fond de la raie.

120. Organes de direction et de liaison. — On règle le labour au moyen des *mancherons* et des *régulateurs*.

Les mancherons sont deux leviers inclinés placés à l'arrière de la charrue; ils servent au laboureur à guider le mouvement de la charrue. Ils se construisent en fer ou en bois.

Les *régulateurs* sont des pièces fixées en avant de la

charrue et grâce auxquelles on règle la largeur et la profondeur du labour. Il en existe de très nombreux modèles, qui varient avec les régions et avec les types de charrues auxquelles ils sont adaptés.

Pour réunir ces différents organes, il existe des pièces de liaison qui sont : le *bâti* de la charrue, parfois réduit à un *age,* pièce de bois ou de fer sur laquelle sont fixés les organes travaillants et les organes de direction; les *étançons,* qui relient le versoir à l'age; le *sep,* pièce de fer fixée horizontalement derrière le soc et qui glisse au fond de la raie ; les *étriers,* qui retiennent le coutre et la rasette.

Fig. 29. — Araire.

121. Principaux types de charrues. — Selon les régions où elles sont utilisées, les terres où elles doivent travailler, le genre de labours qu'elles doivent exécuter, les charrues sont construites sur des modèles différents, qui peuvent être rangés dans l'une des catégories suivantes :

A) *Pour les labours ordinaires.*

a) *Charrues ne versant que d'un seul côté.*

1° *Araires* (fig. 29). — Les araires sont des charrues très simples, très peu coûteuses, dont le type est l'araire de Dombasle, très ancien et très répandu. L'araire réclame beaucoup d'attention et d'habileté de la part du laboureur; on ne devient bon laboureur à l'araire qu'après un long apprentissage. Pour cette raison, avec les difficultés chaque jour plus grandes de se procurer de la main-d'œuvre salariée, il faut envisager le remplacement de l'araire par une charrue plus perfectionnée. Cependant, dans les terres où les labours en billons sont indispensables, c'est l'araire qui permet de les exécuter le mieux.

2° *Charrues à support* (fig. 30). — C'est un araire muni à l'avant d'un point d'appui, sabot ou roulette, qui permet

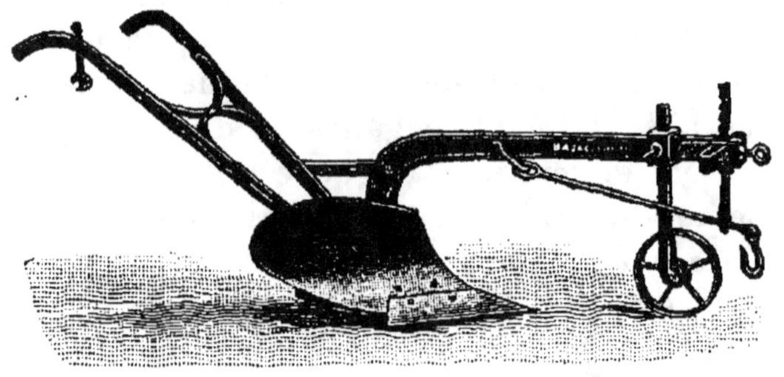

Fig. 30. — Charrue à support.

de diminuer les efforts de traction, mais qui peut être retiré sans inconvénient pour le fonctionnement de la charrue.

3° *Charrues à avant-train* (fig. 31). — Le corps de charrue repose à l'avant sur un essieu muni de deux roues. C'est sur cet avant-train et non sur le corps de charrue que

Fig. 31. — Charrue à avant-train.

s'exerce la traction. Il en résulte une plus grande stabilité pour la charrue et un mode de réglage plus précis. Le type de ces instruments est la charrue Brabant simple.

b) Charrues versant de deux côtés. — Les charrues des types précédents ne possèdent qu'un seul versoir fixe, ne versant la terre que d'un seul côté, généralement à droite; elles obligent donc à exécuter des labours en planches ou en billons. Dans les régions à culture avancée et de sol favorable, il est préférable d'exécuter des labours à plat. Pour cela, il faut avoir des charrues pouvant retourner la bande alternativement à droite et à gauche.

1° *Charrues tourne-oreille.* — Ce sont des araires dont le versoir est articulé au sep, ce qui permet de le retourner une fois la raie finie. Elles sont utilisées surtout dans les terrains accidentés.

2° *Charrues Brabant doubles* (fig. 32). — Elles sont constituées par deux corps de charrues superposés et pou-

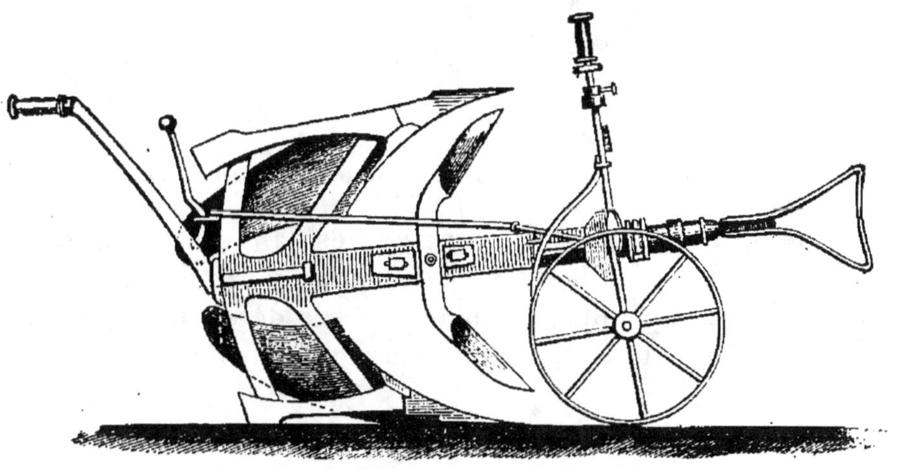

Fig. 32. — Charrue Brabant double.

vant tourner autour de l'axe horizontal formé par l'age. Ces charrues sont extrêmement stables; elles ne comportent pas de mancherons et se règlent d'une façon très précise. De plus, elles permettent au laboureur de s'occuper beaucoup plus de son attelage; n'ayant à intervenir qu'à la fin de la raie pour tourner la charrue, il peut activer les animaux; aussi, quoique les Brabant doubles exigent plus de tirage que les charrues ordinaires; leur rendement en travail est supérieur, et ils se répandent de plus en plus.

B) *Charrues spéciales.* — 1° *Charrues multiples.* — Elles se composent de plusieurs corps de charrues montés sur un même bâti et susceptibles de tracer deux ou plusieurs raies en même temps. Pour les labours de déchaumage, on emploie des polysocs légers (fig. 33), non munis de coutre et travaillant facilement à 10 à 12 centimètres de profondeur.

On construit maintenant des charrues pouvant exécuter

Fig. 33. — Déchaumeuse double sans coutre.

des labours ordinaires et même des labours profonds sur 3, 4 ou 5 raies à la fois. Elles sont d'un mécanisme un peu plus compliqué ; la manœuvre de déterrage à la fin de la raie, plus difficile, s'exécute avec des leviers spéciaux.

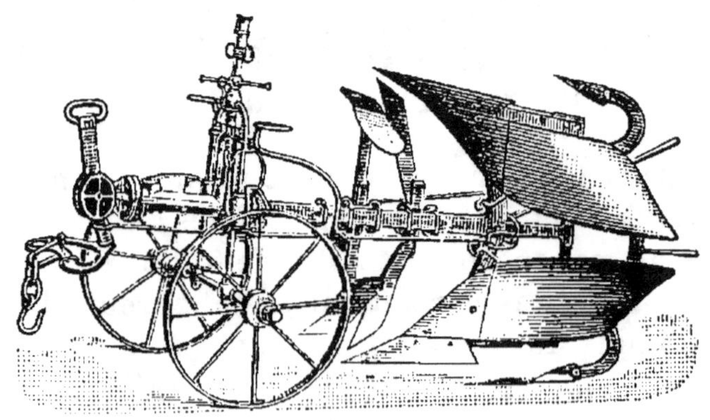

Fig. 34. — Brabant double muni de griffes fouilleuses.

2° *Charrues défonceuses.* — Les unes sont munies d'un versoir permettant de coucher une bande de terre de 0,45 de profondeur. D'autres comportent, montés sur le même age, deux corps de charrues dont le premier effectue un labour ordinaire et le second dans la même raie rejette, grâce à un versoir relevé, la terre sur la bande déjà retournée. Parfois, ces deux corps de charrues sont séparés ; c'est le cas de la charrue Bonnet. Enfin, l'appareil de défoncement comporte parfois simplement des griffes fouilleuses, travaillant derrière une charrue ordinaire (fig. 34), mais ne ramenant pas à la surface du sol la terre du fond de la raie.

122. Traction des charrues. — La traction communément employée pour les charrues effectuant des labours légers, ordinaires ou profonds, est celle des animaux.

Voici, d'après M. Max Ringelmann, quel est en moyenne le travail effectué par ces animaux :

ATTELAGE	CHARRUE	PROFONDEUR DU LABOUR	SURFACES LABOURÉES PAR JOUR
2 bœufs...	Araire.	0,15	De 26 à 33 ares.
2 chevaux.	Charrue à sup-port.	0,20	56,5 ares.
4 bœufs...	Brabant double.	0,20	De 38 à 45 ares.

Ces chiffres varient naturellement suivant la nature du sol et l'habileté du laboureur.

Pour les labours de défoncement, on ne peut pas multiplier à l'infini le nombre des animaux ; on a recours alors à la traction mécanique (moteurs à vapeur ou à explosion). Depuis longtemps déjà, on emploie à cet effet un matériel constitué par une ou deux locomobiles agissant sur un câble auquel est attachée une charrue à un ou plusieurs corps. Les locomobiles sont fixées à chacune des extrémités du champ et agissent, soit directement, soit par l'intermédiaire d'une poulie de renvoi, sur le câble qui tire la charrue.

Enfin, on a beaucoup préconisé l'usage des tracteurs, véritables automobiles à essence, à pétrole ou à gazogène ; ils peuvent remorquer dans un champ une charrue pouvant travailler plusieurs raies à la fois. Il n'est pas possible d'entrer ici dans les détails de construction des tracteurs, dont on peut imaginer des types très différents, mais il est utile de signaler les conclusions auxquelles se sont **arrêtés les praticiens.**

Il ne faut pas dépasser pour ces machines le poids de 2 800 à 3 000 kilogrammes. Les machines plus lourdes sont peu maniables et le travail de traction qu'elles nécessitent occasionne des déformations du bâti. Le meilleur est d'employer des moteurs de 20 à 25 chevaux.

Il est nécessaire de munir les roues motrices de pièces d'adhérence fixées aux bandages; de choisir pour cet objet les palettes, les cornières, et non les cônes ou les ogives, qui tassent la terre.

Les tracteurs à chenilles présentent l'avantage d'une grande adhérence, mais ils s'usent très vite et consomment beaucoup de carburant.

Le travail produit par les tracteurs est généralement employé pour moitié à tirer le tracteur lui-même, l'autre moitié restant seulement disponible pour remorquer la charrue.

Ces appareils ne peuvent être utilisés économiquement que lorsque les conditions suivantes sont réalisées :

1° parcelles groupées à très petite distance les unes des autres ; les voyages du tracteur de l'une à l'autre dépensent beaucoup de carburant et fatiguent beaucoup l'appareil;

2° terrain peu accidenté, à pente ne dépassant pas de huit à dix pour cent.

3° rayages longs d'au moins 150 mètres; en deçà de cette limite, les tournées dans les fourrières prennent beaucoup de temps et consomment beaucoup de carburant.

Enfin il faut, dans l'emploi des tracteurs, réduire le plus possible les transports sur route.

En somme, les tracteurs, dans notre pays, présentent surtout l'avantage de permettre au cultivateur d'effectuer rapidement ses travaux lorsque le temps est favorable. Mais ils ne sont pas appelés à rendre des services comparables à ceux qu'on leur demande dans les pays neufs ou à très grande culture, où les cultivateurs ne disposent pas d'un nombre d'animaux suffisant; l'emploi des tracteurs est alors indispensable. En France, au contraire, en règle générale, les surfaces en culture sont en rapport avec le nombre d'animaux (bovins ou chevaux) exploités. Il sera donc plus économique d'employer ces animaux, plutôt que d'acheter, d'entretenir et d'alimenter à grands frais des tracteurs qui ne peuvent exécuter que quelques-uns des travaux de l'exploitation, et pendant un nombre de jours très restreint.

CHAPITRE IV

123. Quasi-labours. — Il peut être utile quelquefois d'ameublir la couche superficielle du sol sur quelques centimètres d'épaisseur sans qu'il soit nécessaire de la retourner. Cette opération constitue un quasi-labour qui peut remplacer le labour de déchaumage ou qui s'exécute au printemps sur une terre labourée à l'automne précédent pour en ameublir la surface.

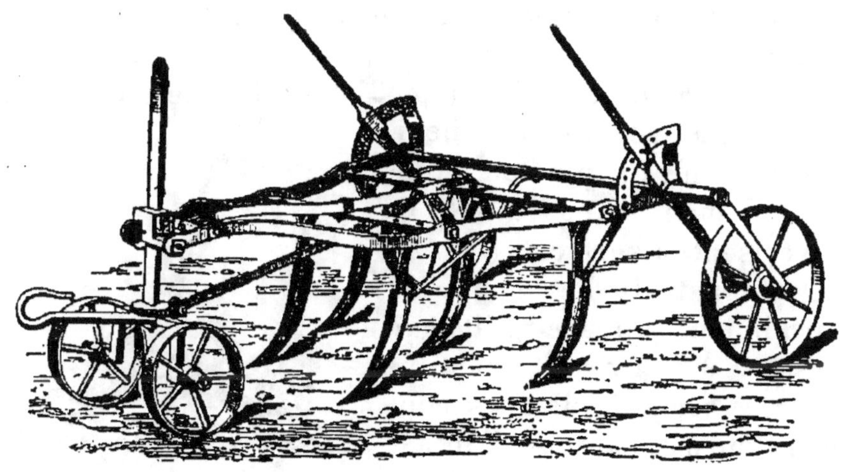

Fig. 35. — Scarificateur.

Les instruments employés pour les quasi-labours sont le *scarificateur*, l'*extirpateur*, le *cultivateur*, le *pulvériseur*.

Le *scarificateur* (fig. 35) comporte sur un bâti rigide des lames qui ouvrent le sol verticalement à une profondeur variant selon le réglage de l'appareil.

On l'emploie aussi sur les vieilles prairies naturelles, couvertes de mousse, à la surface desquelles on ouvre des sillons peu profonds qui aèrent le sol et favorisent les réactions chimiques et biologiques.

L'*extirpateur* (fig. 36) est un appareil analogue, mais dans lequel les lames portent des sortes de socs triangulaires,

Fig. 36. — Extirpateur.

susceptibles de couper entre deux terres les racines des plantes.

Le *cultivateur canadien* (fig. 37), au lieu de lames, comporte des ressorts d'acier flexibles qui, entrant plus ou moins profondément dans le sol, en pulvérisent la surface.

On construit beaucoup aujourd'hui un appareil, dit *pulvériseur à disques*, constitué par une série de disques concaves tournant autour d'un axe perpendiculaire au sens de la marche de l'appareil (fig. 38). Il a pour effet une véritable pulvérisation de la surface du sol.

Fig. 37.
Cultivateur canadien.

124. Hersages. — Le hersage a pour objet d'ameublir la surface du sol, de la pulvériser, pour la mettre à même de recevoir des semences, d'arracher les plantes adventices dont l'enracinement est superficiel, parfois de favoriser le tallage des céréales.

Il s'exécute avec des *herses,* constituées, d'une façon

générale, par un bâti sur lequel sont fixées des dents. Celles-ci ont une certaine inclinaison qui permet de modifier
l'énergie du hersage, selon qu'on travaille en « accrochant »

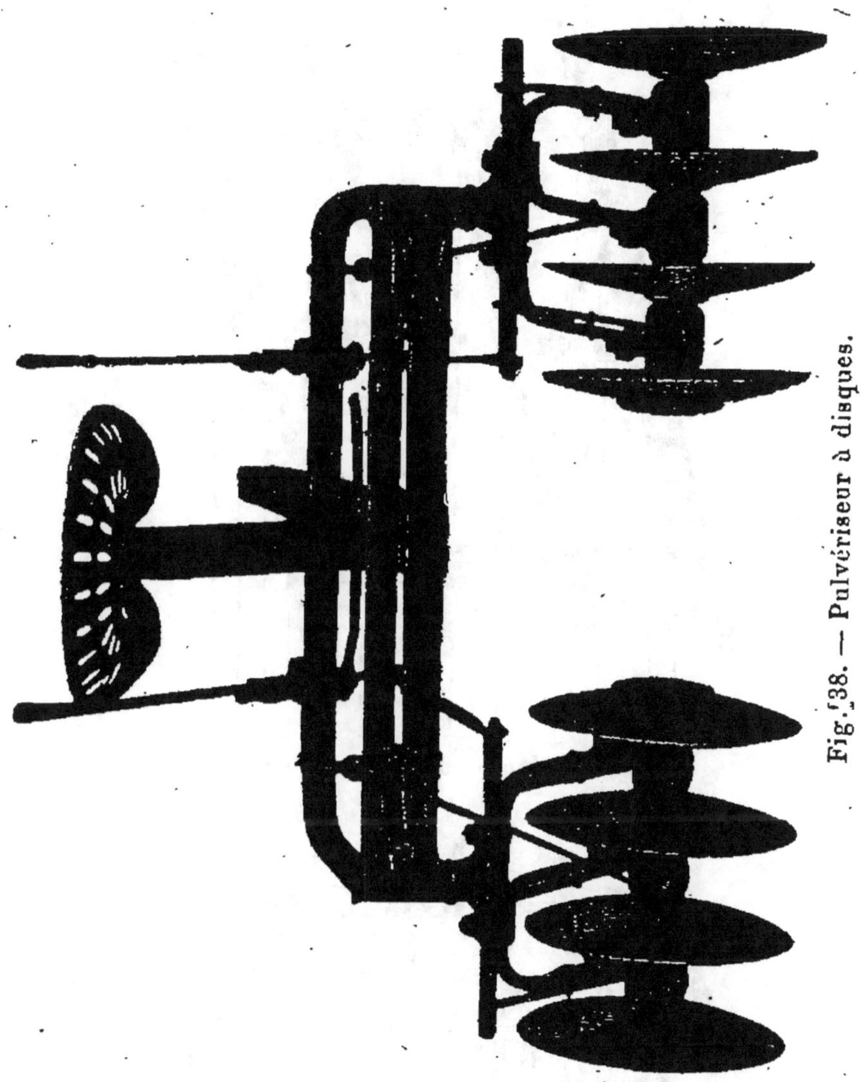

Fig. 38. — Pulvériseur à disques.

ou en « décrochant », c'est-à-dire selon que les pointes
sont dirigées dans le sens de l'attelage ou dans le sens
opposé.

Le bâti de la herse peut être en triangle, en trapèze, en
parallélogramme (fig. 39), en zigzag, fixe ou articulé (fig. 40),
en bois ou en fer ; mais il doit être toujours construit de

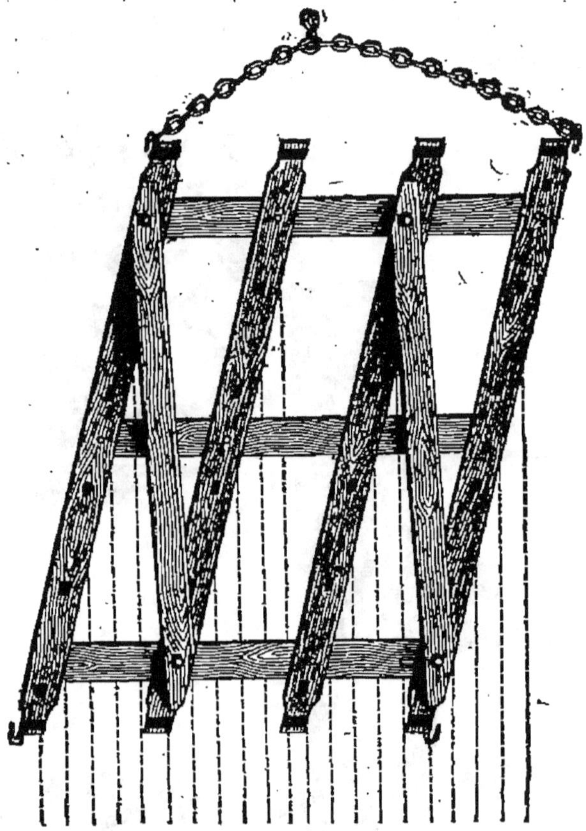

Fig. 39. — Herse parallélogrammique.

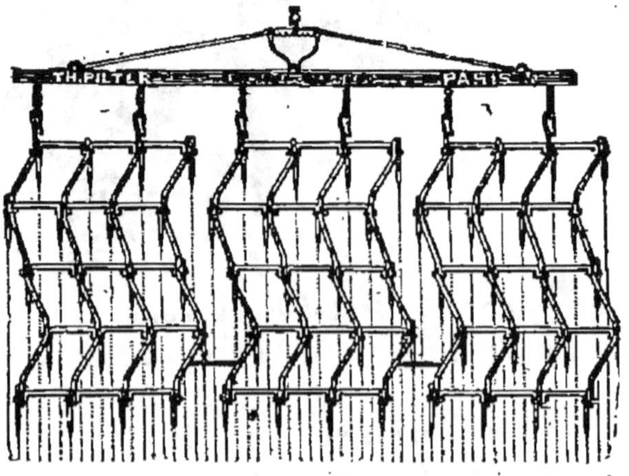

Fig. 40. — Herse en zigzag.

façon que chaque dent trace un sillon différent des autres, et, derrière l'appareil, tous les sillons tracés doivent être à égale distance pour que le travail soit bien exécuté.

Certaines herses, dites à *chaînons* (fig. 41), sont formées d'une série de mailles supportant des dents triangulaires. Elles épousent ainsi exactement la surface du sol. Elles sont utilisées surtout pour l'aération des prairies, l'épandage des taupinières, des fourmilières.

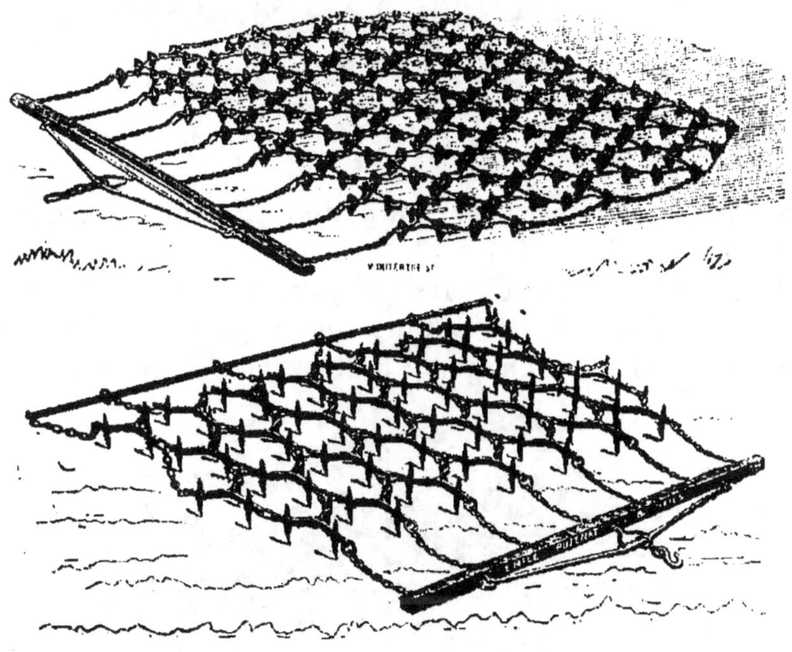

Fig. 41. — Herses à chaînons.

D'autres herses sont constituées par des disques munis de dents et pouvant tourner autour d'un axe horizontal ; ce sont : la *herse norvégienne,* la *herse écroûteuse-émotteuse* (fig. 42).

125. **Roulage.** — Cette opération, qui consiste à faire passer sur la surface du sol un rouleau pesant, a pour objet de tasser la terre soulevée par les gelées, de mettre les semences fines en contact avec le sol pour favoriser la germination, de parachever l'effet du hersage en brisant les mottes, de favoriser le tallage des céréales en couchant les jeunes plantes. Elle s'effectue au moyen de rouleaux, ins-

truments qu'on peut classer en deux grandes catégories :
les *rouleaux plombeurs* à surface lisse et les *rouleaux brise-mottes*, du type Crosskill, constitués par une série de dis-

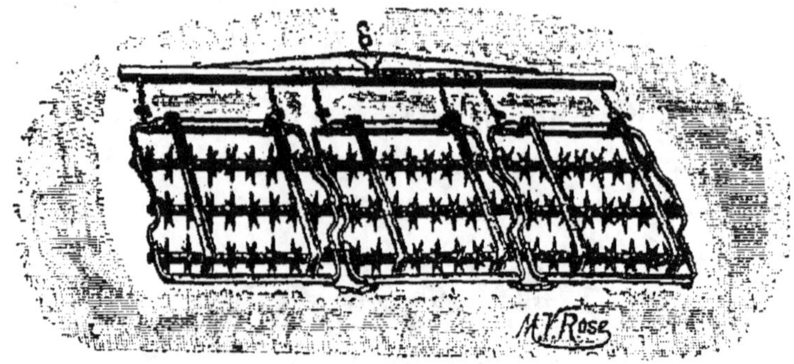

Fig. 42. — Herse norvégienne.

ques à couronne cannelée ou dentée, tournant autour d'un axe horizontal.

Les rouleaux plombeurs (fig. 43) se font en bois ou en fonte ; ils doivent être à plusieurs segments, afin d'éviter aux tournées l'arrachage de la terre par la partie placée à

Fig. 43. — Rouleau plombeur.

l'intérieur de la courbe que décrit l'appareil. Le plombage du sol s'exécute à n'importe quelle époque sur les terres nues, au printemps ou à l'automne sur les terres en culture ou qui viennent d'être ensemencées. Il faut éviter seulement de rouler quand la terre est humide et qu'elle reste adhérente à l'instrument.

Les rouleaux Crosskill (fig. 44) présentent l'avantage de tasser la couche inférieure du sol, tout en pulvérisant la surface.

126. Buttage. — Le buttage a pour objet de porter de la terre au pied des plantes, pour les protéger et leur faire développer des racines. L'instrument dont on se sert est nommé *buttoir* (fig. 45). Il comporte deux versoirs qui peu-

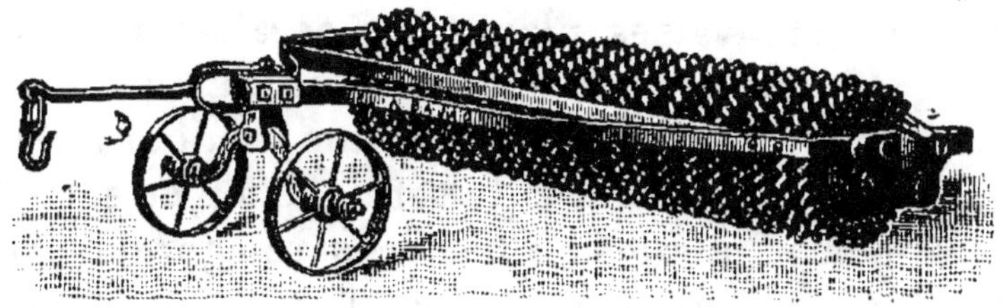

Fig. 44. — Rouleau Crosskill.

vent s'écarter ou se rapprocher à volonté. Cet instrument sert non seulement au buttage des plantes cultivées, mais aussi au nettoiement des raies qui séparent chaque planche, après les ensemencements.

On l'emploie également dans les terres humides, pour

Fig. 45. — Buttoir.

ouvrir des rigoles transversales, afin de faciliter l'écoulement des eaux.

Dans la culture de la vigne et dans celle des arbres fruitiers, le buttage, qui s'exécute au commencement de l'hiver, s'appelle *chaussage*. A la fin de l'hiver, l'opération contraire s'appelle le *déchaussage*. Toutes deux s'effectuent avec une charrue spéciale dont le versoir est réglable à volonté.

127. Binage et sarclage. — Ces deux opérations ont pour objet l'ameublissement de la surface du sol en même temps que la destruction des mauvaises herbes. Il ne faut jamais les exécuter par un temps humide, car on tasserait le sol, et les mauvaises plantes ne seraient pas détruites.

Le binage peut s'effectuer à la main ou avec des instruments attelés ; le sarclage s'effectue toujours à la main. Pour le binage à la main et le sarclage, on se sert d'instruments appelés binettes. Pour le sarclage, on prend une binette à manche très court. Le binage à la main coûtant

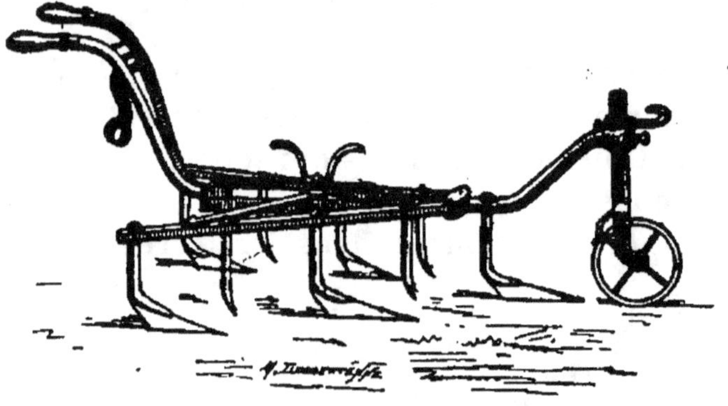

Fig. 46. — Houe à cheval.

très cher, on a cherché à y substituer le binage à la houe à cheval (fig. 46), d'un prix beaucoup moins élevé.

Cette houe se compose d'un châssis triangulaire en fer ou en bois, portant un certain nombre de pieds recourbés et élargis à la partie inférieure, en forme de socs triangulaires. La largeur du train de la houe se règle suivant l'espace qui existe entre les lignes de récolte à biner. Cet instrument est mû par un cheval ou par un bœuf. Quand on bine à la houe à cheval, il faut que les plantes soient assez fortes pour que l'instrument passe sans les recouvrir.

Il existe aussi un autre système de houe : la houe multiple, avec laquelle on peut biner plusieurs rangs à la fois.

Les binages doivent être donnés toutes les fois que la terre tend à s'encroûter ou à s'enherber. Il faut se faire une loi de ce principe : Ne laisser ni mottes, ni croûte, ni herbes.

CHAPITRE V

128. Mise en culture du sol. — Avant toute opération de culture, quand il s'agit d'un sol qui n'a pas porté de récolte (landes, prairies naturelles, etc.), il faut procéder aux travaux de préparation du sol : défrichement, défoncement, écobuage, épierrement.

Le *défrichement* a pour objet de mettre en culture des terrains improductifs. Si le sol est inculte, le défrichement exige de grands capitaux. Tout est à créer : chemins, bâtiments, fossés d'assainissement, etc. Le métier de défricheur de landes est souvent fort ingrat, et beaucoup de cultivateurs qui s'y sont livrés n'ont eu que des revers.

Pour réussir, il est indispensable d'avoir, en dehors du capital de création, un capital d'exploitation élevé pour acheter le matériel, les animaux, les engrais, etc., et payer les salaires des ouvriers employés à la culture.

Les défrichements doivent s'opérer de l'automne au printemps. A cette époque, le gazon est humide et la charrue l'attaque avec facilité.

La charrue avec laquelle on défriche devra opérer un labour entièrement à plat détachant des bandes de gazon larges de 0 m. 25 à 0 m. 30 et épaisses de 0 m. 07 à 0 m. 08. Quand plus tard le gazon se désagrège aisément, on herse énergiquement, perpendiculairement au labour. Après le hersage, on donne un second labour, aussi profondément que le permet l'épaisseur de la terre végétale.

La lande nouvellement défrichée présente une surface irrégulière, à cause des grosses mottes de gazon qui existent de place en place.

Les plantes qui réussissent le mieux sur défrichement sont : le sarrasin, le seigle et l'avoine.

La chaux et la marne exercent souvent une action remarquable sur les landes nouvellement défrichées en favorisant la nitrification des matières organiques accumulées
dans les sols restés longtemps sans culture.

Le *défoncement* a pour but d'ameublir la terre jusqu'à
0 m. 40, 0 m. 60, 0 m. 80 de profondeur.

On défonce quand on doit créer un jardin, une pépinière,
planter des arbres fruitiers, de la vigne, etc. Les défoncements se font à bras ou à l'aide d'instruments aratoires.

Les défoncements à bras sont les plus parfaits, mais ils
sont très coûteux. La terre provenant de la première tranchée doit être transportée près de l'endroit où le défoncement prendra fin, afin de servir à combler la dernière
tranchée.

Les défoncements opérés à bras sont exécutés de diverses manières. Les uns mélangent le sol et le sous-sol ; les
autres mettent la couche arable dans le fond de la tranchée
et le sous-sol par dessus ; quelques-uns opèrent l'ameublissement du sol sans en modifier la position.

Les défoncements faits avec des instruments aratoires,
moins parfaits que les défoncements à bras, sont plus expé-
ditifs et moins dispendieux. On les opère à l'aide de charrues fouilleuses ou défonceuses.

Les défoncements dans lesquels on mélange une partie
du sous-sol à la couche arable obligent à fumer fortement
si l'on veut obtenir de bons résultats.

Le défoncement rend les terres moins humides pendant
les saisons pluvieuses et moins sèches durant l'été.

L'*écobuage* consiste à brûler les herbes, bruyères,
ajoncs, fougères et autres plantes dont est couvert un mauvais sol qu'on veut mettre en culture.

Pour l'écobuage à feu courant, on met simplement le feu aux
herbes desséchées par les chaleurs de l'été. On choisit un temps
calme pour allumer le feu, et l'on circonscrit l'incendie, sur les
points qu'on veut écobuer, en entourant la surface d'une large
bande dont on extrait les herbes, de manière que le feu ne s'étende
pas au delà. On guide la marche du feu au moyen de longs balais
de genêts.

L'écobuage à feu couvert consiste à peler la surface du sol sur une épaisseur de 5 à 10 centimètres. On a ainsi des bandes de gazon qu'on fait bien sécher au soleil en les adossant deux à deux. Quand elles sont sèches, on les met en tas, en ayant soin de ménager des vides dans l'intérieur. Ces vides sont remplis de bruyères sèches, auxquelles on met le feu par un beau temps. Toutes les issues par lesquelles la fumée sort sont ensuite bouchées, afin que le gazon brûle lentement. La combustion dure une quinzaine de jours; elle est complète quand les fourneaux s'affaissent et laissent voir des cendres rougeâtres, produites par la cuisson des matières argileuses. Quand le feu est éteint, on répand les cendres sur le sol et on laboure tout de suite après pour les enfouir.

Les pommes de terre ou les navets viennent bien après l'écobuage. Cette opération a l'avantage de détruire les insectes et les mauvaises herbes; elle a l'inconvénient de faire disparaître une grande quantité de matières organiques.

L'*épierrement* consiste à enlever les pierres qui couvrent un terrain et qui gênent la végétation des plantes cultivées, ainsi que le fonctionnement des outils et instruments aratoires.

On exécute l'épierrement pendant l'automne et l'hiver, alors que le sol présente une certaine résistance aux pieds des ouvriers.

Lorsqu'un champ renferme çà et là de grosses pierres occupant la couche arable et le sous-sol, on a intérêt à les extraire, car les instruments aratoires peuvent se briser en les heurtant.

129. **Semailles.** — C'est l'opération qui consiste à répandre sur le champ la graine destinée à fournir la récolte.

L'époque des semailles varie avec les régions et avec chaque plante; de même la profondeur. En général, celle-ci est plus faible avec les petites graines, plus grande au contraire avec les grosses graines.

Les semailles s'effectuent à la volée ou en ligne, et pour chacun de ces modes elles peuvent s'exécuter soit à la main, soit avec un semoir.

A la volée, la répartition est forcément irrégulière; il en résulte une perte de semence. L'ouvrier qui sème à la main à la volée doit être particulièrement habile pour répartir son grain aussi régulièrement que possible à la surface du champ.

Le semis en lignes présente les avantages suivants : 1° l'épandage des graines est régulier et la profondeur à laquelle elles sont enfouies est uniforme ; 2° il en résulte une importante économie de semences (un quart au moins de la quantité employée dans le semis à la volée) ; 3° les sarclages s'effectuent facilement, et, en les exécutant, on peut augmenter notablement les récoltes ; 4° l'éclairage et l'aération du pied des céréales se fait mieux, d'où diminution de la verse.

Les semis en lignes s'exécutent à la main en jardinage ; en grande culture, on utilise les *semoirs en lignes*. Ces appareils consistent en un bâti, monté sur 2 ou 4 roues et portant la caisse où sont renfer-

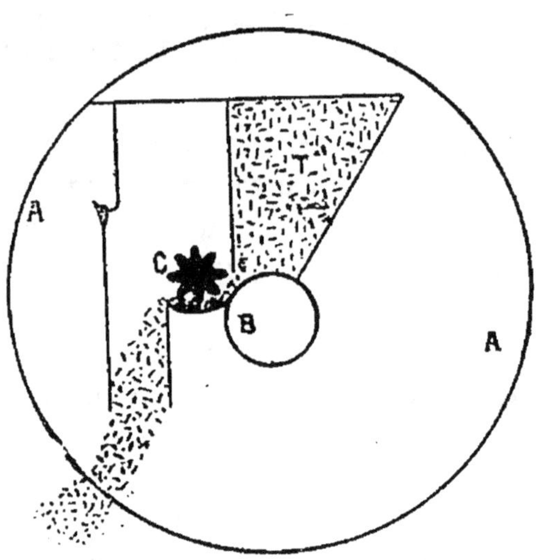

Fig. 47. — Coupe schématique de l'appareil distributeur d'un distributeur d'engrais.
A, roue motrice. — B, axe de la roue motrice. — C, axe garni de cannelures qui, en tournant, entraîne l'engrais renfermé dans la trémie T.

mées les graines à semer. La distribution du grain est réglée par un mécanisme, variable selon les modèles, commandé par les roues du semoir.

Il existe des semoirs à la volée pour graines, mais ils sont peu employés.

130. **Epandage des engrais.** — A l'époque des semailles, soit immédiatement avant, soit aussitôt après, le cultivateur doit épandre ses engrais. Les engrais pulvérulents se répandent soit à la main, soit à la machine. Le travail à la main présente des inconvénients : irrégularité de l'épandage et danger pour l'ouvrier, qui peut recevoir de

la poussière d'engrais sur ses vêtements et surtout sur le visage. Aussi faut-il pratiquer l'épandage par temps calme et, quand il s'agit d'engrais à utiliser à faible dose et très pulvérulents, il est bon de les mélanger avec des matières inertes : sable, terre sèche, pour régulariser l'épandage.

Nous conseillons d'employer pour l'épandage des engrais un appareil à traction animale appelé *distributeur d'engrais* (fig. 47) et qui n'est autre chose qu'un semoir à la volée. Cet appareil se compose : 1° d'une caisse qui contient l'engrais et qui peut, à volonté, s'incliner d'avant en arrière ; 2° d'un appareil distributeur ; 3° d'un appareil de réglage.

Avec un bon appareil, on peut répandre de l'engrais sur 4 ou 5 hectares de terre par journée de travail.

Il y a avantage à enfouir l'engrais après son épandage, au moyen d'un vigoureux hersage, sauf pour les prairies où l'on est obligé de le mettre en couverture.

On a remarqué qu'en plaçant les engrais à proximité des racines, il y avait augmentation sensible de rendement. Toutes les fois qu'il sera possible de le faire, il sera bon de placer l'engrais dans la raie où le grain aura été semé. Des semoirs spéciaux sont construits aujourd'hui pour mettre dans la même raie le grain, puis l'engrais.

CHAPITRE VI

131. Récolte des fourrages. — La récolte des fourrages, qu'il s'agisse de prairies naturelles ou de prairies artificielles, comporte le fauchage du fourrage et sa dessiccation, qui doit être complète au moment de sa rentrée dans la grange.

a) Le *fauchage* s'effectue soit à l'aide de la faux, soit avec la faucheuse mécanique.

La faux se compose d'une lame et d'un manche. La lame a la forme d'un arc de cercle à grand rayon, qui se prolonge en pointe à l'une de ses extrémités. Le manche est en bois ; il est garni d'une poignée vers le milieu de sa longueur.

Il y a deux systèmes de fauchage : le fauchage en dehors et le fauchage en dedans.

On fauche en dehors lorsque l'herbe coupée est poussée par la faux, à la gauche du faucheur, sur la partie du gazon précédemment débarrassée des plantes qui l'ombrageaient. Ainsi disposée, l'herbe constitue des lignes régulières et équidistantes, qu'on nomme andains.

On fauche en dedans quand l'herbe coupée est poussée vers la gauche de l'opérateur, contre les tiges qui sont encore attenantes au sol par leurs racines. Alors, après qu'on a opéré une seconde fauchée en dehors, l'andain est dit andain double.

La faucheuse (fig. 48) est un instrument propre à exécuter mécaniquement le fauchage des plantes fourragères. Dans toutes les faucheuses, la coupe est faite par une scie, soutenue près du sol, latéralement au bâti de la machine. Cette scie doit tondre les herbes, aussi près de terre que possible, sans s'engorger et sans que ses dents rencontrent le sol. Le mouvement est imprimé à la scie par un système d'engrenages commandés par les roues motrices.

b) Le *fanage* ou dessiccation naturelle du fourrage coupé s'effectue de la façon suivante : pendant la journée, le foin doit demeurer étendu sur toute la surface de la prairie, exposé à l'air et au soleil, de façon à activer l'évaporation de l'eau qu'il contient ; pendant la nuit ou les jours de pluie ou de brouillard, il faut, au contraire, disposer le

Fig. 48. — Faucheuse.

foin par petits tas de façon à diminuer les surfaces en contact avec l'humidité atmosphérique ou la pluie. Les opérations du fanage consistent donc en principe en ceci : le soir ou au commencement du mauvais temps, le foin est rassemblé avec le râteau en « meulons » ou en « veillottes » ; le matin ou dès que le soleil reparaît après la pluie, il est dispersé avec la fourche.

Le foin qui sèche ainsi sans être soumis à l'action des pluies garde son arome spécial et sa couleur verte, celui qui reçoit la pluie devient blanchâtre et perd son arome. L'habileté du cultivateur consiste à conserver au foin ces deux qualités, arome et couleur, qui sont les indices de sa valeur nutritive.

Quand il s'agit de prairies artificielles, il faut réduire au minimum les manipulations, car les légumineuses (trèfle, luzerne, etc.) perdent facilement leurs folioles au cours des opérations du fanage.

Le fanage s'exécute soit à la main, à l'aide de *râteaux* et

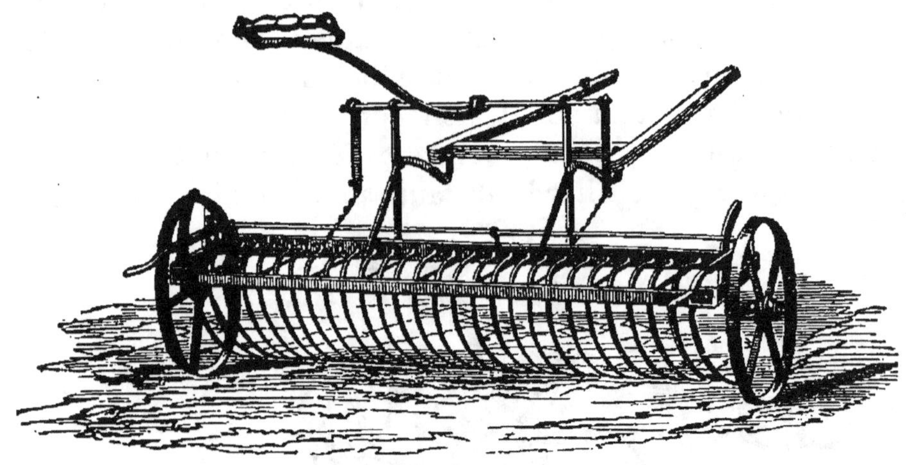

Fig. 49. — Râteau à cheval.

de *fourches,* soit avec des machines : râteau à cheval et faneuse.

Le *râteau à cheval* (fig. 49) se compose d'un bâti en fer

Fig. 50. — Faneuse.

monté sur deux roues et garni de longues dents recourbées. L'extrémité de ces dents porte sur le sol ; elles sont indépendantes les unes des autres et un mécanisme particulier à chaque modèle permet de soulever toutes les dents à la fois jusqu'à une hauteur suffisante pour les dégager de l'herbe qu'elles ont ramassée et pour former l'andain.

La *faneuse* (fig. 50) est constituée par un bâti en fer monté sur deux roues, entre lesquelles un tambour simple ou divisé en plusieurs parties, indépendantes l'une de l'autre, peut être mis en mouvement par les roues motrices.

Des bras en fer rayonnent à partir de l'axe de rotation et portent à leurs extrémités des dents de fourche mobiles sur un ressort. Par un double système d'engrenages, on peut faire tourner les dents dans le sens de la marche ou dans le sens opposé.

Quand les dents tournent dans le sens de la marche, l'appareil disperse le foin en le jetant en l'air et en le disséminant; dans le second cas, il le soulève légèrement et le change de place, sans le retourner.

Enfin, d'autres appareils appelés *râteaux-fanes* et construits sur le principe des balayeuses mécaniques des grandes villes travaillent comme râteaux quand ils tournent dans un certain sens et comme faneuses quand ils tournent dans l'autre sens.

132. Récolte des céréales. — Elle s'effectue soit à la main avec la *faucille*, la *faux* ou la *sape,* soit à la machine : *moissonneuse-javeleuse* ou *moissonneuse-lieuse.*

La *faucille* est un instrument formé d'une lame en acier ou en fer, courbée à peu près en demi-cercle et emmanchée dans un morceau de bois formant poignée. La faucille est à lame unie ou à lame armée de dents. Un moissonneur peut couper à la faucille de sept à dix ares au maximum par jour.

La faux employée pour la moisson est une *faux armée.* L'armature consiste en un cadre formé de tiges d'osier réunies par des traverses légères; ce cadre est fixé au manche et dressé parallèlement à la lame. A mesure qu'elles sont coupées, les tiges se couchent sur cette armature, et le faucheur les renverse ensuite sur le sol.

On a l'habitude de faucher en dedans pour le froment et le seigle, c'est-à-dire de faire tomber ces céréales sur la partie non coupée; l'orge et l'avoine se fauchent en dehors.

Un homme suit chaque faucheur pour faire de petits tas ou javelles. Ces javelles servent ensuite à confectionner des gerbes.

On estime qu'un moissonneur à la faux peut couper 50 ares de récolte par jour.

La *sape* (fig. 51) est une petite faux à manche court et coudé et à lame recourbée à son extrémité. La sape a pour complément le crochet, formé d'un manche en bois, auquel s'adapte un crochet en fer.

Pour opérer la moisson à l'aide de la sape, on saisit la paille avec le crochet de la main gauche et l'on coupe de la main droite. Cet instrument permet un travail plus rapide que la faucille, mais moins rapide que la faux.

Aidé de la sape, un moissonneur peut travailler une trentaine d'ares par jour environ.

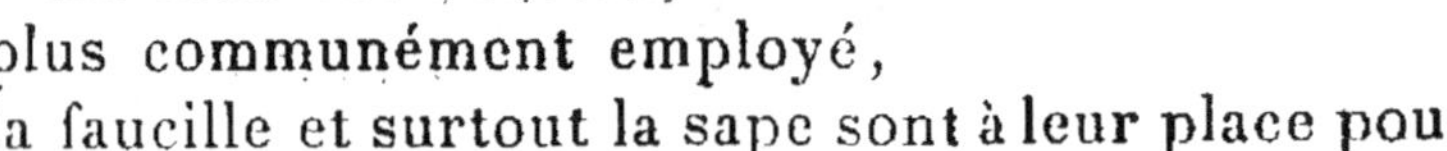

Fig. 51. — Sape.

La faux est l'instrument le plus communément employé, la faucille et surtout la sape sont à leur place pour la récolte des blés versés.

La *moissonneuse* est une machine construite sur le même principe que la faucheuse, dans laquelle une lame se mouvant horizontalement entre des doigts coupe la céréale à la hauteur désirée, le mouvement de va-et-vient de la lame étant procuré par un engrenage placé sur l'axe de la roue motrice de la machine.

Pour éviter qu'après la coupe les tiges de céréales tombent dans tous les sens sur le champ, il est indispensable que la moissonneuse soit munie soit d'un appareil javeleur, soit d'un appareil lieur.

Dans la moissonneuse-javeleuse, des bras armés de râteaux sont mus par le mécanisme principal et rabattent la céréale coupée sur le tablier placé derrière la lame.

Dans la moissonneuse-lieuse, une série de transporteurs en toile amènent la céréale, après qu'elle est coupée, jusqu'à un mécanisme extrêmement ingénieux, où elle est saisie par des leviers, mise en gerbe et liée sans intervention de main-d'œuvre.

L'emploi de cet appareil en grande culture est économique; il peut travailler, selon l'état et la densité de la récolte, de 3 à 5 hectares par jour.

133. Mise en gerbes, en moyettes et en meules. — Quand la dessiccation des céréales sur le sol est suffisamment avancée, elles sont mises en gerbes, liées avec de la paille de seigle, du raphia ou de la corde.

Fig. 52.—Moyette flamande.

Fig. 53. — Moyette picarde.

Dans les pays où les pluies sont fréquentes, on dispose les céréales en *moyettes* ou *moies*. Les moyettes les plus connues sont : la moyette flamande, la moyette picarde et la moyette normande.

Moyette flamande (fig. 52). — Pour faire la moyette flamande, on rassemble en une gerbe quatre, cinq ou six fortes javelles. Le lien est placé aux deux tiers de la longueur des tiges, vers leur sommet. La gerbe est alors mise debout, les épis en l'air. On réunit ensuite deux ou trois javelles et on les lie au quart de la longueur des tiges, du côté de la base.

Cette seconde gerbe est alors ouverte en forme d'entonnoir et renversée sur la première en forme de chapeau. Les épis placés ainsi, la tête en bas, ne peuvent être détériorés par l'eau des pluies ; en outre ils servent d'abri à la première gerbe.

Moyette picarde (fig. 53). — Pour la moyette picarde, il faut d'abord former un triangle avec trois javelles en les disposant de façon que les épis de l'une reposent sur la base de l'autre.

On couche ensuite des javelles sur ce triangle en suivant une ligne circulaire et en dirigeant les épis vers le centre de la moyette. On continue ainsi, jusqu'à ce que la partie centrale du tas ait atteint une hauteur de 1 m. 20 à 1 m. 40.

On fait alors une forte gerbe, qu'on dispose en entonnoir, pour la renverser sur la moyette, à laquelle elle doit servir de chapeau abri.

Moyette normande (fig. 54). — La moyette normande se compose de neuf gerbes adossées les unes contre les autres et recouvertes par une forte gerbe ouverte en forme d'entonnoir renversé. La gerbe qui sert de chapeau doit être liée au quart de sa longueur, du côté de la base.

Fig. 54. — Moyette normande.

Lorsque la dessiccation en moyettes est parachevée, les gerbes sont mises en tas dans le champ, puis dressées en meules jusqu'à l'époque du battage.

Les meules sont temporaires ou permanentes.

Les meules temporaires se font dans les pays où le battage suit immédiatement la moisson. On les établit au dehors. Les meules définitives se font soit au dehors, soit à l'intérieur des bâtiments. Elles sont en usage dans les contrées où le battage a lieu en grange, pendant l'hiver. On leur donne le plus généralement une forme ronde, de préférence à la forme prismatique qu'on emploie fréquemment pour les meules temporaires.

L'emplacement des meules doit être garni d'un soustrait ou soutre, formé de fagots ou de paille, de manière à garantir les céréales d'un contact trop direct avec le sol. Les meules de gerbes qui doivent séjourner plusieurs mois dans les champs réclament une couverture pour soustraire les grains et la paille à l'action fâcheuse de l'hu-

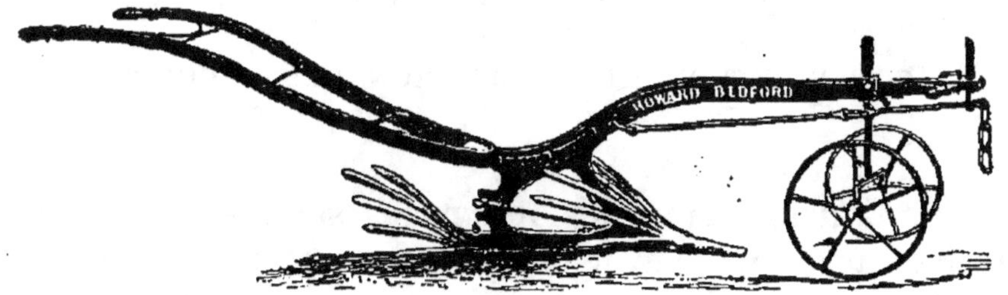

Fig. 55. — Arracheuse de pommes de terre.

midité. On peut employer, pour cela, les différentes pailles de céréales.

134. Récolte des racines et des tubercules. — Cette récolte s'effectue à la main avec l'aide de la houe à deux dents ou à la machine. Cette machine peut être une charrue sans versoir. Pour la récolte des tubercules, il existe des arracheuses spéciales (fig. 55) qui ramènent les tubercules à la surface du sol, où il n'y a plus qu'à les ramasser à la main.

CHAPITRE VII

CONSERVATION ET UTILISATION DES RÉCOLTES

135. Conservation des fourrages secs. — Une fois la fenaison terminée, les fourrages sont rentrés au fenil, où ils sont entassés.

Si la dessiccation du fourrage n'était pas complète, il se déclarerait dans les parties demeurées humides une fermentation anaérobie, comparable à celle qui s'établit à l'intérieur du tas de fumier ; la température s'élèverait considérablement et le feu pourrait se déclarer spontanément. Aussi le cultivateur doit-il veiller avec grand soin à ce que la fenaison soit complètement terminée au moment de la rentrée du fourrage.

D'ordinaire le foin est simplement entassé dans le fenil. Une pratique à recommander, et qui se développe de plus en plus, consiste à presser le fourrage au moyen de machines spéciales, les *presses à fourrage*, qui fonctionnent soit à l'aide d'un manège, soit grâce à un moteur.

Le poids du foin en vrac varie de 50 à 100 kilogrammes au mètre cube. Il est porté à 200 à 250 kilogrammes le mètre cube par le pressage à faible densité que fournissent les presses dites discontinues, et à 350 kilogrammes le mètre cube par le pressage à haute densité obtenu avec les presses dites continues.

Les avantages de cette opération sont appréciables : le foin pressé tient beaucoup moins de place, il court beaucoup moins de risque d'incendie, il est moins volumineux à transporter et, par suite, moins coûteux ; il est plus facile à distribuer aux animaux, toutes les balles ayant le même poids, le travail de la répartition du fourrage peut être confié à n'importe quel domestique.

136. Conservation du foin en silo. — Le foin de fourrages verts (trèfle incarnat), le maïs-fourrage, le sorgho, le moha et les graminées analogues dont la dessiccation complète est impossible, le foin récolté en temps de pluie et dont la fenaison n'a pu être effectuée convenablement, se conservent en silos, c'est-à-dire entassés par grande masse à l'état humide.

L'ensilage fait éprouver aux fourrages des modifications physiques et chimiques.

Les modifications physiques portent sur la coloration, le goût, l'odeur, le volume et le degré de consistance des fourrages. Les fourrages brunissent par l'ensilage, mais la coloration change d'autant moins que l'opération est mieux faite. Le goût et l'odeur sont choses très variables. Le volume diminue toujours considérablement. Enfin le degré de consistance s'abaisse et les fourrages sont plus tendres.

Les modifications chimiques qui s'opèrent au sein des masses ensilées exposent le fourrage à des pertes de matières nutritives. Il y a destruction d'une partie des matières sucrées et amylacées et modification désavantageuse des matières albuminoïdes.

Voici pour la luzerne, d'après Weiske, les pertes subies après l'ensilage :

	Avant Après l'ensillage.		Différence. Gain + Perte —
Matières azotées.....	26,6	16,9	— 9,6
Graisse brute........	4,4	6	+ 1,6
Hydrates de carbone.	37,1	20,8	— 16,3
Cellulose...........	22,5	20	— 2,5
Cendres	9,4	8,9	— 0,5
Totaux..	100	72,6	— 27,4

On voit que le fourrage a perdu plus du quart (27,4 p. 100) de ses principes nutritifs.

L'ensilage se pratique soit en terre, soit dans des silos en maçonnerie, soit à l'air libre.

Dans le premier cas, le fourrage est entassé soit dans des excavations, soit au-dessus du sol ; il est fortement tassé et recouvert d'une couche de terre. Les silos en maçonnerie sont constitués par des murailles entre lesquelles le fourrage est entassé. Dans l'ensilage à l'air libre, il est mis en tas, chargé lourdement à la partie supérieure et abandonné à lui-même.

L'ensilage est une méthode de conservation très inférieure à la fenaison. On ne doit y recourir que dans les cas où la dessiccation n'est pas possible. C'est ce qui se produit avec le maïs-fourrage ou avec des excédents de trèfle incarnat.

137. Battage des céréales. — C'est l'opération qui consiste à séparer le grain de la paille. Elle s'exécute au fléau, par dépiquage, au rouleau ou avec les machines à battre.

Battage au fléau. — Le manche du fléau doit être fort et léger, la verge résistante. On fait la verge en charme ou en chêne.

Dépiquage. — On délie les gerbes et on les dispose les unes contre les autres, l'épi en l'air. On fait arriver sur l'aire des chevaux déferrés et on les y laisse trotter. On avance plus qu'au fléau ; on laisse moins de grain, mais il faut un grand soleil et la paille est très hachée. Le grain est mélangé à beaucoup de poussières et de crottins.

Battage au rouleau. — On met les gerbes déliées sur une aire bombée, et l'on tourne les épis du côté du centre. On fait tourner dessus un rouleau en pierre, ayant à une extrémité 0 m. 90 de diamètre et 0 m. 80 à l'autre, avec une longueur de 1 m. 20. Ce rouleau est traîné par des chevaux.

Le battage au rouleau est plus parfait que le battage au fléau et le dépiquage ; la paille est moins hachée, et il reste très peu de grain dans les épis.

Machines à battre. — Les machines à battre ou batteuses se divisent en deux catégories : 1° les batteuses dites en bout ; 2° les batteuses dites en travers.

Dans les batteuses en bout, les tiges de céréales sont présentées à l'organe batteur dans le sens de leur longueur et par l'extrémité qui porte les épis.

Dans les batteuses en travers, les tiges sont présentées au batteur parallèlement à son axe.

Les batteuses en bout et les batteuses en travers se divi-

sent en batteuses fixes et en batteuses locomobiles, suivant qu'elles sont établies à demeure ou qu'elles peuvent se transporter d'un point à un autre à l'aide de roues.

Les différentes catégories de batteuses sont mises en mouvement soit avec un manège, soit avec une machine à vapeur. Le travail des batteuses est plus avantageux que celui des autres systèmes, surtout quand le nettoyage des grains est combiné avec le battage.

138. Nettoyage et triage des grains. — Quand les grains sont séparés des épis, il faut les débarrasser des balles et de la menue paille.

On se servait autrefois pour cela d'un ustensile appelé van.

Le van est avantageusement remplacé aujourd'hui par le tarare (fig. 56). Le nettoyage des grains

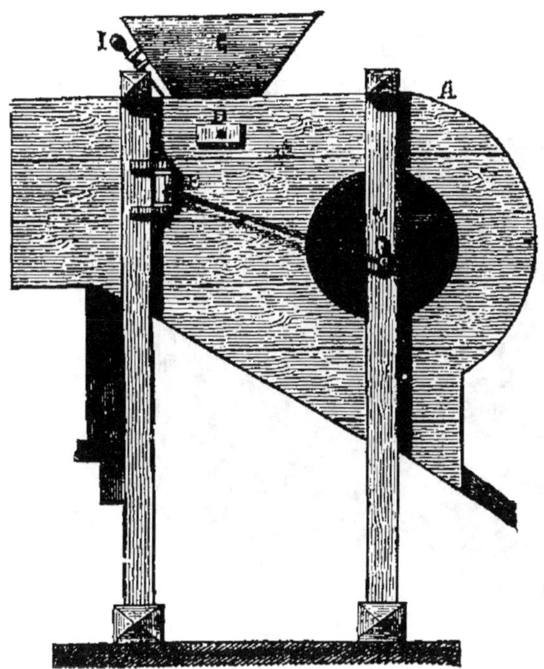

Fig. 56. — Tarare.

s'opère rapidement et à bon marché à l'aide du tarare ventilateur. Après le passage au tarare, les grains contiennent souvent des graines étrangères. Pour les éliminer, on se sert du trieur mécanique (fig. 57).

Cet instrument permet d'opérer le triage des grains en quatre ou cinq catégories, ce qui est avantageux pour obtenir des grains de semence de choix.

Le but principal du trieur est d'éliminer les graines étrangères, qui se trouvent quelquefois mélangées en quantité considérable avec les graines de nos céréales.

139. Conservation des grains. — Après ce battage et le nettoyage, les grains ne doivent pas séjourner dans les

sacs. Il faut les étendre dans un grenier en couches plus
ou moins épaisses selon leur état de dessiccation.

En effet, la conservation des grains n'est assurée que quand ils
ne contiennent pas plus de 12 à 14 p. 100 d'eau ; après la récolte,
ils en renferment de 15 à 17 p. 100 ; il faut donc favoriser cette dessiccation par aération en couche mince, dans un endroit sec.

Tout grain qui se ressuie trop lentement ou incomplètement devient terne, contracte une mauvaise odeur et

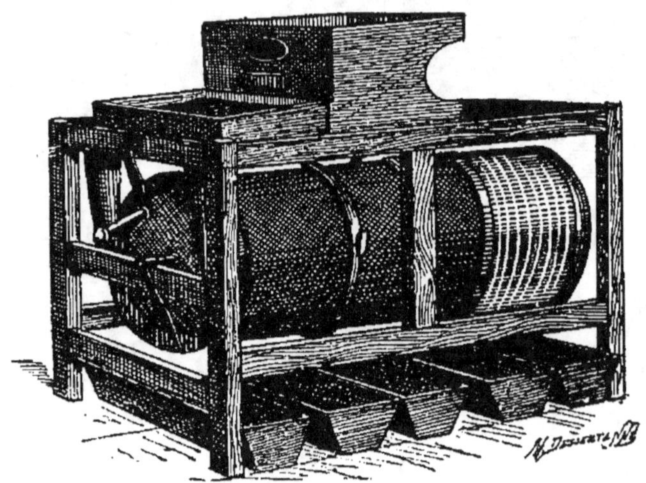

Fig. 57. — Trieur.

perd ainsi une grande partie de sa valeur marchande. On
favorise la dessiccation par des pelletages énergiques qui
se pratiquent deux fois par semaine au début, puis une fois,
puis à intervalles d'un ou deux mois.

Au cours de leur conservation en grenier, les grains peuvent être
attaqués par différents ennemis :
Les *rats* et les *souris,* qu'on détruit au moyen des chats ou au
moyen des pièges ;
Le *charançon* ou *calandre*, petit coléoptère de la famille des Cur-
culionidés, dont la femelle pond au cours de l'été ses œufs dans le
grain de blé ; la larve se développe dans le grain en se nourrissant
de l'albumen. Au début de l'hiver, le charançon se réfugie dans les
fentes du plancher et les trous des murs. On s'en débarrasse par
des pelletages et la désinfection des greniers ;
L'*alucite*, petit papillon crépusculaire de couleur gris-argenté

clair, dont la femelle pond ses œufs à la récolte dans le grain. Le battage à la machine détruit un grand nombre de larves ;

La *teigne des grains*, petit lépidoptère nocturne qui pond sur les tas de blé dans les greniers ; la larve enveloppe les grains dans une sorte de feutrage caractéristique ; elle se métamorphose dans les fentes des planchers et les trous des murs. On s'en débarrasse, comme pour les charançons, par des pelletages énergiques et par désinfection des greniers.

La désinfection des greniers s'opère de la façon suivante : le grenier est vidé, puis on brosse murs, portes et planchers ; les débris et balayures sont brûlés. On passe au carbonyle ou au goudron les poutres ; on échaude les trous, les fentes des planchers à l'eau bouillante et l'on passe sur les murs un lait de chaux additionné de 5 p. 100 de pétrole. Dans le grenier vide, on brûle, pour 100 mètres cubes, un mélange de 3 kilogrammes de soufre avec 200 grammes de salpêtre et on laisse l'anhydride sulfureux agir pendant 48 heures.

140. Conservation des racines et des tubercules. — Les racines et les tubercules se conservent en caves, celliers ou granges ou en silos.

a) Conservation en caves, celliers ou granges. — Ces locaux doivent être bien secs. Il faut pouvoir y donner de l'air au moyen d'ouvertures placées à la partie supérieure. On entasse les racines jusqu'à une hauteur de 2 mètres et on les recouvre de paille pour les préserver du froid.

b) Conservation en silos. — Les racines sont placées en tas soit dans une excavation, soit sur le sol, et recouvertes de paille, puis d'une couche de terre. Ces tas ont besoin d'être aérés, grâce à des ouvertures ménagées sur leur pourtour.

APPENDICE

Exercices pratiques. — *Le travail du sol.* — Effectuer les deux expériences décrites paragraphe 113.

Étude des machines agricoles. — Chacune des machines décrites dans les différents chapitres de cette partie seront examinées, réglées, démontées quand ce sera possible; leurs pièces seront séparément examinées.

Bibliographie. — *Cours d'agriculture*, tome III, par DE GASPARIN. — *Agriculture générale*, tome II, Labours et Assolements. tome III, Semailles et entretien des cultures, par DIFFLOTH. — *La Pratique de l'agriculture* (2 volumes), par HEUZÉ. — *La Fenaison par les procédés modernes*, par TONY BALLU. — *Manuel du conducteur de machines agricoles*, par GOUGIS. — *La Motoculture*, par TONY BALLU. — *La Motoculture pratique*, par A. DE PONCINS.

QUATRIÈME PARTIE

HORTICULTURE POTAGÈRE ET FRUITIÈRE

CHAPITRE PREMIER

ÉTABLISSEMENT DU POTAGER

141. Dimensions et emplacement. — Les dimensions à donner au jardin potager doivent varier avec sa destination et avec la main-d'œuvre dont dispose l'exploitant.

S'il s'agit d'un petit jardin devant assurer la nourriture d'une famille, on peut tabler sur une surface d'un are par personne environ. Un jardin soumis à la culture intensive donnera plus de produits qu'un jardin insuffisamment cultivé ; mais, par contre, la culture intensive exige plus de connaissances culturales.

S'il s'agit d'un jardin dont les produits sont destinés à la vente, il faut tenir compte de la main-d'œuvre dont on dispose : une seule personne peut cultiver une trentaine d'ares ; deux personnes, dont une femme, une cinquantaine d'ares ; trois personnes, de 75 à 80 ares. Naturellement, ces surfaces pourront être augmentées dans les jardins où le matériel sera perfectionné (arrosage à la lance, avec bouches d'arrosage en plusieurs points, chemin de fer de Decauville pour les transports, etc.); elles seront, au contraire, diminuées là où les cultures forcées (châssis, cloches) seront plus importantes.

L'emplacement devra répondre aux conditions suivantes : être dans le voisinage immédiat de la maison d'habitation, ne pas être encaissé ni trop ombragé, le manque d'air et de lumière est défavorable à la culture potagère,

D'autre part, il est mauvais aussi que le jardin soit trop
ventilé, trop exposé au froid. Les situations moyennes sont
les meilleures. Dans les pays froids, l'exposition au midi
est préférable, celle au nord vaut mieux pour les pays
chauds. Les terres exposées à l'est craignent les gelées
printanières, celles exposées à l'ouest ont à souffrir du
vent. Ainsi un jardin qui regarde le sud, le sud-ouest ou
le sud-est et qui est protégé du nord et du nord-est par un
mur ou le pignon d'une maison se trouve dans les conditions les plus favorables.

142. **Terrain.** — Il suffit que le jardin potager soit
établi en terrain meuble, pouvant être facilement labouré.
Il ne doit être ni rocheux ni caillouteux. Quant à la composition chimique du terrain, elle importe peu, car, à vrai
dire, la couche superficielle du sol d'un jardin potager est
constituée presque artificiellement par le terreau, le fumier
et les engrais chimiques que le jardinier y apporte en
abondance.

On consacre généralement aux semis du *terreau* pur
constitué par la décomposition de matières végétales diverses. La terre ainsi formée étant très légère ne convient
qu'à la première période de croissance des plantes. Pour
obtenir du terreau, on accumule dans une fosse tous les
débris de plantes que l'on peut trouver et on les laisse
pourrir, en retournant la masse à plusieurs reprises. Le
terreau peut être employé quand toute la matière a acquis
une consistance terreuse. On appelle *terreau mixte* celui qui
est formé d'un mélange de matières végétales et animales.
Il a une action plus énergique que le premier.

La *terre de bruyère* est formée par un mélange de terreau
végétal et de silice. Ce mélange s'opère naturellement dans
les sols siliceux, que caractérisent les diverses espèces de
bruyère. La terre de bruyère s'emploie dans les serres et
dans les jardins, surtout en culture florale.

143. **Clôtures et abris.** — Les clôtures les plus employées sont les haies, les treillages et les murs.

Haies. — Les haies vives (aubépine, prunellier épineux) constituent de bonnes clôtures impénétrables, mais

elles ont l'inconvénient de tenir beaucoup de place et d'épuiser le terrain. On emploie également le cerisier du Portugal, le troène.

Treillages et palissades. — Les treillages en fils de fer, les palissades en bois sont assez souvent employés, en raison de leur prix de revient peu élevé. Les premiers surtout se déplacent facilement, et leur durée est plus longue que celle des palissades.

Murs. — Ce sont les meilleures clôtures, parce qu'ils peuvent être utilisés pour la culture des arbres en espaliers. Leur hauteur doit se tenir entre 2 mètres et 3 mètres et demi. Il est utile que leur sommet soit couronné d'un chaperon généralement en tuiles pour faciliter le déversement de l'eau de pluie et éviter qu'elle ne ruisselle le long du mur, qui serait ainsi dégradé, et des arbres, qui en souffriraient.

Fig. 58. — Tuile-abri.

Pour protéger certaines plantes au cours de leur végétation, surtout quand elles sont jeunes, pour les soustraire à l'action de la lumière ou les protéger contre les variations trop brusques de température, on se sert de paillassons et de tuiles-abris.

Le *paillasson* est habituellement établi en paille, surtout en paille de seigle, plus droite et plus résistante que les autres. On peut se servir aussi de roseaux refendus. On peut doubler la durée des paillassons en les trempant pendant un jour ou deux dans un bain de sulfate de cuivre à 10 p. 100.

La *tuile-abri* (fig. 58) sert à protéger pendant l'hiver certaines cultures potagères qui redoutent le froid et l'humidité. Ce genre d'abri se compose d'une tuile ou d'une planchette inclinée dont la pente est tournée vers le nord. Quand le froid est vif, on la recouvre de feuilles en laissant libre la partie exposée au midi. Si le froid devient très rigoureux, on recouvre le tout de feuilles; on évite ainsi la perte d'un grand nombre de plantes.

Dans le midi et sur les côtes de la mer ou de l'Océan, où règnent des vents violents dont il faut protéger les plantes, on établit des abris verts en thuya, en cyprès, ou en roseau (canne de Provence), qui sont plantés en lignes parallèles de 8 à 15 mètres de distance et entre lesquelles on cultive les légumes.

144. Matériel de culture potagère. — *Bêche.* — La bêche est un instrument de labour composé d'un fer aplati, tranchant, plus ou moins allongé et large, et d'un manche de longueur variable. La lame de la bêche est, en général, plus large près du manche qu'au tranchant. La surface en doit être calculée de façon que la motte de terre qu'elle soulève n'ait pas un poids trop considérable : de 7 à 10 kilogrammes.

La bêche fait un labour très régulier, sur lequel on peut ensemencer aussitôt sans autre préparation. Pour s'en servir, on appuie généralement un pied sur la partie supérieure de la lame. La profondeur du labour varie entre 20 et 30 centimètres. La terre est retournée absolument sens dessus dessous.

Dans les sols de consistance moyenne, un homme peut bêcher 250 m. par jour. Dans les terres difficiles, on remplace quelquefois la bêche par une fourche à doigts plats.

Râteau. — Le râteau du jardinier est un instrument à main garni de dents en fer. On se sert du râteau pour niveler les terres bêchées, briser les mottes, enlever les pierres, recouvrir les semences, nettoyer les allées, etc.

Plantoir. — Le plantoir est un instrument qui sert à planter les jeunes végétaux. Les plantoirs dont on se sert dans les jardins sont simplement de petits piquets, longs de 2 à 3 décimètres et terminés en pointe; parfois ils sont munis d'un manche recourbé suivant un angle presque droit. La partie terminée en pointe, qu'on enfonce dans le sol, peut être utilement recouverte d'une douille en fer ou en cuivre.

Binette. — La binette est un instrument qui sert à faire des binages. Elle consiste en une petite pioche en fer, munie d'un manche plus ou moins long.

Serfouette. — La serfouette est une sorte de binette à deux branches, dont l'une est formée par une barre pleine et l'autre par deux dents. On s'en sert pour exécuter les labours légers et les sarclages.

Rouleau plombeur. — On emploie dans les jardins de tout petits rouleaux plombeurs, que l'on conduit à la main. Ces petits rouleaux sont ordinairement en pierre; ils servent à tasser le sol après certains semis : carottes, choux, etc.

Brouette. — La brouette se compose d'un coffre ouvert au dessus et sur un de ses côtés, porté par deux barres qui se prolongent en avant et en arrière du coffre. Ces deux barres sont reliées à l'axe d'une roue de diamètre variable.

A ces instruments il faut ajouter une série de petits pots à fleurs, dits *godets,* de 0 m. 10 de diamètre supérieur, destinés aux semis, et de nombreuses étiquettes en bois léger, qui se piquent en terre pour repérer les cultures et surtout les variétés cultivées.

Il est à recommander de sulfater un certain nombre d'ustensiles : planches de coffres, paillassons, cales, échalas, tuteurs, etc., en vue de doubler ou de tripler leur durée. Cette opération s'effectue par trempage de ces ustensiles pendant un temps variant de 24 heures à 20 jours dans une solution de sulfate de cuivre à 5 p. 100.

145. Succession des cultures. — Pour déterminer l'ordre dans lequel vont se succéder les cultures, il faut tenir compte des considérations suivantes :

Une même plante ne peut pas revenir plusieurs fois de suite dans le même sol, d'abord parce qu'elle enlève au sol toujours les mêmes éléments fertilisants et parce qu'il semble qu'elle laisse dans le sol des résidus de sa végétation qui sont nuisibles aux plantes de son espèce.

Si, en effet, on cultivait plusieurs années de suite la même plante annuelle sur la même terre, on constaterait que, malgré l'emploi des engrais, les récoltes diminueraient rapidement jusqu'à devenir nulles.

Il faut faire succéder sur une même planche des légumes

de famille différente et ayant un mode de végétation différent. Ainsi à des légumes cultivés pour leurs feuilles (salades, choux, épinards) on fait succéder des légumes cultivés
pour leurs racines (carottes, navets, oignons, etc.) et
auxquels on n'apporte que des engrais chimiques ou une
faible fumure organique. Enfin, on fait suivre ces légumes
racines d'une culture de légumineuses (pois, haricots,
fèves) à laquelle on n'apporte que des engrais minéraux
non azotés. La durée de la rotation peut être augmentée
par une culture d'une plante vivace (fraisier, artichaut).

Les lois de la succession des cultures ne s'appliquent
pas seulement aux plantes qui se suivent d'une année à
l'autre sur le même sol, mais à celles qui se succèdent
d'une saison à l'autre sur la même planche, car le terrain
en culture potagère doit rester inoccupé le moins longtemps
possible. C'est le bon sens du jardinier qui doit régler
cette succession de cultures de façon à utiliser au mieux sa
main-d'œuvre et la surface dont il dispose.

Mais on peut pousser plus loin encore l'utilisation du
terrain en cultivant en même temps sur une même planche
des légumes à végétation différente et qui ne demandent pas
le même temps pour arriver à maturité. Ainsi on peut associer deux plantes, laitues et choux, dont les premières se
développent beaucoup dès le début de la végétation et les
autres végètent au contraire lentement pendant les premiers
mois.

*Exemples de succession de cultures potagères
dans une même année* (d'après Nanot et Bussard).

I. *Ail* ou *échalote*, plantés en février-mars, récoltés en juillet,
 suivis de *chicorée frisée* ou *scarole*, plantées en juillet, récoltées
en septembre.
II. *Carottes hâtives*, semées en mars, récoltées en juin,
 suivies de *laitues*, *romaines* ou *poireaux*, plantés en juin et récoltés deux mois après, ou encore de *haricots* semés en mi-juillet et
à récolter en fin septembre.
III. *Haricots hâtifs* (noir de Belgique, jaune cent pour un) semés
le 25 avril et récoltés vers le 25 juillet,
 suivis de *chicorée frisée* et *scarole*, plantées pendant le mois
d'août et à récolter dès octobre, ou de *navets*, semés en août et à

récolter avant l'hiver, ou de *poireaux*, repiqués en juillet et à récolter à partir de novembre.

IV. *Haricots de deuxième saison*, semés en mai, récoltés fin août,

suivis de *choux d'automne*, plantés aussitôt et bons à récolter tout l'hiver.

V. *Pois précoces* nains ou à rames, semés en mars, récoltés en juin,

suivis de *céleris à côtes, céleris-raves, poireaux, choux de Milan* à repiquer en juin et à récolter dès l'automne.

VI. *Pois de deuxième saison*, semés en avril, récoltés en juillet,

suivis de *poireaux*, repiqués fin juillet et à récolter en hiver, ou de *navets, épinards, mâche, cerfeuil*, semés mi-août et bons à consommer dès le courant de l'automne.

VII. *Pommes de terre hâtives* (Marjolin, Quarantaine, Victor, Early rose), récoltées en juillet,

suivies de *choux de Bruxelles*, ou de *scaroles*, ou de *chicorée frisée*, à récolter en hiver.

VIII. *Pommes de terre tardives* (Magnum Bonum, Saucisse, Fin de Siècle), récoltées fin septembre,

suivies de navets, raves d'Auvergne semés de suite, ou d'oignons blancs repiqués de fin septembre au 15 novembre et bons à manger en hiver.

IX. *Salades précoces*, repiquées fin mars, récoltées fin juin,

suivies de *carottes tardives* (Rouge longue potagère), semées en juillet et rentrées aux premières gelées, ou de *haricots verts*, semés jusqu'au 15 juillet et récoltés en octobre.

Exemples de cultures intercalaires
(d'après les mêmes auteurs).

I. A la fin de mars, faire un semis très clair de radis et de carottes, repiquer en même temps des laitues à 0,40 ; à la fin d'avril, repiquer des choux-fleurs à 0,80. Les radis se récoltent fin avril et courant mai, les laitues courant juin, les carottes juillet-août, les choux-fleurs en automne.

II. Dans toutes les plantations de choux (sauf dans les choux à grand feuillage, tel que Milan des Vertus), on peut repiquer des laitues et des romaines.

CHAPITRE II

146. Travail du sol. — Le sol du jardin doit être continuellement aéré et perméable. Aussi est-il nécessaire de le travailler continuellement.

A la création du jardin potager, on procède au *défoncement* du terrain; la profondeur donnée à ce travail doit atteindre 0 m. 50 à 0 m. 60. Si le défoncement s'exécute à l'automne, il est avantageux de laisser la surface en mottes que l'hiver émiette, et il est facile d'égaliser le terrain au printemps. A toute autre saison, il faut, aussitôt après le défoncement, briser les mottes à la fourche et ameublir la surface du sol.

Les *labours* s'exécutent avec la charrue dans les grands jardins et avec la bêche dans les petits jardins. Dans ce dernier cas, ils s'effectuent de la façon suivante : on ouvre devant soi une petite tranchée ou jauge, dont on porte la terre à l'extrémité de la planche au moyen de la brouette. Puis on découpe, en allant à reculons, une série de tranches de même profondeur, dont on retourne la terre devant soi dans la jauge qui reste ouverte. Chaque fois, les mottes retournées sont brisées avec le fer de la bêche et ameublies dans toutes leurs parties.

La profondeur donnée d'ordinaire au labour varie de 0 m. 15 à 0 m. 30.

Les autres opérations, *hersage* au râteau, *roulage*, soit au rouleau, soit à la batte (petit instrument consistant en une planche de 0 m. 25 à 0 m. 30 de côté et munie d'un manche), *sarclage, binage, buttage,* sont analogues à celles effectuées en agriculture (voir § 125 et suiv).

147. Fumure. — La fumure des jardins potagers est fondée sur les mêmes règles que la fumure des plantes de grande culture. Elle présente cependant les particularités suivantes :

Fumier de ferme. — Le fumier de ferme constitué surtout par des excréments de bovins est froid et à décomposition lente. Il convient aux terres très légères ; mais on lui préfère pour les jardins le fumier de cheval ou le crottin de moutons, qui sont des fumiers chauds et à décomposition rapide. Il importe de conserver avec grand soin le fumier, comme il a été dit au chapitre II de la 2ᵉ partie.

Terreau. — C'est le produit de la décomposition complète de matières végétales parvenues à l'état d'humus. Comme il absorbe facilement l'humidité, il apporte de la fraîcheur aux terres ; à cause de sa couleur noire, il absorbe la chaleur du soleil et réchauffe les terres auxquelles il est apporté ; sa richesse en azote organique en fait un engrais azoté extrêmement riche ; il renferme l'acide phosphorique à l'état d'humophosphate qui est très assimilable ; enfin, il possède au maximum la propriété de fixer les éléments fertilisants du sol et d'empêcher qu'ils ne soient entraînés par les pluies.

Composts. — Dans tout jardin potager, il doit y avoir, dans un coin retiré, et autant que possible sur une plateforme étanche, un compost, amas de tous les détritus et de toutes les ordures ménagères susceptibles de fermenter (mottes de gazon, terre de la route, plâtras de démolition, fumier des lapins, des poules, débris de légumes, papiers, cendres de bois, marcs de café, de fruits, etc.). Ce compost pourra être avantageusement additionné de chaux ou mieux de scories de déphosphoration et arrosé de purin, et il sera recoupé deux fois par an.

Purin, vidanges. — Il faut user avec une grande prudence du purin ainsi que du produit des latrines. En tout cas, il ne faut les employer qu'additionnés de deux fois leur volume d'eau et toujours sur terrain nu avant les plantations. L'arrosage des légumes avec ces liquides présente des dangers au point de vue de la diffusion des maladies contagieuses qui se transmettent par les voies digestives (fièvre typhoïde, maladies intestinales diverses).

Engrais chimiques. — Il n'y a rien à ajouter à ce qui a été dit dans la deuxième partie de ce livre sur l'emploi des engrais chimiques.

148. Arrosages. — L'apport d'eau aux plantes constitue l'une des opérations les plus importantes de la culture potagère. Il ne suffit pas de mouiller la plante, mais il faut imbiber d'eau le sol pour faciliter l'alimentation de la plante par les racines.

Moments les plus propices à l'arrosage. — En culture de primeurs, il convient d'arroser dans la matinée, vers les 10 heures ; en culture forcée, au milieu de la journée ; si l'on craint les |gelées nocturnes, entre 10 heures et midi, pour que la grande humidité ait disparu avant la nuit; en culture de pleine terre et en été, il faut arroser le matin de bonne heure ou dans la soirée après 16 heures, l'humidité persiste ainsi plus longtemps.

Modes d'arrosage. — L'arrosage au *goulot* convient aux plantes espacées et suffisamment fortes. Le goulot doit être porté aussi près que possible de la plante.

L'arrosage à la *pomme* convient aux plantes jeunes, serrées.

L'arrosage à la *lance* se généralise dans tous les jardins de quelque importance. Il nécessite une installation spéciale. L'eau doit être en charge dans un bac, où elle est amenée soit par simple différence de niveau, soit par une pompe à manège ou à moteur. De ce bac, l'eau passe dans une canalisation étanche avec des prises placées en divers points du jardin, et grâce à un tuyau on peut arroser à la lance ou au moulinet n'importe quelle partie du jardin.

L'arrosage par *irrigation* est appliqué dans les régions à été sec (midi de la France, Algérie).

Le *bassinage* n'est pas un arrosage. Il consiste seulement dans la pulvérisation, par une seringue, d'une petite quantité d'eau qui tombe en un fin brouillard sur la surface des feuilles. Il s'applique aux jeunes semis sous châssis.

149. Forçage. — On a souvent intérêt à accélérer la végétation des légumes, soit pour en obtenir avant l'époque de l'année où ils peuvent être normalement récoltés, soit pour produire dans certaines régions des légumes qui n'y viendraient pas naturellement.

Ce résultat s'obtient par la culture en côtière, la culture sur couches ou la culture sous verre.

a) Culture en côtière. — La côtière (fig. 59) est une planche bien exposée aux rayons du soleil, légèrement inclinée au midi et abritée du nord par un mur, ou tout autrement. Elle est constituée par du terreau riche, très noir, de telle sorte qu'elle profite complètement des rayons du soleil au printemps et à l'automne.

On peut également, par analogie aux côtières, disposer dans la partie la plus abritée et la mieux exposée du jardin un certain nombre de planches en ados dont le sol se réchauffera plus vite que pour les autres.

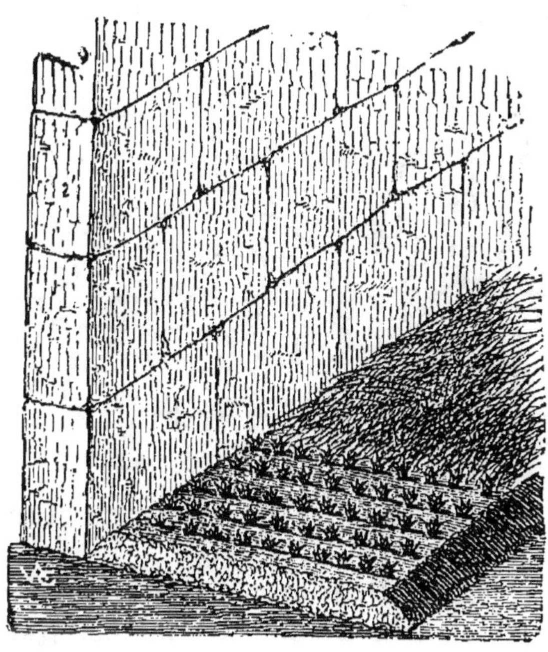

Fig. 59. — Côtière.

b) Culture sur couches. — Les couches sont des amas de fumier ou de toute autre matière en décomposition susceptible de fermenter et ainsi de produire une chaleur artificielle qui accélère la végétation des plantes.

La valeur des fumiers varie avec leur nature. Le fumier de cheval frais donne de suite beaucoup de chaleur, qui tombe rapidement. Le fumier de cheval qui est demeuré en tas un mois ou deux donne une chaleur douce et prolongée. Le fumier de bovins est trop froid, celui de porc trop aqueux, le crottin de mouton trop brûlant ; les feuilles sèches, le foin pourri fournissent une chaleur peu élevée, mais durable.

Pour confectionner une couche, on dispose d'abord le

fumier, puis on le recouvre d'une couche de terreau, dans laquelle on fera les semis.

Il est prudent de n'utiliser la couche que lorsqu'elle a donné son coup de feu, ce qui s'observe parfaitement au thermomètre, c'est-à-dire lorsque la première fermentation est terminée et que la température, qui s'était élevée vers le huitième jour jusqu'à 60° environ, commence à baisser lentement. On appelle *couche chaude* (fig. 60) une couche

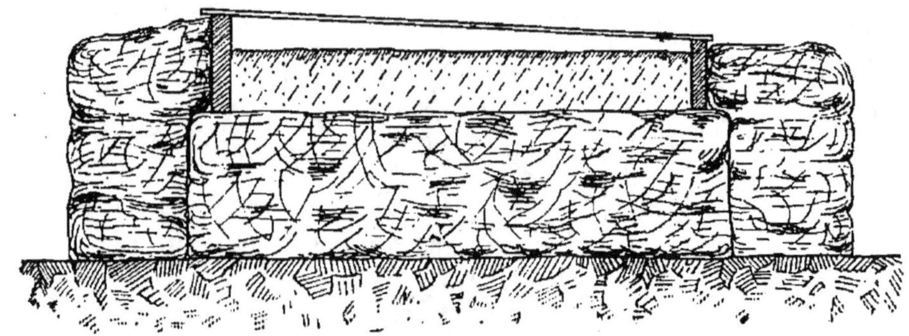

Fig. 60. — Couche chaude montée en plancher,
avec *réchaud*, *coffre* et *châssis*.

faite exclusivement de fumier de cheval ; elle dégage beaucoup de chaleur.

Une *couche tiède* est constituée par un mélange de fumier de cheval et de bovin. La chaleur qu'elle fournit est plus modérée et plus durable.

Une *couche sourde* (fig. 61) s'établit au fond d'une tranchée de 0 m. 60 à 0 m. 80 de profondeur ; elle est faite d'un mélange de fumier chaud, de fumier fermenté et de feuilles. Le tout est recouvert de terre dans laquelle on pratique les semis des plantes qui ont besoin de chaleur pour germer (melons, courges, cornichons, tomates).

c) Culture sous verre. — Elle permet de concentrer la chaleur du soleil dans une véritable petite serre.

On sait que les rayons calorifiques traversent le verre quand ils sont lumineux et ne le traversent pas quand ils sont obscurs. Par conséquent, une culture sous verre recevra la chaleur du soleil qui traversera le verre qui la recouvre et elle ne perdra pas sa propre chaleur, puisque le verre s'opposera à son rayonnement

La culture potagère sous verre utilise les châssis et les cloches. Le châssis se place sur certaines couches. Il peut être fixe ou mobile et se compose du coffre (en maçonnerie pour les châssis fixes, en bois pour les châssis mobiles) et des panneaux. Le coffre est établi de façon que la partie

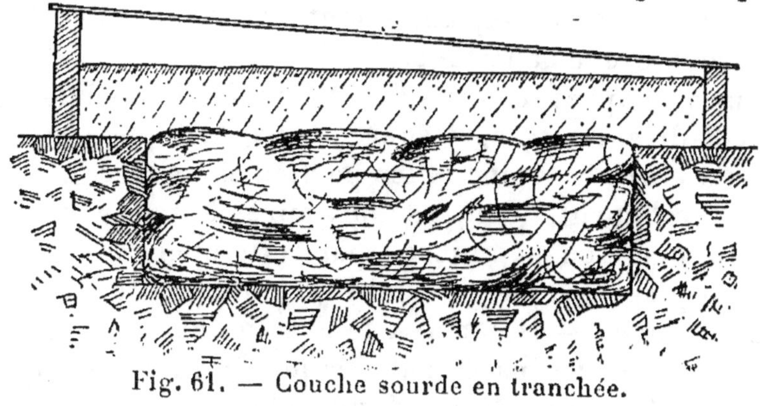

Fig. 61. — Couche sourde en tranchée.

antérieure soit moins élevée que la partie postérieure, ce qui permet d'incliner le panneau vitré vers le midi. Le panneau vitré est constitué par un cadre en bois et plus souvent en fer sur lequel sont fixées des vitres. Le panneau doit pouvoir se soulever et se placer sur des taquets et des crémaillères, ce qui permet l'aération de l'intérieur du châssis.

Les cloches sont des vases de verre de 0 m. 40 à 0 m. 50 de diamètre qui se placent au-dessus des plantes qu'il s'agit de protéger contre le froid ou de chauffer au printemps.

150. Multiplication des plantes potagères. — Les légumes se multiplient par semis, bouturage, marcottage ou division des touffes.

Semis. — Les conditions d'un bon semis sont les suivantes : chaleur, humidité et aération ; elles sont indispensables à la germination. La chaleur varie avec les plantes. Quelques-unes ont besoin de beaucoup de chaleur (melon, tomate), la plupart en réclament beaucoup moins. L'humidité sans excès s'obtient par des arrosages ou des bassinages qui apportent de l'eau et par des paillages qui s'opposent à l'évaporation de l'eau du sol. L'aération est réalisée par le semis en sol très meuble et à une profondeur d'autant plus faible que la graine est plus petite.

Le semis est fait en place quand la plante doit atteindre son plein développement là où elle est semée ; il est fait en pépinière quand elle doit être plantée à demeure ultérieurement. Le semis s'exécute soit à la volée, il doit être suivi alors de l'éclaircissage des plantes, soit en ligne, ou en poquet quand les graines sont placées dans des lignes ou des trous prévus à l'avance.

Aussitôt après le semis, il est bon de plomber le terrain, c'est-à-dire de tasser légèrement le sol pour assurer le contact entre la graine et les particules de terre.

Généralement, quelques jours après le semis, on procède au repiquage en pépinière ; par cette opération, on donne plus de place aux plantes, qui se développent ainsi plus vite.

Bouturage. — Il consiste à fractionner un végétal et à faire enraciner séparément chaque fraction dite bouture, pour produire un autre individu absolument semblable au pied-mère. Ex. : thym, pomme de terre, géranium.

Marcottage. — C'est un bouturage dans lequel la bouture n'est séparée du pied-mère que lorsque son enracinement est terminé. Ex. : fraisier.

Division des touffes. — C'est un bouturage dans lequel la bouture est un fragment prélevé sur la touffe elle-même et qui peut porter des racines. Ex. : artichaut, estragon, ail, fraisier Gaillon.

Toutes les fois que le semis n'a pas été fait en place, il faut procéder à la plantation définitive. Cette opération s'effectue généralement quand les légumes sont en pleine végétation et à des distances qui varient avec le développement que devra prendre la plante adulte. La régularité de la plantation s'obtient au moyen d'une planche à planter que l'on pose sur le sol, sur laquelle se tient l'opérateur, qui place les plants selon les encoches marquées sur les bords de la planche. La profondeur de la plantation varie avec la nature des légumes.

Les Choux doivent être enfoncés jusqu'à la naissance des premières feuilles, les plants de salades doivent rester flottants, le Fraisier très peu enterré, l'Oignon blanc, l'Aubergine, la Tomate jusqu'aux premières feuilles, le Poireau jusqu'à 12 centimètres.

TABLEAU INDIQUANT LES CARACTÉRISTIQUES DE LA CULTURE DES PRINCIPAUX LÉGUMES

Désignation des plantes.	MODE DE REPRODUCTION	QUANTITÉS A SEMER OU A PLANTER (A L'ARE)	POIDS DE LA SEMENCE (AU LITRE)	DURÉE DE LA FACULTÉ GERMINATIVE DE LA SEMENCE (ANNÉES)	DISTANCE A OBSERVER DANS LES SEMIS OU LA PLANTATION		RENDEMENTS (A L'ARE)
					SUR LES LIGNES	ENTRE LES LIGNES	
l..............	Par plantation des caïeux.	15 litres.	»		0,20	0,20	150 à 200 litres.
tichaut..........	Par plantation des œilletons.	100 à 120 touffes de 2 œilletons chacune.	»		0,90 à 1	0,90 à 1	8 à 10 têtes par touffe.
perge	Par plantation des griffes.	100 griffes environ	»		1	1	»
tterave rouge à salade	Par semis des graines : en place .... ou en pépinière.	60 gr. 90 gr.	250 gr.	4 à 5	0,07 à 0,10	0,20	250 à 300 kilos.
rottes...........	Par semis de graines : en lignes ...... à la volée......	35 à 40 gr. 50 à 60 gr.	250 gr.	4 à 5	0,08 à 0,12	0,20 à 0,25	350 kilos.
rdon...........	Par semis de graines : en place .... en pépinière ...		630 gr.	4 à 5	1	1,20	80 pieds.
eri-rave	Par semis des graines en pépinière.	Très dru.	480 gr.	5 à 6	0,40	0,40	800 à 1000 pieds de 800 gr. chacun.
feuil............	Par semis de graines en place.	300 à 400 gr.	540	1	0,10	0,10	La récolte de la feuille se prolonge de 5 à 6 semaines.
corée frisée (scaole)............	Par semis en pépinière ou en place.	250 à 300 gr.	350	5 à 6	0,35	0,35	Variable.
ou.............	Par semis des graines en pépinière, repiquage en pépinière et mise en place définitive des plants.	50 à 100 gr. selon les variétés.	700	3 à 6	0,40 à 0,70 selon les variétés.	0,40 à 0,70 selon les variétés.	Variable suivant les variétés.
oule, Ciboulette.	Par division des touffes.	»	»	»	En bordure.	0,15 à 0,20	
rge	Par semis des graines sur couche ou en pleine terre.	2 à 3 graines par trou.	400	4 à 5	1,50	2 à 3 m.	1.000 kilos.
combre	Id.	4 à 5 graines par trou.	500	4 à 5	0,60	1,20	Variable.
alote	Par plantation des caïeux.	15 litres.	«		0,10	0,25	150 à 200 litres.

Désignation des plantes.	MODE DE REPRODUCTION	QUANTITÉS A SEMER OU A PLANTER (A L'ARE)	POIDS DE LA SEMENCE (AU LITRE)	DURÉE DE LA FACULTÉ GERMINATIVE DE LA SEMENCE (ANNÉES)	DISTANCE A OBSERVER DANS LES SEMIS OU LA PLANTATION — SUR LES LIGNES	ENTRE LES LIGNES	RENDEMENT (A L'ARE)
Epinard	Par semis des graines.	300 à 400 gr.	370 gr.	4 à 5	0,05	0,25 à 0,30	300 kilo
Estragon	Par division des touffes.	»	»	»	0,35	0,35	
Fève	Par semis des graines.	1 l. 1/2 à 2 lit.	600 gr.	3	0,15 à 0,20	0,30 à 0,40	450 kilo
Fraisier	Par bouturage des filets ou coulants.	800 à 1500 plants, selon variétés.	»	»	0,25 à 0,40	0,25 à 0,40	Variab
Haricots nains — à rames	Par semis des graines.	1 l. 1/2 à 2 lit.	600 à 800 gr.	3	En poquets distants de 0,04	0,40, 0,50, 0,70 à 0,80	En vert : ?los; en g... à l'état f... 15 litres... tal sec : ...
Laitues	Par semis des graines en pépinière, puis repiquage et mise en place.	5 à 6 gr. en pépinière.	425 gr.	4 à 5	0,30 à 0,40 selon variétés.	0,30 à 0,40 selon variétés.	Variab
Mâche	Par semis des graines.	100 gr.	»	»	Quelques centim.	0,10	Variab
Melon	Par semis des graines sur couche et mise en place.	3 à 4 graines par poquet.	400 gr.	4 à 5	Très espacès	Très espacés	
Navet	Par semis des graines.	30 à 50 gr.	600 à 700 gr.	3 à 4	Semé à la volée.		250 à 350
Oignon	Par semis des graines.	150 à 300 gr. selon les variétés.	500 gr.	3	0,15 à 0,20	0,20 à 0,25	de 650 à
Oseille	Par division des touffes ou semis des graines.	150 à 200 gr.	»	»	0,30	En bordure	Variab
Panais	Par semis des graines.	En lignes, 30 g.; à la volée, 50 gr.	220 gr.	2	0,30	0,30	400 kil
Persil	Par semis des graines.	125 à 150 gr.	540 gr.	3	0,03 à 0,04	En bordure	Varia
Pissenlit	Par semis des graines et mise en place des plants.	125 à 150 gr.	270 gr.	2	0,10	0,40	150 à 2
Poireau	Par semis des graines.	120 à 150 gr.	550 gr.	2	0,20	0,30	3.000 p
Poirée ou Bette	Par semis des graines.	60 à 80 gr.	200 gr.	5 à 6	0,40	0,40	Varia

| Désignation des plantes. | MODE DE REPRODUCTION | QUANTITÉS A SEMER OU A PLANTER (A L'ARE) | POIDS DE LA SEMENCE (AU LITRE) | DURÉE DE LA FACULTÉ GERMINATIVE DE LA SEMENCE (ANNÉES) | DISTANCE A OBSERVER DANS LES SEMIS OU LA PLANTATION | | RENDEMENTS (A L'ARE) |
					SUR LES LIGNES	ENTRE LES LIGNES	
Pois nains .... — à rames........	Par semis des graines.	2 à 4 litres	700 à 800 gr.	3	0,03 à 0,04 0,03 à 0,04	0,30 à 0,40 0,60 à 0,70	Pois verts en cosses : 90 à 100 l.; grains à l'état vert : 13 à 15 litres.
Pommes de terre ...	Par plantation des tubercules (bouturage).	15 à 20 kilos de tubercules	»	»	0,40 à 0,50 selon le développement de la variété.	0,60 à 0,70 selon la variété.	150 à 200 kilos.
Radis..............	Par semis des graines.	400 à 500 gr.	600 à 700 gr.	3	Semé à la volée.		Très variable.
Salsifis blanc et Salsifis noir ou Scorsonère...........	Par semis des graines.	120 gr.	260 gr.	2 à 3	0,03	0,40	De 80 à 100 bottes de 1ᵏ,5 à 2 kilos.
Tomates...........	Par semis des graines sur couche, repiquage et mise en place des plants.	»	300 gr.	4	0,70	0,70	3 kilos de fruits par pied environ.

CHAPITRE III

151. Établissement du jardin fruitier. — La disposition à donner à la surface sur laquelle se cultivent les fruits varie avec le but poursuivi par l'exploitant et avec l'orientation qu'il entend donner à la production des fruits.

S'il s'agit de la production intensive des fruits, on constitue un jardin fruitier; c'est le cas surtout des jardins aux environs immédiats des grandes villes; si la production des fruits doit être alliée à celle des légumes, on constitue un jardin mixte; c'est le cas le plus général, qu'il s'agisse de cultivateurs, d'ouvriers, d'instituteurs, d'amateurs, etc.; enfin, dans toutes les régions favorables à la production des fruits, les arbres fruitiers sont cultivés dans des prés ou des enclos qu'on appelle vergers; ils ne sont qu'un accessoire à l'exploitation du domaine, mais un accessoire qui peut fournir d'importants revenus.

Quoi qu'il en soit, le verger, le jardin fruitier ou mixte sera établi sur un emplacement sain, abrité des vents violents, sur un terrain d'aussi bonne qualité que possible, préalablement défoncé et abondamment fumé. Généralement, le jardin est clos de murs, ce qui permet des cultures à différentes expositions. L'exposition au nord convient aux variétés de poires, de pommes ou de cerises qui sont les plus hâtives; l'exposition au sud, au contraire, aux expèces et aux variétés qui ont besoin de chaleur et de soleil (pêcher, vigne, surtout); celles de l'ouest et de l'est, à diverses variétés de pommiers, de poiriers, de pêchers, selon le climat et le vent dominant.

152. Espaliers et contre-espaliers (fig. 62). — On appelle *espalier* un assemblage d'arbres fruitiers appuyés à un mur, contre lequel les branches des arbres sont fixées soit directement, soit par l'intermédiaire d'un treillage. Ce mode de plantation comporte les avantages suivants :

Le mur contre lequel les arbres sont fixés les protège contre le vent, il les abrite de la pluie, dans une certaine mesure, il absorbe pendant le jour une certaine quantité de chaleur qu'il réfléchit pendant la nuit; aussi l'espalier convient surtout aux variétés délicates qui pourraient souffrir en plein air ou n'y mûriraient pas leurs fruits.

Le *contre-espalier* est un véritable espalier sans mur. Les

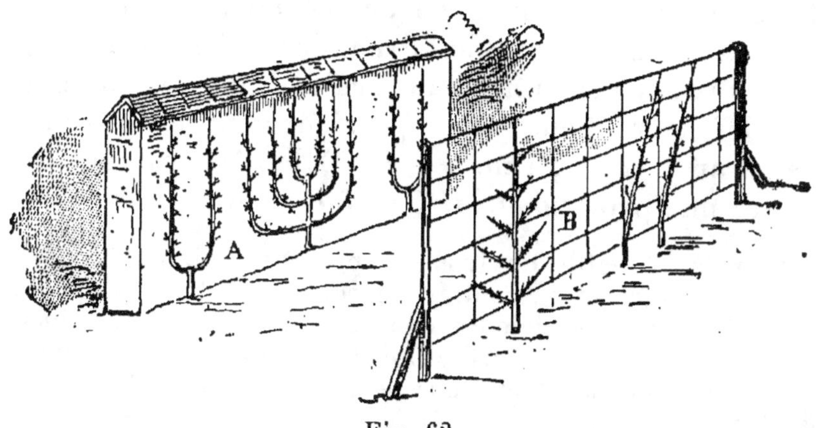

Fig. 62.

A. Espalier. — B. Contre-espalier.

arbres y ont, comme dans l'espalier, une forme plate et ils sont fixés sur un système de fils de fer rigides qui les soustrait à l'action des vents.

153. **Abris.** — Les murs sont évidemment les abris les meilleurs, ils n'ont que l'inconvénient de coûter cher. Toutes les fois que le jardin sera enclos de murs, ceux-ci devront être utilisés pour la plantation en espalier, le choix des variétés devant être conditionné par les expositions.

Dans la région parisienne, on construit même des murs de refend à l'intérieur des jardins dans le seul but de multiplier les surfaces en espalier (culture du pêcher à Montreuil, de la vigne chasselas doré à Thomery). Les murs des maisons doivent être utilisés le plus possible pour y appuyer des espaliers.

Pour remplir complètement leur rôle, les murs doivent

comporter à leur sommet des *auvents*, sortes d'abris constitués par des planches, des feuilles de verre ou des paillassons, larges de 40 à 50 centimètres, et dont le rôle est de préserver les bourgeons, les fleurs et les fruits du rayonnement nocturne et par suite des gelées ainsi que de la pluie, qui provoque le coulage des fleurs.

154. Préparation du sol. Fumures. — Le défoncement du sol est indispensable avant la plantation des arbres fruitiers. S'il s'agit d'un jardin fruitier ou mixte, les arbres et les cultures de légumes devant occuper la totalité du terrain, il est indispensable de défoncer à 0 m. 35 ou 0 m. 40 au moins la surface entière du jardin. S'il s'agit d'un verger, on défoncera seulement l'emplacement de chaque arbre selon un carré de 1 m. à 1 m. 50 de côté, suivant l'espèce, et sur une profondeur de 0 m. 50 à 0 m. 75.

Dans la confection des trous qui précède la plantation des arbres, il faut prendre la précaution de séparer la terre végétale qu'on enlève du trou et celle du sous-sol, qui est souvent moins fertile. Le trou doit rester ouvert le plus longtemps possible, après quoi, au moment de la plantation, la terre du sous-sol est remise au fond du trou, et la terre végétale répartie autour des racines.

La fertilisation du sol est basée sur les principes qui ont été exposés dans la deuxième partie de ce livre. Dans la pratique, on donne au sol, au moment de la plantation, une forte fumure fondamentale de 1.000 kilogrammes de fumier bien décomposé (non pailleux), plus 20 kilogrammes de sylvinite ordinaire et 20 kilogrammes de scories de déphosphoration. Ces doses conviennent à un are de terrain; dans le cas de la plantation par trou, on mélangera, au moment du défoncement, à un mètre cube de terre 50 kilogrammes de fumier bien décomposé, 2 kilogrammes de scories et 2 kilogrammes de sylvinite ordinaire. Puis, chaque année, ou seulement tous les deux ans, on apporte une fumure complète destinée à remplacer dans le sol les éléments exportés par les fruits. Cette fumure devra être appliquée, non pas au pied même de l'arbre, mais sur une couronne correspondant à la surface du sol recouverte par les branches.

Deux années sur trois, cette fumure pourra être, par pied :

	Pour un arbre âgé de	
	moins de 10 ans.	plus de 10 ans.
Nitrate de soude ou sulfate d'ammoniaque.............	0^k250	0^k500
Scories	0^k600	1^k200
Ou superphosphate	0^k500	1 kilog.
Sylvinite.........................	0^k500	1 kilog.
Ou sulfate de potasse	0^k100	0^k200

La troisième année, cette fumure sera remplacée par une bonne fumure organique de fumier de ferme ou de compost.

155. Plantation des arbres fruitiers. — La plantation est l'opération qui consiste à mettre en place définitivement un arbre quand il a terminé la première partie de son développement en pépinière.

C'est des soins apportés à la plantation que dépend la productivité de l'arbre.

On ne peut procéder à la plantation que pendant la période du repos de la végétation, quand l'arbre est dépourvu de feuilles. Cependant, on ne plante pas, sauf dans la région la plus chaude du Midi, au milieu de l'hiver, mais en novembre, dans les pays où l'hiver est relativement doux, et en mars-avril dans les régions à hiver rude.

L'arbre, ayant été arraché avec soin, doit être planté le plus tôt possible après l'arrachage. Au préalable, il faudra procéder à l'habillage des racines, qui consiste à supprimer avec le sécateur l'extrémité des principales racines.

L'arbre doit être planté de façon que son collet se trouve au niveau du sol. Il importe, au moment de la plantation, de bien garnir de terre les racines, afin de ne point laisser entre elles de vides qui favoriseraient le développement des champignons parasites.

Les distances auxquelles les arbres doivent être plantés les uns des autres varient selon les espèces et selon le développement qui leur sera donné ultérieurement, les arbres à basse tige et à forme réduite pouvant être plantés beaucoup plus près que les arbres à haute tige et à plein vent.

Voici les écartements le plus généralement pratiqués :
Les arbres de plein vent en verger seront espacés de 12 à 20 mètres selon la fertilité du sol et les dimensions que doit prendre l'arbre ; les arbres à haute tige en jardin seront espacés de 5 mètres ;
les vases et les gobelets nains, de 3 à 5 mètres ;
les fuseaux, poiriers et pommiers, de 1 à 2 mètres ;
les cordons horizontaux, poiriers et pommiers, de 2 mètres ;
les groseilliers, les cassis en touffes, de 1 m. 50 environ ;
les palmettes à deux branches, en espalier ou contre-espalier, de 0 m. 60 ; à quatre branches, de 1 m. 20 à 1 m. 60 ;
la vigne en cordon horizontal, de 2 à 2 m. 50 ; en cordon vertical, de 0 m. 50.

156. Ensachage des fruits. — Pour avoir des fruits à peau très fine et éviter certaines maladies, on a pris l'habitude, depuis quelques années, de mettre les fruits dans de petits sacs en papier.

Pour que l'ensachage donne de bons résultats, on devra le pratiquer quand les fruits auront atteint la grosseur d'une petite noix. L'opération devra être terminée au plus tard le 15 juin, car c'est à ce moment que le papillon de la pyrale commence sa ponte.

Les papiers minces et glacés sont ceux auxquels on réservera la préférence pour la confection des sacs.

L'ensachage des fruits offre les avantages suivants : il préserve les fruits de la grêle, il empêche la pyrale d'envahir les fruits, il supprime la tavelure, rend la chair et l'épiderme plus fins, facilite la coloration des fruits à l'automne et permet d'en augmenter le volume.

CHAPITRE IV

REPRODUCTION ET MULTIPLICATION DES ARBRES FRUITIERS[1]

I. — *Reproduction des arbres fruitiers.*

157. Semis. — Le semis consiste à placer des graines dans un milieu tel qu'elles puissent germer et donner naissance à un nouvel arbre.

Pour favoriser la germination, il est utile le plus souvent de mettre au préalable les graines en *stratification* dans une couche de sable ou de terre très légère et jamais trop humide, où elles se ramollissent, ce qui facilite le développement du germe.

Au bout de quelques semaines de végétation, la jeune plante est repiquée, c'est-à-dire arrachée et replacée en terre. Cette opération a pour but d'obtenir des plants mieux pourvus de racines et par suite plus vigoureux. Après un séjour plus ou moins long en pépinière, suivant la force du plant à obtenir, on procède à la mise en place définitive.

II. — *Multiplication des arbres fruitiers.*

158. Différents modes de multiplication des arbres fruitiers. — Par le semis, on obtient des sujets vigoureux et rustiques, mais le plus souvent ne reproduisant pas les caractères des parents, surtout en ce qui concerne la fertilité de l'arbre et la qualité du fruit. On est donc forcé, pour conserver les qualités obtenues, de recourir par la culture à une méthode de multiplication.

1. On se reportera avec profit aux chap. IX et suiv. de l'*Histoire Naturelle* (1re année) de MM. E. Bouvier et H. Simiand (Bibliothèque des Ecoles Normales).

Les deux principaux procédés de multiplication, auxquels tous les autres se ramènent, sont *le bouturage* et *le greffage*.

Le *bouturage* est une opération par laquelle on met en terre une partie d'un végétal appelée *bouture* (rameau, racine et parfois feuille), qui se développe, complète ses organes et forme un végétal absolument semblable à celui sur lequel elle a été prélevée. Lorsque la bouture n'est détachée du pied-mère que lorsque le bouturage est effectué et les racines développées, l'opération prend le nom de *marcottage*.

Le *greffage* est l'opération par laquelle une partie d'un végétal, dite *greffon*, est placée sur une autre plante, dite *sujet* ou *porte-greffe,* qui lui sert ainsi de support et lui fournit une partie des aliments qui lui sont nécessaires.

L'un et l'autre de ces procédés de multiplication est basé sur ce fait que certaines parties des végétaux sont capables de se développer individuellement, c'est-à-dire séparées des autres parties du même végétal, et de reconstituer ce végétal en entier.

Fig. 63. Bouture simple.

Fig. 64. Bouture avec bourrelet.

159. Bouturage. — Ce procédé s'emploie pour les plantes dont l'enracinement est facile, les plantes à bois tendre (saule, peuplier, groseillier, cognassier, vigne); il ne s'applique pas au pommier, qui ne reprend à peu près jamais de bouture.

La bouture a généralement une vingtaine de centimètres de long, c'est la *bouture simple;* elle doit être coupée à la base, en dessous d'un œil, et au sommet au-dessus d'un œil (fig. 63).

La *bouture avec bourrelet* s'emploie pour les espèces qui s'enracinent difficilement. Pour la préparer, il faut inciser au sécateur ou avec un fil de fer très serré la base de la bouture, il se forme un bourrelet qui facilite le développement des racines (fig. 64).

La *bouture à talon* est constituée par un rameau auquel

est resté adhérent l'empâtement qui lui servait de base. Ces boutures reprennent mieux que les précédentes et sont utilisées pour les variétés à enracinement difficile (prunier mirobolan, cognassier, pommier doucin).

La *bouture à crossette* comporte, au lieu d'un talon, un fragment de quelques centimètres de long du bois de l'année précédente (fig. 65). On l'emploie pour la vigne, l'olivier.

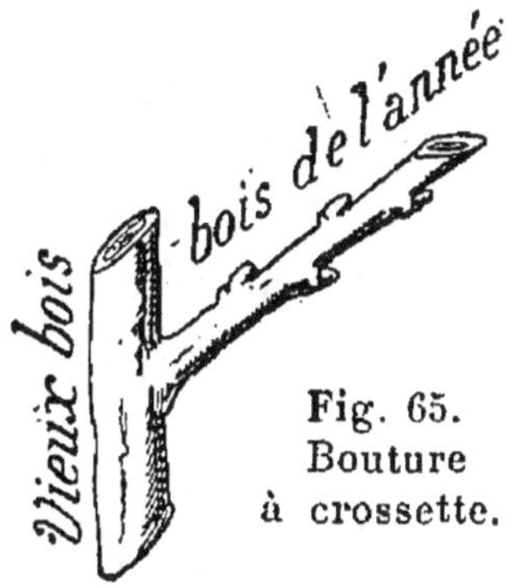

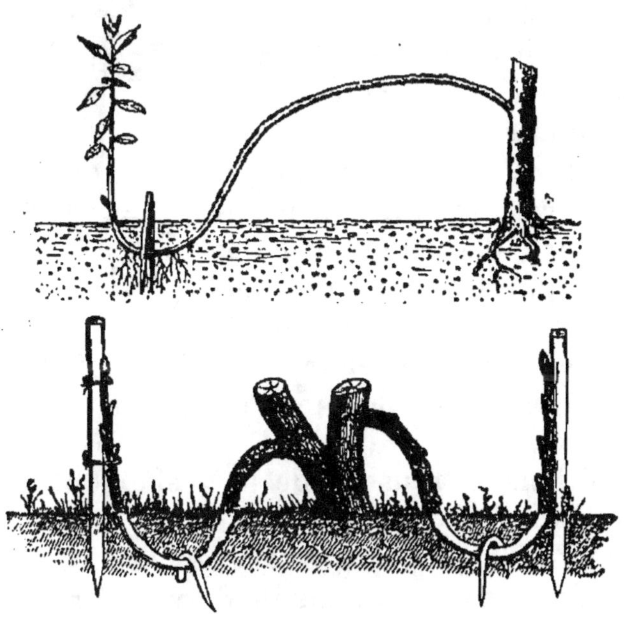

Fig. 65.
Bouture
à crossette.

160. **Marcottage.** — Le marcottage s'emploie pour les espèces qui ne s'enracinent pas par bouture ou qui sont rebelles au greffage.

Le *marcottage simple* consiste à coucher une ou plusieurs branches dans le sol à une profondeur de 8 à 10 cen-

Fig. 66. — Marcottage simple.

timètres ; on les y maintient et on les recouvre de terre. L'extrémité des branches sort de terre ; on les munit d'un tuteur pour qu'elles puissent prendre une direction verticale (fig. 66).

Le *marcottage par cépée* s'opère en coupant à ras de terre l'arbre ou arbuste à multiplier ; puis on couvre la souche avec de la terre, les rejets émis par la souche prennent racine, on les sèvre l'année suivante.

Le marcottage en l'air se pratique sur les branches qu'on ne peut incliner vers le sol. On fait alors passer la tige dans un pot à fleur fendu sur le côté ou dans un cornet de plomb rempli de terre tenue humide (fig. 67).

161. Greffage. — Pour que la greffe réussisse, c'est-à-dire pour qu'il y ait soudure entre le porte-greffe et le greffon, il faut qu'il y ait *affinité* entre eux, c'est-à-dire une sorte de sympathie qui tend à les unir étroitement. Aucune règle ne permet d'établir s'il doit y avoir affinité entre deux variétés, deux espèces ou deux genres donnés ; seule l'expérience renseigne à ce sujet. Si l'affinité est complète entre sujet et greffon, la durée de l'existence de la greffe atteint son maximum, qui varie d'ailleurs avec les espèces ; si l'affinité n'est qu'incomplète, la durée de l'existence de la

Fig. 67. — Marcottage en l'air.

greffe est très réduite ; enfin, si l'affinité fait défaut, la greffe ne reprend pas ou bien elle meurt au bout d'un temps très court.

Les conditions de réussite de la greffe sont, avec l'affinité, les suivantes :

1° Le sujet et le greffon peuvent ne pas être de la même espèce ni du même genre, mais ils doivent être de la même famille. Ainsi : le poirier (genre *Pyrus*) peut se greffer sur le cognassier (genre *Cydonia*) ou sur l'aubépine (genre *Cratægus*), tous les trois de la famille des Rosacées, mais il ne peut se greffer sur aucun autre genre de la même famille ;

2° Il ne doit pas y avoir de grandes différences de

vigueur entre le sujet et le greffon, sans quoi il y a déséquilibre de la végétation ;

3° Il doit y avoir contact établi de la façon la plus certaine entre les zones génératrices du sujet et du greffon ; ce contact peut être rendu plus intime par une ligature ;

4° Les sections à assembler doivent être franches, propres et soustraites à l'action de l'air, soit par des ligatures, soit par engluement.

Les procédés de greffage sont nombreux ; tous se ramènent aux trois types suivants : greffe par approche, greffe par rameaux, greffe d'yeux.

162. Principaux modes de greffage. — Nous ne pouvons décrire ici avec détail même les principaux modes de greffage. C'est la pratique seulement qui permettra de les connaître. Nous nous bornerons à indiquer les principes des modes suivants, qui sont parmi les plus employés :

Greffe *par approche ordinaire.*
Greffe *par rameau* : en *placage*, en *couronne*, en *fente*, à *l'anglaise.*
Greffe *d'yeux* : en *écusson*, en *flûte.*

Greffe par approche ordinaire. — On entaille les deux sujets de façon que les plaies soient bien nettes et de surfaces égales ; l'entaille doit pénétrer jusque dans le bois. Les deux végétaux sont ensuite rapprochés et ligaturés solidement, pour établir un contact absolu entre les plaies.

Greffe en placage (fig. 68). — On pratique une entaille sur le sujet, de manière à enlever une lanière d'écorce et un peu de bois. Cette entaille est découpée nettement à la base par une coupe transversale. On taille le greffon en biseau allongé, de manière que sa plaie et celle du sujet soient de surface égale. Le greffon est ensuite ajusté sur le sujet, puis on ligature en commençant par en haut.

Greffe en couronne (fig. 69). — Le sujet à greffer en couronne doit d'abord être coupé net par un trait de scie ; la plaie est ensuite rafraîchie avec la serpette. On prépare les greffons en les taillant en biseau et en arrêtant la coupe, à la partie supérieure, par une section formant cran. On peut en placer un assez grand nombre si le sujet est gros.

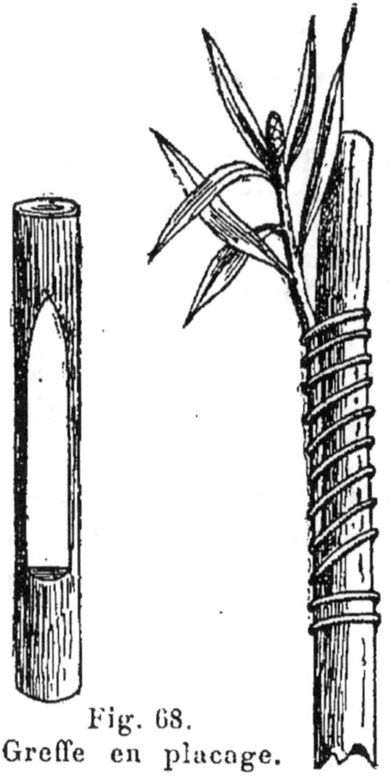

Fig. 68.
Greffe en placage.

A gauche, le porte-greffe préparé ;
à droite, la greffe achevée et
ligaturée.

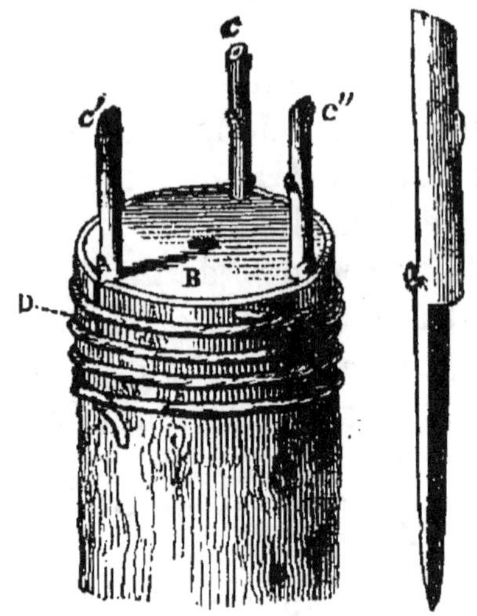

Fig. 69.
Greffe en couronne.

A droite, le greffon préparé ; à
gauche, la greffe achevée ; B,
le porte-greffe ; c, c', c", les
greffons ; D, ligature.

Chaque greffon doit être inséré entre le bois et l'écorce,

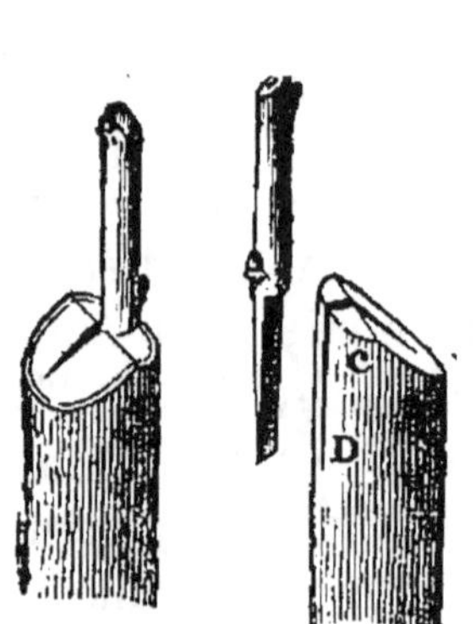

Fig. 70.
Greffe en fente sim-
ple : préparation et
mise en place.

Fig. 71.
Greffe en
fente double :
disposition,
ligature.

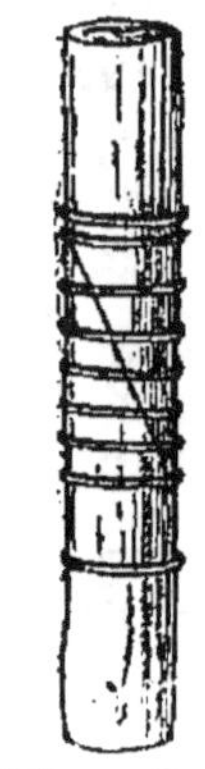

Fig. 72.
Greffe à
l'anglaise
avec
ligature.

qu'on a eu soin de fendre longitudinalement avec un greffoir. Le cran du greffon doit reposer sur la section transversale obtenue par le trait de scie. On ligature ensuite et l'on entoure la greffe avec du mastic à greffer.

Greffe en fente (fig. 70). — Le sujet doit d'abord être décapité, puis fendu par le milieu ou sur le côté, suivant le nombre des greffons qu'on veut insérer. On prépare le greffon en le taillant suivant deux plans qui se rencontrent à la base. Les deux coupes doivent partir de chaque côté d'un œil, placé à la partie extérieure de la greffe. On met en place le greffon, en ouvrant la fente longitudinale avec un couteau et en y insérant le greffon. On fait pénétrer le greffon dans la fente du sujet, de manière que toute la partie incisée soit comprise dans la fente. Si le sujet est gros, on peut mettre plusieurs greffons (fig. 71). On termine l'opération par une ligature, dans le cas où le sujet lui-même ne serre pas assez le greffon.

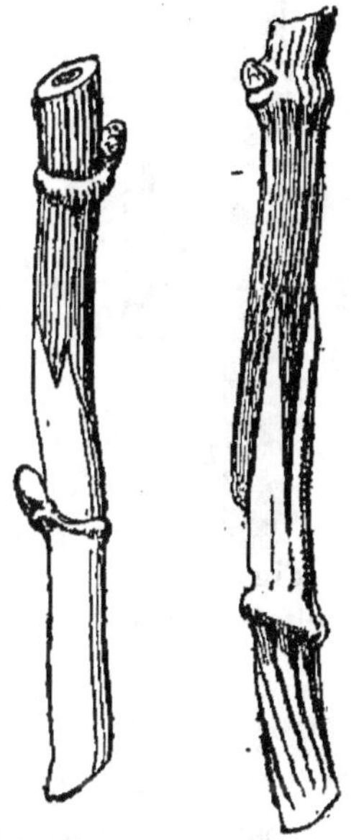

Greffe à l'anglaise. — Le sujet et le greffon doivent être de même grosseur. Ils sont taillés en biseau, puis appliqués l'un sur l'autre et réunis par une ligature (fig. 72). On a modifié ce système en séparant sur les deux végétaux réunis des esquilles de bois qui s'enchâssent l'une dans l'autre. Cette modification donne beaucoup de solidité à la greffe (fig. 73).

Fig. 73. — Greffe à l'anglaise.

Greffe en écusson. — La greffe par œil en écusson peut se faire à deux époques : 1° au printemps (greffe à œil poussant); 2° dans le courant de l'été (greffe à œil dormant).

L'œil ou bourgeon qui doit être inséré est prélevé sur un jeune rameau de vigueur moyenne; les meilleurs yeux sont ceux qui sont placés vers le milieu des rameaux. On opère le prélèvement de l'œil en tenant le rameau de la main gauche et le greffoir de la main droite. On commence à inciser l'écorce à environ un centimètre au-dessus de l'œil; on détache le bourgeon avec un lambeau d'écorce, auquel on donne au dessous la même longueur qu'au dessus. Il faut enlever le moins de bois possible avec l'écorce, et même n'en pas enlever du tout, si l'on peut. On donne ensuite à l'écusson une forme ovale allongée.

Le sujet doit être débarrassé des feuilles et ramilles dans la partie où l'on fait la greffe.

On pratique ensuite deux incisions, l'une transversale *j*, l'autre longitudinale K, et venant aboutir à la première, pour former une sorte de T. Les incisions étant faites, à l'aide de la spatule en ivoire que porte le greffoir, on relève

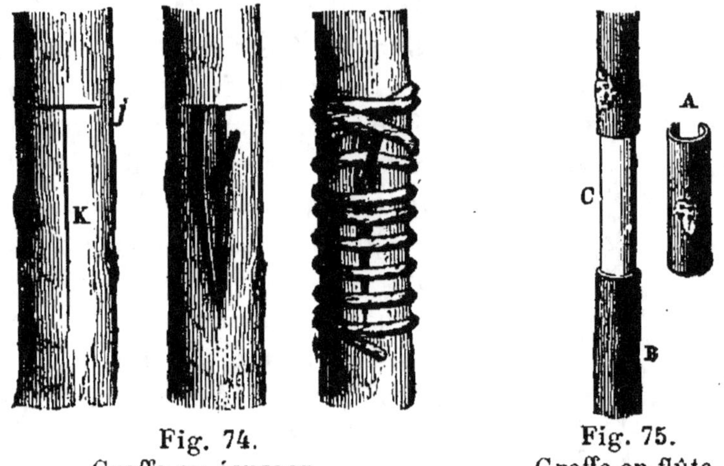

Fig. 74.
Greffe en écusson.

Fig. 75.
Greffe en flûte.

les deux bords de la plaie, en détachant l'écorce du bois.

Sujet et greffon étant préparés, on insère l'écusson sous l'écorce, de façon que son extrémité supérieure ne dépasse pas l'incision transversale. On ligature ensuite avec de la laine, du jonc ou du raphia (fig. 74).

Greffe en flûte. — La greffe en flûte peut être faite à œil poussant et à œil dormant. Le sujet et le greffon doivent être deux rameaux de même grosseur. Le greffon est un manchon d'écorce de longueur variable portant au moins un œil. Pour opérer la greffe en flûte, on détache sur le sujet une partie d'écorce égale au manchon qui constitue le greffon, puis on insère celui-ci à la place. On ligature ensuite, de manière à rendre l'adhérence aussi parfaite que possible (fig. 75).

E. N.   7

CHAPITRE V

LA TAILLE DES ARBRES FRUITIERS

163. Objet de la taille des arbres fruitiers. — Les arbres fruitiers, abandonnés à eux-mêmes, poussent d'une façon très irrégulière. Les branches se dirigent dans tous les sens, la fructification est capricieuse, variable d'une année à l'autre. Il est indispensable, pour régulariser la production des fruits, de diriger la végétation. On y arrive par la taille qui permet :

1° De donner aux arbres une forme régulière et des proportions bien équilibrées ;

2° D'envoyer la sève de façon égale dans toutes les parties de l'arbre, et, par suite, d'obtenir une fructification mieux répartie et semblable d'une année à l'autre ;

3° De faire fructifier des arbres qui y sont naturellement peu disposés ;

4° D'obtenir des fruits plus gros, plus hâtifs et de meilleure qualité.

Il faut distinguer entre la taille destinée à donner aux arbres leur forme, ou taille de la charpente, et la taille annuelle qui s'applique aux productions fruitières.

La taille se pratique pendant l'hiver, au cours de la période de repos de la végétation ; elle est complétée par la taille d'été, ou taille en vert, qui se pratique sur les arbres en végétation.

164. Taille de la charpente des arbres fruitiers. — Dans les vergers, les arbres fruitiers sont généralement établis à haute tige avec un sommet développé. C'est la forme dite *de plein vent,* à grande mais inégale production. Cette forme elle-même exige une taille spéciale.

Selon le mode d'exploitation que l'on entend donner aux arbres, on laisse la tige prendre un développement plus ou moins grand. Ainsi, pour les arbres de verger, les premières ramifications seront obtenues à 1 m. 80 ou 2 mètres au-dessus du sol ; les soins à donner à l'arbre, la cueillette des fruits, en seront facilités. Sur le bord des routes, on cherchera à obtenir la première couronne de branches à 2 m. 50 ou 3 mètres au-dessus du sol.

La forme à donner à la tête de l'arbre doit être celle d'un vase dont l'intérieur est évidé et dont les branches charpentières sont régulièrement distribuées sur tout le pourtour. Les avantages de cette disposition sont : une aération favorable à la fécondation des fleurs et à la santé générale des arbres, la résistance au vent et la facilité de nettoyer et d'élaguer l'intérieur de la tête.

Dans le jardin fruitier, il est nécessaire de donner aux arbres des formes adaptées à leur situation : formes plates pour les espaliers et les contre-espaliers, forme en plein vent pour les autres. Pour obtenir ces différentes formes, on se base sur les considérations suivantes :

La fertilité d'un arbre est en raison inverse de sa vigueur ; les variétés fertiles ou placées en situation favorable à la fertilité porteront donc un nombre plus important de branches charpentières, qui seront conduites sévèrement ; ce sera le contraire pour une variété peu fertile.

La sève a tendance à se porter au sommet et dans les branches les plus longues ; il faut donc tenir courts les rameaux du haut et plus longues les branches inférieures, et il faut aussi ne chercher à obtenir un étage supérieur que lorsque l'étage inférieur est correctement établi.

Il faut que, dans une forme déterminée, les ramifications aient toutes la même position, soit horizontale, soit verticale, soit oblique. Il faut aussi qu'à une hauteur donnée, les ramifications soient symétriques et d'égale force ; sinon il faudrait, par la taille, rétablir l'équilibre : tailler court la branche forte et tailler long la faible.

Pour assurer une circulation normale de la sève, il faudra tailler les rameaux d'autant plus longs que leur position se rapproche de l'horizontale.

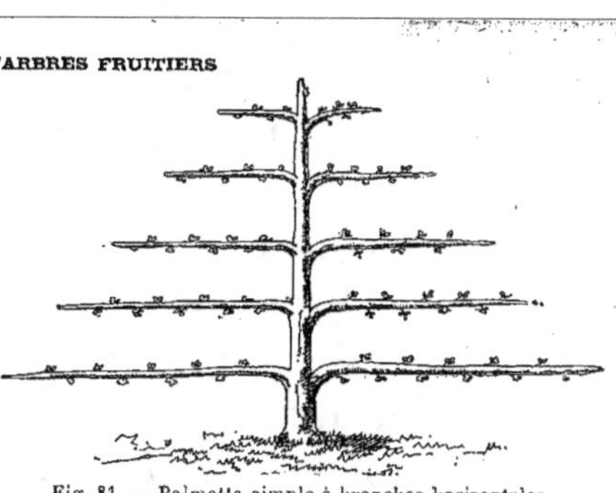

Fig. 81. — Palmette simple à branches horizontales.

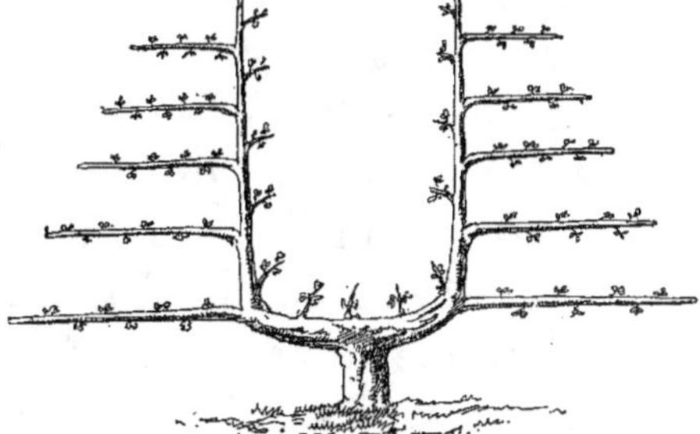

Fig. 82. — Palmette double à branches horizontales.

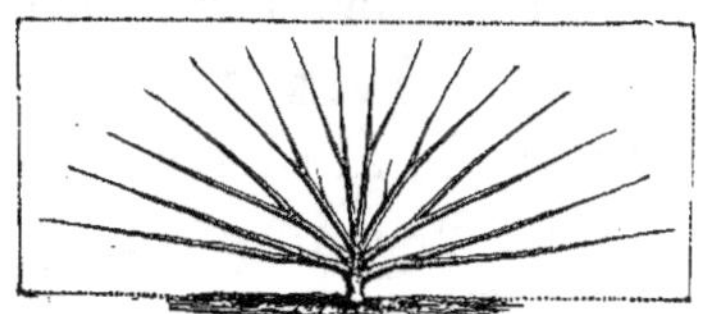

Fig. 83. — Palmette en éventail.

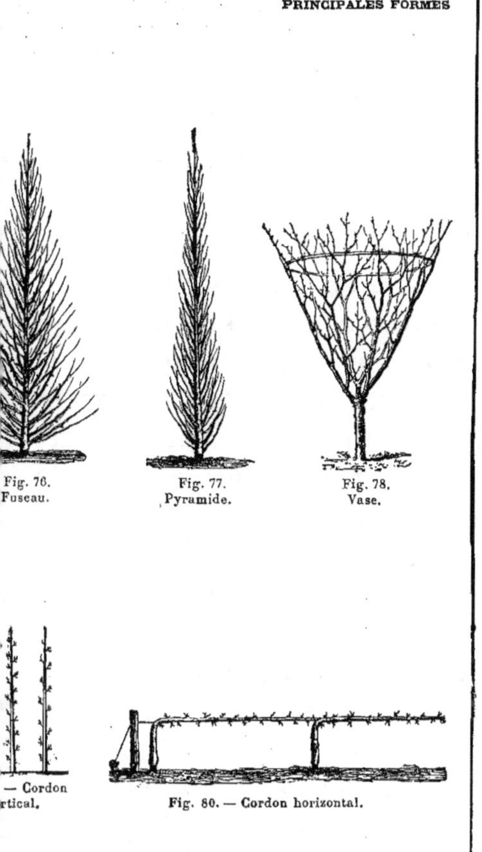

Fig. 76.
Fuseau.

Fig. 77.
Pyramide.

Fig. 78.
Vase.

— Cordon
rtical.

Fig. 80. — Cordon horizontal.

165. Principales formes d'arbres fruitiers. — Le *fuseau* (fig. 76) est une forme dans laquelle les branches vont en diminuant de longueur de bas en haut. L'arbre tient ainsi peu de place, à cause de sa forme élancée.

Dans la *pyramide* (fig. 77), les étages sont régulièrement disposés, et ceux du bas sont beaucoup plus larges que ceux du haut.

Le *vase* (fig. 78) est une forme qui, ainsi que son nom l'indique, ressemble à un vase ou à un gobelet. La forme en vase est favorable au développement et à la fructification des arbres, car l'air et la lumière circulent facilement entre les branches.

Le *cordon* peut être vertical (fig. 79), oblique ou horizontal (fig. 80). Les deux premières formes conviennent surtout aux espaliers, la dernière aux contre-espaliers.

La forme dite *en palmette* est une forme plate parfaitement adaptée aux espaliers et contre-espaliers. Elle est un peu longue à obtenir, mais elle procure l'utilisation la plus complète des surfaces verticales à occuper et elle convient aux variétés vigoureuses. Les principales formes de palmettes sont : la palmette à branches horizontales, simple (fig. 81) ou double (fig. 82), la palmette à branches obliques, la palmette verticale à deux branches en U, la palmette en éventail (fig. 83) (qui convient surtout au pêcher), la palmette Verrier à quatre branches.

166. Principales productions d'un arbre fruitier. — La taille annuelle portant sur les productions de l'arbre fruitier, il importe de connaître celles-ci.

a) Productions communes à tous les arbres fruitiers.

La *tige* ou *tronc* supporte le branchage, dans lequel on distingue les *branches de charpente* qui portent les productions fruitières.

Le *courson* (ou *coursonne*) est une petite branche courte, de moyenne vigueur, née sur une branche de charpente et qui est destinée à porter des fruits.

Le *prolongement* est le rameau placé à l'extrémité d'une branche charpentière et qui est destiné à porter des fruits.

Le *gourmand* est un rameau très vigoureux qui naît sur

les branches charpentières et prend généralement une direction verticale.

Le *bourgeon* ou *œil* est une jeune pousse encore recouverte des écailles qui la protègent. L'œil à bois est généralement pointu, l'œil à fleur ou *bouton* est de forme plus arrondie et de volume plus grand.

b) Productions spéciales aux arbres à fruits à pépins (poirier, pommier).

La *brindille* (fig. 84) est un rameau de faible vigueur.

Le *dard* (fig. 85) est un rameau très court terminé par un œil conique ; il n'existe que sur le poirier et le pommier ; s'il est abondamment nourri, il donne naissance à un rameau ; s'il est modérément alimenté, il gonfle et forme un bouton à fruit auquel on donne le nom de *lambourde*.

La *bourse* (fig. 86) est un renflement charnu qui se trouve à l'endroit où était attaché un fruit ; elle donne le plus souvent naissance à des dards et à des boutons à fruits.

c) Productions spéciales aux arbres à fruits à noyaux (cerisier, pêcher, prunier, etc.).

Sur le pêcher, la formation qui correspond à la lambourde est le *bouquet de mai*.

La *chiffonne* est une production courte portant plusieurs boutons à fruits et terminée par un bouton à bois.

PRINCIPALES PRODUCTIONS
D'UN ARBRE FRUITIER

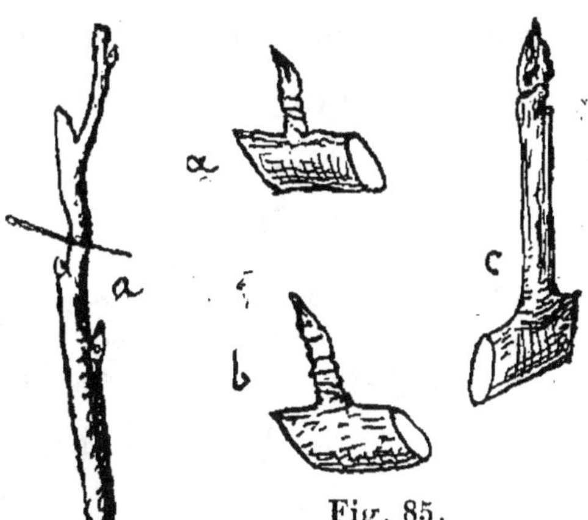

Fig. 85.
a, b, dards ; C, lambourde.

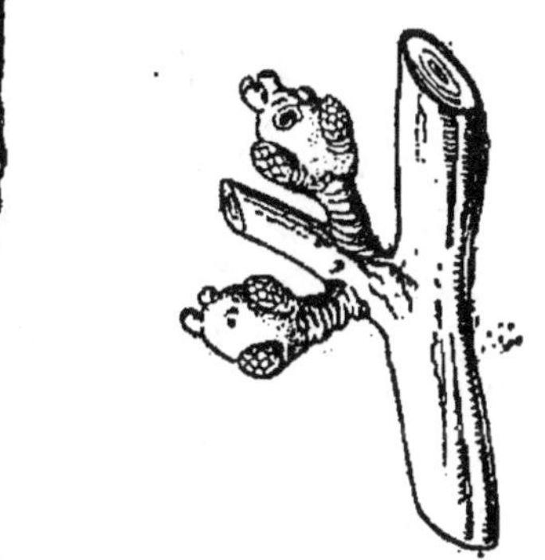

Fig. 84.
Brindille.

Fig. 86. — Bourses.

167. Taille annuelle des branches à fruits. — Voici les principes sur lesquels est basée la taille qui s'applique chaque année aux diverses productions de l'arbre en vue de favoriser et d'accélérer le développement des bourgeons à fruits.

Les gourmands doivent être supprimés dans tous les cas, sauf s'ils doivent être utilisés pour le remplacement de branches de charpente manquant.

TAILLE DES COURSONNES DU POIRIER ET DU POMMIER

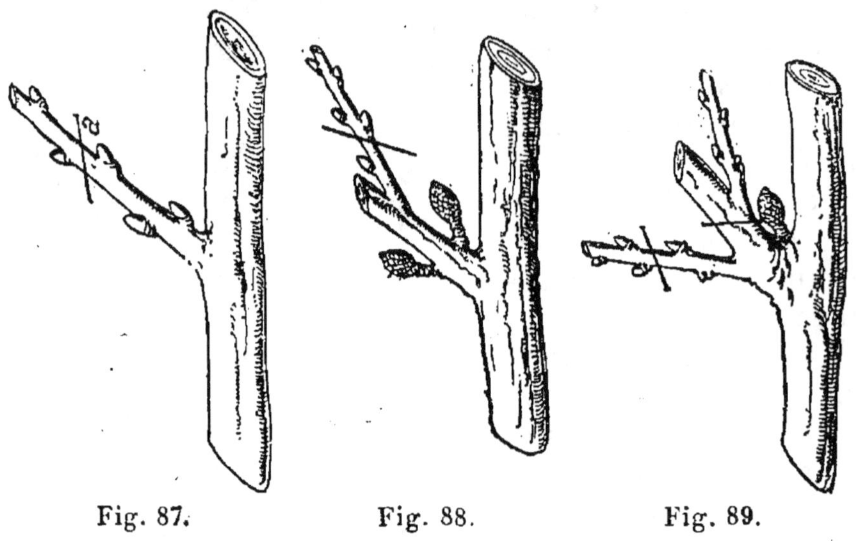

Fig. 87.　　　　　Fig. 88.　　　　　Fig. 89.

Les bourses sur les poiriers et pommiers sont des productions fertiles qu'il faut conserver, de même les bouquets de mai sur les arbres à fruits à noyaux.

C'est sur les coursonnes qu'il faut faire porter la taille.

a) Taille des coursonnes du poirier et du pommier. — Ces arbres ne portent généralement de fruits que sur le bois de trois ans; il faut donc favoriser la formation de ces rameaux. Les coursonnes doivent être aussi courtes que possible, les fruits toujours rapprochés de la branche charpentière. La taille la plus généralement pratiquée est la taille dite à 3 yeux. Si l'on considère un rameau d'un an, ce rameau est taillé la première année au-dessus du troisième œil bien constitué (fig. 87). De ces trois yeux, celui du sommet seul se développera à bois; les deux autres se transformeront en dards et en lambourdes. L'année suivante, la taille se fera sur l'œil le plus bas du rameau de l'année (fig. 88).

Si deux yeux se développaient au lieu d'un seul, on supprimerait complètement la branche supérieure et l'on taillerait à deux yeux la branche inférieure (fig. 89).

Dans le cas où les trois yeux de la figure se sont transformés en dards, il n'y a rien à tailler.

b) Taille des coursonnes des arbres à fruits à noyaux. — Les coursonnes doivent être maintenues aussi courtes que possible ; comme elles fleurissent sur le bois de deux ans, elles ont tendance à s'allonger et à se dénuder ; il faut donc, tout en taillant en vue de la production des fruits de l'année, conserver à la base de la coursonne un bourgeon qui donnera un rameau de remplacement.

168. Taille en vert ou taille d'été. — La taille d'été a pour objet de supprimer, pendant la végétation, tout ce qui est devenu inutile pour la production des fruits. Elle comporte l'*ébourgeonnage,* le *pincement* et le *cassement.*

Ébourgeonnage. — Cette opération consiste à enlever sur les arbres fruitiers les bourgeons inutiles. On opère dès le début de la végétation ; plus tard l'opération serait faite dans de mauvaises conditions.

Pincement. — Le pincement consiste à sectionner l'extrémité herbacée des branches. On pince les branches à une longueur de 0 m. 10 à 0 m. 15. Cette opération maintient l'équilibre des rameaux et hâte la formation des boutons à fruits.

Cassement. — Le cassement consiste à casser de jeunes branches pour en arrêter l'accroissement. Il a le même but que le pincement. On opère le cassement avec un couteau ou avec une serpette, à une longueur de 0 m. 08 à 0 m. 10. La plaie produite par le cassement, étant contuse, affaiblit plus le végétal que le pincement et détermine une plus prompte mise à fruits.

CHAPITRE VI

LES ARBRES FRUITIERS

I. — Arbres à fruits à pépins.

(Appartiennent à la famille des Rosacées.)

169. Poirier (fig. 90). — Le poirier s'accommode en France de tous les climats et de tous les sols, à la condition qu'ils soient sains, profonds et bien constitués.

a) Multiplication. — Le poirier ne se reproduit de semis que pour la production des sauvageons dits *francs de pied*

Fig. 90.
Rameau de Poirier.

qui servent de sujets, toutes les variétés se multipliant par le greffage.

Les porte-greffe sont les suivants :

1° Le *franc de pied*, adopté pour les grandes formes où pour les petites et les moyennes formes dans les terrains manquant de profondeur ou de qualité médiocre ;

2° Le *cognassier*, pour les petites et les moyennes formes sur sol profond et fertile et pour les espaliers et contre-espaliers ;

3° L'*aubépine*, pour les sols secs, graveleux ; les arbres greffés sur aubépine n'ont qu'une très courte durée et ne portent que de petits fruits.

b) Formes à donner au poirier. — Toutes les formes conviennent au poirier.

c) Principales variétés de poiriers :

1° Fruits d'été, à consommer en juillet, août, septembre : *Doyenné de Juillet, Beurré Giffard, Epargne, Favorite de Clapp, Bon Chrétien William, Beurré d'Amanlis.*

2° Fruits d'automne, à consommer d'octobre à novembre : *Beurré gris, Beurré superfin, Fondante des bois, Louise bonne d'Avranches, des Urbanistes, Duchesse d'Angoulême, Doyenné du Comice, Beurré Clairgeau, Nouveau poiteau*, etc.

3° Fruits d'hiver, à faire mûrir au fruitier et à ne consommer que de décembre à avril : *Beurré Diel, Le Lectier, Soldat Laboureur, Beurré d'Hardenpont, Passe-Colmar, Charles Ernest, Curé, Passe Crassanne, Doyenné d'hiver, Belle-Angevine, Bergamote Esperen, Triomphe de Jodoigne.*

4° Fruits à cuire, à cultiver sur haute tige en plein vent : *Curé, Martin sec, Beurré, Bretonneau, Catillac.*

170. Pommier[1]. — Le pommier (fig. 91) se plaît en France dans tous les climats et à toutes les expositions, sauf peut-être celle au midi pour les espaliers. Il est beaucoup moins exigeant que le poirier pour les sols, ne redoutant que les terrains très secs.

Fig. 91.
Rameau de Pommier.

a) Multiplication. — Comme pour le poirier, toutes les variétés se multiplient par le greffage, sur les porte-greffe suivants :

1° Le *franc de pied*, adopté pour les grandes formes dans les sols profonds ou pour les formes moyennes en terrain médiocre ;

2° Le *doucin*, qui convient aux formes moyennes et qu'il faut utiliser dans les terrains secs ;

3° Le *paradis*, de faible vigueur, à utiliser pour les petites formes et dans les terres profondes, riches ou fraîches.

b) Formes à donner aux pommiers. — Toutes les formes conviennent à cette espèce.

c) Principales variétés de pommiers :

1° Fruits d'été, à consommer en août-septembre, ne se conservant pas après la récolte : *Astrakan rouge, Borovitsky, Transparente de Croncels ;*

---

1. Pour la culture du pommier à cidre, voir § 183.

2° Fruits d'automne, à consommer en octobre-novembre : *Grand Alexandre, Royale d'Angleterre, Calville Saint-Sauveur.*

3° Fruits d'hiver, mûrissant au fruitier, à consommer de décembre à mai : toutes les *reinettes,* notamment : *Reine des Reinettes, Reinette grise du Canada, Reinette dorée, Reinette de Cuzy, Reinette de Caux, Reinette grise de Saintonge, Court pendu gris, Châtaignier, Calville blanc, Rambourg d'hiver, Gros Locard, Belle Fleur jaune, Belle de Pontoise, Api rouge.*

II. — *Arbres à fruits à noyaux.*
(Appartiennent à la famille des Rosacées.)

171. Abricotier. — L'abricotier aime la chaleur, il prospère surtout dans le Midi ; dans le Centre de la France, il lui faut des situations abritées ; dans la région parisienne, il exige l'espalier sous auvent. Il préfère les expositions sud, sud-est et sud-ouest; les brouillards lui sont contraires.

a) Multiplication. — Les variétés ne se reproduisent pas par le semis, on les multiplie par la greffe. Les porte-greffe employés sont les suivants :

1° Le *franc de pied,* peu utilisé, réservé seulement aux terres caillouteuses ;

2° L'*amandier* de semis, réservé pour les régions chaudes et les terres calcaires et perméables ; il présente une affinité seulement moyenne avec l'abricotier ;

3° Le *pêcher* de semis, utilisé seulement dans la Côte-d'Or pour les abricotiers dans les vignes ;

4° Le *prunier* de semis (Myrobolan surtout ou de Damas), qui s'emploie dans tous les autres cas. Le procédé qui réussit le mieux est la greffe à l'écusson.

b) Formes à donner à l'abricotier. — Les formes en plein vent, haute et moyenne tige, conviennent le mieux; on utilise également les formes palissées.

c) Principales variétés d'abricotiers.

1° Pour les hautes tiges : *Précoce de Montplaisir, Précoce de Boulbon, Royal, Luizet, Commun ;*

2° Pour les espaliers : *Desfarges, Abricot-pêche, Sucré de Holub.*

172. Amandier. — L'amandier est à floraison très précoce, aussi ne peut-on le cultiver que dans le Midi, où il se plaît dans les terres sèches, mais profondes.

a) Multiplication. — Le greffage seul permet la multiplication des variétés ; il se pratique sur *franc* obtenu par le semis d'amandes douces à coque dure, qui donnent des sujets vigoureux.

b) Formes à donner aux amandiers. — Ce sont les formes de plein vent qui lui conviennent le mieux, à haute et à moyenne tige ; on ne le cultive pas en forme palissée.

c) Principales variétés. — Seuls sont cultivés les amandiers à fruits doux ; les amandes amères n'ont qu'une utilisation très restreinte.

1° Amandes à coque dure, produites par des arbres plus vigoureux et plus fertiles, conviennent à la pâtisserie : *Amande à flots, A. à gros fruits doux.*

2° Amandes à coque tendre, recherchées comme fruits de dessert : *A. Princesse, A. à la Dame.*

173. Cerisier. — Tous les climats de France conviennent au cerisier, sauf ceux où les gelées de printemps sont à redouter. Il réussit aussi sur tous les sols, sauf sur les sols trop argileux, trop gras.

a) Multiplication. — Les variétés obtenues par la culture se propagent par greffage sur l'un des porte-greffe suivants :

1° Le *merisier,* qui convient aux grandes formes et dans les sols profonds et même frais ;

2° Le *franc,* provenant du semis d'une cerise quelconque, convient aussi aux grandes formes, mais dans les sols siliceux, argileux et non calcaires ;

3° Le *mahaleb* ou *Sainte-Lucie,* qui est à utiliser pour les terrains calcaires, pierreux, secs.

b) Formes à donner aux cerisiers. — C'est surtout les

formes de plein vent, à haute tige ou à demi-tiges, qui conviennent. Les formes palissées sont plus rarement employées, et, dans ce cas, il est bon de les placer à l'exposition nord.

En général, le cerisier aime peu la taille ; on se borne à lui donner une forme correcte et à l'émonder. Même dans les formes palissées, on pratique surtout la taille d'été, et le moins possible celle d'hiver.

c) *Principales variétés de cerises.* — Les cerises de dessert se rapportent à quatre groupes différents : le cerisier commun a donné naissance aux cerises proprement dites et aux Griottes ; le merisier aux Bigarreaux et aux Guignes.

1º Cerises proprement dites, à saveur acidulée : *Impératrice Eugénie, Anglaise hâtive, Belle magnifique, Reine Hortense ;*

2º Griottes et Montmorency, fruits très acides ne pouvant se consommer crus qu'à maturité complète, mais convenant très bien pour la conserve : *Montmorency à courte queue, Montmorency à longue queue, Griotte du Nord, Griotte de Sauvigny ;*

3º Bigarreaux, fruits à chair ferme, très bon fruit de dessert : *Bigarreau Jaboulay, B. Napoléon, B. Esperen, B. Reverchon ;*

Fig. 92. — Rameau fleuri du Pêcher; réduit d'un tiers.

4º Guignes, fruits mous et doux : *Guigne hâtive, G. de mai, G. Ramon Oliva, G. Elton.*

d) *Cerises à kirsch.* — Dans l'est de la France (Lorraine, Vosges, Alsace, Franche-Comté), on cultive en vergers des variétés pour la production du kirsch. Ces arbres atteignent souvent de grandes dimensions. L'une des plus répandues de ces variétés est la *Marsotte.*

174. **Pêcher** (fig. 92). — Le pêcher aime la chaleur. Dans la vallée du Rhône, il vient très bien en plein air. Plus au nord, il préfère les formes en espalier. Il lui faut des expositions au midi ou à l'est et des sols perméables, s'échauffant facilement.

a) *Multiplication.* — Bien que quelques variétés de

pêchers se reproduisent assez fidèlement par semis, il est préférable de multiplier toutes les variétés par la greffe, qui se pratique sur les sujets suivants :

1° *Franc*, qui se contente des sols pierreux et profonds, mais n'est employé que dans le Midi;

2° *Amandier*, qui convient aux terrains profonds ou pierreux et calcaires et présente de l'affinité pour les variétés de pêches tardives;

3° *Prunier*, surtout Saint-Julien, pour les sols superficiels et les sous-sols humides. On utilise peu le prunier Myrobolan, qui manque d'affinité;

4° *Prunellier*, qui ne donne que des sujets peu développés et en terrain maigre.

b) Formes à donner aux pêchers. — Le pêcher s'accommode de toutes les formes, même les plus compliquées.

c) Principales variétés. — Elles se classent dans les deux catégories suivantes :

Pêches à peau duveteuse, *brugnons* à peau lisse.

1° Pêches : *Amsden, Précoce de Hale, Mignonne hâtive, Alexis Lepère, Reine des vergers, Belle Impériale, Bonouvrier;*

2° Brugnons : *Early Rivers, Précoce de Croncels, Lord Napier, de Félignies.*

175. Prunier. — Le climat de la France entière lui est favorable, même les climats rudes de l'Est; il craint quelque peu les pluies persistantes à l'époque de la floraison, parce qu'elles peuvent provoquer la coulure. Tous les sols lui conviennent, il redoute seulement la trop grande humidité et la trop grande sécheresse.

a) Multiplication. —Certaines variétés de Reines-Claude, de Mirabelles, etc., se reproduisent assez exactement de semis; mais il vaut mieux les greffer sur un prunier de semis. On choisit surtout les semis de Prunier Saint-Julien, P. de Damas, P. Myrobolan.

b) Formes à donner aux pruniers. —Il est rare de trouver des pruniers palissés, presque toujours cette espèce est cultivée en plein vent.

c) Principales variétés : 1° Fruits à dessert. Ce groupe

comporte surtout les nombreuses variétés de Reines-Claude : *R.-C. hâtive, R.-C. dorée, R.-C. Violette, R.-C. de Bavay, R.-C. tardive, Prune de Monsieur, Monsieur jaune, Coe's Goldendrop.*

2° Fruits à confire : *Mirabelle petite, Mirabelle grosse, Prune des Béjonnières,. Reine-Claude dorée.*

3°· Prunes à pruneaux, à faire sécher et à consommer en pruneaux : *Quetsche de Lorraine, Quetsche d'Italie,* ou *Pruneau de Fellenberg, Prune d'Agen, Coe's Goldendrop.*

III. — *Aurantiacées.*

176. Culture des Aurantiacées. — Ce sont des essences exclusivement méridionales; on ne les cultive en France que dans les départements de la Corse, des Alpes-Maritimes et du Var. Tous les sols leur conviennent, sauf les sols argileux. Les irrigations leur sont indispensables.

a) Multiplication. — Pour obtenir la qualité des fruits, il est indispensable de greffer sur oranger de semis ou sur bigaradier.

b) Formes à donner aux Aurantiacées. — Partout on les conduit en gobelet à demi-tige, dont le sommet est facilement accessible; la taille annuelle consiste en un simple élagage pour supprimer les rameaux à l'intérieur du gobelet.

c) Principales espèces d'Aurantiacées. — La plus répandue est l'*oranger commun,* qui est cultivé pour la production de l'orange et de la fleur d'oranger, employée à la fabrication de l'eau de fleurs d'oranger et de l'essence de néroli.

Le *mandarinier* donne de petits fruits plus fins et plus parfumés que l'oranger.

Le *citronnier* est moins rustique que les précédents; les fruits qu'il produit sont recherchés pour l'alimentation et surtout pour la pharmacie.

Le *bigaradier* ou oranger amer est cultivé pour la production des fleurs à distiller.

Le *cédratier* produit de très gros fruits dont l'écorce est très recherchée en confiserie.

Le *bergamotier* semble être un hybride de l'oranger et du citronnier. On extrait de l'écorce de son fruit l'essence de bergamote.

IV. — *Arbres fruitiers divers.*

177. Figuier (fig. 93) (famille des Artocarpées). — Le figuier est un arbre qui se plaît surtout dans la région méditerranéenne. Il peut cependant prospérer dans le centre, l'ouest et le sud-ouest de la France.

Il ne donne de produits abondants que dans les sols frais, profonds et substantiels.

La multiplication du figuier se fait par graines, par rejetons, par marcottes, par boutures et par greffes.

Les semis sont rarement employés; les graines des figues précoces ou figues-fleurs sont généralement stériles; les figues tardives ou figues d'été donnent des graines fertiles.

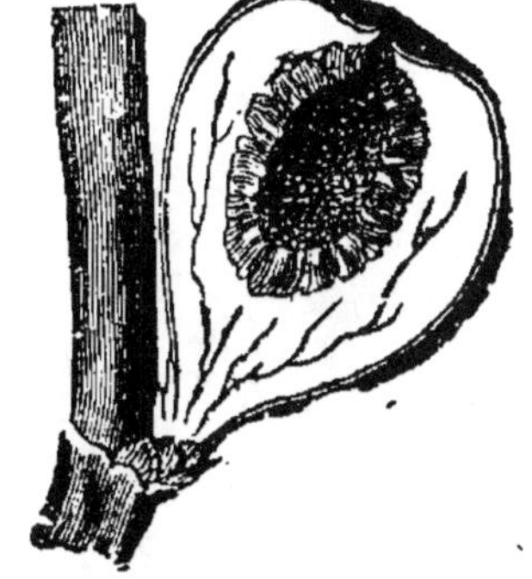

Fig. 93. — Coupe verticale d'une figue fixée sur son rameau.

La multiplication par rejetons enracinés est assez employée; on lui préfère cependant la multiplication par marcottes et par boutures.

Le greffage du figuier se pratique sur figuier blanc ou sur figuier obtenu par rejetons, par marcottes ou par boutures.

178. Groseillier (famille des Saxifragées). — Le groseillier vient bien dans les climats de la France entière et sur tous les sols, surtout sur les terres légères un peu fraîches et aux expositions ensoleillées.

a) Multiplication. — Elle s'effectue surtout par bouturage, éclatage des souches, marcottage en cépée.

b) Taille. — Conduire le groseillier en touffe en évidant toujours l'intérieur.

c) Principales variétés. — Se ramènent à trois types : le groseillier à grappes, le groseillier épineux ou à maquereau, le groseillier noir ou cassisier.

179. Framboisier (famille des *Rosacées*). — Le framboisier accepte tous les climats et tous les sols, cependant il se plaît surtout dans les sols frais et aux expositions ensoleillées.

Il se multiplie par drageons et par éclats de souche et se conduit en touffe.

Toutes les variétés se ramènent à deux types : le framboisier non remontant, ne fructifiant qu'à une époque de l'année, et le framboisier remontant, dont la période de fructification s'étend de juillet à octobre.

CHAPITRE VII

CHATAIGNIER. — NOYER. — OLIVIER. POMMIER A CIDRE

180. **Châtaignier.** — C'est un arbre de la famille des *Cupulifères,* qui se plaît surtout dans les régions de l'Europe méridionale. En France, on l'exploite dans la vallée du Rhône, les Cévennes, en Corse. Il ne croît que sur les sols siliceux, d'origine granitique, complètement dépourvus de calcaire; c'est une essence calcifuge.

Il porte des fleurs mâles en chatons et des fleurs femelles qui se transforment en fruits, parfois isolés, parfois réunis par deux ou trois dans une bogue épineuse (fig. 94).

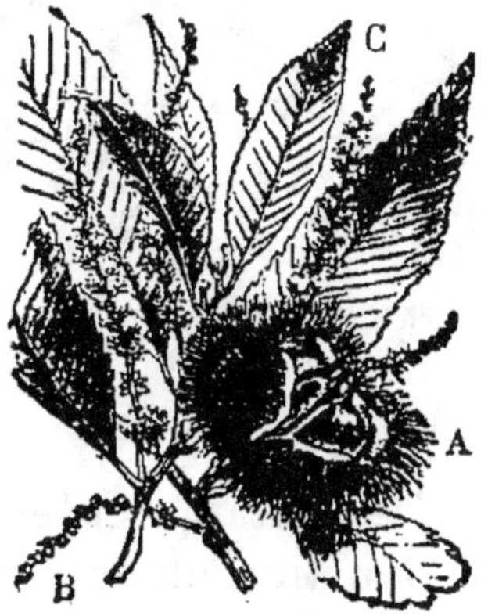

Fig. 94. — Rameau fleuri de Châtaignier avec un fruit A, une grappe de fleurs femelles B et de longues grappes de fleurs mâles C; réduit de moitié.

Multiplication. — Les châtaignes germent difficilement; il faut les semer en pépinière, à un an les repiquer à 70 centimètres de distance, et mettre les plants en place lorsqu'ils ont atteint l'âge de six ans. On les greffe alors, ce qui permet la propagation des meilleures variétés.

Le châtaignier se plante en bordure des routes, des champs, ou en massifs ou en lignes; ils sont alors espacés de 12 à 15 mètres, en raison de leur longévité et des grandes dimensions qu'ils atteignent.

Variétés. — Les variétés de châtaigniers sont très nombreuses. Les plus appréciées sont les grosses châtaignes, dites *marrons* (M. de Lyon, M. du Luc, M. Nouzillard, etc.).

Culture. — Sans être soumis à des soins de culture analogues à ceux que l'on donne aux arbres de jardins, le châtaignier se trouve bien des labours, des fumures, et surtout des nettoyages. Il est bon de débarrasser le sol des épines, ronces, fougères, qui peuvent l'encombrer au détriment des arbres.

Plusieurs maladies et plusieurs insectes attaquent le châtaignier. De tous, c'est la maladie dite de l'*encre* ou du *pied noir* qui est la plus grave. Elle est causée par un champignon (le *mycelophagus castaneæ*), dont il est difficile de se débarrasser. Le remède approprié paraît être l'emploi comme porte-greffe du châtaignier du Japon.

Fig. 95. — Rameau de Noyer avec ses fruits; réduit au tiers.

Les récoltes sont irrégulières d'une année à l'autre; elles dépendent surtout des circonstances météorologiques. La châtaigne est utilisée pour l'alimentation humaine, à laquelle sont réservées les bonnes variétés de marrons, et à l'alimentation des animaux.

Le châtaignier est cultivé également en taillis pour la production du bois de tonnellerie (merrain) et des échalas.

Son bois adulte, débité en copeaux qui sont mis à macérer, fournit un extrait tannique extrêmement recherché, ce qui a été la cause d'une exploitation intensive des anciennes plantations de châtaigniers, dont malheureusement d'immenses surfaces ont été détruites, en Corse notamment. Il est à désirer que la reconstitution de ces plantations soit méthodiquement poursuivie.

181. Noyer. — Cet arbre, de la famille des *Juglandées* (fig. 95), se plaît dans les sols fertiles des vallées et des bas coteaux; il craint les terres trop argileuses et trop fraîches. En France, il est exploité dans de nombreuses régions, surtout dans le Périgord, le Limousin, l'Isère, la Drôme et le Puy-de-Dôme.

Multiplication. — Les noyers s'obtiennent directement

le semis. Avant de confier les noix au sol, on les met en stratification dans du sable fin. Les semis se font généra- ement en pépinière; c'est dans la seconde quinzaine de évrier qu'on met les noix en terre. Il faut avoir soin de placer la pointe des noix en bas; la germination se fait beaucoup mieux ainsi. Pendant l'année, on exécute des binages et des sarclages, pour maintenir le sol meuble et exempt de mauvaises herbes. Pendant la deuxième et la troisième année, on bine et l'on sarcle suivant les besoins; on doit également supprimer les jeunes branches latérales les sujets, afin d'en faciliter l'élongation.

Les noyers sont plantés à demeure à l'âge de cinq ou six ans, quand ils ont de 3 à 4 mètres de hauteur. Il faut les espacer d'au moins 15 à 20 mètres. La transplantation doit avoir lieu en automne et être faite dans des fosses de 1 mètre de côté et de 0 m. 65 à 0 m. 80 de profondeur.

Il est préférable de greffer les noyers, c'est le seul moyen de reproduire exactement certaines variétés recher- chées pour la qualité de leurs fruits, et par la greffe on obtient des arbres qui sont productifs beaucoup plus tôt que les sujets de semis.

La greffe s'exécute sur les sujets francs de pied, géné- ralement quand ils ont cinq ans de pépinière; on procède surtout à la greffe en couronne ou à la greffe en fente.

Variétés les plus appréciées. — A côté des nombreux sujets francs de pied qui poussent naturellement dans les haies, en bordure des champs ou des chemins, et qui sont des variétés indéterminées, il existe un certain nombre de variétés qui se multiplient par le greffage, et dont les produits sont très recherchés en France et surtout à l'étranger.

Les plus appréciées parmi ces variétés sont : la *Mayette,* la *Franquette,* la *Parisienne,* la *Chaberte,* qui sont produites dans la région du Sud-Est (Isère, Drôme, Basses-Alpes, Ardèche); la *noix Corne,* la *Gourlande,* la *Marbot,* la *Nave,* du Centre et du Sud-Ouest, enfin la *noix de la Saint-Jean,* répandue surtout dans la zone septentrionale de culture du noyer.

Culture. — Chaque année, on pioche la terre autour des noyers, et l'on y applique du fumier tous les trois ou quatre ans.

Le noyau du semis ne produit pas de fruit avant quinze ou vingt ans. Ses produits ne sont pas réguliers, car ses fleurs et ses pousses sont très sensibles aux gelées printanières. Dans les circonstances ordinaires, un noyer en plein rapport peut donner 2 ou 3 hectolitres de noix par an.

Fig. 96. — Rameau d'Olivier; réduit au tiers.

Les fruits arrivent à maturité depuis le 15 septembre jusqu'au 30 octobre. On les fait tomber en se servant de longues gaules. Ils sont ramassés ensuite et transportés à la ferme, où on les dépouille de leurs enveloppes ou brou. Les noix débarrassées de leur brou sont déposées dans un grenier en couches de 0 m. 06 à 0 m. 08 d'épaisseur. On doit les brasser plusieurs fois par semaine pour les faire sécher au bout d'un mois, la dessiccation est complète.

Un hectolitre de noix pèse de 35 40 kilogrammes; 100 kilogrammes donnent en moyenne 18 kilogrammes d'huile à manger.

182. Olivier. — L'olivier (fig. 96) est cultivé pour ses fruits, dont on extrait une huile très estimée.

La présence de l'olivier délimite une région climatérique qui a pour principaux caractères une température hivernale descendant rarement au point où l'arbre pourra souffrir, c'est-à-dire à 6 ou 8°, et une température estivale suffisamment élevée. Dans cette région, la neige est presque inconnue, et les gelées fort rares.

L'olivier préfère les terres riches et profondes; on le trouve néanmoins dans les terrains secs et arides et sur les coteaux rocailleux. Dans nombre de localités, on a créé des plantations d'oliviers sur des collines escarpées en les subdivisant en terrasses.

L'olivier sauvage porte des fruits petits et à gros noyaux.

Multiplication. — L'olivier se multiplie par semis, bouture et greffe. La multiplication par semis est la moins employée. Les noyaux mettent deux ans à germer, s'ils ne subissent aucune préparation.

Pour bouturer, on peut employer deux méthodes. La première consiste à prendre des rameaux de 0 m. 02 à 0 m. 03 de diamètre et à les planter à une profondeur de 0 m. 20. La deuxième consiste à enlever avec quelques racines les rejets qui poussent aux pieds des arbres. Ces rejets doivent avoir un diamètre de 0 m. 03 au moins.

La greffe est pratiquée sur les sauvageons ou sur les sujets provenant de boutures ou de rejets. Les greffes qui réussissent le mieux sont les greffes en fente, en couronne et en écusson.

Les plantations en massif ou olivettes se font surtout dans les terrains secs et caillouteux. Les jeunes arbres y sont mis en quinconce, à raison de 200 environ par hectare; on les espace de 7 mètres les uns des autres. On doit labourer préalablement le sol, pour le débarrasser de toutes les mauvaises herbes qui peuvent y pousser. Dans les terrains secs, on plante à l'automne; dans les terrains frais, on opère au printemps.

Si le terrain a été bien défoncé, on creuse des trous de la dimension de la motte qui adhère aux racines; dans le cas contraire, on fait des trous de 1 m. 50 de côté sur 0 m. 70 de profondeur.

Variétés. — Les variétés d'olivier sont nombreuses; parmi les plus cultivées dans le midi de la France, il faut citer la *Verdale*, la *Picholine*, l'*Olivière*, l'*Olive de Lucques*, qui fournissent une huile excellente, l'*Amellau,* très recherchée pour la table. L'Algérie et la Tunisie possèdent de très nombreuses variétés indigènes.

Culture. — Les soins de culture consistent en labours, application d'engrais, irrigations et taille. Les oliviers non taillés prennent une forme pyramidale élevée et produisent peu de fruits. Pour tailler l'olivier, il faut supprimer les rameaux qui s'élèvent verticalement et qui sont de véritables gourmands, raccourcir les rameaux latéraux qui montrent une trop grande exubérance de sève et supprimer parmi les rameaux d'un an ceux qui poussent dans l'intérieur de l'arbre. Ce mode de taille a pour objet d'obtenir des arbres en godets arrondis, bien garnis, sans être touffus. Ce n'est qu'à la troisième année de la mise en place qu'on commence à pratiquer cette taille.

Les fumures qui conviennent le mieux à l'olivier sont les vieux chiffons de laine, les vieux cuirs, les engrais de ville, les tourteaux et les composts, etc.

La sécheresse peut provoquer la chute des fruits, aussi devra-t-on irriguer autant que faire se pourra. La meilleure méthode consiste à faire circuler l'eau d'un arbre à l'autre par de petits canaux. Deux arrosages, l'un en juin, l'autre en août, peuvent suffire, en donnant environ 100 mètres cubes d'eau par hectare.

L'époque de la cueillette des olives varie suivant qu'on veut confire les fruits ou en extraire l'huile. Dans le premier cas, on n'attend pas leur complète maturité et on les cueille en septembre et en octobre. Dans le second cas, la récolte commence en novembre, quand les olives ont tendance à se détacher de l'arbre; elle se continue pendant décembre et janvier, les fruits grossissant encore sur l'arbre même pendant l'hiver. Dans certains pays, on ne récolte qu'en avril ou en mai, quand le plus grand nombre des olives tombent des arbres; mais on a perte plutôt que gain en opérant ainsi.

La récolte est pratiquée par des femmes, qui montent dans l'arbre et détachent les olives à la main en évitant de faire tomber les feuilles et de froisser les rameaux. Le gaulage est quelquefois pratiqué, mais il a l'inconvénient de détruire un grand nombre de brindilles, qui doivent donner des fruits l'année suivante; en outre, les olives meurtries fermentent en tas.

On doit ramasser à part les olives tombées pendant la cueillette. Les olives cueillies sont mises en sacs, puis portées à la ferme, où on les dépose en couches de 0 m. 10 à 0 m. 15 dans un grenier bien aéré. La récolte achevée n doit porter le plus vite possible les fruits à l'huilerie.

En Provence, on évalue le rendement moyen à deux itres d'huile par arbre, ce qui représente environ vingt itres d'olives à l'hectare, ceci en très bonne culture.

183. Pommier à cidre. — La culture du pommier forme ne branche importante de l'exploitation rurale dans la Normandie, la Bretagne et la France septentrionale.

On divise les variétés de pommes à cidre en trois caté-ories, d'après leur saveur : 1° *pommes amères;* 2° *pommes douces;* 3° *pommes acides.*

On les divise également d'après l'époque à laquelle elles rrivent à maturité, en : 1° *pommes de première saison* ou *précoces;* 2° *pommes de deuxième saison;* 3° *pommes de troi-ième saison* ou *tardives.*

Les pommes amères, douces et acides se trouvent mélan-gées en quantités variables, suivant les pays, dans les ariétés de première, deuxième et troisième saison.

Les pommes de première saison mûrissent d'août en eptembre; elles fournissent un cidre de qualité inférieure, qui se conserve assez difficilement. Les pommes de deuxième saison fournissent un meilleur cidre que les pommes précoces; elles mûrissent en octobre. Les pommes de troisième saison fournissent le cidre le meilleur comme goût et conservation.

On doit proscrire les pommes acides de la fabrication du cidre, ou ne s'en servir qu'avec ménagement.

Le meilleur cidre de conserve est obtenu par le mélange de deux tiers de pommes amères et d'un tiers de pommes douces.

La nature du sol sur lequel les pommiers sont cultivés exerce une réelle influence sur la qualité du cidre. Les sols les plus favorables sont les sols légers, caillouteux, bien assainis; les sols argileux et humides donnent des produits inférieurs.

Multiplication. — Le pommier se reproduit par semis. Pour se procurer de jeunes pommiers, on prend des pépins dans le marc de pommes, avant qu'il soit acide. Les pépins sont choisis parmi les plus gros; ils doivent être de couleur noire et très lisses de peau. Lorsqu'ils ont été récoltés, on les met à stratifier dans du sable jusqu'au moment du semis.

On peut semer en novembre ou décembre, si le terrain est sec ; en février ou mars, si le sol est humide. La transplantation des pommiers de semis se fait en pépinière, dans les derniers jours d'automne et au commencement de l'hiver. Ils doivent être placés en lignes espacées de 0 m. 80 à 1 mètre, et l'on doit laisser entre eux la même distance d'un arbre à l'autre. Si la pépinière est établie sur un sol riche, on coupe le jeune plant à 0 m. 04 ou 0 m. 05 de terre dès la première année. Si la terre est pauvre, on fera mieux de retarder cette opération d'une année.

Les façons d'entretien de la pépinière consistent à donner un labour à la bêche vers la fin de l'hiver ; à biner et à sarcler, pour maintenir le sol net de mauvaises herbes, pendant le courant de l'été.

Le pommier doit être taillé chaque année dans la pépinière, de manière à prendre une forme régulière. L'émondage des branches se fera graduellement, et l'on retranchera toutes celles qui tendraient à trop se développer.

Lorsque l'arbre est arrivé à une hauteur de 2 mètres, on coupe l'extrémité de la tige, de manière qu'il puisse former une tête. Quand les pommiers ont de 0 m. 10 à 0 m. 15 de tour, on peut les transplanter à demeure dans les champs ou dans les vergers. En les enlevant, on doit prendre garde de ne pas détruire trop de racines, car on diminuerait beaucoup la vigueur de l'arbre.

En replantant les pommiers, on les fumera abondamment avec du fumier de ferme bien décomposé, ou bien encore on pourra mettre à la place du fumier de vieux chiffons de laine, des cornes ou des débris animaux.

L'année suivante, si les arbres ont bien repris, on peut les greffer. Si la reprise des arbres s'était effectuée avec lenteur, on attendrait la deuxième et même la troisième année pour opérer le greffage.

Le greffon fournit les branches mères qui forment la tête du pommier ; on ne conserve que trois ou quatre de

es branches mères en donnant, autant que possible, à
l'arbre la forme d'un gobelet.

Quand l'arbre est greffé, les soins d'entretien ne consis-
ent plus qu'à enlever le gui qui pousse sur les branches.
On doit également couper le bois mort qui peut se trouver
l'intérieur ou à l'extérieur de l'arbre, et racler les mousses
t les lichens qui poussent sur le tronc et les branches.

CHAPITRE VIII

184. Généralités. — La vigne se cultive en France depuis la plus haute antiquité en vue de la production du raisin de table et du raisin de cuve.

Elle prospère sur tous les sols, aussi bien dans les terres d'alluvions des plaines et des vallées que sur les coteaux. Elle réclame des climats tempérés, mais avec des étés chauds, ensoleillés ; elle redoute les pays brumeux, quoique doux : son fruit n'y mûrit pas. Ainsi, en France, la vigne ne se cultive plus au nord d'une ligne partant de Saint-Nazaire et aboutissant à la frontière, vers Mézières parce que la Bretagne, la Normandie, l'Artois, la Picardie la Flandre, sont des régions à étés pluvieux, insuffisamment ensoleillés.

Naturellement, les produits fournis par la vigne sont d qualité variable selon la nature du sol, selon l'exposition le climat, et il y a autant de diversité dans ces produits qu dans les régions où ils ont été formés.

La culture de la vigne occupait avant 1875 environ 2 500 000 hectares en France. L'invasion d'un insecte ven vers cette époque d'Amérique, le phylloxera, a beaucou réduit cette surface, qui n'est plus que 1 750 000 hectare environ. Cette même invasion a complètement transform les conditions de culture de cette plante.

On a constaté en effet que le seul moyen de conserve cette culture était de planter des sortes de vignes résis tant au phylloxera, et qui ne se rencontrent qu'en Amé rique ; mais les vignes américaines fournissent générale ment de très mauvais raisins ; il a donc fallu ou greffer le variétés françaises sur des porte-greffes américains, o créer par hybridation entre cépages américains et cépage français des variétés possédant les qualités des uns et des autres et qu'on a appelées hybrides producteurs directs.

Il faut donc étudier tout d'abord la constitution du vignoble, puis les méthodes de culture et les ennemis et les maladies de la vigne.

I. — *Constitution du vignoble.*

185. Principales variétés de vignes françaises ou cépages. — Chaque région viticole est caractérisée par un certain nombre de cépages qui tirent leurs caractères du sol et du climat de ces différentes régions. Voici les principales de ces variétés[1].

Champagne : les Pinots (Pinot noir, Pinot blanc ou Chardonnay), le Petit Meslier.

Lorraine : le Gamay hâtif des Vosges, le Troyen.

Alsace : le Traminer, le Riesling (que l'on cultive dans toute la vallée du Rhin et qui donne les vins de Johannisberg).

Bourgogne : en Basse-Bourgogne (Yonne) le Pinot blanc, ou Chardonnay, le Tresseau, le César ; en Bourgogne proprement dite, le Pinot noir, avec toutes ses variétés locales, le Gamay noir avec ses nombreuses variétés locales dont plusieurs sont à jus coloré (Gamay teinturier), le Chardonnay ou Pinot blanc, le Melon et l'Aligoté.

Saône-et-Loire et *Beaujolais* : les Gamays.

Jura : le Poulsard, le Trousseau, le Savagnin.

Savoie et *Dauphiné* : la Mondeuse, le Persan, le Durif, la Roussette.

Côtes du Rhône : la Syrah, le Viognier, la Roussanne, la Marsanne.

Midi (Provence, Languedoc, Roussillon, Algérie) : l'Aramon, le Carignan, le Grenache ou Alicante, le Cinsaut, le Mourvèdre, le Piquepoul, tous ces cépages en noir ; la Clairette, l'Ugni, le Muscat, ces trois derniers en blanc.

Bordelais : en rouge, le Cabernet Sauvignon, le Verdot, le Malbec ; en blanc, le Sémillon, le Sauvignon.

Charentes et *Armagnac* : la Folle blanche ; ce cépage donne les vins que l'on distille pour la production du cognac et de l'armagnac.

---

1. Nous ne pouvons ici que citer ces variétés, laissant au professeur dans chaque région le soin de donner les caractères de celles qui sont cultivées dans le pays.

Anjou et *Touraine* : le Chenin noir, le Groslot, le Chenin blanc et le Gros Meslier.

Parmi les raisins de table, il convient de citer le Chasselas doré de Fontainebleau, les différentes Madeleine, les Muscats, le Frankenthal.

186. Les porte-greffes. — Après l'invasion du phylloxera en France, on constata que les moyens de lutte contre ces insectes étaient coûteux et insuffisants et que l'on ne pouvait éviter la destruction du vignoble qu'en cultivant des vignes américaines, qui, elles, résistent aux ravages de cet insecte, parce que les tissus de leurs racines, quand ils sont piqués par le phylloxera, au lieu de pourrir, comme cela se produit pour les vignes françaises, se recouvrent de liège, ce qui empêche la pourriture de se propager.

Or, la vigne américaine donne du raisin de fort mauvaise qualité, et il importait de conserver les cépages français qui donnent leurs qualités à nos grands crus. Il fallait donc greffer les cépages français sur des sujets américains, afin de doter les cépages français de racines susceptibles de résister au phylloxera.

Ces porte-greffes doivent réunir les qualités suivantes : résister au phylloxera, présenter de l'affinité pour les greffons, c'est-à-dire pour les cépages français, et ne pas souffrir de la présence du calcaire dans le sol.

Ce dernier point présente un intérêt particulier ; en effet, alors que les cépages français prospèrent parfaitement dans les sols calcaires, la vigne américaine, en général, s'y développe mal et y contracte une maladie, la *chlorose*. Lorsqu'on doit procéder au choix d'un porte-greffe, il faut donc envisager quelle est la teneur en calcaire de la terre à planter en vigne. On procède pour cela au dosage du calcaire par le calcimètre.

Voici les principaux porte-greffes :

a) Pour terrains compacts secs : Rupestris du Lot, Aramon ✕ Rupestris Ganzin n° 2.

b) Pour terrains compacts humides : Aramon ✕ Rupestris Ganzin n° 1, Mourvèdre × Rupestris 1202, Solonis, Solonis × Riparia 1616.

c) Pour terrains secs : Rupestris du Lot, Riparia × Rupestris 3309, Riparia × Rupestris 101-14.

d) Pour terrains calcaires (par ordre de richesse calcaire décroissante) : Berlandieri, Chasselas-Berlandieri 41 B, Mourvèdre × Rupestris 1202, Bourrisquou × Rupestris 601 et 603.

e) Pour terres fertiles, profondes : Riparia Gloire.

f) Pour terres granitiques, légères : Vialla.

187. Les producteurs directs. — Pour éviter le greffage et ses inconvénients, on a cherché à créer, par croisement entre cépages français et cépages américains, des vignes dites hybrides producteurs directs, réunissant les qualités des cépages français (productivité et qualité du vin) et celles des cépages américains (résistance au phylloxera et aux maladies crytogamiques : mildiou, oïdium). A cet égard, les résultats obtenus sont extrêmement variables ; aussi nous ne pouvons que citer les principaux hybrides producteurs directs, en renvoyant aux ouvrages spéciaux pour l'étude développée des hybrides cultivés dans une région.

Ces hybrides portent généralement le nom de leur obtenteur suivi d'un numéro.

Hybrides Couderc : Gamay Couderc, Couderc 4401, Couderc 272-60.

Hybrides Seibel : S. n° 1, S. n° 2, S. 156, S. 1020 ; S. 2003.

Hybrides Castel : C. 3640, C. 132, C. 18326.

Les anciens producteurs directs : Jacquez, Othello, Noah, sont peu cultivés aujourd'hui, sauf le Noah.

188. Établissement du vignoble. — *Préparation du sol.* — Si le sol manque de calcaire, il faut lui en fournir au moyen de chaulages ou de marnages. Les produits sont meilleurs et plus fins quand la terre contient une certaine dose de calcaire.

Le défoncement est aussi une opération préliminaire presque indispensable. Pour les vignobles d'une certaine importance, ce défoncement se fait généralement avec la charrue à vapeur,

Bouturage. — Le bouturage se fait au moyen de *chapons* ou de *crossettes*.

Le chapon est un sarment détaché du cep sans appendice (fig. 97).

La crossette est un sarment qui porte du vieux bois et du bois de l'année (fig. 98).

On peut planter directement un vignoble au moyen de chapons ou de crossettes, mais il vaut mieux mettre d'abord en pépinière.

Greffage. — Les modes de greffage les plus employés sont la greffe en fente ordinaire et la greffe en fente anglaise (fig. 99).

Autant que possible, on doit faire le greffage dans la pépinière, afin de pouvoir choisir les meilleures greffes au moment de la plantation du vignoble. Le greffage se fait soit sur boutures, soit sur plants racinés.

Fig. 97.
Chapon.

Plantation. — La terre ayant été préparée par des travaux préliminaires, défoncement et labours, on n'a plus qu'à choisir la méthode à suivre pour la plantation.

On peut planter suivant trois dispositions : 1° en lignes ; 2° en carré ; 3° en quinconce.

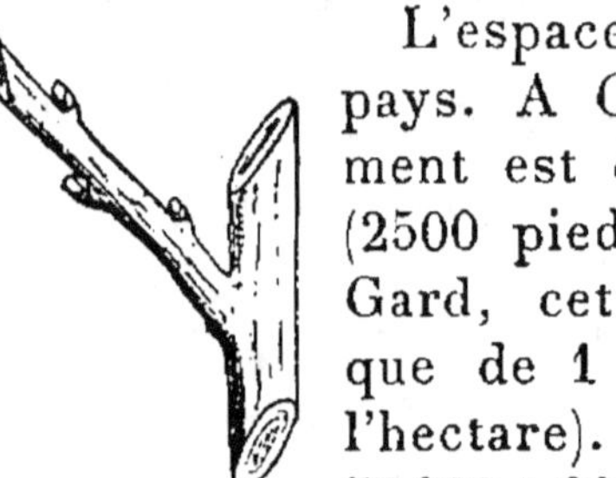

Fig. 98.
Crossette.

L'espacement des lignes varie avec le pays. A Châteauneuf (Vaucluse), l'espacement est de 2 mètres dans tous les sens (2500 pieds de vigne par hectare). Dans le Gard, cet espacement n'est en moyenne que de 1 m. 56 à 1 m. 60 (4000 pieds à l'hectare). En Champagne, on compte de 50 000 à 60 000 pieds de vigne à l'hectare, etc.

On a intérêt aujourd'hui à planter à écartements suffisants pour permettre facilement les façons culturales (binages, buttàges, etc.) avec des chevaux et des machines.

La plantation peut s'effectuer par fosses et par tranchées.

Quand on emploie la méthode par fosses, on fait des trous de 0 m. 40 de longueur, autant de profondeur et

0 m. 25 de largeur. On y dépose le plant en le courbant un peu et on le recouvre de terreau et de terre.

Si l'on plante en faisant des tranchées, on les creuse

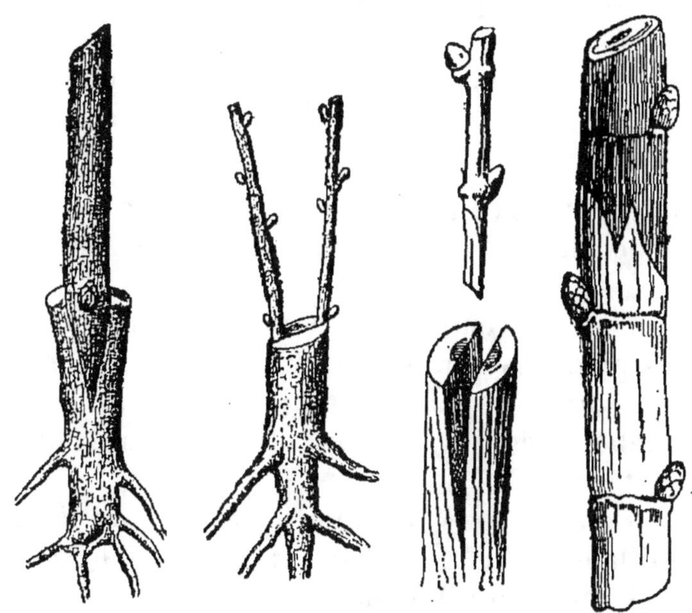

Fig. 99.

A gauche, trois exemples de greffe en fente ordinaire ;
à droite, un exemple de greffe en fente anglaise.

suivant le sens des lignes et l'on y dépose les plants à la distance déterminée.

Il est bon d'installer près du vignoble une pépinière du même âge que la vigne, de façon à pouvoir remplacer les pieds manquants.

CHAPITRE IX

VITICULTURE. — CULTURE DE LA VIGNE

189. Soins culturaux. — *Première année.* — La première année, les soins de culture ne consistent qu'en binages.

A l'automne, on remplace les manquants avec soin en prenant les pieds les plus vigoureux de la pépinière.

Deuxième année. — En mars suivant, on taille à un œil franc; on laboure le sol, et l'on bine une ou deux fois au cours de l'été.

Troisième année. — A la troisième année, on laisse deux yeux en taillant et, si l'on veut mettre des échalas, c'est à cette époque qu'on doit les placer.

Les façons culturales annuelles consistent en deux labours, l'un de déchaussement en mars, l'autre de rechaussement en mai. En outre, on doit donner des binages, dès que la terre se croûte ou s'enherbe.

On doit, de temps en temps, apporter des engrais à la vigne, pour que le sol ne s'épuise pas.

Si l'on fume tous les trois ou quatre ans, il faudra employer de 30 000 à 40 000 kilogrammes de fumier à l'hectare.

On peut aussi employer des engrais chimiques. Voici, dans ce cas, quelles sont les quantités à répandre à l'hectare :

Nitrate de sodium	100 à 150	kilogrammes.
Superphosphate de calcium.	200 à 250	—
Chlorure de potassium	100 à 150	—

L'échalassage consiste à enfoncer des pieux dans le sol, près des pieds de vigne, de manière à soutenir ceux-ci, à empêcher le contact des rameaux avec la terre. Cette opéra-

ion expose le mieux possible le raisin à l'action des rayons
solaires, découvre le sol et en facilite l'échauffement.

Un vignoble reconstitué à l'aide de greffes peut être soumis à une taille régulière dans l'année qui suit la planta-
ion. Si le greffage est pratiqué en place, tous les ceps ne
sont pas suffisamment vigoureux pour être soumis à une
aille uniforme dès la première année.

190. Formes à donner à la vigne. — Selon les formes
données aux vignes par la taille, on les divise en deux
grandes catégories : les vignes sans formes régulières et les
vignes à formes régulières. Ces dernières se divisent elles-
mêmes en vignes basses et en vignes hautes, avec ou sans
emploi des échalas.

Taille Guyot. — Une des tailles les plus recommandées
est celle du docteur Guyot (fig. 100), qui consiste à laisser sur
chaque cep une branche à fruits a et une branche à bois b.
La branche à bois doit toujours se trouver au-dessous de
a branche à fruits.

Les sarments produits par la branche à bois sont dres-
sés et attachés le long de l'échalas.

La branche à fruits est couchée horizontalement et attachée à un fil de fer.

Taille Sylvoz. — Dans la taille Sylvoz, représentée par
a figure 101, on arque fortement les longs bois b, c, d, e,
f, g. De cette façon, les premiers yeux placés en avant de la
courbure se développeront à bois, tandis que ceux placés
après se développeront à fruits.

Taille Cazenave (fig. 102). — La taille Cazenave consiste
à laisser des branches à fruits ab, et des branches à bois c,
sur la branche-mère.

Taille de Royat. — Cette taille ressemble à la taille Cazenave. Elle est constituée par des cordons analogues à ceux
des treilles pour raisins de table. La branche-mère porte
des coursons qu'on taille à deux yeux.

La taille Guyot, la taille Sylvoz et la taille Cazenave s'appliquent aux vignes conduites en cordons. Les autres systèmes de taille se rattachent aux formes en gobelet. Dans
a forme en gobelet, les branches partent d'un même point

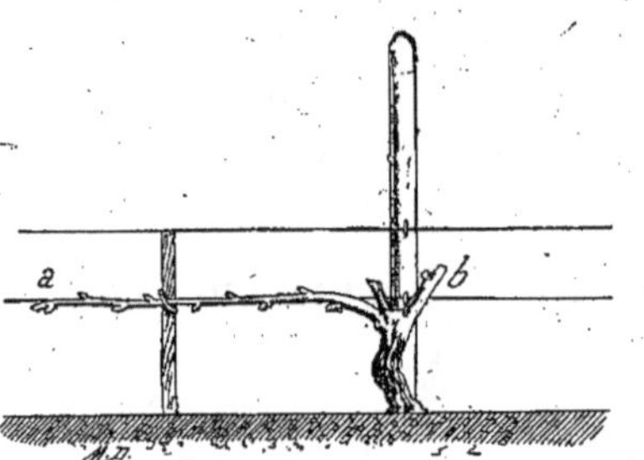

Fig. 100. — Taille Guyot.

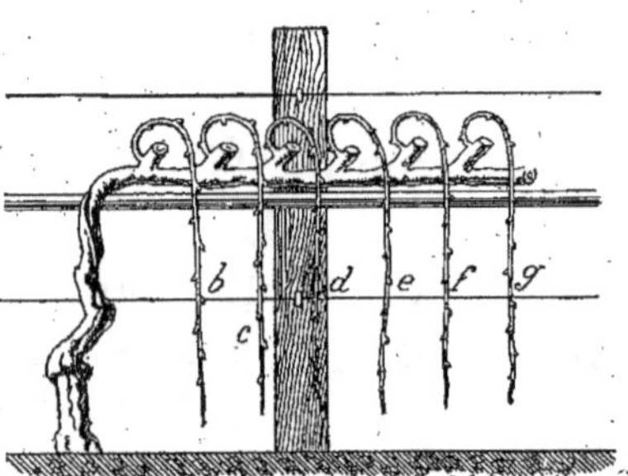

Fig. 101. — Taille Sylvoz.

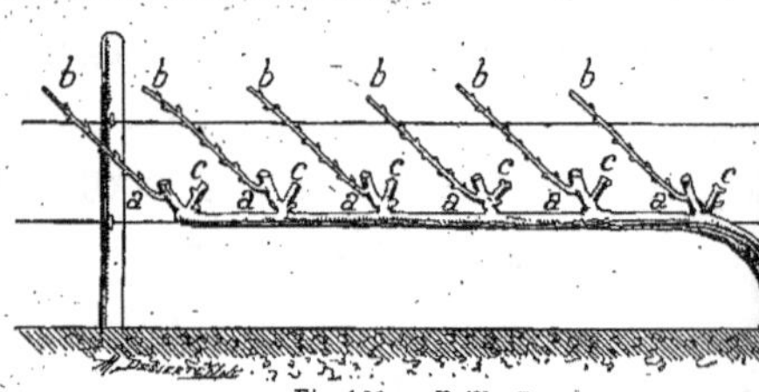

Fig. 102. — Taille Cazenave.

Fig. 103. — Taille en gobelet.

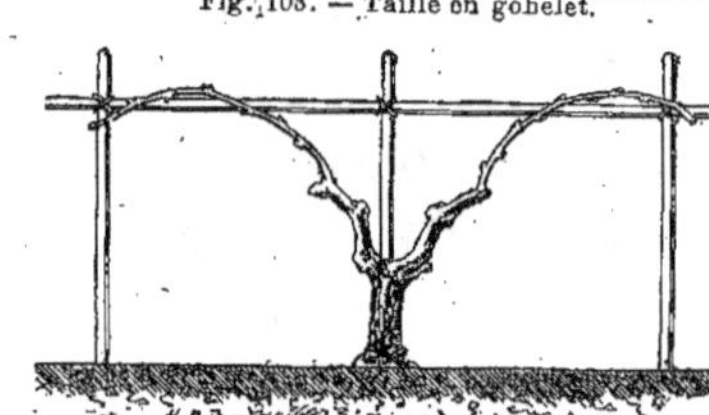

Fig. 104. — Vigne taillée pour être conduite en espalier

et divergent en formant entre eux une sorte de vase. Le nombre des bras varie suivant la vigueur du cep (fig. 103).

Dans la taille en espalier, les branches du cep sont symétriques dans un même plan. On recommande ce genre de taille dans les pays où il est nécessaire d'exposer les raisins à l'action du soleil.

191. Taille des branches à fruits. — Cette taille se fait longue ou courte, suivant le cépage, suivant la vigueur et l'espacement des ceps. La taille longue pousse plus à la production des fruits que la taille courte. Quand les ceps sont vigoureux et largement espacés, on pratique la taille longue, c'est-à-dire qu'on laisse plus de trois yeux aux branches à fruits. Quand les vignes sont peu espacées, on pratique la taille courte : dans ce cas, chaque courson n'a que deux ou trois yeux.

Le courson doit toujours être pris sur un rameau de l'année précédente, et non sur du vieux bois.

192. Taille en vert. — Pendant la végétation, on peut soumettre la vigne à la taille en vert ou taille d'été, qui comprend : l'*ébourgeonnage,* le *pinçage,* le *rognage,* l'*effeuillage* et l'*incision annulaire.*

L'*ébourgeonnage* consiste à supprimer les bourgeons qui ne portent pas de fruits et ne doivent pas servir à asseoir la taille de l'année suivante.

Le *pinçage* consiste à supprimer avec les doigts l'extrémité des rameaux sur la branche à fruits, quand ils ont dépassé une certaine longueur. La sève est ainsi refoulée vers les parties inférieures. Vers le mois de juillet, si les sarments sont trop longs, on les rogne, pour empêcher que le vent ne les brise.

L'*effeuillage* consiste dans l'enlèvement d'une partie des feuilles ; il a pour but de faire pénétrer l'air et la lumière dans l'intérieur des ceps, ce qui avance la maturité des raisins.

Incision annulaire. — Cette opération consiste à enlever un anneau d'écorce de 4 à 6 millimètres de largeur, à la base des rameaux portant des fruits ; il faut inciser sans toucher au bois. L'incision enraye la coulure, favorise le grossissement des grains et avance la maturité de quelques jours. Elle peut se faire depuis l'apparition des fleurs jusqu'à la véraison.

193. Accidents causés par les intempéries. — *Gelées de printemps.* — Les gelées printanières peuvent détruire les jeunes bourgeons.

On les combat par la formation de nuages artificiels, qu'on obtient en faisant brûler des matières goudronneuses. La pratique des nuages artificiels est d'autant plus efficace qu'on opère sur une plus grande surface et que les foyers de combustion sont plus nombreux.

Coulure. — On donne le nom de coulure à l'avortement des fleurs de la vigne, qui tombent sans nouer leur fruit.

La coulure des raisins se produit le plus souvent quand la température s'abaisse ou par les temps de pluie. On a proposé l'emploi du pincement et de l'incision annulaire contre la coulure. Les soufrages ont également donné de bons résultats.

Echaudage. — L'échaudage des raisins se produit par une forte sécheresse et quand la vigne est mal feuillée. Les raisins atteints rougissent dans la partie échaudée et, s'ils sont encore peu développés, ils se dessèchent rapidement. Dans le cas où les grains sont déjà gros, leurs pédicelles se ramollissent et les parties atteintes deviennent rouges, mais ne mûrissent pas.

Grêle. — La grêle peut anéantir la production fruitière de l'année et la production du bois pour l'année suivante. Pour l'empêcher, on a recommandé le tir contre les nuages de grêle, à l'aide de canons spéciaux; mais l'efficacité de ce moyen a été, en ces derniers temps, très contestée.

APPENDICE

I. **Lutte contre les maladies cryptogamiques et les insectes nuisibles.** — Les légumes, les arbres fruitiers, la vigne ont pour ennemis soit des champignons, soit des insectes nuisibles. Leur étude relève du cours de sciences naturelles, mais nous ne pouvons nous dispenser ici d'indiquer les moyens les plus employés de lutte contre ces ennemis.

Les champignons sont combattus par les traitements anticryptogamiques.

A) Bouillies anticryptogamiques à base de cuivre, utilisées en pulvérisations contre le *mildiou*, le *black-rot* de la vigne, la *cloque* des arbres à fruits à noyau.

a) Bouillie bordelaise :

Chaux grasse	1 kilogr.
Sulfate de cuivre	2 —
Eau	100 litres.

On dissout séparément la chaux dans 10 litres d'eau, le sulfate de cuivre dans 80 litres d'eau, le lait de chaux est ensuite versé progressivement dans la solution cuprique, que l'on agite jusqu'à ce qu'un papier de tournesol mis dans le mélange passe du rouge au bleu. (Avoir bien soin de ne pas verser le sulfate de cuivre dans la chaux.)

On prépare ainsi des bouillies légères avec des doses moindres que ci-dessus, ou des bouillies fortes avec des doses doubles.

b) Bouillie bourguignonne. — La chaux y est remplacée par le carbonate de soude.

Sulfate de cuivre	1^k,500.
Carbonate de soude à 90° (Solvay)	0^k,700.
Eau	100 litres.

Ces deux bouillies ont une action préventive (et non curative).

B) Bouillie anticryptogamique au sulfate de fer à employer en badigeonnage contre l'*anthracnose* (vigne et arbres fruitiers), la *chlorose*.

Solution acide de sulfate de fer :

Sulfate de fer	50 kilogr.
Acide sulfurique	1 —
Eau	100 litres.

On verse l'acide sulfurique sur les cristaux de sulfate de fer et on fait couler doucement l'eau tiède sur la masse en agitant avec un bâton.

C) Soufre sublimé ou trituré à employer en poudrages contre l'*oïdium* de la vigne, le blanc de quelques arbres fruitiers.

Les insectes nuisibles sont combattus généralement à l'aide de pulvérisations ou de badigeonnages de liquides insecticides dont voici les formules les plus employées :

1. Jus de tabac riche..........	1 litre.	3. Savon noir	3 kilos.
Eau	100 —	Pétrole	1 litre.
		Eau	100 —
2. Jus de tabac ordinaire à 15°.	1ˡ,5.	4. Eau	10 litres.
Savon noir.....	1ᵏ,5.	Savon noir	0ᵏ,500.
Eau	100 litres.	Jus de tabac à 15°.	1 litre.
		Alcool à brûler..	1 —

Cette dernière formule convient notamment aux traitements contre le puceron lanigère. On l'utilise en badigeonnage du tronc et des branches au printemps et à l'automne.

On utilise beaucoup en Amérique et on a introduit en France les insecticides à base de sels arsenicaux. En voici deux formules.

Bouillie à l'arséniate de plomb. — Dissoudre : 1° 475 grammes d'arséniate de sodium cristallisé dans 10 litres d'eau ; 2° 1 050 grammes d'acétate de plomb neutre dans 10 litres d'eau. Verser ensuite l'acétate dans l'arséniate, en agitant jusqu'au moment où un papier imprégné préalablement d'iodure de potassium prend une coloration légèrement jaune. On étend ensuite à 100 litres d'eau et l'on répand au pulvérisateur.

Bouillie à l'arséniate ferreux. — On dissout : 1° 400 grammes d'arséniate de sodium cristallisé dans 10 litres d'eau ; 2° 400 grammes de sulfate de fer dans 10 litres également. On verse ensuite la dissolution de sulfate de fer dans la dissolution d'arséniate de sodium et l'on agite en même temps les deux liquides réunis.

On arrête d'ajouter du sulfate de fer lorsqu'un papier imprégné de ferrocyanure de potassium bleuit au contact du liquide[1].

La liqueur ainsi obtenue est étendue à 100 litres avec de l'eau ; elle peut être ensuite employée en pulvérisations.

Il faut enfin signaler un nouveau procédé de lutte contre les insectes appelé à un certain avenir. C'est celui qui consiste à rechercher les insectes parasites de ceux qu'il faut combattre ; on favorise leur développement, et de cette manière on détruit les insectes nuisibles. Ainsi, une coccinelle, l'hippodamie, se nourrit des pucerons qui envahissent les cultures fruitières et maraîchères. On arrive à faire disparaître ces pucerons en multipliant les hippodamies.

____

1. On prépare les papiers sensibles à l'iodure de potassium et au ferrocyanure de potassium en immergeant du papier à filtrer dans des solutions à 10 p. 100 du corps réactif. On laisse ensuite sécher le papier imprégné.

II. Exercices pratiques. — *Travaux horticoles.* — Tous les exercices pratiques relatifs à cette partie seront effectués au jardin potager et fruitier de l'Ecole. En particulier, les façons culturales seront exécutées par les élèves, qui devront être habitués à labourer à la bêche ou à la fourche, à semer, soit en place, soit en pépinière, les différents légumes, à repiquer, à dresser une couche et à la conduire, à obtenir des légumes sous cloche ou sous châssis, à tailler les melons et les tomates, à transplanter les arbres, à greffer, tailler en sec, tailler en vert, pincer, etc.

Les leçons relatives au greffage et à la taille seront données au jardin, devant les arbres sur lesquels la leçon sera appliquée.

Il sera bon, toutes les fois qu'il sera possible, de montrer aux élèves de nombreuses formes d'arbres fruitiers (en espalier, en contre-espalier, en plein vent) et à différents âges.

Détermination des principales variétés de légumes et de fruits. — — On apprendra à reconnaître dans le jardin les principales variétés de légumes et de fruits, à déterminer les graines de chaque espèce de légumes et les fruits des variétés les plus caractéristiques.

Dans les régions viticoles, il sera bon de constituer un herbier spécial où seront réunis des rameaux et des feuilles des principaux cépages.

Enfin, en accord avec le professeur chargé de l'enseignement des sciences naturelles, il sera utile de constituer un herbier des principales maladies des légumes, des arbres fruitiers et de la vigne, et de réunir des collections d'insectes nuisibles.

Bibliographie. — *Culture potagère*, par VERCIER. — *Culture potagère*, par BUSSARD. — *Création et entretien du jardin potager*, par PICHENAUD. — *La Fumure raisonnée des légumes et des cultures maraîchères*, par R. DUMONT. — *La Fumure raisonnée des fleurs et des plantes ornementales*, par R. DUMONT. — *Arboriculture fruitière*, par VERCIER. — *Arboriculture fruitière*, par BUSSARD et DUVAL. — *L'Arboriculture fruitière en images*, par J. VERCIER. — *Traité d'arboriculture fruitière*, par P. PASSY. — *Le Verger de l'instituteur, de l'ouvrier et de l'amateur*, par BERTRAND. — *La Fumure raisonnée des arbres fruitiers et de la vigne*, par R. DUMONT. — *Traité de la taille des arbres fruitiers*, par HARDY. — *La Taille des arbres fruitiers en plein vent*, par RABATÉ. — *L'Art de greffer*, par BALTET. — *Le Pommier à cidre*, par FAU. — *Le Cidre*, par LABOUNOUX et TOUCHARD. — *Le Noyer*, par LESOURD. — *Le Cassis*, par VERCIER. — *Le Châtaignier*, par TRICAUD. — *L'Olivier et l'industrie oléicole*, par LATIERE. — *La Défense de nos jardins contre les insectes et les parasites*, par VERMOREL et DANTONY. — *Parasites végétaux des plantes cultivées*, par MANGIN. — *Viticulture moderne*, par CHANCRIN. — *Viticulture*, par PACOTTET. — *Les Hybrides producteurs directs*, par ROUART et RIVES.

CINQUIÈME PARTIE

LES PLANTES DE GRANDE CULTURE

CHAPITRE PREMIER

AMÉLIORATION DES PLANTES DE GRANDE CULTURE

194. Nécessité de n'employer que des semences de choix. — La plante est quelque chose de vivant et, de même que pour tous les autres êtres vivants, la vigueur d'une plante, son état de santé, ses qualités individuelles dépendent dans une certaine mesure de la semence d'où la plante est sortie.

Il importe donc avant tout de n'employer que de la semence de choix. Les qualités à exiger d'une telle semence sont les suivantes :

Elle doit être propre et pure, absolument débarrassée de toute graine étrangère ;

Elle doit être lourde, bien constituée, bien nourrie ;

Elle doit être saine, exempte de maladies susceptibles de se propager par la semence ;

Enfin, elle doit avoir conservé sa faculté germinative.

La propreté et la pureté seront obtenues par un passage au trieur, qui sépare toutes les impuretés, débris de toute sorte, ainsi que les graines étrangères et surtout les graines des plantes nuisibles.

La densité, la régularité de la semence et, par suite, sa bonne constitution s'obtiennent tout d'abord par le choix des lots sur lesquels elle est prélevée, ces lots devant provenir des meilleures cultures, les plus propres et les mieux fumées, et aussi par le passage de la semence dans un trieur susceptible de séparer parmi les semences pures les plus lourdes et les plus grosses.

Pour avoir une semence saine, il faut la récolter dans des cultures indemnes de la maladie à éviter (voir contrôle des pommes de terre) et de plus traiter la semence contre ces maladies, toutes les fois qu'il existe un traitement préventif (voir à la page 244, Chaulage et Sulfatage des semences).

Enfin, la faculté germinative se détermine par des essais de germination au laboratoire.

195. Contrôle des semences. — Pour permettre aux cultivateurs de se renseigner sur la qualité des semences qu'ils achètent au commerce, il a été créé des stations d'essais de semences, dont la plus importante est celle de Paris (rue Platon). Ces stations se livrent sur les échantillons qui leur sont soumis aux déterminations suivantes, susceptibles d'éclairer les cultivateurs sur la valeur des lots de semences représentés : 1° identité, 2° origine, 3° pureté, 4° faculté germinative, 5° poids.

Le contrôle de l'identité permet d'éviter les fraudes qu'un commerce déloyal pourrait pratiquer à la faveur de la ressemblance des semences de certaines variétés de valeur agricole pourtant fort différente. Le contrôle de l'origine est utile, car il permet de s'assurer de la provenance géographique, qui influe sur la précocité, la vigueur, la productivité de la plante. La pureté, la faculté germinative, le poids de la semence donnent des indications sur la valeur culturale du lot examiné.

Voici quelques-unes des instructions que donne la Station au sujet de l'achat et de l'analyse des semences.

Garanties à exiger du vendeur. — L'agriculteur ne doit s'adresser qu'aux négociants garantissant sur facture l'espèce, la variété, la pureté et la faculté germinative des semences qu'il achète, l'absence de cuscute dans les trèfles, la luzerne, la fléole et le lin, celle de pimprenelle dans le sainfoin double. (On peut tolérer jusqu'à 100 fruits de pimprenelle par kilogramme de sainfoin simple.)

Prise des échantillons. — Les échantillons seront prélevés en double avec le plus grand soin, dès l'arrivée de la marchandise, en présence de deux témoins impartiaux, puis cachetés. L'un des échantillons sera adressé à la Station, l'autre demeurera entre les mains de l'expéditeur pour servir à une contre-analyse, en cas de contestation. Il faudra bien mélanger les semences avant de recueillir les échantillons d'analyse. Lorsque celles-ci se trouvent dans des sacs, faire des prises à différentes hauteurs, les réunir et prélever les échantillons d'analyse. Si les marchandises d'un même lot sont dans plusieurs sacs, il est indispensable d'en opérer le mélange avant la prise d'échantillon.

POIDS MINIMA DES ÉCHANTILLONS

Graminées, trèfle blanc, trèfle hybride, lotier, spergule..........................	50 gr.
Trèfle des prés et semences analogues..	200 gr.
Céréales et semences d'un gros volume.	250 gr.

196. Création de variétés améliorées. — Il ne suffit pas, pour obtenir de bonnes récoltes, de s'adresser à des semences pures, propres, lourdes, saines et authentiques, il faut aussi cultiver des variétés productives, résistantes aux maladies et aux accidents de végétation, et bien adaptées aux conditions locales de la production agricole. Faute de prendre ces précautions, le cultivateur s'expose à donner ses soins à des variétés dont la réussite est fort aléatoire et soumise soit aux intempéries (gelées, échaudage), soit aux maladies parasitaires diverses.

Les variétés dont il s'agit, pour les différentes plantes cultivées, s'obtiennent parfois, à la suite de nombreuses années de culture, par le jeu naturel des circonstances dans lesquelles se fait cette culture : c'est le cas de très anciennes variétés locales de blé (blés d'Alsace, blés d'Algérie). Mais le plus souvent il faut l'intervention de l'homme, qui, en appliquant les méthodes de sélection et d'hybridation[1], multiplie le nombre des variétés cultivées, leur donne les qualités dont il a besoin (richesse en sucre pour la betterave, en gluten pour le blé, en fécule pour la pomme de terre, etc.).

197. Sélection. — Elle consiste à choisir, dans une

---

1. Consulter à ce sujet *Histoire Naturelle* par E.-L. BOUVIER et H. SIMIAND (Bibliothèque des Écoles normales), 1re année, chap. XIV : Variabilité et Hybridation.

espèce, les individus qui possèdent les caractères utiles à conserver, à faire reproduire ces individus et, à chaque génération, à ne conserver que ceux qui possèdent les caractères recherchés.

Dans le blé, on sélectionnera les sujets résistant à la verse, ou à farine riche en gluten, ou résistant à certaines intempéries : gelées de l'Est, chaleur et sécheresse dans le Midi, etc. Dans la betterave, on sélectionnera la plus haute densité en sucre ; dans l'orge, les qualités recherchées pour la brasserie ; dans la pomme de terre industrielle, la richesse féculière ; dans le tabac, la richesse en nicotine, etc.

Par la sélection, il sera possible de créer des sortes très améliorées et très stables, c'est-à-dire susceptibles de transmettre par hérédité et sans variation les caractères obtenus.

198. Croisement, hybridation et métissage. — Le *croisement* est la fécondation d'une plante avec le pollen d'une autre plante. Si ces deux plantes appartiennent à diverses variétés ou races de la même espèce, ce croisement prend le nom de *métissage ;* si ces deux plantes appartiennent à deux espèces différentes, c'est de l'*hybridation*. C'est à tort que l'on confond ces termes et que l'on désigne l'une sous le nom de l'autre, il n'en peut résulter que de l'obscurité.

Ainsi, il existe plusieurs espèces de blé, notamment le blé tendre, le blé poulard, le blé dur ; le croisement entre deux variétés appartenant à l'espèce blé tendre est un métissage. C'est ainsi que le Bon Fermier, issu de Blé gros bleu et Blé seigle, le Trésor, issu de Shireff et de Gros bleu, sont des métis, et c'est improprement qu'on appelle hybrides ces blés obtenus par métissage ; le croisement entre deux espèces différentes, blé dur et blé poulard par exemple, donnera naissance à un véritable hybride. L'hybridation en matière de blé n'a pas produit de blés pratiquement utilisables. Elle a permis au contraire de créer des variétés de vignes dites hybrides producteurs directs dont on tire le plus grand parti en viticulture, par exemple le Mourvèdre × Rupestris, né de la fertilisation par le Mourvèdre, qui est une vigne française, du Rupestris, qui est une vigne américaine.

L'hybridation et le métissage ont été mis à contribution en horticulture, en floriculture pour la production de toutes ces variétés de fruits, de fleurs si nombreuses aujourd'hui.

Le croisement, sous ses deux formes, hybridation ou métissage, permet de créer des plantes comportant des caractères nouveaux dérivés de ceux des parents. Mais il est nécessaire, une fois l'opération effectuée, de suivre pendant plusieurs générations les produits afin d'éliminer ceux qui retourneraient uniquement à l'une des formes ancestrales et de conserver et faire multiplier entre eux ceux qui possèdent les caractères désirés.

La multiplication de ces sortes ne peut se faire qu'en grande culture, et les garanties en question ne peuvent provenir que d'un contrôle très sérieux exercé sur le cultivateur producteur de semences par le savant qui a créé ou acclimaté les sortes dont il s'agit.

CHAPITRE II

LE BLÉ

199. Principales variétés de blé. — Le blé appartient
à la famille des *Graminées*. Cette céréale est la plus importante de celles qui sont cultivées en Europe, parce que son
grain, écrasé au moulin, nous fournit la farine, et la farine
sert à faire le pain, base de l'alimentation humaine.

A cause de l'ancienneté de la culture du blé, il existe
aujourd'hui de nombreuses variétés de blé qui possèdent
des qualités différentes (fig. 105). Ces variétés se répartissent entre les grandes catégories suivantes :

I. Grains nus, c'est-à-dire se séparant au battage des enveloppes qui constituent la balle.	1. Blés tendres.	Blés tendres d'hiver. Blés tendres de printemps.
	2. Blés poulards.	
	3. Blés durs.	
II. Grains vêtus, c.-à-d. ne se séparant pas des enveloppes.	4. Épeautres.	
	5. Amidonniers.	
	6. Engrains.	

Les *blés tendres,* qui possèdent un grain à cassure blanche et farineuse, sont les plus cultivés dans toutes les
régions de la France. Les uns doivent être semés à l'automne : ce sont les *blés d'hiver,* il leur faut de 7 à 9 mois
pour mûrir; les autres, les *blés de printemps,* évoluent plus
rapidement, en 100 ou 120 jours, ils peuvent être semés en
mars-avril pour être récoltés en juillet. Les blés tendres
sont *barbus* ou *sans barbes,* selon que leur épi est ou non
garni de barbe.

Les blés barbus sont cultivés généralement dans le Midi
ou dans les régions montagneuses du Centre et de l'Est.
Ils sont plus rustiques, ils craignent peu les ravages des
oiseaux et s'égrènent moins que les autres sous l'action du

vent, parce que les barbes font ressort et diminuent la violence des chocs; mais leurs balles (enveloppes du grain et
menues pailles) ne peuvent être employées dans l'alimenta-

Fig. 105. — Blés de types divers.

tion du bétail. Les blés non barbus passent pour être moins
rustiques, ils souffrent plus du pillage des moineaux, mais
leurs balles peuvent entrer dans l'alimentation des animaux. On les cultive partout, mais à peu près exclusivement dans le Nord, l'Ouest, les plaines du Centre et du
Sud-Ouest.

Les nombreuses variétés de blés tendres cultivés en France se rangent dans l'un des quatre groupes suivants : épi blanc, grain blanc; épi blanc, grain rouge; épi rouge, grain blanc; épi rouge, grain rouge.

Les *blés poulards* sont caractérisés par un grain trapu, renflé; ils sont tous barbus, et la rigidité de leur paille les rend plus résistants à la verse. Ils sont moins répandus que les blés tendres, cependant on les rencontre dans toute la France.

Les *blés durs* sont à grain corné, à cassure vitreuse; ce sont les meilleurs blés du bassin méditerranéen et surtout de l'Afrique du Nord, de la Sicile, de l'Egypte et du sud de la Russie.

Les *épeautres, amidonniers* et *engrains* ne sont plus cultivés que dans des situations exceptionnelles, sur des terres très mauvaises et dans les montagnes où l'hiver est long et rigoureux.

200. **Choix des variétés à cultiver.** — On ne saurait trop apporter d'attention à cette question, de laquelle dépend la réussite de la culture. Il faut tenir compte des conditions locales de sol, de climat et ne s'adresser qu'à des variétés bien adaptées à ces conditions.

Dans les régions où la culture du blé est très développée, on a créé, soit par sélection, soit par croisement, des variétés à grands rendements et bien acclimatées; c'est parmi celles-ci que les cultivateurs de ces régions doivent faire leur choix; mais il serait imprudent pour les pays jouissant de conditions spéciales de climat (régions montagneuses, est ou midi de la France) ou de sol (terres siliceuses légères du Massif Central, calcaires secs de la Champagne, etc.) de s'adresser à ces variétés originaires des régions à grands rendements et qui ne sont pas susceptibles de fournir des récoltes certaines; là, ce sont les variétés indigènes qui doivent être choisies.

En effet, parmi les nombreuses sortes de blé dont il dispose, le cultivateur choisit le plus souvent les blés dits de pays, variétés souvent peu déterminées et insuffisamment améliorées, mais qui ont la grande qualité de résister au climat et de vivre dans les plus mauvais sols. Cette habitude explique la nécessité d'améliorer les blés de pays par la culture et par la sélection, pour que les cultivateurs trouvent en eux les sortes de blé les plus susceptibles d'assurer la récolte.

201. Culture du blé. — *Préparation et fertilisation du sol.* — Le blé vient bien dans tous les sols suffisamment riches en éléments fertilisants, surtout dans les terres franches et dans les sols argilo-calcaires. Les terres humides pendant l'hiver lui conviennent peu.

La terre doit être assez meuble quand on sème, mais un peu tassée après le dernier labour; elle devra contenir une certaine dose d'humidité.

Olivier de Serres a dit : « Sème ton froment dans une terre boueuse et ton seigle dans une terre poudreuse. » Il ne faut pas prendre à la lettre ce conseil, qui signifie qu'il faut consacrer au froment les terres argileuses et au seigle les terres sableuses; mais le blé doit être semé dans une terre bien ressuyée.

Le froment demande, pour végéter, une couche de terre de 0 m. 20 de profondeur. Les façons à donner au sol varient peu en général; elles consistent en deux labours, dont le premier, superficiel, est destiné à faire lever les mauvaises graines. Le second, profond de 0 m. 20, sert à enfouir les mauvaises herbes sorties après le premier labour. Quand on fait une culture de froment après une plantée sarclée, telle que la betterave, un seul labour suffit. Autant que possible, le dernier labour doit précéder l'ensemencement d'une quinzaine de jours.

Le froment est une plante exigeante, et il faut bien fumer les terres qu'on lui destine, si l'on veut obtenir de belles récoltes.

Autant que possible, on ne doit pas employer le fumier sur le blé, car les mauvaises graines contenues dans le fumier saliraient le champ et nuiraient aux produits. En terrain riche, la verse serait à craindre, si l'on fumait directement la culture du froment. Il est préférable de mettre le fumier dans la récolte qui précède le froment et d'employer pour celui-ci des engrais chimiques : 500 kilogrammes de scories ou de superphosphates et 150 kilogrammes de chlorure ou de sulfate de potassium.

Dans le cas où l'on est obligé d'employer du fumier pour fertiliser le terrain qui doit porter le froment, il faut que ce fumier soit bien décomposé.

Semailles. — Les blés d'hiver se sèment pendant les mois d'octobre et de novembre, quelquefois même dans les premiers jours de décembre. Plus tôt on sème, plus on a de paille, mais parfois au détriment du grain.

Les blés de printemps doivent être semés le plus tôt possible, en mars au plus tard, car les chaleurs peuvent leur nuire au moment de la floraison.

Le choix des semences a une grande importance, et il ne faut confier à la terre que des grains propres et de belle qualité si l'on veut obtenir de beaux produits. Pour cela, il est nécessaire de passer le froment au trieur mécanique, qui le purge des mauvaises graines qu'il contient et qui permet de trier les grains en plusieurs catégories. Il faut aussi *chauler* ou *sulfater* les grains avant de les confier à la terre, afin de prévenir l'apparition de certaines maladies cryptogamiques, telles que charbon, carie, etc., qui diminuent et détériorent les produits.

Chaulage et sulfatage des semences. — Le chaulage des grains s'opère par *immersion* ou par *aspersion*.

Le chaulage par immersion consiste à préparer un lait de chaux dans un large cuveau et à y introduire du grain contenu dans des paniers en osier, de manière à mettre les semences en contact avec le liquide. On retire ensuite le grain et on le verse sur l'aire du bâtiment où l'on opère ; puis l'opération continue jusqu'à ce que toute la semence ait été chaulée. L'opération terminée, on répand sur le grain environ 500 grammes de sel de cuisine par hectolitre de semence. Ce sel a pour but de fixer la chaux sur le grain et d'empêcher qu'elle ne devienne poudreuse pendant les semailles. Après cela, on abandonne le grain à lui-même pendant vingt-quatre heures.

Le chaulage par aspersion consiste à déposer le grain sur une aire carrelée ou planchéiée et à verser du lait de chaux sur le tas, à la dose de 5 à 6 litres par hectolitre de semence. On remue le tas à deux ou trois reprises, en le déplaçant complètement à chaque opération. On termine le chaulage en répandant sur le grain 500 grammes de sel de cuisine par hectolitre.

Le sulfatage s'effectue de la même façon en remplaçant le lait de chaux par une solution de sulfate de cuivre à 1,5 ou 2 p. 100 au maximum ; une dose plus élevée nuirait à la germination.

Dans les terres riches et bien préparées, le froment doit être semé clair ; au contraire, il faut semer dru dans les terres de médiocre qualité.

Les semailles en lignes procurent une économie de semences ; elles enterrent les graines à une profondeur à peu près constante et laissent entre les lignes un intervalle qui permet à l'air de circuler librement. Les blés semés en lignes versent généralement moins que ceux semés à la volée.

La quantité de semence à répandre à la volée est de 2 hectolitres en moyenne, et d'un quart en moins dans le semis en lignes.

Soins d'entretien. — Les travaux d'entretien du blé doivent commencer dès la fin de l'hiver. On choisira un jour de beau temps et l'on hersera le sol, de manière à aérer et à ameublir la couche superficielle ; on détruira ainsi quelques plantes de mauvaise nature et l'on favorisera le tallage du froment. Si l'on ne craint pas que la terre se croûte, on roulera le sol après le hersage. Si le sol est sali par les mauvaises herbes, on peut renouveler le hersage à plusieurs reprises.

Au mois de mai, on pratiquera un binage pour détruire les mauvaises herbes ; si l'on néglige cette opération, la récolte sera beaucoup moins abondante.

Dans le Nord, quand les blés sont trop drus, on pratique l'*effanage*. Cette opération peut se faire à la faucille, à la faux ou à l'aide d'une faneuse mécanique. D'autres fois on se contente de faire passer rapidement un troupeau de moutons dans le champ.

Récolte et rendement. — La récolte s'effectue, en France, depuis les derniers jours de juin jusqu'au commencement de septembre.

En France, le rendement moyen est par hectare de 17 à

18 hectolitres. Ce rendement pourrait être considérablement augmenté.

Le poids de l'hectolitre de grain est de 80 kilogrammes environ. Le rendement en paille est assez variable.

On peut compter 2 quintaux métriques de paille pour 1 de grain, c'est-à-dire que, pour une récolte de 16 hectolitres pesant 1 280 kilogr., on pourra récolter 25 quintaux métriques de paille environ.

202. Accidents de végétation. — *Verse.* — Lorsque, par suite d'une exubérance de végétation, le blé pousse très vite et très épais, la lumière et l'air ne peuvent arriver à la base de la tige, la nutrition s'y fait mal et la tige casse et se couche sous le poids de la partie supérieure de la plante; l'épi ne s'alimente plus, ne mûrit pas, et le rendement est très diminué.

Pour éviter cette maladie, qui est fréquente dans les terres riches ou très fumées, il faut semer clair, en lignes orientées du nord au sud, employer des variétés résistantes à la verse et éviter l'emploi des engrais azotés. On peut aussi, quand on craint la verse, pratiquer l'effanage fin avril, avant la formation de l'épi.

Echaudage. — Les grandes chaleurs ou les coups de soleil arrêtent parfois la végétation des tiges, lorsque les grains sont formés dans l'épi. La paille prend une teinte blanc-jaunâtre, et les épis se dessèchent : les blés sont dits *échaudés*. Les grains échaudés sont maigres et contiennent peu de farine.

CHAPITRE III

CÉRÉALES DIVERSES ET PLANTES ALIMENTAIRES

203. Seigle. — Le seigle est la céréale des terres pauvres, des sols légers, calcaires ou siliceux. Sa végétation présente beaucoup d'analogie avec celle du blé. Sa tige est plus haute que celle du froment ; elle a, quand la plante est belle, une longueur d'au moins 2 mètres. Les feuilles sont larges et rudes ; leur couleur est moins foncée que celle des feuilles du blé.

Toutes les variétés de seigle ont des épis barbus.

Variétés. — Les plus connues sont : le *seigle d'hiver*, le *seigle multicaule* et le *seigle de mars*.

Le seigle d'hiver est celui qu'on cultive le plus ordinairement ; il a produit une sous-variété très recommandable, le *seigle de Schlanstedt*, qui donne des rendements plus considérables en paille et en grain.

Le seigle multicaule peut donner une récolte de fourrage et une autre de grain et paille. Pour cela, on le sème vers la fin de juillet et on le fauche en vert à la fin de l'été, ce qui n'empêche pas d'obtenir du grain l'année suivante.

Le seigle de mars donne une paille plus courte que le seigle d'automne, mais son grain est aussi gros.

Végétation. — Le seigle d'hiver doit se semer pendant la première quinzaine de septembre, de manière qu'il puisse taller avant l'arrivée des froids. Dans les Alpes et les Pyrénées, on sème vers le milieu de l'été, pour que les plantes soient aussi vigoureuses que possible quand la neige commence à couvrir la terre.

Il s'écoule en moyenne 280 à 290 jours du semis à la maturité.

Le seigle végète bien dans toute l'Europe ; il craint moins les intempéries que le froment et peut accomplir ses différentes phases végétatives à une altitude beaucoup plus élevée.

Il préfère les terres sableuses à tous les autres terrains, mais il redoute les sols humides pendant l'hiver. La terre doit être préparée comme pour le froment, mais il faut qu'elle soit plus meuble à la surface et plus tassée en dessous. Pour cela, on laboure quelques jours avant les semailles et l'on herse plusieurs fois avant de semer. Plus le sol est meuble, mieux le seigle réussit.

On le sème presque toujours à la volée. Il faut alors un hectolitre et demi à deux hectolitres de semence par hectare.

Il mûrit vers la fin de juin. Il est mûr quand ses tiges ont une couleur jaunâtre; ses épis s'inclinent alors vers le sol, et les grains se laissent couper par l'ongle, sans être laiteux.

Rendement. — Son rendement est assez variable : 10 hectolitres à l'hectare dans les terres pauvres, 20 et 25 hectolitres dans les bonnes terres.

Le seigle de bonne qualité pèse de 72 à 76 kilogrammes l'hectolitre. On peut espérer une production moyenne de 170 à 180 kilogrammes de paille par hectolitre de grain récolté.

Cette paille sert à faire des paillassons, à fabriquer des liens, à couvrir les meules de céréales, les habitations, à fabriquer des chapeaux et à rempailler des chaises.

204. Orge. — *Variétés.* — Les variétés d'orge cultivées se rattachent à deux groupes :

1° les orges d'hiver ou escourgeons;

2° les orges de printemps ou baillarges, paumelles, marsèches, etc.

Sol. — Les terres calcaires sont celles sur lesquelles elle donne les rendements les plus élevés. Le sol dans lequel on veut cultiver l'orge a dû être parfaitement ameubli par les cultures précédentes. Il ne faut pas fumer directement cette céréale, parce qu'elle pousse alors trop en paille et donne peu de grain. Elle se trouvera très bien d'une application de 500 kilogrammes de superphosphate ou de scories, auxquels on ajoutera 150 kilogrammes de sulfate de potassium.

Culture. — L'orge d'hiver doit être semée tôt, afin qu'elle ait le temps de taller avant l'hiver. On pourra donc la semer dans le courant de septembre.

L'orge de printemps, devra également être semée dès que la température le permettra. Les orges semées de bonne heure donnent les produits les plus rémunérateurs.

On sèmera les baillarges pendant les mois de février et de mars.

La quantité de semence d'orge qu'on répand sur un hectolitre varie depuis deux jusqu'à trois hectolitres, à la volée. Quand on emploie le semoir, on peut diminuer ces doses et les ramener à 180 litres.

L'escourgeon est généralement mûr en juillet, et la baillarge en août. Il faut alors couper dès le matin et s'arrêter quand le soleil est trop chaud, car les épis s'égrènent avec facilité.

Rendement. — Le rendement est de 20 à 25 hectolitres à l'hectare; dans les très bonnes terres, il peut s'élever à 40 hectolitres.

Le poids d'un hectolitre de grains d'escourgeon est de 60 kilogrammes environ; celui d'un hectolitre de baillarge varie de 65 à 70 kilogrammes.

On peut compter sur un rendement de 125 à 130 kilogrammes de paille par hectolitre de grains récoltés, ce qui, pour un rendement de 20 hectolitres, correspond à 2 500 kilogrammes de paille environ.

L'orge peut être substituée en partie à l'avoine pour l'alimentation des chevaux.

205. **Avoine.** — *Variétés.* — Les variétés se rattachent à deux groupes : les *avoines d'hiver* et les *avoines de printemps.*

On peut aussi les diviser, par rapport à la coloration du grain, en *avoines noires,* en *avoines grises* et en *avoines blanches.*

Climat. — L'avoine est une plante des climats tempérés; elle craint les excès de froid et de chaleur. On la cultive dans une grande partie de l'Europe. En France, elle réussit surtout dans le Centre, l'Ouest et le Nord ; sa limite culturale s'élève chez nous jusqu'à 1500 mètres d'altitude.

Sol. — L'avoine est peu difficile pour le sol ; toutes les terres lui conviennent. On peut se contenter, pour la préparation du sol, de donner un seul labour, mais il est préférable d'en donner deux.

Culture. — Les semailles d'avoine se font en lignes ou à la volée.

L'avoine d'hiver se sème en septembre et octobre, et l'avoine de printemps, du 1er février au 15 mars. Un proverbe dit : « Avoine de février remplit le grenier. » Cela semblerait indiquer qu'il convient de semer dans le courant de février.

La quantité de semence à employer varie de deux à trois hectolitres par hectare, si l'on sème à la volée ; quand on se sert du semoir, une dose de 160 à 180 litres est suffisante.

Il est toujours bon de sarcler et de biner les cultures d'avoine, quand les mauvaises herbes y apparaissent.

La récolte se fait vers la fin de juin et le commencement de juillet pour les avoines d'hiver. Les avoines de printemps sont bonnes à couper de trois semaines à un mois plus tard. Pour éviter l'égrenage, beaucoup de cultivateurs récoltent leur avoine un peu prématurément. Cette manière d'opérer donne un grain dont l'écorce est moins épaisse et l'amande plus développée.

Rendement. — Le rendement en grain est en moyenne de 25 hectolitres à l'hectare. Dans les très bonnes terres, il peut s'élever à 50 et 60 hectolitres. Le poids d'un hectolitre d'avoine marchande est de 50 kilogrammes. Le rendement en paille peut être évalué à raison de 90 à 100 kilogrammes par hectolitre de grain.

206. Maïs (fig. 106). — C'est la céréale des pays méditerranéens (on l'appelle encore blé de Turquie). Elle demande beaucoup de chaleur pour fructifier, aussi elle ne peut mûrir, en France, que dans les bassins de la Garonne et du Rhône. Mais partout on peut cultiver le maïs comme **fourrage vert.**

Il existe plusieurs variétés de maïs. On le sème au printemps, lorsque les gelées, auxquelles il est très sensible, ne sont plus à craindre. Il est préférable de le semer en lignes écartées, à la dose de 15 à 20 kilogrammes à l'hectare, et de butter les lignes en juillet-août, de façon à favoriser la

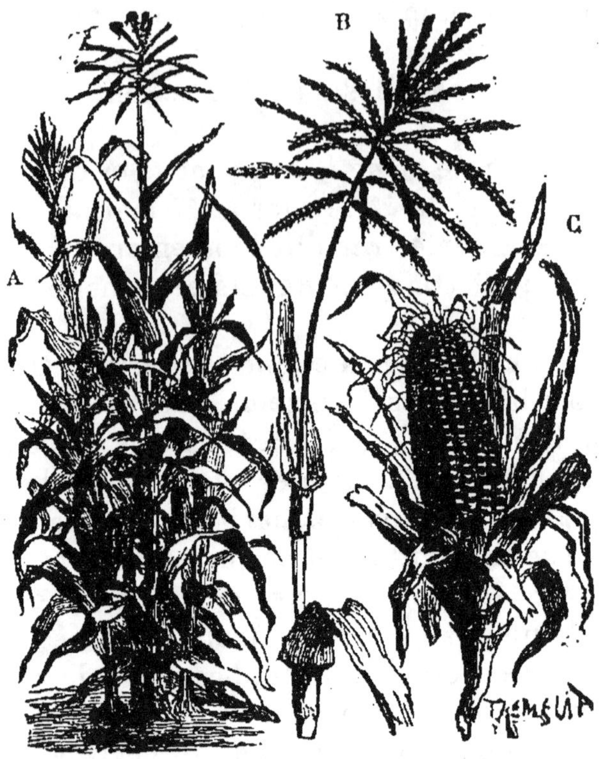

Fig. 106. — Maïs.

A, groupe de tiges fleuries ; B, inflorescence mâle ; C, épi femelle mûr
à spartes écartées. Cet épi a environ 15 centimètres de longueur.

multiplication des racines adventives grâce auxquelles la plante est mieux nourrie.

La maturation a lieu en septembre. Les épis qui proviennent des fleurs femelles sont recueillis et sont mis à sécher sous un hangar jusqu'à ce qu'ils soient bien secs ; ils sont alors égrenés et le grain est utilisé pour l'alimentation de l'homme (farine fournayée dite gaudes) et pour celle des animaux (volailles, porcs, chevaux).

Son rendement moyen est de 40 hectolitres de grain à l'hectare, le grain pèse de 75 à 80 kilogrammes l'hectolitre.

207. Sarrasin (fig. 107). — Le sarrasin est une plante de la famille des Polygonées, à laquelle conviennent les climats doux et à atmosphère humide. Aussi cette plante est-elle surtout cultivée en Bretagne, en Normandie, en Bresse, en Dombes et dans le Dauphiné. Tous les sols lui conviennent, à la condition que la terre soit meuble au moment des semailles.

Culture. — On peut le semer à la dose d'environ 50 litres à l'hectare en mai-juin, ou en juillet en culture dérobée après le blé, pour le récolter en octobre.

Son rendement est très variable, il peut atteindre 30 hectolitres à l'hectare ; le poids du grain est d'environ 60 à 70 kilogrammes à l'hectolitre.

208. Fève et féverole (fig. 108). — Ce sont des légumineuses à tige carrée, creuse, les feuilles sont alternes et composées de folioles ovales, d'un vert glauque. Les fleurs sont blanches et noires ; le fruit est une gousse plus ou moins aplatie, garnie intérieurement d'un duvet cotonneux.

Fig. 107. — Sarrasin.

Sol. — Les terres argileuses fraîches et fertiles conviennent très bien aux fèves et aux féveroles. Les semailles se font sur terrain bien préparé par les labours. On donnera un fort labour avant l'hiver, et un plus léger, pour enterrer le fumier, avant les semailles. L'ensemencement doit se faire en février, pour la région du Nord. Dans le Midi, on doit semer d'octobre à janvier.

Culture. — Les semis se font en lignes espacées de 0 m. 30 à 0 m. 40 ou dans des poquets distants les uns des autres de 0 m. 33. On enterre les semences de 0 m. 06 ou 0 m. 08 de profondeur.

La quantité de semence à répandre à l'hectare est de 160 à 200 kilogrammes.

Dès que les fèves commencent à lever, il faut leur donner un hersage léger pour ameublir le terrain et détruire les mauvaises herbes. On doit biner et sarcler quand les plantes adventices deviennent trop nombreuses.

Quand les plantes sont en fleur, il est bon de pincer l'extrémité des tiges pour arrêter le mouvement ascensionnel de la sève et rendre plus rapide le développement des gousses.

On récolte les fèves quand la plupart des gousses sont mûres ; elles prennent alors une couleur noire. On les arrache et on les laisse sécher quelques jours sur le sol. Quand elles sont sèches, on les bat au fléau, puis on les nettoie au tarare.

Rendement. — La moyenne du rendement d'un hectare est de 20 hectolitres environ. Le poids d'un hectolitre de fèves ou de féveroles est d'environ 70 à 78 kilogrammes. Le rendement en fanes est d'environ 2000 kilogrammes à l'hectare. Ces fanes peuvent servir de litière. Dans le Nord, la féverole

Fig. 108. — Fève.

est cultivée comme plante fourragère ; on lui associe, dans ce cas, de l'avoine ou de la vesce de printemps. On fauche la féverole fourragère en juillet ou en août, quand les gousses sont bien formées. Elle peut être donnée en vert aux animaux ou conservée en sec pour l'hiver ; elle porte alors le nom d'hivernage.

209. Haricot (fig. 109). — Des deux groupes de haricots, haricots nains et haricots à rames, seuls les premiers peuvent être cultivés en plein champ.

Culture. — Les haricots ne peuvent être cultivés en grand que dans les terres très meubles et très propres. Ils viennent bien dans les terres de marais, quand elles ont été bien desséchées (Vendée et Charente-Inférieure).

La préparation des terres est la même que pour les fèves.

On sème à la fin d'avril et dans le courant de mai, en lignes espacées de 0 m. 50 ou en poquets distants les uns des autres de 0 m. 33. Il faut semer le haricot quand les gelées ne sont plus à craindre, car c'est une plante très délicate. La quantité de semence nécessaire pour l'ensemencement d'un hectare varie de 120 à 150 kilogrammes.

On bine et l'on sarcle les haricots quand le besoin s'en fait sentir. Quand la plupart des gousses sont mûres, on fait la récolte. Pour cela, on arrache les plantes à la main et on en fait de petites bottes, qu'on laisse pendant deux ou trois jours dans le champ, pour les faire sécher. On les rentre ensuite et on les dépose dans un grenier, où la dessiccation s'achève en attendant le battage. On peut aussi les dessécher sur le champ, en disposant les bottes la tête en bas, si le temps est au beau. On les bat au fléau sur des toiles ou on les égrène à la main.

Fig. 109. — Haricot.

Les haricots craignent beaucoup la pluie au moment de la maturité. Les grains se recouvrent alors de taches grisâtres, ce qui les rend impropres à la vente. Ces taches sont dues à un champignon, l'*anthracnose* du haricot.

Rendement. — On obtient en moyenne 20 hectolitres à l'hectare. Chaque hectolitre pèse de 75 à 80 kilogrammes. Le rendement en tiges ou fanes peut atteindre de 1 500 à 1800 kilogrammes à l'hectare.

210. Lentille (fig. 110). — Les lentilles sont caractérisées par un ovaire à deux ovules, ce qui fait qu'à la maturité **chaque gousse ne donne que deux graines au maximum.**

Ce sont des végétaux à tiges anguleuses et rameuses de 0 m. 20 à 0 m. 40 de hauteur, portant des feuilles composées.

Les meilleures variétés de lentilles sont : la *lentille commune* et la *lentille verte du Puy.*

Culture. — Les lentilles aiment les sols légers, surtout quand ils contiennent une certaine proportion de calcaire.

Fig. 110. — Lentille.

Fig. 111. — Pois.

Sur les terres argileuses, les lentilles poussent en herbe, mais donnent peu de grains.

Les semailles peuvent s'effectuer à l'automne ou au printemps. Les lentilles d'hiver se sèment en septembre et octobre, tandis que les lentilles de printemps se sèment en mars. Les semis se font en poquets ou en lignes. On espace les poquets de 0 m. 30 à 0 m. 40, et les lignes de 0 m. 25 à 0 m. 30. On emploie de 100 à 150 litres de semence par hectare.

La maturité arrive vers la fin de juillet; il faut alors procéder à la récolte. On choisit un jour de beau temps et l'on opère l'arrachage des tiges, en ayant soin de les mettre en paquets à mesure. On laisse les paquets sur le sol, la racine en l'air, pendant quelques jours, puis on les rentre à la ferme où a lieu le battage, qui se fait au fléau.

Le rendement en grains est d'environ 15 hectolitres par hectare, et l'hectolitre pèse de 78 à 80 kilogrammes. On peut compter sur un rendement en paille de 2 000 à 2 500 kilogrammes à l'hectare.

211. Pois (fig. 111). — Les pois destinés à l'alimentation de l'homme se cultivent dans les jardins et en grande culture. Il faut choisir pour ces cultures des terres légères, bien fumées en acide phosphorique et en potasse.

Bruche. — Ces deux graines, les lentilles et les pois, sont attaquées par la bruche, petit coléoptère de la famille des charançons dont la femelle pond ses œufs sur les gousses dès qu'elles sont formées. La larve ronge l'intérieur du grain et au printemps suivant s'y métamorphose en nymphe, puis en insecte parfait. Il est difficile de se débarrasser de cet insecte ; il faut éviter de semer des graines renfermant des larves ; on reconnaît ces dernières à ce qu'elles surnagent quand on les met dans l'eau.

CHAPITRE IV

PLANTES INDUSTRIELLES

212. Les plantes industrielles [1]. — Les plantes qui fournissent les matières premières nécessaires aux industries manufacturières peuvent être classées en quatre groupes :

1° Plantes oléagineuses ;
2° Plantes textiles ;
3° Plantes aromatiques ;
4° Plantes à sucre.

I. — *Plantes oléagineuses.*

213. Plantes oléagineuses. — On nomme *plantes oléagineuses* les plantes qu'on cultive en vue d'obtenir l'huile que contiennent leurs fruits ou leurs graines et qui peut servir à l'alimentation de l'homme, à l'éclairage des habitations et à la fabrication des savons.

Les principales plantes oléagineuses sont : le *colza*, la *navette*, la *cameline*, le *pavot* ou *œillette*, l'*olivier* et le *noyer*.

Pour ces deux dernières plantes, voir les paragraphes 181 et 182.

214. Colza. — Le colza est cultivé en France dans les régions du Nord-Ouest, de l'Ouest et du Nord-Est.

Variétés. — Il en existe deux variétés principales : le *colza d'hiver* et le *colza de mars* ou *de printemps*.

Sol. — Cette plante redoute les terres humides où l'eau

---

1. Dans ce chapitre, on pourra n'étudier que ce qui s'applique aux cultures auxquelles on se livre dans le département ou qui seraient susceptibles d'y être introduites avec profit.

séjourne. Elle est exigeante et ne vient bien que dans des terrains de bonne qualité ou fortement fumés.

Un labour profond à la charrue, suivi de hersages, suffit pour préparer le sol qu'on destine au colza.

Culture. — Les semis se font en pépinière ou en place, à la volée ou en lignes. Quand on sème le colza à la *volée,* on met environ 8 litres de semence par hectare. Les sarclages peuvent difficilement être donnés par cette méthode; aussi l'emploie-t-on fort peu. On préfère le semis au semoir en lignes espacées de 0 m. 60 et qui nécessite seulement 5 litres de semence à l'hectare.

Le colza d'hiver se sème au commencement d'août, quand on croit que le temps est à la pluie, car une pluie légère fait immédiatement lever la graine. Les semis de colza de printemps se font dès que les gelées ne sont plus à craindre. Quand les plantes ont 4 ou 5 feuilles, il faut les éclaircir pour les empêcher de s'étioler.

Si on sème en pépinière, il faut compter un hectare de pépinière pour cinq hectares à planter.

Le terrain destiné à la pépinière doit être bien fumé. On sème à raison de 8 litres à l'hectare, en juillet, pour repiquer du 15 septembre au 15 octobre. Si la sécheresse est grande en juillet, on sème seulement après la pluie.

La plantation se fait à la charrue ou au plantoir.

Il faut sarcler et biner deux fois, au printemps. On opère avec la houe à cheval, entre les lignes, et à la main, dans les lignes.

Récolte. — Le colza fleurit au commencement de mai. La graine mûrit vers la fin de juin ou au commencement de juillet. Le colza est mûr quand les siliques ou enveloppes des graines sont jaunâtres et légèrement transparentes. On coupe alors les tiges avec une faucille et on les dépose avec soin sur le sol. Pour ne pas perdre de graines, il vaut mieux couper le colza un peu vert et en achever la dessiccation en le mettant en *meulons.* On place les tiges de façon que le sommet soit tourné vers le centre du meulon et le pied vers la circonférence. A mesure que le meulon s'élève, on croise un peu les tiges les unes sur les autres, vers le milieu du tas. Quand le tas a atteint 2 mètres environ de hauteur, on l'assujettit par un lien, au sommet, si l'on craint les coups de vent.

Battage. — On bat le colza dans le champ sur de grandes toiles, où il est apporté à l'aide de *civières,* ou *comportes,* garnies de toile. Le battage se fait avec des fléaux légers : on crible ensuite, pour séparer la graine des siliques. La graine de colza est portée au grenier après criblage, et dès qu'elle est parfaitement sèche, on la passe au *tarare ventilateur.* Il faut la remuer tous les jours d'abord et moins souvent ensuite, pour l'empêcher de s'échauffer.

Le rendement moyen du colza est de 20 à 25 hectolitres de graines par hectare. On obtient, en outre, de 2 800 à 3 000 kilogrammes de tiges et 200 hectolitres de siliques.

L'hectolitre de graine de colza pèse de 66 à 70 kilogrammes. Un hectolitre de graines fournit de 24 à 26 kilogrammes d'huile. Cette huile est employée pour l'alimentation, l'éclairage, la fabrication du savon noir, l'apprêt des cuirs, etc.

Le résidu solide provenant de la fabrication de l'huile, et connu sous le nom de *tourteau,* est utilisé comme engrais. Il contient environ 5 p. 100 d'azote, 2 p. 100 d'acide phosphorique et 1,5 p. 100 de potasse. On peut aussi l'utiliser pour l'alimentation des animaux.

Fig. 112.
Silique de Navette.

215. Navette (fig. 112). — La navette se distingue du colza par ses feuilles hérissées de poils rudes. Les graines sont plus petites et moins abondantes.

Variétés. — On cultive la *navette d'hiver* et la *navette d'été* ou *quarantaine.*

La navette d'hiver se sème à la fin d'août et pendant tout

le mois de septembre. La navette d'été se sème en avril et mai. On peut en semer jusqu'en juillet.

Sol. — Cette plante se sème dans les terrains trop pauvres pour le colza ; elle a aussi l'avantage de pouvoir être semée plus tard et de laisser plus de temps pour préparer le sol.

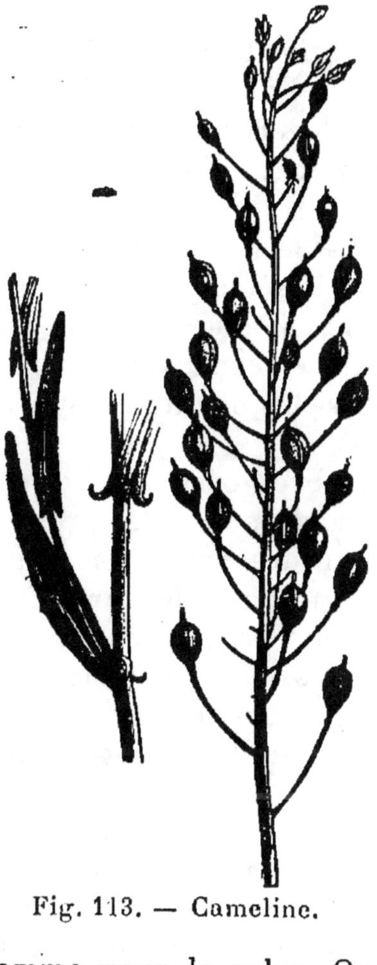

Culture. — Les semis se font à la volée ou en lignes.

La navette ne se transplante jamais et exige la même culture que le colza. Pour le semis, employer de 6 à 7 litres de graines à l'hectare.

On récolte la navette d'hiver généralement en juin ; la navette d'été, en août ou septembre.

L'époque de la récolte est indiquée par le jaunissement des tiges et des siliques inférieures. Une récolte prématurée fournit des graines rougeâtres, peu riches en huile.

On réunit les tiges en javelles, et on les dispose en lignes orientées de telle sorte que le pied de la plante soit du côté des vents dominants.

Quand la récolte est bien sèche, on bat sur le champ,

Fig. 113. — Cameline.

comme pour le colza. On laisse les graines mélangées à une portion de siliques et l'on ne fait la séparation qu'au moment de la vente, par un coup de tarare.

Le rendement de la navette est de 15 à 20 hectolitres environ à l'hectare. La graine de navette pèse de 65 à 70 kilogrammes l'hectolitre. Un hectolitre de graines peut donner 22 à 23 kilogrammes d'huile. Cette huile est employée aux mêmes usages que celle de colza ; elle est un peu plus épaisse.

Le rendement en tiges est de 1 500 à 1 800 kilogrammes par hectare. Ces tiges peuvent être employées comme litière. On obtient également 150 hectolitres environ de siliques, qu'on utilise dans l'alimentation du bétail, en mélange avec des betteraves.

216. Cameline (fig. 113). — On cultive la cameline principalement en Flandre, en Artois, en Picardie, en Champagne. Elle réussit dans les terres légères où les autres plantes oléagineuses ne viendraient pas ; elle végète mal sur les terres très compactes.

Culture. — La cameline se sème à la fin d'avril ou de mai, sur une terre bien ameublie. On la sème généralement à la volée, mais elle réussirait mieux si on la semait en lignes. On emploie de 6 à 8 litres de semence par hectare.

Pendant la végétation, on sarcle, si les plantes nuisibles envahissent le terrain.

La récolte a lieu en août ou septembre, lorsque les tiges présentent une teinte jaunâtre et quand les silicules provenant des premières fleurs contiennent des graines mûres. Il ne faut pas attendre que toutes les graines soient arrivées à maturité, car on en perdrait beaucoup par l'égrenage.

Les tiges sont déposées en javelles et abandonnées à elles-mêmes pendant quelques jours. On les bat sur le champ ou dans une grange au moyen de fléaux légers ou de gaules flexibles.

La graine, après avoir été nettoyée, est mise dans un grenier, où l'on doit la remuer une ou deux fois par semaine, de peur qu'elle ne s'échauffe. Elle est de couleur jaune rougeâtre. Les tiges servent soit à confectionner des balais, soit à couvrir des bâtiments, soit comme litière.

Le rendement est, par hectare, de 15 à 16 hectolitres de graines pesant de 68 à 70 kilogrammes. On peut compter sur un rendement en tiges de 2 500 à 3 000 kilogrammes par hectare.

On obtient en moyenne de 28 à 30 kilogrammes d'huile par 100 kilogrammes de graines. Cette huile est utilisée pour l'éclairage et pour la fabrication de certaines peintures.

Le résidu solide de la fabrication de l'huile ou *tourteau* a une couleur rouge jaunâtre. On peut l'employer comme engrais ou pour l'alimentation des animaux.

217. Pavot ou œillette. — La culture de l'*œillette* est surtout pratiquée dans le nord de la France.

Variétés. — On cultive : 1° le *pavot œillette ordinaire*, appelé aussi *pavot gris*, *pavot rouge*, dont les graines sont gris-perle ; 2° le *pavot* ou *œillette aveugle* à graines de couleur brune.

Culture. — Les sols de consistance moyenne conviennent à cette culture ; dans les sols humides, le pavot ne vient pas bien.

Le pavot se sème en lignes ou à la volée, pendant le courant de mars. On répand 3 ou 4 litres de graines à l'hectare.

Les semis à la volée ont l'inconvénient de rendre les binages et les sarclages difficiles.

Les semis en lignes se font à l'aide du semoir ; on espace les rangs de 0 m. 30 à 0 m. 40.

On doit sarcler et éclaircir le pavot une quinzaine de jours après que la plante est sortie de terre. Pendant le cours de sa végétation, on sarcle et l'on bine suivant les besoins.

Lorsque le pavot est semé en lignes, il est bon de le butter, car les pieds résistent mieux aux vents.

On récolte à la fin d'août et au commencement de septembre. Les premières capsules sont alors entièrement desséchées.

On arrache les tiges et on les met en bottes, qu'on range en faisceaux. Une dizaine de jours après, on bat la graine dans un cuveau, en secouant les têtes contre les parois du récipient dans lequel on opère. Il faut d'abord enlever la couverture qui retient les graines dans leur enveloppe.

On peut obtenir par hectare de 15 à 20 hectolitres de graines, pesant de 60 à 65 kilogrammes l'hectolitre.

---

1. Les pavots contiennent un suc laiteux, qui renferme la substance nommée opium. L'opium est un poison dont l'usage est interdit à la fois par la loi et par les prescriptions de l'hygiène.

Les graines d'œillette donnent 35 p. 100 d'huile environ. Cette huile est désignée sous le nom d'huile blanche. Elle est comestible et très employée dans la région du Nord.

Le tourteau d'œillette est un résidu important de la fabrication de l'huile ; il est estimé pour la nourriture des bœufs et des moutons.

Le rendement en tiges atteint 2 500 à 3 000 kilogrammes par hectare. Ces

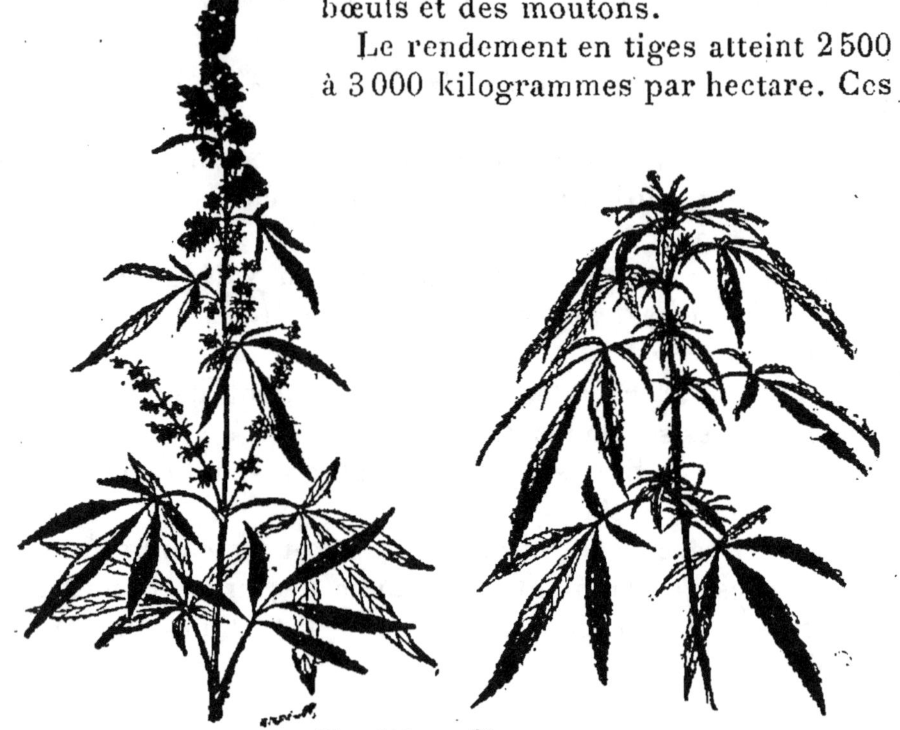

Fig. 114. — Chanvre.

A gauche, pied mâle ; à droite, pied femelle.

tiges peuvent être employées comme litière où pour servir de combustible.

II. — *Plantes textiles.*

218. Chanvre. — Le chanvre est une plante dioïque : on distingue des pieds portant des fleurs mâles et des tiges n'ayant que des fleurs femelles (fig. 114).

Variétés. — On cultive en France :

1° le *chanvre commun ou ordinaire*, le plus répandu ; ses tiges atteignent de 1 m. 50 à 2 mètres de hauteur ;

2° le *chanvre de Piémont* ou *grand chanvre*, de taille plus élevée.

Sol. — Les terrains d'alluvions riches et fertiles lui conviennent parfaitement.

Il faut une terre profondément ameublie; pour l'obtenir, on laboure avant l'hiver à 0 m. 30 de profondeur. Au printemps, on scarifie, on herse et l'on roule, puis on laboure de nouveau avant de semer.

Le chanvre est une plante exigeante; aussi faut-il appliquer une forte fumure avant l'hiver, de manière qu'il y ait un stock suffisant de matières assimilables au moment des semailles.

Culture. — On sème en mai, à raison de 2 ou 3 hectolitres à l'hectare, suivant qu'on veut obtenir de la filasse plus ou moins fine.

Le chanvre exige peu de soins pendant sa végétation. La promptitude avec laquelle il végète lui permet généralement de dominer les plantes adventices. Il est cependant nécessaire d'arracher les mauvaises herbes à la main, dès que le chanvre est levé; plus tard, il s'en débarrasse seul.

La récolte des tiges se fait en deux fois. On récolte d'abord les pieds mâles, quand la fécondation du chanvre femelle a eu lieu. On reconnaît les pieds mâles à ce caractère que les fleurs sont disposées au sommet des tiges en petites grappes lâches, d'un jaune pâle.

De 20 à 25 jours après l'arrachage des pieds mâles, on procède à l'arrachage des pieds femelles. Ceux-ci diffèrent des pieds mâles en ce que les fleurs sont presque sessiles à l'insertion des feuilles. Au moment de l'arrachage, ils portent des graines.

Après la récolte, on procède au *rouissage* et au *teillage,* opérations qui ont pour objet la séparation de la filasse.

Rendement. — Le rendement moyen en tiges est de 2 400 à 4 000 kilogrammes par hectare et de 600 à 1 000 kilogrammes de filasse.

Le produit en graines (chènevis) oscille entre 8 et 12 hectolitres; chaque hectolitre de chènevis pèse de 50 à 53 kilogrammes.

La filasse de chanvre est utilisée dans la fabrication du fil, de la toile, des ficelles et des cordages.

La graine sert à la nourriture des volailles et des oiseaux; on peut aussi en obtenir une huile très siccative qu'on emploie dans l'éclairage, la peinture et la fabrication du savon.

Le tourteau est utilisé comme engrais ou appât dans les pêcheries.

219. Lin (fig. 115). — *Variétés*. — Les diverses sortes de lin se divisent en variétés de printemps et en variétés d'hiver.

Les lins de printemps ou *lins froids* sont les plus cultivés. Les lins d'hiver ou *lins chauds* sont surtout cultivés dans le Sud-Ouest; dans le Centre et le Nord, les intempéries les détruiraient.

Culture. — Le lin ne réussit que dans les terres un peu légères, mais profondes et fraîches. Il lui faut un sol riche, profondément ameubli et net de mauvaises herbes. Un excès d'azote amène la *verse*, les engrais phosphatés et potassiques agissent surtout sur les semences, dont ils

Fig. 115. — Lin.

augmentent le rendement et la valeur. Les lins d'hiver ou lins chauds se sèment en septembre et octobre; les lins de printemps sont mis en terre depuis mars jusqu'en mai. Le semis se fait généralement à la volée, à raison de 2 hectolitres et demi à 3 hectolitres par hectare.

Le lin redoute les mauvaises herbes; aussi faut-il les enlever, dès que le terrain en contient. Pour cela, on opère des sarclages; les binages proprement dits sont impossibles à cause du grand nombre de pieds.

Si l'on veut obtenir des fibres très fines sans recueillir de graines, on récolte le lin quand les feuilles ont une tendance à jaunir, après quoi on procède au *rouissage* et au *teillage.* Quand on veut récolter des semences, il faut attendre que les capsules soient sèches et qu'elles contiennent des graines bien mûres. On récolte le lin en arrachant les tiges; on les met ensuite en faisceaux, pour les faire sécher.

Quand la dessiccation est complète, on sépare les graines au moyen d'une baguette, avec laquelle on frappe sur la tête des tiges. On peut aussi se servir de *peignes* ou d'*égreneuses mécaniques.*

Rendement. — On récolte par hectare de 450 à 500 kilogrammes de filasse et de 300 à 400 kilogrammes de graines.

La filasse de lin est employée dans l'industrie pour la fabrication des toiles fines.

Les graines de lin renferment un mucilage abondant, qui leur donne des propriétés émollientes. On s'en sert pour faire des tisanes et des cataplasmes. De ces graines on peut également extraire une huile fine, siccative, employée dans la peinture.

III. — *Plantes aromatiques.*

220. Tabac (fig. 116). — Le tabac est originaire de l'Amérique méridionale. On en doit l'introduction en France à Jean Nicot (1530-1604).

Sol. — Il faut au tabac une terre riche en éléments fertilisants. Le sol doit être préparé par plusieurs labours, de manière que la terre soit en parfait état au moment de la plantation.

Le tabac demande d'abondantes fumures. Les matières fertilisantes les plus employées sont : le fumier de ferme et les matières fécales. On complète la fumure avec des tourteaux ou des engrais chimiques. L'emploi d'engrais azotés s'impose, mais il faut aussi donner au sol des éléments phosphatés et potassiques, si l'on veut obtenir des produits bien combustibles.

Culture. — On sème le tabac en pépinière sur des plates-bandes ou sur des couches sourdes. La graine germe assez difficilement, aussi faut-il arroser de temps en temps, pendant quinze jours à trois semaines. Un mois à un mois et demi après l'apparition du plant, on procède à la plantation, qui s'effectue à l'aide d'un plantoir : on espace les pieds

Fig. 116. — Tabac.
A gauche, un pied en fleur ; à droite, de haut en bas,
une fleur, un fruit, une graine.

d'un mètre environ en tous sens, suivant les ordres spéciaux de l'Administration.

Au bout de quinze jours à trois semaines après la plantation, il faut donner un binage. Cette opération se renouvelle ensuite suivant les besoins, et l'on ramène en même temps de la terre près du pied, afin de le consolider.

On doit écimer le tabac, avant l'apparition des fleurs, afin de concentrer la sève dans les feuilles. On écime à la hauteur de sept ou huit feuilles. Il faut aussi pratiquer l'*épamprement,* qui consiste à enlever les deux feuilles inférieures. Enfin il faut enlever les bourgeons qui ont tendance à se faire jour à l'aisselle des feuilles.

La récolte se fait de quatre-vingt-dix à cent jours après la plantation, quand on voit les feuilles devenir d'un vert tendre et que le pétiole jaunit et s'infléchit. Après la récolte, on fait dessécher les feuilles avant de livrer le tabac à l'Administration[1].

La production moyenne du tabac est d'environ 1 000 à 1 200 kilogrammes par hectare, avec des extrêmes de 580 kilogrammes par hectare dans le Var et de plus de 2 700 kilogrammes dans le département du Nord.

Monopole de l'État pour la vente du tabac. La culture du tabac n'est pas libre en France. — Environ vingt départements seulement sont autorisés à s'y livrer.

221. Houblon (fig. 117). — Le houblon est une plante dioïque ; on le cultive pour le principe aromatique que renferment ses fleurs femelles. Ce principe aromatique ou *lupuline* est constitué par une matière jaune, amère, résineuse et odorante. Il sert à aromatiser la bière.

On ne cultive que les pieds femelles de houblon.

Variétés. — Les variétés de houblon les plus importantes sont : le *houblon précoce,* à cônes de couleur foncée, et le *houblon tardif,* moins coloré et dont la cueillette se fait plus tard.

Le houblon est cultivé en France surtout dans les régions du Nord et de l'Est.

Culture. — La plantation d'une houblonnière se fait par éclats de racines, élevés en pépinière. Cette opération a lieu en février ou mars, dès que la température le permet. La mise en place des pieds a lieu suivant les lignes ou allées qui se coupent à angle droit ; on opère aussi en quinconce. Dans les deux cas, on dirige les allées de manière que le soleil puisse aisément pénétrer dans la houblonnière pendant toute la journée. Les pieds de houblon sont espacés de 1 m. 65 à 2 mètres en tous sens.

---

1. Pendant la végétation, les employés de la régie font des inventaires sur le nombre de pieds de tabac cultivés. Cette culture est réglementée par l'administration des contributions indirectes.

On doit biner les houblonnières pour les maintenir nettes de mauvaises herbes. Il faut également placer des échalas pour soutenir les tiges.

La récolte des cônes a lieu à la fin de l'été ou au commencement de l'automne. Pour pratiquer la récolte, on coupe, à 0 m. 30 environ du sol, les tiges qui s'enroulent autour des échalas. On recueille ensuite les fruits en laissant à chaque cône un pétiole de 0 m. 02 à 0 m. 03 de longueur.

Le rendement d'une houblonnière est de 150 à 200 kilogrammes de cônes par hectare et par an, à partir de la troisième année et jusqu'à l'âge de douze ans environ.

IV. — *Plantes saccharifères.*

222. Betterave à sucre. — La culture de la betterave à sucre ne date que du commencement du siècle dernier. Cette plante fournit aujourd'hui plus du tiers de tout le sucre qui se

Fig. 117. — Rameau fleuri de Houblon; réduit au tiers.

consomme dans le monde entier. En France, sa culture reste surtout confinée dans les régions du Nord et du Nord-Est.

Variétés. — Les variétés de betteraves à sucre sont assez nombreuses; elles sont, pour la plupart, issues de la *betterave blanche de Silésie.* Les principales sont, parmi les variétés françaises : la *betterave à collet vert,* la *betterave à collet rose* et la *betterave améliorée de Vilmorin;* parmi les variétés étrangères : la *betterave de Magdebourg* et la betterave impériale de Knauer. (Toutes les betteraves à sucre sont de couleur blanche.)

Les meilleures betteraves à sucre poussent profondément en terre, sans en sortir. Elles ont une racine allongée, un collet large, des feuilles nombreuses, une chair ferme et la peau rugueuse. Leur poids dépasse rarement un kilogramme. Quand les betteraves grossissent beaucoup, elles contiennent peu de sucre. A l'encontre de ce qui se passe dans les fruits, moins les betteraves voient la lumière, plus le sucre s'y développe.

Sol. — Les sols qui conviennent le mieux à la betterave à sucre sont les terrains argilo-siliceux ou argilo-calcaires, de bonne profondeur.

Deux labours sont nécessaires : le premier est exécuté en août ou septembre ; il sert à enfouir la fumure. On lui donne une profondeur de 0 m. 30 à 0 m. 35. Le deuxième labour est exécuté à la fin de l'hiver ; on le fait plus superficiellement et il sert quelquefois à enfouir quelques engrais complémentaires, à base de phosphate et d'azote. On se trouve bien d'un mélange de superphosphate haut titré et de sulfate d'ammoniaque. La teneur en acide phosphorique doit être le double de celle en azote. La quantité d'engrais composé à employer varie de 100 à 400 kilogrammes, suivant la richesse du sol.

Culture. — Les semailles ont lieu depuis la fin de mars jusqu'au commencement de mai ; elles s'exécutent en lignes espacées de 0 m. 25 à 0 m. 35, suivant que les travaux d'entretien se font à la main ou à l'aide d'instruments attelés. La quantité de semence à répandre sur le sol varie de 20 à 25 kilogrammes.

Lorsque les plantes ont trois ou quatre feuilles, on procède à leur *démariage,* c'est-à-dire qu'on diminue le nombre des plants dans la ligne. On laisse environ de dix à quinze betteraves par mètre carré.

Les soins d'entretien de la betterave à sucre consistent en binages et en sarclages. On les donne dès la levée des betteraves et on les continue de quinzaine en quinzaine.

La maturité des betteraves s'annonce par le jaunissement des feuilles et leur inclinaison vers la terre ; elle commence, en général, à la fin de septembre.

L'arrachage des racines se fait à l'aide de machines spéciales, traînées par des chevaux ou des bœufs. Après avoir été arrachées, les racines sont débarrassées de la terre qui les entoure, et l'on procède à leur effeuillage en coupant le collet. Les betteraves sont ensuite mises en tas ou chargées sur des chariots.

Rendement. — Le rendement moyen d'un hectare de betteraves à sucre est de 30 000 à 35 000 kilogrammes.

Les betteraves à sucre se vendaient autrefois au poids ; aujourd'hui le prix d'achat est réglé par la richesse des racines en sucre. Cette richesse peut être appréciée très rapidement, grâce à un instrument assez simple, le *saccharimètre*.

La betterave a donné naissance, en France, à deux industries importantes : la fabrication du sucre et celle de l'alcool de betterave.

Composition des betteraves. — La composition des betteraves à sucre est à peu près la suivante :

	%
Eau	84
Sucre[1]	10
Matières azotées	1,50
Cellulose et pectose.	0,85
Matières organiques et autres.........	2,85
Sels	0,80
Total	100,00

Les pulpes, résidus qui restent après la séparation du jus, constituent des aliments précieux pour les bestiaux. Il est bon de les mélanger à des balles de froment ou à de la paille hachée. Les deux matières s'améliorent et se complètent par le mélange.

1. La richesse en sucre dépend des variétés cultivées.

CHAPITRE V

223. Pomme de terre (fig. 118). — La pomme de terre, encore inconnue au commencement du XVIe siècle, occupe aujourd'hui un rang important dans l'alimentation.

Elle est originaire de l'Amérique. En 1586, le navigateur anglais Walter Raleigh et Thomas Herriott rapportèrent en Angleterre des tubercules pris en Virginie, sur la côte de l'Amérique du Nord.

Elle ne se répandit guère en France que vers le milieu du XVIIIe siècle. Les publications et les efforts de Parmentier pour en propager la culture dans notre pays furent couronnés de succès, grâce à l'appui de Louis XVI. On l'a quelquefois considéré comme l'introducteur de cette plante en France. Bien avant lui, cependant, la pomme de terre était d'un usage courant en Lorraine, en Franche-Comté et dans le Dauphiné. Les écrits de Parmentier eurent pour résultat d'étendre dans tout le pays les bienfaits que certaines provinces retiraient de cette culture.

Fig. 118. — Pomme de terre.

Variétés principales. — Nous avons groupé dans le tableau ci-après les principales variétés avec l'indication de leurs caractéristiques :

PRINCIPALES VARIÉTÉS DE POMMES DE TERRE

DÉSIGNATION DES VARIÉTÉS	FORME	COULEUR		MATURITÉ	QUALITÉS DIVERSES
		DE LA PEAU	DE LA CHAIR		
I. — *Potagères de primeur.*					
Marjolin	Longue.	Jaune.	Jaune.	Très précoce.	Pommes de terre de product...
Victor	Id.	Id.	Id.	Id.	faible, peu résistantes au mildio...
Belle de Fontenay	Id.	Id.	Id.	Id.	
II. — *Potagères de grande culture.*					
Quarantaine violette	Id.	Violette.	Id.	Demi-hâtive.	Productivité moyenne.
Belle de Juillet	Ronde.	Jaune.	Id.	Id.	Id.
Fluke géante	Longue.	Id.	Blanche.	Précoce.	Cultivée dans l'O. pour l'exporta...
Early rose	Id.	Rose.	Id.	Id.	Qualité ordinaire, fertile.
Magnum bonum	Id.	Jaune.	Id.	Tardive.	Variété à deux fins.
Fin de Siècle	Id.	Id.	Id.	Id.	Variété très productive.
Institut de Beauvais	Id.	Rose.	Id.	Id.	Variété à deux fins.
Industrie	Ronde.	Jaune.	Jaune.	Id.	Productive, convient aux limons plateaux du N. et des alluvions ciaires de l'Est.
Chave	Id.	id.	Id.	Id.	Bonne qualité.
III. — *Fourragères et industrielles.*					
Richter's Imperator	Ronde.	Jaune.	Blanche.	Très tardive.	De conservation quelque peu diffi...
Géante sans pareille	Id.	Id.	Jaune.	Tardive.	Très résistante au mildiou.
Professeur Maerker	Id.	Id.	Blanche.	Id.	De bonne conservation.
Professeur Wohltmann	Longue.	Rouge.	Id.	Id.	Très productive.
Géante bleue	Id.	Violette.	Id.	Très tardive.	Très résistante au mildiou.
Merveille d'Amérique	Ronde.	Rouge.	Id.	Demi-tardive.	Productive.
Czarine	Id.	Panachée Rouge.	Jaune-pâle.	Tardive.	Très résistante au mildiou.

Culture. — La pomme de terre réussit bien dans tous les terrains, sauf dans les sols trop argileux ou trop humides.

Elle est sensible à l'influence des engrais ; ceux qui lui conviennent le mieux sont les engrais potassiques.

Le sol doit être ameubli par un labour avant l'hiver ; au printemps, on donne un second labour et un hersage ; puis, quelque temps après, on fume et l'on enterre le fumier et les tubercules par un troisième labour.

L'époque la plus favorable à la plantation s'étend du 20 mars au 15 mai. L'espacement à observer entre chaque pied doit varier de 0 m. 40 à 0 m. 60 en tous sens. On plante généralement à la charrue, en laissant deux raies entre chaque rang. Autant que possible, on fumera fortement.

On doit prendre des tubercules de moyenne grosseur et de poids voisin de 80 grammes. Les plus gros peuvent être coupés en deux dans le sens de la longueur. Quand on dispose de locaux assez vastes, on mettra à verdir les tubercules de semence. Ce verdissement provoque l'émission de bourgeons vigoureux, ce qui assure une levée régulière des plants. Quelques agriculteurs mettent leurs plants à germer dans des clayettes rectangulaires, placées les unes au-dessus des autres dans des appartements spéciaux ou *germoirs.* Ce procédé donne de très bons résultats.

Entretien. — Dès que les pommes de terre lèvent, on donne un fort hersage. On casse bien quelques tiges en opérant ainsi, mais d'autres repoussent après. On bine et l'on sarcle quand le besoin s'en fait sentir.

Le buttage préserve les tubercules de l'invasion du mildiou de la pomme de terre. Il empêche aussi le verdissement des tubercules insuffisamment recouverts.

Rendements. — La récolte se fait surtout en septembre et octobre.

Les rendements sont fort variables. On obtient de 10 000 à 25 000 kilogrammes, et exceptionnellement 30 000 kilogrammes à l'hectare. L'hectolitre de pommes de terre pèse de 60 à 65 kilogrammes.

Conservation. — Les pommes de terre peuvent être conservées de plusieurs façons ; mais, quels que soient les locaux employés, on devra les soustraire à l'action de la lumière, qui favorise le développement d'un principe véneux à saveur âcre, la *solanine*. Les tubercules colorés en vert doivent être rejetés de la consommation, car ils peuvent occasionner des empoisonnements.

Les pommes de terre peuvent être conservées avantageusement dans des silos ; on se contente généralement de les déposer dans des caves ou dans des celliers. Les locaux les plus frais et les plus aérés sont les meilleurs. Au moment des grands froids, il est nécessaire de recouvrir les tas de pommes de terre avec de la paille.

Un excellent procédé de conservation consiste à les saupoudrer avec de la poussière de chaux, lorsqu'on les met en tas. Pendant l'hiver, il faut procéder au triage, pour enlever les tubercules avariés.

Maladies de dégénérescence. — On a constaté, depuis de nombreuses années, que la pomme de terre était atteinte de maladies mal définies se caractérisant soit par l'*enroulement des feuilles*, soit par des taches en *mosaïque*, et qui se traduisent par une diminution notable des rendements. Ces maladies sont transmissibles par hérédité ; aussi le seul moyen de les éviter paraît être le contrôle des cultures de pommes de terre de semences, c'est-à-dire l'acceptation comme semences des seuls tubercules qui proviennent de cultures reconnues indemnes de ces maladies. Ce contrôle nécessite, pendant la durée de la végétation, des visites de contrôleurs qui éliminent toute culture atteinte.

224. Betterave fourragère et demi-sucrière. — On cultive certaines variétés de betteraves en vue de l'alimentation des animaux pendant l'hiver. L'expérience a démontré que les meilleures variétés alimentaires étaient les variétés dites demi-sucrières, cultivées également en vue de l'extraction de l'alcool dans les distilleries.

On cultive encore quelques anciennes variétés fourragères à gros rendement : la *disette corne de bœuf*, la *jaune globe* (fig. 119), la *jaune Tankard*, la *jaune ovoïde des Barres*, la *géante de Vauriac* ; mais ces variétés ne fournissent pas plus de matière nutritive à l'hectare que les betteraves dites demi-sucrières et de distillerie ; au contraire, elles renferment parfois des sels (nitrates notamment) qui peuvent amener des troubles dans l'alimentation des animaux.

Culture. — La betterave redoute les sols humides.

Pour préparer le terrain, on donne un ou deux labours pendant l'hiver. Au printemps, on fume le terrain et on laboure de nouveau, pour enterrer le fumier.

Les semailles peuvent être faites en place ou en pépinière.

On fait les semis en mars et avril. Quand on sème en place, on sème sur billons ou à plat.

Le repiquage des betteraves semées en pépinière se fait lorsqu'elles ont atteint la grosseur du petit doigt. On repique généralement sur billons, en espaçant les betteraves de 0 m. 30 environ.

Fig. 119. — Betterave jaune globe.

Entretien. — Quand les jeunes plantes sont bien apparentes, on bine et l'on sarcle suivant les besoins. On renouvelle ces opérations deux ou trois fois, s'il est nécessaire. Lors du premier binage, on doit éclaircir les betteraves, de façon à les espacer de 0 m. 30. Il ne faut jamais effeuiller les betteraves au cours de leur végétation ; le fourrage obtenu ainsi est de qualité inférieure ; en outre, l'effeuillage empêche les racines de se développer.

Récolte. — Les betteraves s'arrachent en octobre et novembre. On les conserve en silos ou dans les bâtiments de la ferme.

Le rendement des betteraves fourragères varie entre 20000 et 60000 kilogrammes par hectare, le chiffre le plus élevé s'appliquant aux anciennes variétés fourragères.

225. Navet. — Toutes les variétés de navet peuvent être divisées en deux groupes : 1° les navets longs ; 2° les navets plats.

Les premiers exigent des sols profonds ; les seconds sont mieux appropriés aux sols superficiels.

Ils veulent un sol meuble, ni trop sec ni trop humide. On peut les cultiver en récolte principale ou en récolte dérobée.

On sème les navets en lignes espacées de 0 m. 40, quand il s'agit d'une culture principale, ou à la volée, pour une culture dérobée, à raison de 4 kilogrammes de graines à l'hectare.

L'ensemencement a lieu, suivant les localités, du commencement de juin à la fin de juillet. On peut aussi semer pendant tout le mois d'août, mais en sols très fertiles.

Les altises ou puces de terre sont à craindre dans les cultures de navets, de même que dans les cultures des autres crucifères. On les combat en répandant de la cendre ou de la nicotine.

Quand les navets ont cinq ou six feuilles, on leur donne un binage, s'ils sont semés en lignes, ou un hersage léger, s'ils sont semés à la volée. On donne plus tard les soins que comporte l'état du sol.

Récolte. — Les navets semés en juin et juillet sont bons à récolter en novembre.

Ils doivent être consommés par les animaux avant les betteraves, car ils se conservent difficilement. Ils peuvent être laissés au dehors sans abri, en attendant qu'on les utilise. Par les hivers rigoureux, on peut les conserver en ouvrant le sol par un trait de charrue et en les plaçant dans le sillon ; il suffit ensuite de les recouvrir par un autre trait de charrue. En silos, les navets se conservent mal.

Dans les bonnes cultures, on peut espérer un rendement de 20 000 à 30 000 kilogrammes par hectare.

226. Rutabaga. — Les rutabagas ou choux-navets réussissent dans les sols frais et sous les climats humides (Bretagne).

Ils se sèment en place ou se repiquent.

Quand on opère par repiquage, on les sème d'abord, en avril, en pépinière, et on les repique sur billons, en juin et juillet.

Quand on sème en place, on opère, d'avril en juin, à la volée ou en lignes espacées de 0 m. 35 à 0 m. 40. Après la levée des graines, on opère des éclaircissages, de manière à laisser entre les pieds un intervalle de 0 m. 40.

La récolte se fait en novembre. Les rutabagas ne craignent pas la gelée et se conservent aisément en silos.

Le rendement moyen d'un hectare est de 20 000 à 25 000 kilogrammes.

227. Carotte fourragère. — On cultive de préférence les carottes dont les racines acquièrent un fort volume et qui sont, presque sans exception, de couleur blanche.

Les variétés les plus cultivées sont : la *carotte blanche à collet vert*, la *carotte blanche d'Orthe* et la *carotte blanche des Vosges*.

La graine de carotte de deux ans est préférable à la graine d'un an. Les semis se font en avril, en lignes espacées de 0 m. 50 ou sur billons. On emploie 2 kilogrammes de graines environ par hectare.

Le sol doit être très meuble au moment du semis ; on roule par dessus pour tasser la terre et pour recouvrir les graines.

Dès que le plant est bien levé et que les lignes commencent à être visibles, on donne un premier binage. Plus tard, quand les jeunes plants ont quatre ou cinq feuilles, on donne un second binage, dont le but principal est d'éclaircir les plants, de manière à laisser entre eux une distance d'environ 0 m. 10. C'est ce qu'on appelle faire le *démariage* ou le *dédoublage*.

La récolte se fait en octobre et novembre. On peut obtenir un rendement de 25 000 à 30 000 kilogrammes à l'hectare.

Les carottes servent surtout à l'alimentation des chevaux.

228. Panais. — *Variétés.* — On en distingue deux variétés principales : le *panais long de Guernesey*, dont la racine est trois ou quatre fois plus longue que large; 2º le *panais rond* (fig. 120), à racine renflée.

Le panais long de Guernesey est employé surtout dans la culture fourragère; le panais rond est presque exclusivement employé dans la culture potagère.

Les semis se font en mars et avril, avec des graines de l'année. On sème en lignes espacées de 0 m. 40, à la dose de 4 kilogrammes de graines à l'hectare.

Lorsque les plants ont atteint une hauteur de 0 m. 05 à 0 m. 06, on donne un premier binage; on répète cette opération autant de fois que le besoin s'en fait sentir, pendant le cours de la végétation.

A partir du mois d'octobre, on peut couper une partie des feuilles pour les donner à manger aux vaches, qui s'en montrent **très** friandes.

La récolte des racines commence vers le milieu de novembre. Le rendement est de 35 000 à 40 000 kilogrammes à l'hectare.

Le panais peut se conserver en plein champ pendant l'hiver.

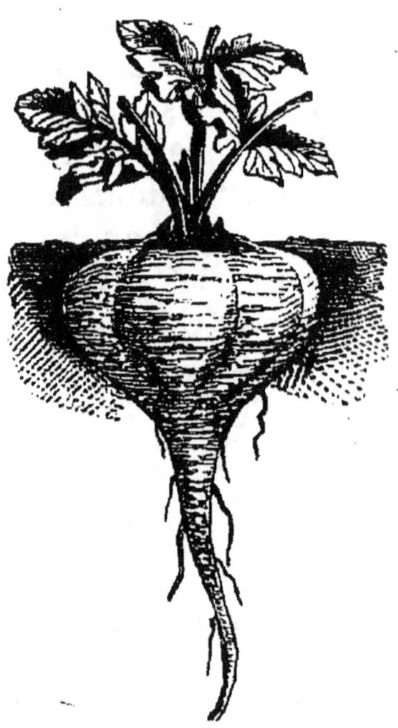

Fig. 120. — Panais rond.

Cette plante convient aux vaches laitières, dont elle active la sécrétion lactée; elle est également utile pour l'engraissement des bœufs et des porcs; enfin elle peut remplacer la carotte dans l'alimentation des chevaux.

229. Topinambour (fig. 121). — Les variétés de topinambour sont au nombre de deux : l'une de couleur rougeâtre, l'autre à peu près complètement blanche.

Le topinambour donne d'abondants produits dans les terres fertiles.

Le sol devra être préparé par un labour avant l'hiver et par un autre au printemps. On fumera ensuite et l'on enterrera la fumure par un troisième labour, qui peut servir à recouvrir les tubercules.

On plante les topinambours en lignes espacées de 0 m. 60 à 0 m. 80 et on les met à 0 m. 60 dans les lignes.

La plantation peut se faire à la charrue ou à plat, ou sur billons et à la main.

On bine les cultures de topinambours quand le sol s'encroûte ou s'enherbe.

Fig. 121. — Partie souterraine d'un pied de Topinambour.

Les tubercules résistent à d'assez fortes gelées, ce qui permet de ne les récolter qu'à mesure des besoins de la consommation. On peut récolter les tiges en vert, pour les faire consommer aux animaux.

Le rendement moyen est de 20 000 kilogrammes à l'hectare.

230. Chou fourrager. — Le chou fourrager joue un rôle important pour l'alimentation des bêtes bovines des régions Ouest et Nord-Ouest.

Il en existe cinq variétés distinctes :

1° le *chou branchu* ou *chou du Poitou*, très ramifié et en buisson ;

2° le *chou moellier* ou *chou à moelle ;* sa tige présente un fort renflement, contenant une moelle abondante et nutritive. Cette variété ne résiste pas aux froids des hivers ordinaires, sauf dans la région de l'Ouest. Elle comprend le chou moellier blanc et le chou moellier rouge ;

3° le *chou cavalier* ou *chou arbre,* qui peut atteindre plus de 2 mètres de hauteur. Il fournit moins de feuilles et moins de ramifications que le chou branchu ;

4° le *chou caulet de Flandre,* qui se distingue par sa tige et ses pétioles violacés. Cette variété, très rustique, ressemble au chou du Poitou;

5° le *chou frisé* ou *chou du Nord,* caractérisé par ses feuilles frisées.

Les choux fourragers demandent des terres un peu argileuses ou argilo-calcaires, de bonne qualité et reposant sur sous-sol perméable.

Les engrais calcaires ou phosphatés contribuent beaucoup à rendre les récoltes abondantes.

Semis. — Les semis peuvent se faire en mars, pour les variétés qu'on plante en juin et juillet, et en juillet, pour les variétés qu'on plante fin octobre. Ils doivent être faits en pépinière. Quand les jeunes choux sont suffisamment développés, on les transplante en les espaçant de 0 m. 80 en tous sens.

Récolte. — La récolte des feuilles se fait vers la mi-septembre pour les choux plantés en juin et juillet, et en mai pour les choux cavaliers plantés en octobre et novembre. On sépare de la tige les feuilles inférieures, en les enlevant du tronc à leur insertion. On répète chaque jour l'opération jusqu'à la floraison. Quand les fleurs apparaissent, on coupe les tiges et on les donne aux bestiaux.

Le rendement en feuilles d'un hectare est de 20 000 à 25 000 kilogrammes. Le poids des tiges et des feuilles coupées peut atteindre de 40 000 à 50 000 kilogrammes.

Les choux étant mouillés pendant l'hiver, il y a lieu de supprimer l'effeuillage, opération alors pénible et malsaine. Il faudrait se contenter de couper les troncs.

CHAPITRE VI

231. Des différentes sortes de prairies. — Les prairies sont des surfaces couvertes d'herbe utilisée, soit en vert, soit en sec, pour la nourriture du bétail.

On appelle *prairies naturelles* ou *prairies permanentes* les surfaces couvertes d'un gazon où les espèces d'herbes sont nombreuses et appartiennent, pour une grande part, à la famille des Graminées, puis à celle des Légumineuses, et, pour une moindre part, à diverses familles fournissant des plantes beaucoup moins nourrissantes. La durée d'une prairie naturelle est considérée comme indéfinie, et son engazonnement comme naturel ; cependant, dans les bonnes exploitations agricoles, les prairies naturelles sont rompues lorsqu'on les voit envahies par des plantes de mauvaise qualité ; elles sont mises en culture pendant quelques années et ensuite réensemencées avec les meilleures espèces fourragères. Contrairement à leur nom de prairies naturelles, elles ne doivent donc pas être abandonnées à elles-mêmes, mais travaillées comme de véritables cultures.

Parmi ces prairies naturelles, on distingue les *prairies de fauche,* qui sont habituellement fauchées et dont le produit, le foin, est fané et conservé pour être consommé en sec ; les *herbages,* qui sont livrés à la dépaissance du bétail, mais dont la production herbagère abondante et nourrissante permet l'engraissement des bovins ; puis les *pâturages* ou *pacages,* livrés aussi à la dépaissance du bétail, mais dont la production herbagère, beaucoup moins abondante et nourrissante, convient à l'entretien des moutons ou à l'élevage des bovins.

Les *prairies artificielles* sont les surfaces cultivées pendant un nombre d'années restreint en vue de la production d'une seule ou de deux ou trois espèces de légumineuses vivaces (luzerne, sainfoin, trèfle violet, etc.) récoltées pour être consommées en sec.

Les *prairies temporaires* sont d'une durée plus courte, deux ans généralement ; elles portent un mélange d'un petit nombre de légumineuses associées à quelques graminées, cultivées en vue de la consommation en sec.

Enfin, les *fourrages annuels* sont des cultures de plantes fourragères annuelles qui rentrent dans la rotation des cultures de l'exploitation, alors que les prairies temporaires et artificielles, et à plus forte raison les prairies naturelles, sont laissées en dehors de l'assolement[1].

232. Plantes fourragères entrant dans la composition des prairies naturelles[2] (fig. 122 à 136). — Nous résumons dans le tableau ci-après (p. 286-287) les données les plus indispensables sur les plantes fourragères principales de nos prairies naturelles.

233. Plantes nuisibles aux prairies naturelles. — La *grande marguerite*, l'*orobanche*, le *millepertuis*, la *pâquerette*, le *pissenlit*, se rencontrent dans la plupart des prairies ; ces plantes indiquent des prairies usées et qu'il est bon de mettre en culture pour les ensemencer ensuite.

Les prairies fraîches sont parfois infestées de *renoncules*, d'*oseille*, de *jonc* (fig. 137), de *luzule*, de *prêle* (fig. 4), de *ciguë* (fig. 138), de *carex* (fig. 8), de *linaigrette*, de *pédiculaire*, de *colchique d'automne* (fig. 139), de *grande berce*, de *menthe poivrée* (fig. 140) ; on peut faire disparaître ces plantes par l'assainissement du terrain et par l'apport de doses massives de scories de déphosphoration (800 à 1 000 kilogrammes à l'hectare).

Les prairies sèches portent surtout la *rhinanthe crête-de-coq*, l'*euphraise*, l'*ononis arrête-bœuf*, les *euphorbes*, la

---

1. Nous appelons l'attention sur cette classification des surfaces productrices d'herbe ; il importe de ne pas faire de confusion entre les unes et les autres, les soins culturaux étant différents pour chacune et l'utilisation des produits également.

2. Nous ne saurions trop recommander de réunir en un herbier des échantillons typiques des différentes plantes entrant dans la composition des prairies, en les groupant en plantes utiles et en plantes nuisibles.

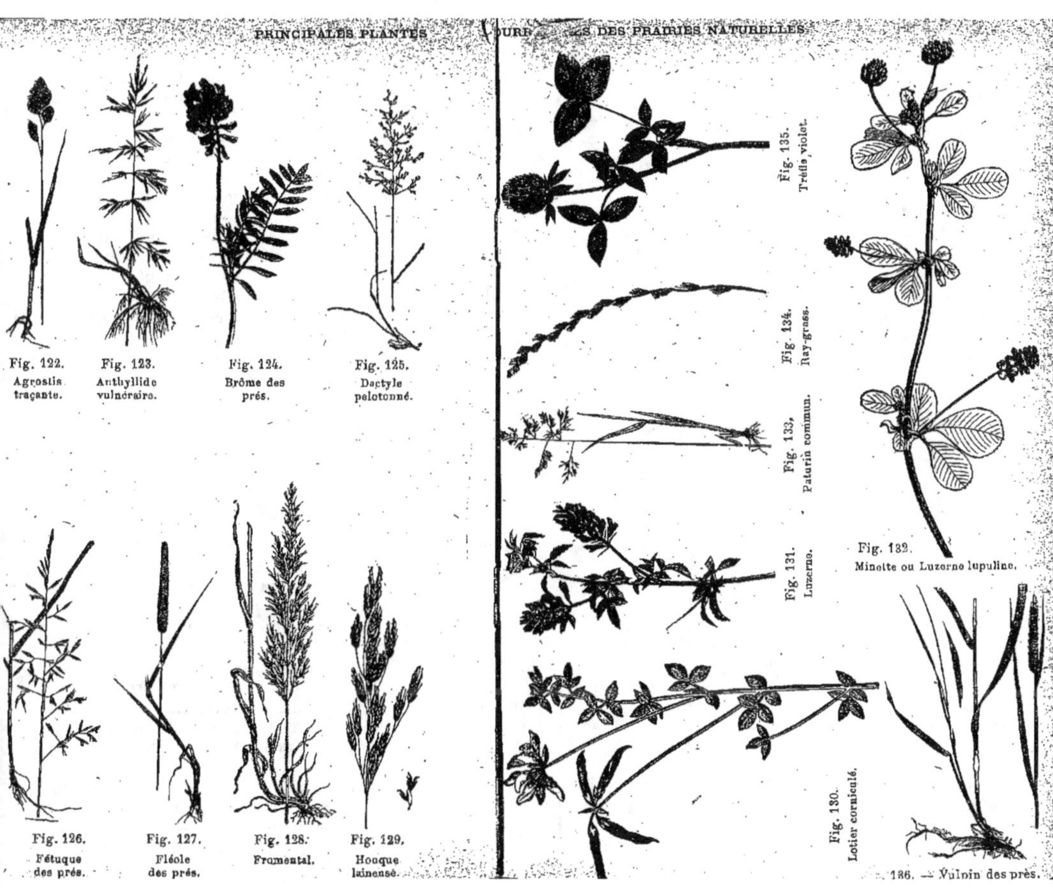

Fig. 122.
Agrostis
traçante.

Fig. 123.
Anthyllide
vulnéraire.

Fig. 124.
Brôme des
prés.

Fig. 125.
Dactyle
pelotonné.

Fig. 126.
Fétuque
des prés.

Fig. 127.
Fléole
des prés.

Fig. 128.
Fromental.

Fig. 129.
Houque
laineuse.

Fig. 135.
Trèfle violet.

Fig. 134.
Ray-grass.

Fig. 133.
Paturin commun.

Fig. 132.
Minette ou Luzerne lupuline.

Fig. 131.
Luzerne.

Fig. 130.
Lotier corniculé.

136. — Vulpin des prés.

PRINCIPALES PLANTES DE PRAIRIES NATURELLES

DÉSIGNATION DES PLANTES	POIDS D'UN HECTOLITRE DE SEMENCE (KILOS)	QUANTITÉS A SEMER A L'HEC-TARE SI LA PLANTE ÉTAIT SEMÉE SEULE (KILOS)	DATE DE LA FLORAISON	OBSERVATIONS
Agrostide traçante....	20	10	15-20 juillet.	Foin fin, de bonne qualité, plante envahissante en terrain sec.
Anthyllide vulnéraire .	75-80	15-20	20-30 juin.	Convient aux terres calcaires, sèches.
Avoine jaunâtre	10	25-30	8-15 juillet.	Foin excellent, convient aux terres fraîches.
Brome des prés.......	17	60	1-8 juillet.	Foin un peu grossier, convient aux terres calcaires.
Dactyle pelotonné.....	20	35	8-15 juin.	Convient à tous les sols, repousse bien.
Fétuque des prés	18	50	1-8 juillet.	Très productive, convient surtout aux terres fraîches.
Fétuque ovine	16	30	10-15 juin.	Fourrage court, convient aux pâturages secs.
Fléole des prés	45-50	8-10	8-15 juillet.	Se plaît dans les terres fertiles.
Flouve odorante	13	40	8-15 avril.	Fourrage très précoce, mais peu productif.
Fromental...........	16	100-110	15-20 juin.	Fourrage un peu gros, mais très productif; toutes les terres saines lui conviennent.
Houque laineuse......	9	20	1-8 juillet.	Foin de qualité secondaire, vient partout.
Lotier corniculé.......	75	8-10	25-30 juin.	Fourrage excellent, très recommandable, à semer sur les bonnes terres.
Luzerne	75-80	20-25	25-30 juin.	Très productive. Aime les terres profondes, saines, calcaires.
Minette ou Luzerne lupuline....	75-80	15-20	10-20 juin.	Très bon fourrage, se plaisant dans toutes les terres.
Paturin commun	18-20	20	10-15 juin.	Foin de bonne qualité, préfère les terres non calcaires.
Paturin des prés	17	20	20-30 mai.	Foin précoce, bon, se plaît partout, même à l'ombre.
Ray-grass anglais	20-25	60	8-15 juin.	Foin de bonne qualité. Vient sur tous les sols.
Ray-grass d'Italie.....	20-25	60	8-15 juin.	Ne vient bien qu'en sol frais et profond.
Sainfoin	28-33	120-150	1-10 juillet.	Convient surtout aux terres sèches, calcaires.
Trèfle blanc	75-80	10-12	1-10 juillet.	Excellent fourrage pour les herbages et les pâturages à sol frais, repousse bien sous la dent du bétail.
Trèfle hybride	75-80	10-12	1-15 juillet.	Vient bien en terre fraîche et même tourbeuse.
Trèfle violet	75-80	20-25	1-8 juillet.	Très productif, convient aux terres moyennement fraîches ou même sèches.
Vulpin des prés	8-9	20-30	15-25 avril.	Foin un peu gros; il demande des terres saines.

sauge (fig. 7), l'*orchis*, le *silène*, la *brunelle*. Il est plus difficile de se débarrasser de ces plantes ; on peut y arriver dans une certaine mesure en fauchant de très bonne heure, avant la maturation des graines. Quant aux plantes à bulbes, il faut les arracher.

234. Création d'une prairie. — Les semis de prairies permanentes peuvent se faire à l'automne et au printemps.

L'ensemencement ne doit jamais se faire avec des graines prises dans les greniers. Ces semences contiennent toujours une certaine quantité de graines de plantes de mauvaise qualité.

On devra se procurer les graines pures des espèces végétales dont on veut composer la prairie, et on les mélangera au moment de semer. On doit s'y prendre à trois fois pour semer les graines de prairies.

Les grosses graines sont d'abord semées, puis enterrées par un hersage moyen ; les graines de grosseur moyenne sont semées ensuite et enfouies par un hersage léger ; enfin, les petites graines sont semées les dernières et enterrées par un simple roulage.

La plupart du temps, on exécute le semis dans une céréale d'automne ou de printemps.

Quand on crée une prairie permanente, il faut choisir de préférence les espèces qui ont à peu près la même précocité et le même mode de végétation. De plus, il faut avoir égard à leur durée, à leur rendement et à la nature du sol qu'elles préfèrent. Il est utile de semer un grand nombre d'espèces ; le foin aura d'autant plus de qualité que les plantes seront plus variées.

Voici, d'après M. Boitel, quelques exemples de mélanges à semer en différentes situations :

I. — *Terre fraîche et fertile.* (Semer à l'hectare.)

Paturin commun...	10 kilos.	Fétuque des prés ..	5 kilos.
Fléole.............	5 —	Trèfle violet.......	5 —
Ray-grass d'Italie .	10 —	Trèfle hybride.....	3 —
Dactyle............	5 —	Minette...........	2 —

Fig. 137. — Jonc.

Fig. 138. — Ciguë.

Fig. 139. — Colchique d'automne.

Fig. 140. — Menthe poivrée.

II. — *Terre fraîche en hiver, un peu sèche en été.*
(Semer à l'hectare.)

Paturin commun...	10 kilos.	Trèfle hybride	2 kilos.
Ray-grass anglais .	10 —	Luzerne...........	2 —
Fromental........	10 —	Minette...........	2 —
Dactyle	10 —	Sainfoin...........	10 —
Trèfle violet.......	4 —		

III. — *Terre calcaire perméable.* (Semer à l'hectare.)

Paturin commun...	10 kilos.	Trèfle blanc	2 kilos.
Ray-grass anglais .	10 —	Trèfle violet.......	4 —
Fromental........	10 —	Luzerne...........	2 —
Avoine jaunâtre ...	10 —	Minette...........	4 —
Dactyle	5 —	Sainfoin..........	20 —

235. Soins d'entretien. — Il est toujours utile de fumer les prairies ; on doit leur apporter dans le courant de l'hiver de l'acide phosphorique sous forme de scories pour les prairies fraîches et sous forme de superphosphates pour les prairies en terre saine ou sèche, puis de la potasse sous forme de sylvinite ; dans certains cas, une légère fumure au nitrate active le départ de la végétation au printemps.

L'arrosage au purin étendu de deux fois son volume d'eau est à recommander toutes les fois qu'il est possible.

Quand on peut établir des irrigations, il n'y faut pas manquer ; on en obtient des effets très satisfaisants.

On devra détruire les plantes de mauvaise nature, en les arrachant avant leur floraison. Quelques-unes de ces plantes, le colchique d'automne, la ciguë, peuvent causer des empoisonnements ; il est donc important de les extirper du sol.

Les taupinières et les fourmilières devront être étendues et épierrées, si le besoin s'en fait sentir.

Dans le cas où la mousse envahit la prairie, on doit effectuer de vigoureux hersages à l'automne, qui font disparaître mécaniquement une partie de la mousse. On complète ensuite l'action des hersages par l'épandage sur le sol de 200 kilogrammes à l'hectare de sulfate de fer pulvérisé.

CHAPITRE VII

I. — *Prairies artificielles.*

236. Luzerne (fig. 131). — C'est une légumineuse à racine
pivotante qui exige une terre profonde, fertile et suffisamment pourvue de calcaire. C'est une plante du bassin méditerranéen, mais surtout du sud de l'Europe.

Culture. — La luzerne aime un terrain profond, pas trop
humide, et de consistance moyenne, contenant du calcaire.
On ne peut espérer de beaux résultats que dans les sols
riches, profondément défoncés et bien meublés.

Avant l'ensemencement de la luzerne, on donnera de
bons labours, et l'on aura le choix de semer sur sol nu ou
dans une céréale.

Les semailles peuvent s'effectuer à l'automne ou au printemps. Dans le Midi, l'ensemencement se fait à l'automne,
en septembre, et sur sol nu. Dans le Centre et le Nord, on
sème de préférence au printemps, c'est-à-dire en mars, et
dans une céréale.

On sème à la volée ou en lignes espacées de 15 à 20 centimètres. Le premier procédé est de beaucoup le plus suivi,
sans être le meilleur. La quantité de semences à employer
à l'hectare est de 25 à 30 kilogrammes. Après les semailles,
on herse légèrement pour recouvrir les graines.

Entretien. — L'entretien d'une luzernière se borne à l'é-
pierrement et à l'épandage des taupinières et fourmilières.
Dans les terres peu fertiles, il est nécessaire de fumer en
couverture, si l'on veut conserver la luzerne pendant un
temps assez long.

Une luzernière bien entretenue peut durer de 8 à 10 ans

sur le même sol; on en a vu prospérer pendant une vingtaine d'années dans le même terrain.

Il est admis qu'on ne peut faire revenir une luzernière sur le même sol qu'après un laps de temps au moins égal à sa durée. Ex. : une luzernière a occupé un sol pendant cinq ans, on la défriche à ce moment. Il faudra attendre au moins cinq années avant d'ensemencer de nouveau le sol en luzerne.

Végétaux parasites. — Les principaux sont : le *rhizoctone*, la *cuscute*, l'*orobanche.*

Le *rhizoctone* est un champignon parasite qui se développe sur les racines de la luzerne et les désorganise rapidement. La maladie se manifeste par le desséchement et la mort des tiges, en juin ou au commencement de juillet. Les taches formées par la luzerne morte grandissent très rapidement, en décrivant des cercles irréguliers.

Il est possible de combattre la maladie en creusant des fossés profonds autour des places atteintes. On a reconnu qu'elle attaque surtout la luzerne dans les terrains humides; on doit donc combattre l'humidité du sol par le drainage.

Fig. 141. — Luzerne envahie par la cuscute.

La *cuscute* (fig. 141), appelée aussi *teigne, cheveux de Vénus, cheveux du diable,* est une plante parasite qui se développe sur un certain nombre de légumineuses. Elle se multiplie par ses graines et ses filaments.

La graine de cuscute, en germant, donne naissance à une racine grêle qui tient au sol pendant quelque temps, mais qui meurt dès que la jeune plante, ayant une certaine longueur, a rencontré un végétal sur lequel elle peut se fixer et se nourrir. La cuscute s'attache sur les végétaux au moyen de suçoirs ou crampons.

Le meilleur moyen pour détruire la cuscute semble être

le suivant : on fauche au ras de terre les endroits envahis
et l'on emporte les débris avec soin en dehors de la luzernière ; puis, avec une dissolution de sulfate de fer ou
vitriol vert (de 4 à 5 kilogrammes par 100 litres d'eau), on
asperge toute la surface atteinte. Sous l'action de cette
solution vitriolique, les fragments de tiges qui sont encore
sur le sol prennent une teinte brune et perdent leur vitalité.

Toutes les tiges de cuscute
doivent être incinérées. C'est
le seul moyen vraiment pratique de les détruire complètement.

L'*orobanche rougeâtre* vit
aux dépens de la luzerne, sur
les racines de laquelle elle
fixe des sortes de suçoirs qui
lui permettent d'y puiser les
sucs tout élaborés, dont elle
se nourrit (fig 142).

Quand un champ de luzerne
est infesté par les orobanches,
il faut le défricher.

Rendements. — On fauche
la luzerne quand elle commence à fleurir. On obtient

Fig. 142. — Orobranche.

ordinairement trois coupes pendant l'année. Quand on
irrigue les luzernières, on peut obtenir cinq ou six coupes.

Le rendement moyen en foin sec est de 7 000 à 8 000
kilogrammes à l'hectare.

La luzerne présente cet inconvénient qu'au cours du
fanage, les folioles se détachent facilement, ce qui appauvrit le fourrage obtenu ; il ne faut donc manipuler la luzerne
qu'avec beaucoup de soins.

Si l'on désire produire de la semence, il ne faut prélever
celle-ci que sur la deuxième coupe.

237. **Trèfle violet** (fig. 135). — Le trèfle violet est surtout cultivé dans les contrées de l'Europe septentrionale ;

il est peu répandu dans la région méridionale, parce que les fortes chaleurs l'arrêtent dans son développement.

Culture. — Le trèfle peut être semé à l'automne ou au printemps, sur sol nu ou dans une céréale. Les semailles de printemps sont les plus usitées.

Semailles. — Il importe de ne confier à la terre que des graines pures, de belle qualité, exemptes de semences de cuscute et récoltées l'année précédente. Les vieilles graines sont plus sombres et moins luisantes que les graines de l'année.

On répand de 15 à 20 kilogrammes de semence par hectare. On les recouvre par un hersage léger ou simplement par un roulage. Les tréflières doivent être épierrées chaque année; il faut aussi étendre les taupinières et les fourmilières qui peuvent gêner le fauchage.

Le trèfle est attaqué par deux plantes parasites : la *cuscute* et l'*orobanche mineure.*

Les trèfles que l'on conserve pour la graine sont attaqués par un petit charançon : l'apion du trèfle, qui anéantit parfois la récolte.

Récolte. — On fauche le trèfle violet quand il est en fleur, c'est-à-dire à la fin de mai ou pendant la première quinzaine de juin. Dans les bonnes terres, le trèfle fournit une deuxième coupe en août.

Au lieu de faucher cette deuxième coupe en vert, on peut la réserver pour obtenir de la graine. La production de la graine est très rémunératrice, quand l'apion ne s'est pas attaqué aux fleurs.

Le rendement du trèfle en foin sec est de 7 000 à 8 000 kilogrammes par hectare. Cette plante n'a guère qu'une durée de deux ans; on la défriche ordinairement en septembre.

238. Sainfoin. — Le sainfoin aime les sols calcaires; dans les sols assez frais, sans être humides, il acquiert un grand développement.

La culture du sainfoin, en France, est principalement répandue dans la Normandie, la Champagne, la Bourgogne, le Poitou et l'Angoumois.

On distingue le *sainfoin ordinaire* et le *sainfoin à deux coupes*.

Les semailles peuvent s'effectuer à l'automne ou au printemps, sur sol nu ou couvert par une céréale. Les graines sont répandues sur le sol, à la volée, à raison de 4 hectolitres à l'hectare; on les enterre par un hersage.

Pour faucher le sainfoin, il convient d'attendre que la floraison soit complète; on obtient alors le maximum de produits. Le rendement est en moyenne de 4 000 à 5 000 kilogrammes de foin sec à l'hectare.

Les cultures de sainfoin sont conservées quatre ans environ; après cet espace de temps on les défriche.

II. — *Prairies temporaires.*

239. Mélanges à cultiver. — Les prairies temporaires sont constituées par des mélanges de graminées et de légumineuses qui n'ont qu'une durée limitée, 2 ou 3 ans au maximum.

Voici quelques formules de mélanges à employer :

a) Pour les terres argileuses froides :

Ray-grass anglais et fléole des prés associés au trèfle violet, avec facultativement une petite proportion de trèfle hybride et de trèfle blanc.

b) Pour les terres saines, argilo-calcaires :

Ray-grass anglais et fromental associés au trèfle et à la minette.

c) Pour les terres légères, s'échauffant facilement :

Ray-grass anglais associé au trèfle violet et à l'anthyllide vulnéraire.

d) Pour les terres crayeuses, sèches :

Ray-grass anglais associé au sainfoin et à l'anthyllide.

III. — *Fourrages annuels.*

240. Trèfle incarnat. — Le trèfle incarnat, ou farouch, est une légumineuse annuelle originaire de l'Europe méridionale. Il diffère du trèfle violet par ses tiges et ses feuilles qui sont recouvertes de poils mous. Ses fleurs sont d'un rouge vif brillant.

Il a donné naissance à quatre variétés intéressantes :

1° Le *trèfle incarnat hâtif*, qui entre en fleur dès la première quinzaine de mai;

2° Le *trèfle incarnat tardif*, qui fleurit une dizaine de jours après le premier;

3° Le *trèfle incarnat tardif à fleurs blanches*, qui épanouit ses fleurs douze jours environ après le précédent;

4° Le *trèfle incarnat extra-tardif*, qui fleurit quinze jours après le trèfle incarnat à fleurs blanches. Cette dernière variété est la plus productive.

Le trèfle incarnat se plaît dans les bonnes terres à blé.

On le sème sur une céréale, dès qu'elle est enlevée. Pour cette culture, il ne faut pas de labour profond; un simple hersage un peu énergique suffit.

Il vaut mieux semer la graine en *bourre*, c'est-à-dire entourée de ses enveloppes florales, car elle lève mieux ainsi que si elle en était débarrassée.

On sème à raison de 120 kilogrammes à l'hectare; si la graine est *mondée*, on n'en sème que 30 kilogrammes à l'hectare.

On enterre les graines par un hersage léger ou par un roulage.

On fauche le trèfle incarnat quand ses fleurs commencent à s'épanouir. Les tiges sont alors tendres et constituent un excellent fourrage vert; elles ont de 0 m. 50 à 0 m. 75 de hauteur.

On ne fait consommer le trèfle incarnat qu'en vert; sec, il constitue un mauvais fourrage.

Une culture bien réussie donne par hectare 20 000 kilogrammes de fourrage vert.

241. Vesce. — La vesce commune se trouve dans toute l'Europe; on en cultive deux variétés : la *vesce commune d'hiver* et la *vesce commune de printemps*, qui réussissent à peu près dans tous les sols, pourvu qu'ils ne soient pas trop compacts.

En raison de la faiblesse de ses tiges, la vesce est toujours cultivée en mélange avec une céréale, le seigle ou l'avoine, dont les tiges supportent celles de la vesce, qui s'y enroule par ses vrilles. Ce mélange porte les noms de *dravière, dragée, bargelade.*

Les semailles peuvent être faites à deux époques : à

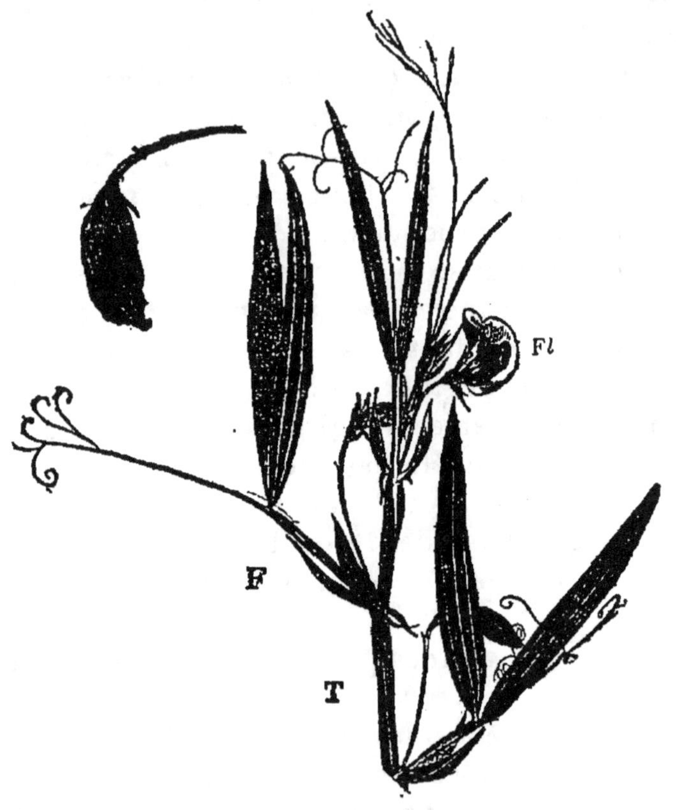

Fig. 143. — Gesse cultivée.

Fl, fleur d'un blanc rosé ; G, gousse ; T, tige avec des lames latérales
en forme d'ailes ; F, feuille.

l'automne et au printemps, à raison de 150 litres de graines à l'hectare. Les soins d'entretien sont nuls, car la plante couvre la terre très rapidement.

La consommation des vesces se fait généralement en vert. Il faut les faucher quand elles commencent à fleurir. Si l'on voulait les faire sécher, il faudrait attendre que les graines fussent formées.

Une culture de vesce peut donner par hectare de 15 000

à 20 000 kilogrammes de fourrage vert. Si l'on fait sécher la récolte, on peut obtenir de 4 000 à 5 000 kilogrammes à l'hectare.

242. Gesse ou jarosse (fig. 143). — La *gesse chiche* ou *jarosse* est une plante très rustique qui peut réussir admirablement sous tous les climats d'Europe. Elle résiste aux grands abaissements de température, ainsi qu'aux sécheresses intenses.

Elle pousse à peu près dans tous les sols, mais on a l'habitude de lui réserver les plus pauvres. La préparation du terrain avant les semailles peut se faire au moyen d'un labour de 0 m. 15 à 0 m. 20 de profondeur.

On la sème en septembre, à raison de 250 litres environ par hectare. Le recouvrement des graines se fait à la herse. Il est bon d'associer du seigle ou de l'avoine à la gesse pour lui servir de tuteur.

On récolte lorsque les fleurs sont entièrement épanouies, ce qui arrive généralement en juin. Le fourrage est consommé en vert ou transformé en foin.

On obtient un rendement moyen de 6 000 à 8 000 kilogrammes de fourrage vert à l'hectare, ce qui correspond à 2 000 à 3 000 kilogrammes de foin sec.

243. Céréales fauchées en vert. — La plupart de nos céréales peuvent être utilisées comme fourrage vert pour la nourriture du bétail. Les plus importantes sont, à ce point de vue : le maïs, le seigle, l'orge, l'avoine, le sorgho et le moha de Hongrie.

Le maïs-fourrage se sème depuis le commencement du printemps jusqu'au milieu de l'été. Les grands maïs américains doivent être cultivés de préférence aux maïs français, car leur rendement est d'au moins un tiers plus considérable. On peut obtenir avec eux de 80 000 à 100 000 kilogrammes de fourrage vert à l'hectare.

Le seigle peut être récolté en vert dans la seconde quinzaine d'avril; c'est un fourrage précieux à cause de sa précocité. Il peut donner de 25 000 à 30 000 kilogrammes de fourrage vert à l'hectare.

L'orge et l'avoine sont moins précoces; on doit les

couper avant l'épiaison. Elles peuvent fournir de 20 000 à 25 000 kilogrammes de fourrage vert à l'hectare.

Le sorgho et le moha de Hongrie fournissent également de bon fourrage vert. Ces deux plantes se sèment depuis le commencement du printemps jusque vers le milieu de l'été ; elles peuvent donner de 30 000 à 40 000 kilogrammes de fourrage vert à l'hectare.

Le cultivateur peut nourrir ses animaux avec des fourrages verts pendant toute l'année. Voici, à titre d'exemple, une série de plantes qui peuvent être données à l'étable :

De janvier en avril et mai, choux fourragers ; puis, à partir d'avril, navette-fourrage, colza-fourrage, seigle en vert, trèfle incarnat, vesce d'hiver et de printemps, maïs-fourrage, navets, betteraves, carottes, panais, rutabagas, etc.

CHAPITRE VIII

244. Assolements. — L'expérience a montré qu'il est impossible de réaliser des récoltes rémunératrices en cultivant plusieurs années de suite la même plante sur le même sol. On constate, en effet, que, dès la deuxième année, les récoltes vont en diminuant rapidement, jusqu'à devenir nulles vers la cinquième ou sixième année.

Il est donc indispensable de faire succéder sur un même sol des cultures différentes.

On entend par *assolement* la succession méthodique des plantes sur l'ensemble des terres arables d'un domaine.

La *sole* est la portion de domaine qui reçoit l'une des plantes faisant partie de l'assolement.

La *rotation* est l'ordre de succession des cultures sur une même sole.

245. Avantages de l'assolement. — Les avantages sont nombreux :

1° L'assolement permet une utilisation rationnelle et complète de la main-d'œuvre, en raison de la diversité des travaux que nécessitent les différentes cultures ;

2° Grâce à l'assolement, l'épuisement du sol est évité ; en effet, on fait suivre une plante à racine pivotante et profonde par une plante à racine superficielle ;

3° A une plante *épuisante* on fait succéder une *plante améliorante;* à une *plante salissante,* une *plante nettoyante.*

On appelle plantes épuisantes celles qui sont particulièrement exigeantes au point de vue fertilisation du sol (céréales, betteraves, colza, tabac, etc.), et plantes améliorantes celles qui, moins exigeantes à cet égard, laissent au surplus dans le sol des résidus végétaux qui l'enrichissent (légumineuses surtout). On appelle plantes salissantes celles qui ne permettent pas un nettoyage suffisant du sol (céréales), et plantes nettoyantes celles qui permettent par le sarclage la destruction des mauvaises herbes (cultures sarclées) ou qui, comme la luzerne, étouffent les mauvaises herbes.

4° On se débarrasse plus facilement des parasites des plantes cultivées, l'alternance des cultures est ainsi l'un des remèdes les plus efficaces contre les insectes nuisibles;

5° Par la succession de cultures ayant des besoins différents on réalise une judicieuse répartition des fumures.

246. Durée de l'assolement. — Les assolements ont une durée très variable, on en trouve de très courts et de très longs. Pour les assolements biennaux et quadriennaux, on ne met qu'une fumure en tête de l'assolement et la dose est calculée à raison de 10 000 kilogrammes par hectare et par an.

On place en tête d'assolement une plante sarclée qui ne craint pas de fortes fumures et qui permet de se débarrasser des mauvaises herbes.

Quand l'assolement a cinq ans, on donne deux fumures : l'une en tête d'assolement, de 30 000 kilogrammes, et l'autre à la fin de la troisième année, de 20 000 kilogrammes.

EXEMPLES D'ASSOLEMENTS

Assolement biennal.

1re année.. Plantes sarclées.
2e   — .. Céréales.

Assolement triennal.

1re année.. Plantes sarclées.
2e   — .. Céréales.
3e   — .. Trèfle.

Assolement quadriennal.

1re année.. Plantes sarclées.
2e   — .. Céréales.
3e   — .. Trèfle seul ou mélangé de ray-grass.
4e   — .. Froment.

Assolement quinquennal.

1re année..	Pommes de terre ou betteraves.
2e	— ..	Froment.
3e	— ..	Trèfle.
4e	— ..	Avoine.
5e	— ..	Froment.

Assolement sexennal.

1re année..	Maïs.
2e	— ..	Froment.
3e	— ..	Plantes sarclées.
4e	— ..	Trèfle.
5e	— ..	Avoine.
6e	— ..	Plantes sarclées.

Les exemples d'assolement sont fort nombreux : l'important, c'est de se conformer aux lois de l'alternance des cultures : éviter à intervalles trop rapprochés le retour des mêmes cultures sur le même sol, tel est le but qu'on poursuit dans tout assolement.

247. Cultures dérobées. — On appelle cultures dérobées des plantes qui n'occupent le sol que pendant quelques semaines, généralement à l'arrière-saison, entre deux récoltes principales. C'est surtout pour augmenter les ressources fourragères d'un domaine qu'on a recours aux cultures dérobées. Cette pratique est très recommandable, même en dehors des périodes de sécheresse exceptionnelle. Elle présente au surplus l'avantage de faire fixer par des plantes les éléments nutritifs qui circulent dans le sol à l'automne et qui pourraient être perdus si le sol était nu, ce qui serait le cas pour les nitrates surtout.

Voici quelques exemples de cultures dérobées :

1° Après une récolte de seigle, on sème du sarrasin destiné à être coupé avant sa maturité ;

2° Après du seigle coupé en vert au printemps, on sème du maïs-fourrage, etc.

CHAPITRE IX

248. La forêt. Son utilité. — La sylviculture est cette partie de l'agriculture qui a pour objet l'exploitation des forêts.

La forêt joue un rôle utile à de multiples points de vue :

Elle nous procure le bois dont les emplois sont si nombreux et si variés : bois de chauffage de toutes dimensions, bois industriels (menuiserie, ébénisterie, tonnellerie, charpente et construction, etc.), étais de mine, traverses de chemin de fer, poteaux télégraphiques, etc.

Elle maintient au sol forestier sa fertilité en renouvelant continuellement son approvisionnement en humus et par suite en azote, grâce à la *couverture morte* que constituent les feuilles, les menus débris de bois, d'écorces, etc. C'est pour cette raison que les sols même les plus pauvres peuvent porter des forêts et que le sol s'enrichit grâce à la forêt.

Elle a une action bienfaisant au point de vue du climat ; elle régularise la température, favorise la condensation de la vapeur d'eau atmosphérique, et, par suite, rend les pluies plus fréquentes et moins abondantes ; elle modère l'action des vents ; d'une façon générale, le climat des régions forestières est moins rude, moins extrême, mais, en moyenne, un peu plus froid que dans les régions dépourvues de forêts.

Elle concourt à l'amélioration du régime des eaux superficielles d'un pays, et, à cet égard, son rôle régulateur est particulièrement bienfaisant ; elle rend le régime des sources plus constant ; elle s'oppose au ravinement torrentiel, rend, par conséquent, les inondations plus rares et moins désastreuses. Il suffit, pour s'en rendre compte, de constater à quel point sont dégradées les parties des Alpes, des Pyrénées qui sont déboisées ; toute culture, la vie même y sont impossibles, et tant que le reboisement n'aura pas transformé ces pays, ils se dépeupleront sans retour.

Conservons donc soigneusement la forêt là où elle existe et reboisons partout où c'est possible.

249. Les essences forestières. — Les différentes espèces d'arbres qui constituent les forêts de la France se répartissent en deux groupes : les *feuillus*, caractérisés par des feuilles caduques qui, généralement, poussent au printemps et tombent à l'automne ; ces arbres, quand ils sont coupés, émettent des rejets, ce qui permet de les exploiter en taillis ; les *résineux*, qui appartiennent à la famille des conifères, produisent de la résine et portent des feuilles dites persistantes, parce qu'elles ne tombent pas à une saison déterminée ; ces espèces ne produisent pas de rejets et ne peuvent être exploitées qu'en futaie.

Voici, d'après leur utilisation, comment peuvent se classer les différentes essences :

Arbres non résineux.

Bois pour charpente, pourrissant difficilement.	Chêne. Châtaignier. Acacia.
Bois pour charronnage, forts, élastiques, pourrissant plus facilement que les précédents.	Orme. Frêne.
Bois fournissant un très bon chauffage, résistant peu à l'action de l'air et de la pluie, supportant bien le frottement des machines, grain fin et serré.	Hêtre. Charme. Erable. Platane.
Bois fournissant un faible chauffage, pourrissant très rapidement quand ils sont exposés à l'air et à l'humidité, ayant peu de force, propres à faire de petites charpentes.	Peuplier. Saule. Aune. Bouleau.
Bois employés spécialement pour la menuiserie et l'ébénisterie.	Noyer. Merisier. Cormier. Alisier. Pommier. Poirier. Prunier.

Arbres résineux.

Bois fournissant de bonnes pièces de charpente, résistant moins bien que le chêne, le châtaignier et l'acacia à l'action combinée de l'air et de la pluie.
> Sapin.
> Pin.
> Cèdre.
> Epicéa.
> Mélèze.

250. Taillis. — On donne le nom de *taillis* à une surface boisée dont le mode de reproduction est fondé sur la propriété que possèdent la plupart des arbres à feuilles caduques d'émettre des drageons quand la tige principale est coupée.

On exploite les taillis en coupant les arbres par le pied, de manière à laisser une *souche-mère* productrice de rejets. Lorsque ces rejets sont suffisamment développés, ils sont coupés à leur tour.

L'intervalle de temps qui sépare deux coupes successives porte le nom de *révolution du taillis.*

Division des taillis. — On divise les taillis en *taillis simples* et en *taillis composés* ou *taillis sous-futaie.*

Les taillis simples sont ceux dans lesquels on ne laisse aucun arbre sur pied ; on dit alors que la coupe est faite à *blanc-étoc.*

Les taillis composés ou sous-futaie sont ceux dans lesquels on réserve des baliveaux pour les conserver pendant plusieurs révolutions.

On donne le nom de *baliveaux* aux brins réservés, quand ils ont l'âge du taillis qu'on coupe. A la fin de la deuxième révolution, ces baliveaux reçoivent le nom de *modernes ;* puis, à la fin de la troisième, celui de *cadets ;* ils passent ensuite à l'état d'*anciens,* à la fin de la quatrième ; de *suranciens,* à la fin de la cinquième, et enfin de *vieilles écorces,* au delà de la sixième révolution.

Exploitation des taillis simples. — Pour l'exploitation des taillis simples, la première chose à faire, c'est de fixer la durée de chaque révolution, et, pour cela, il faut tenir compte de la nature de sol, du climat, de l'usage des lieux, des débouchés et des essences qui prédominent dans la surface boisée.

La durée des révolutions peut, sans inconvénient, être prolongée dans les sols fertiles. Elle devra être d'autant plus courte que le climat est plus doux et plus chaud.

Les taillis de chêne et d'orme, dont la croissance est lente, devront être coupés à intervalles plus éloignés que les taillis de châtaignier, acacia, bouleau, tremble, etc., dont la croissance est très rapide.

L'abatage des taillis se fait pendant l'hiver, alors que la sève est en repos. On abat quelquefois les taillis au printemps pour pratiquer l'écorcement, qui permet d'obtenir le tan.

Il faut couper les brins ras terre, car les sujets qui poussent sur des souches coupées trop haut n'ont pas de solidité et poussent mal. Dans les terrains mouillés, il y a cependant avantage à couper un peu au-dessus du sol.

Exploitation des taillis composés. — Les taillis composés doivent être traités de la même façon que les taillis simples. Il ne faut pas que les baliveaux réservés empêchent la production des rejets de souche, et, pour cela, on devra les espacer de manière qu'ils ne donnent pas un couvert trop épais. Dans les sols pauvres, on pourra conserver beaucoup de baliveaux ; mais on laissera peu de modernes et d'anciens, car ils font plus perdre au taillis qu'ils ne gagnent eux-mêmes en restant sur pied.

En terrain fertile, au contraire, on pourra laisser beaucoup de modernes et d'anciens ; ils gêneront peu le taillis à cause de leur grande hauteur.

251. Futaies. — On donne le nom de *futaies* à toute surface boisée dont le peuplement est formé de sujets venus de graines et qui sont traités en vue d'obtenir des arbres de grandes dimensions.

Les futaies se divisent en deux catégories : celles qui sont exploitées par la *méthode de jardinage* et celles qu'on exploite par la *méthode de réensemencement naturel.*

Dans les futaies exploitées par la méthode de jardinage, on enlève de place en place les arbres dépérissant, ainsi que d'autres en bon état, mais qui sont réclamés par le commerce ou les besoins locaux.

Cette méthode a souvent l'inconvénient d'appauvrir les forêts de sujets de belle venue, tout en laissant de gros arbres mourir de vétusté. Elle n'est guère applicable économiquement qu'aux petites surfaces boisées et aux forêts de montagne.

Les futaies exploitées par la méthode de réensemencement naturel sont soumises à certaines règles qu'il est nécessaire de connaître.

Il faut d'abord obtenir un ensemencement complet, et, pour cela, il est nécessaire d'avoir des arbres assez nombreux et assez âgés, pour donner des graines en quantité suffisante. Les jeunes plants venus de graine sous la feuillée sont peu à peu dégagés de leur abri au moyen de coupes dites de *régénération*.

Lorsque les jeunes arbres peuvent se passer d'abri, on procède à l'abatage de tous les vieux arbres qui les dominent. Si les coupes de régénération ont été bien faites, le jeune peuplement doit former un fourré.

Au bout de quelques années, les brins les plus vigoureux ont surmonté les plus faibles, qui ont péri ou ont été enlevés par le forestier; le fourré est devenu un gaulis. Il faut ensuite éclaircir de temps en temps, de manière à maintenir ce peuplement en massif jusqu'au moment de l'abatage.

252. Reboisement des montagnes. — Il a été reconnu, depuis longtemps, que la destruction des forêts de montagne entraîne avec elle de profondes modifications dans le régime des cours d'eau qui prennent leur source sur les parties déboisées. C'est ainsi que dans les Alpes la destruction des forêts a eu pour conséquence la formation de ravins et de torrents.

En 1856, les inondations qui ravagèrent les vallées du Rhône, de la Loire et de la Garonne, appelèrent l'attention sur le reboisement des parties montagneuses déboisées.

Une première loi sur le reboisement fut promulguée le 28 juillet 1860; elle avait pour objet de donner à l'administration des forêts les moyens de reboiser pour atténuer les ravages des inondations. Cette loi fut complétée, en 1864, par une autre loi concernant le gazonnement. Ces deux lois furent refondues en une loi nouvelle qui fut promulguée le 4 avril 1882 sous le nom de *loi sur la restauration des montagnes*.

D'après cette loi, l'administration des forêts a droit d'acquérir, à l'amiable ou par voie d'expropriation, les terrains dont le reboisement est reconnu d'utilité publique.

La désignation des terrains à reboiser est faite par des lois spéciales, après enquêtes préalables.

Enfin, certaines mesures sont édictées pour prévenir les dégâts causés par les animaux qui pâturent en montagne.

Le reboisement des montagnes est assez difficile en certains points, à cause des ravins qui se forment au moment des orages. Il faut, avant de planter ou de semer, consolider le sol et, par l'emploi de barrages, l'empêcher d'être raviné par les eaux. Une fois les barrages établis, on boise en employant les semis ou les plantations; les plantations donnent un couvert plus rapide.

Les reboisements de montagnes se font généralement à l'aide d'arbres résineux, pins, sapins, mélèzes, etc., qui ont l'avantage de conserver leurs feuilles pendant toute l'année.

La suppression des inondations par le reboisement des montagnes est facile à comprendre. La couverture végétale formée par les branches et les feuilles divise les eaux pluviales et en ralentit l'écoulement; la couche de feuilles et d'humus qui se trouve sous les arbres absorbe et retient une grande quantité d'eau; enfin, les arbres empruntent au sol l'eau nécessaire à leur nutrition et une partie de cette eau est rejetée dans l'atmosphère sous forme de vapeur.

La puissance d'érosion de l'eau est donc notablement atténuée par les obstacles multipliés que présentent les feuilles, les branches, les tiges et les racines des arbres et des arbrisseaux.

APPENDICE A LA CINQUIÈME PARTIE

Exercices pratiques. — *Détermination des principales variétés de plantes cultivées.* — On apprendra à reconnaître en terre les principales variétés de plantes de grande culture les plus communes dans la région, à déterminer les graines des principales plantes cultivées et de leurs variétés les plus importantes. Les plantes de prairies demanderont une étude particulière, de même les essences forestières les plus répandues.

Constitution d'un herbier agricole. — Il sera utile de constituer un herbier agricole où les plantes seront groupées en plantes fourragères principales, plantes fourragères secondaires, plantes nuisibles aux cultures, plantes nuisibles aux prairies, plantes médicinales, plantes mellifères, plantes adventices des principaux terrains, plantes atteintes de maladies cryptogamiques, etc.

Dans le même ordre d'idées, une collection de graines des principales plantes de grande culture les plus employées dans le département sera constituée dans des tubes ou de petits flacons de verre.

Culture des principales plantes de grande culture. — Faire au jardin de l'Ecole des cultures démonstratives des variétés les plus employées dans la région des principales plantes de grande culture, ainsi que des cultures démonstratives de fumure.

Bibliographie. — *Cours d'agriculture*, tomes III, IV, V, par DE GASPARIN. — *Agriculture générale*, II, *Labours et assolements,* par DIFFLOTH. — *Systèmes de culture et assolements*, par H. HITIER. — *Les Semences des plantes cultivées,* par FRANÇOIS. — *Céréales,* par GAROLA. — *Les Céréales,* par DESRIOT. — *Le Blé*, par F. et P. BERTHAULT. — *L'Avoine,* par DENAIFFE et SIRODOT. — *La Pomme de terre et le topinambour,* par BRÉTIGNIÈRE. — *La pomme de terre,* par S. MOTTET. — *Les Plantes sarclées (pomme de terre, betterave),* par HITIER. — *Les Plantes sarclées*, par MALPEAUX. — *Les Plantes industrielles,* par H. HITIER. — *Les Plantes industrielles,* par BRÉTIGNIÈRE. — *La Betterave à sucre, la betterave de distillerie, la chicorée,* par MALPEAUX. — *Les Plantes textiles,* par BONNETAT. — *Les Plantes oléagineuses,* par MALPEAUX. — *Le Tabac,* par DE CONFEVRON. — *Le Houblon,* par MOREAU. — *Les Plantes à parfums,* par ROLET. — *Les Plantes fourragères,* par HEUZÉ. — *Les Prairies,* par MALPEAUX. — *Herbages et prairies,* par BOITEL. — *Pâturages, prairies naturelles et herbages,* par HEUZÉ. — *Prairies et pâturages,* par H. DE LAPPARENT. — *Les Fleurs des prairies et des pâturages,* par CAMUS. — *Prairies et plantes fourragères,* par GAROLA. — *Plantes nuisibles à l'agriculture,* par FRON. — *Maladies des plantes cultivées,* 2 vol., par MANGIN. — *Sylviculture,* par A. FRON. — *Forêts, pâturages et prés-bois,* par A. FRON.

SIXIÈME PARTIE

EXPLOITATION DES ANIMAUX DOMESTIQUES

CHAPITRE PREMIER

ALIMENTATION DES ANIMAUX DOMESTIQUES

253. Rôle de l'alimentation. — Le cultivateur qui exploite des animaux est un véritable industriel utilisant des machines animées. Tout animal domestique est comparable à un moteur transformant certaines substances en travail ou en d'autres substances recherchées pour leur utilité (lait, viande, laine).

Comme le fait un moteur, l'animal domestique puise cette puissance transformatrice dans une combustion interne. Les aliments sont comparables au combustible du moteur; après avoir été ingérés et assimilés, ils vont grossir les réserves cellulaires des muscles et brûlent dans le tissu musculaire pendant le travail de l'animal. Une preuve de cette combustion est fournie par la température du corps de l'animal. De 37°,2 pour l'homme, elle est de 38°,5 pour le cheval et le bœuf, de 39°,5 pour le veau et le mouton, de 41° et 42° pour les oiseaux de basse-cour.

Les lois économiques qui régissent l'industrie peuvent s'appliquer avec non moins de force à l'exploitation des animaux domestiques. Comme les industriels, les agriculteurs doivent s'efforcer de perfectionner les machines animales. Ils y arriveront par l'emploi des meilleures méthodes de reproduction, par l'observation des règles de l'hygiène et aussi par une alimentation améliorée et appropriée à la production des utilités qu'ils cherchent.

Mais la machine animale est quelque chose de vivant et, par suite, de complexe. Tandis que la machine industrielle fournit avec une régularité mathématique les mêmes produits dans un même temps et en partant d'éléments toujours les mêmes, la machine animale donne tantôt de la force, tantôt de la viande, tantôt du lait, ou encore de la laine, des œufs, etc., et cela en proportions variables et en partant d'éléments différents : fourrages, grains, lait, tourteaux, etc.

Quelles sont donc pour l'industrie agricole les meilleures matières premières à employer pour avoir les rendements les plus économiques, c'est-à-dire quels sont les aliments les plus favorables tout d'abord à l'entretien de l'animal, puis à la production des utilités qu'on lui demande? Telles sont les données du problème de l'alimentation.

Pour les résoudre, il faut considérer successivement : les besoins de l'organisme animal, le rôle des principes nutritifs dans l'organisme animal, les conditions auxquelles doit répondre la ration. Après quoi, il y aura lieu de passer à l'étude des principaux aliments, de leur substitution réciproque, des préparations à leur faire subir, puis à celle des condiments et des boissons.

254. Besoins de l'organisme. — Ces besoins sont de deux sortes : ils correspondent : *a*) aux exigences propres de l'organisme pour son entretien et sa croissance; *b*) à la production des utilités qu'on demande à l'animal (travail, lait, viande, etc.).

a) L'organisme animal, par le seul fait de la combustion interne et lente dont il est le siège et qui constitue le phénomène même de la vie, élimine des déchets (acide carbonique, urine, sueur, etc.) qui proviennent de sa propre usure; il lui faut à tout instant réparer ses pertes. Moins importantes lorsque l'organisme est au repos, elles le sont beaucoup plus lorsqu'il est au travail. De plus, pendant toute une période de son existence, le corps de l'animal est en voie de croissance; il est donc obligé à chaque instant d'accroître sa propre substance. Ces différents besoins sont satisfaits par les aliments qui composent la *ration d'entretien* et, s'il y a lieu, de *croissance*.

b) De plus, l'homme demande aux animaux domestiques, et c'est là l'objet même de leur exploitation, la production d'un certain nombre d'utilités (travail, viande, lait, etc.); il faut donc fournir à l'animal la matière première destinée à être transformée en vue de cette production. Cela correspond aux aliments qui composent la *ration de production*.

Dans la pratique, ces deux facteurs, ration d'entretien et ration de production, sont inséparables : ils sont constitués par les mêmes principes nutritifs. Quels sont ces principes nutritifs et quel en est le rôle dans l'organisme animal?

255. Principes nutritifs et leur rôle dans l'organisme. — *a) Eau.* — L'eau est parmi les aliments les plus indispensables au corps de l'animal. La richesse en eau dans l'organisme varie selon la nature des organes considérés et leur état; elle est de 60 p. 100 en moyenne pour les sujets maigres, et de 40 p. 100 pour les sujets gras. Elle existe dans la plupart des aliments en proportion variable et elle passe telle quelle dans l'organisme.

b) Matières azotées, appelées encore *matières protéiques* ou *protéine.* — Elles existent dans les aliments d'origine végétale aussi bien que dans ceux d'origine animale. Pour les premiers, on trouve de la protéine dans les graines surtout; c'est le gluten des céréales, la légumine des légumineuses; il en existe également dans tous les tissus végétaux, surtout dans ceux qui sont en voie de croissance, les plantes fourragères en fleur notamment. Dans les aliments d'origine animale, l'azote est particulièrement abondant dans la viande, les œufs, le lait, où la matière azotée est la caséine.

On sépare, dans l'étude scientifique des aliments, les matières albuminoïdes, celles qu'on vient de passer en revue, des amides, produits intermédiaires entre les matières azotées minérales et les albuminoïdes. Les amides ont un pouvoir nutritif inférieur aux albuminoïdes. On pense qu'ils jouent un rôle dans la digestion des autres aliments.

La teneur des aliments en protéine est variable. Ceux qui en renferment de grandes quantités sous un petit volume sont des aliments *concentrés* (foin de légumineuses, tourteaux, etc.).

Dans l'organisme, le rôle de ces aliments nous apparaît comme de premier ordre. Le corps de l'animal est riche, en effet, en matière azotée : il en renferme en moyenne de 15 à 16 p. 100 de son poids. Elle constitue la trame en quelque sorte de la matière vivante. On constate qu'à tout instant de l'existence, l'organisme élimine de l'azote sous forme d'urée (urines, sueur); c'est de l'azote usé par les phénomènes vitaux, par le travail des organes.

Or, les matières protéiques sont les seules à apporter de l'azote sous forme organique, c'est-à-dire assimilable par les animaux, et qui est nécessaire :

1° Pour remplacer celui qui est usé par les phénomènes de la vie, par les combustions internes, et qui est éliminé sous forme d'urée (urine, sueur);

2° Pour fabriquer les produits demandés aux animaux, et qui en renferment des quantités importantes (viande, œufs, lait, etc.).

C'est dire l'importance du rôle que jouent dans l'alimentation les matières azotées.

c) Matières hydrocarbonées: 1° *Féculents.* — Les féculents ont pour type l'*amidon,* que fournissent différentes parties de la plante : graines (amidon de céréales, de sarrasin), tubercules (pommes de terre, topinambours), racines (manioc).

2° *Sucres.* — Les sucres sont d'origine végétale ou animale. Ce sont : le *glucose* de différents fruits, le *saccharose* des betteraves, des carottes, des tiges de maïs, le *lactose* du lait, etc.

3° *Cellulose.* — Elle est constituée par les parois des cellules. Sa valeur nutritive est moindre que celle des sucres et des féculents, parce que sa transformation en sucre dans l'appareil digestif ne peut pas se produire sans une dépense importante d'énergie qui diminue d'autant la production des matières utiles. On trouve la cellulose notamment dans les enveloppes des grains (sons), dans les tiges des plantes et les feuilles; dans ces organes, la proportion de cellulose va en s'accroissant avec l'âge de la plante.

Ces trois catégories d'aliments, amidon, sucre, cellulose, subissent dans l'organisme des transformations qui les amènent à l'état de sucre (glucose), qui joue le rôle de producteur de force, d'aliment de combustion. Par suite, on peut le considérer comme générateur de travail musculaire et de chaleur animale. C'est là le résultat des remarquables travaux du professeur Chauveau.

d) Matières grasses. — Dans les aliments d'origine végétale, les matières grasses sont les huiles que fournissent différentes graines (maïs, colza, pavot, arachide, etc.); dans les aliments d'origine animale, ce sont la graisse, associée à la viande, et surtout la matière grasse du lait dont on fait le beurre.

Dans l'organisme animal, après avoir subi l'action de différents sucs de l'appareil digestif qui les mettent à l'état d'émulsion, les matières grasses jouent un double rôle :

1° Celui d'aliment de réserve, s'accumulant dans certains tissus qu'elles ne quittent pour passer dans le sang que lorsqu'il y a insuffisance d'alimentation;

2° Celui d'aliment calorifique, dont la combustion produit plus de chaleur que celle des amidons ou des sucres.

e) Matières minérales. — Enfin les aliments renferment plusieurs sels minéraux dont l'apport est indispensable à l'organisme. Celui-ci, en effet, contient : dans le sang, du chlorure de sodium, des sels de fer; dans le squelette, du phosphate de calcium. Ces sels se trouvent dans différents aliments, et leur absence ou leur insuffisance causeraient des troubles graves dans l'organisme animal.

256. La ration. Conditions auxquelles elle doit satisfaire. — On appelle ration la quantité d'aliments qu'on donne à un animal en 24 heures.

Tous les éléments qui viennent d'être indiqués doivent nécessairement entrer dans certaines proportions dans la composition de la ration. Mais ces proportions dépendent : 1° de la composition variable de chacun des aliments; 2° de l'individualité de chaque animal. De là l'impossibilité de fixer des règles précises se traduisant par des chiffres et que le cultivateur n'aurait qu'à appliquer en quelque sorte mécaniquement. En cette matière, c'est surtout à l'esprit d'observation du cultivateur qu'il faut faire appel.

Dans l'étude scientifique de l'alimentation des animaux domestiques, on détermine la valeur nutritive des aliments en se fondant sur le nombre de calories que produit leur combustion et, par suite, sur leur valeur énergétique. On a dressé des tableaux donnant les valeurs nutritives de chaque aliment rapportées à un aliment type. Cette étude complète des aliments et l'usage de ces tables impliquent des connaissances complexes de chimie et de physiologie qui n'ont pas leur place ici.

Nous dirons seulement que la ration doit satisfaire aux principales conditions suivantes :

Elle doit comporter, surtout pour les ruminants, un certain volume, fourni généralement par la cellulose, afin d'assurer le fonctionnement des organes de la digestion.

Elle doit comprendre des matières azotées en proportion d'autant plus élevée qu'il s'agit d'un animal en voie de croissance ou à qui l'on demande de fournir des produits riches en azote (lait surtout). S'il s'agit, au contraire, de sujets adultes et utilisés pour le travail, il faut augmenter la quantité de matières hydrocarbonées.

Dans la pratique, le cultivateur s'est rendu compte que le type de ration le plus favorable était fourni par l'herbe de prairie, soit à l'état frais, soit à l'état sec, et en quantité variant avec la nature de cette herbe. Cette notion suffit au cultivateur praticien. Se fondant sur des tableaux de substitution des aliments, il peut composer des rations qui varieront avec les aliments dont il disposera et dont il pourra choisir les plus économiques.

Quant à établir des rations d'après la valeur énergétique

des aliments, il est nécessaire de se reporter à des traités complets d'alimentation du bétail.

Enfin, il est un côté de la question que de récentes études ont mis en relief et qu'il paraît utile de signaler : c'est la nécessité de donner à l'animal une alimentation suffisamment pourvue en *vitamines*. Les vitamines sont des principes dont la nature chimique est inconnue et qui sont indispensables pour assurer l'évolution normale de l'organisme, sa croissance, et pour le préserver d'un certain nombre de maladies physiologiques qu'on peut appeler maladies de carence. Le moyen certain de ne pas priver l'animal de vitamines, c'est de toujours mettre dans sa ration une part d'aliments dits de protection qu'on sait renfermer des vitamines. Ainsi, pour l'homme, l'aliment de protection par excellence est le lait; pour les animaux, c'est le fourrage, surtout quand il est récolté à l'époque de la floraison. La conclusion de ce qui précède est qu'il faut donner aux animaux domestiques une alimentation aussi peu artificielle que possible et dont la base devra être le fourrage. Toutes les découvertes scientifiques confirment cette donnée pratique fort ancienne que le fourrage est l'aliment par excellence des animaux domestiques.

CHAPITRE II

257. **Digestibilité.** — Nous allons examiner pour chacune des principales catégories d'aliments leur valeur propre et leur *digestibilité*. Seule joue un rôle au point de vue alimentaire la partie des aliments conservée par l'organisme; celle qui est rejetée dans les excréments n'est d'aucune utilité. On appelle digestibilité d'un aliment le rapport entre le poids d'aliment assimilé et le poids d'aliment ingéré. Plus un aliment est digestible, plus sa valeur nutritive est grande.

258. **Les fourrages.** — Ils sont, comme nous l'avons dit, la base de l'alimentation des animaux domestiques. Ils se consomment ou sur place, par dépaissance (pâturage, herbages), ou à l'étable, en vert ou en sec (foin).

1° *Dépaissance.* — C'est le mode d'utilisation du fourrage le plus direct, sans main-d'œuvre interposée. S'il s'agit de prairies sur terres fertiles, à végétation abondante (prés d'embouche), ce régime convient aux jeunes animaux, aux bêtes adultes à l'engrais (embouches du Charolais et du Nivernais), aux femelles à l'élevage (plaine de Caen, région du Perche, etc.). Ce mode d'exploitation de l'herbe nécessite de la part du cultivateur la connaissance des *possibilités fourragères* de chaque parcelle, sur laquelle il importe de ne mettre ni plus ni moins de bétail qu'elle n'en peut nourrir.

Dans les prairies de montagnes (burons de l'Auvergne, alpages du Jura et de la Savoie, pâturages des Alpes méridionales), le bétail ne fait que passer un temps qui varie avec la saison et avec l'abondance de l'herbe; c'est la transhumance, qui convient aux vaches laitières, aux moutons.

2° *Consommation en vert du fourrage coupé.* — C'est le mode d'emploi le plus commun pour les fourrages artificiels; il permet la transition, à la fin de l'hiver, entre le régime du foin sec et celui de la dépaissance.

· 3° *Consommation en sec.* — Ce mode de consommation est obligatoire pendant l'hiver. Indépendamment des qualités que le foin tient de sa nature et du sol qui l'a produit, il faut attacher une grande importance aux conditions dans lesquelles il a été récolté et conservé.

La valeur alimentaire du foin est très grande. Il renferme, dans des proportions favorables, tous les principes nutritifs utiles. Une ration constituée uniquement par du foin est une ration complète, pourvu qu'on y ajoute de l'eau. Il convient également à l'appareil digestif des ruminants et du cheval, mais pas du porc. Enfin il contient les diverses vitamines indispensables à l'évolution de l'organisme.

Il faut considérer d'une façon spéciale la digestibilité du foin. Elle varie avec sa teneur en cellulose: plus celle-ci est faible, plus le foin est digestible et de valeur nutritive élevée; plus, au contraire, il renferme de cellulose, plus sa valeur alimentaire diminue. L'expérience démontre que c'est au moment de la floraison que l'herbe renferme la plus grande quantité de principes nutritifs avec le minimum de cellulose; une fois la floraison passée, à mesure qu'avance la maturité, la proportion de cellulose augmente, aux dépens des autres principes nutritifs.

C'est donc à la floraison que le cultivateur doit s'efforcer de récolter son foin.

259. Les grains. — L'emploi des grains dans l'alimentation des animaux domestiques réclame quelques précautions spéciales.

On peut les donner entiers; seuls, les chevaux les acceptent assez bien sous cette forme; mais il est préférable de les donner aplatis ou concassés; les déchets sont beaucoup moindres. En effet, les enveloppes des grains sont dures, et les sucs digestifs n'ont pas d'action sur elles; si les graines n'ont pas été brisées par la dent, ces sucs n'atteignent pas l'amande, et les grains sont rejetés tout entiers dans les excréments. Il est donc plus prudent de briser les enveloppes avant de les donner aux animaux. Ajoutons que l'utilisation des grains est plus parfaite quand ils sont réduits en farine ou qu'étant concassés, ils sont mis à macérer dans l'eau tiède.

Au point de vue alimentaire, les grains sont riches en azote et conviennent, par conséquent, aux animaux en voie de croissance ; ils conviennent moins aux vaches laitières, parce qu'ils constituent une ration trop sèche, et même échauffante.

Nous ne pouvons pas passer ici en revue tous les grains ; il suffira de citer, parmi les plus couramment employés, l'avoine, qui donne aux chevaux une énergie particulière due à un principe azoté qu'elle renferme, l'*avénine* ; l'orge, moins riche en azote, mais plus favorable à l'engraissement ; le maïs, qui convient à tous les animaux et surtout, en grains, aux chevaux ; en farine, aux porcs ; la féverole, pour les chevaux de travail et pour les animaux à l'engrais.

260. Pailles. — La valeur alimentaire des pailles est faible, à cause de leur forte teneur en cellulose ; mais, ajoutées à une ration concentrée, elles apportent le volume, le lest nécessaire au bon fonctionnement de l'appareil digestif.

La paille d'avoine est celle dont la valeur alimentaire est le plus élevée ; les autres sont beaucoup moins nutritives.

On a envisagé l'emploi des pailles comme aliment courant après désincrustation par un traitement aux alcalins qui modifie l'état de la cellulose et la rend plus utilisable.

A côté des pailles, on peut ranger les brindilles et les feuillards, auxquels on peut avoir recours en période de disette fourragère. Les feuilles et les brindilles de l'année sont récoltées sur les arbres (notamment frêne, charme, bouleau, tilleul, orme) et conservées pour l'hiver. Leur valeur nutritive est inférieure à celle des fourrages, mais elle n'est pas négligeable, quand ces derniers font défaut ; leur teneur en tanin n'est pas favorable à la production du lait.

261. Racines et tubercules. — Ils jouent un rôle important dans l'alimentation des animaux domestiques. Ils constituent un aliment volumineux qui complète heureusement les rations renfermant des aliments concentrés.

Les betteraves sont riches en sucre ; elles peuvent être données surtout aux chevaux ; on les distribue alors en gros fragments. Aux ruminants bovins et ovins on les donne coupées en cossettes et souvent même après les avoir mises à fermenter avec des sons, des balles de céréales, etc. Cette nourriture est particulièrement favorable à la production du lait. Il faut préférer les betteraves demi-sucrières aux variétés fourragères à très gros rendements ; celles-ci sont beaucoup moins riches en principes nutritifs ; de plus, elles renferment souvent des nitrates qui donnent aux animaux des coliques et de la diarrhée.

Les carottes sont un excellent aliment pour les chevaux, les panais également.

Les navets, rutabagas, choux-raves, conviennent surtout aux ruminants.

La pomme de terre, après cuisson, est un aliment recherché pour les porcs, le topinambour cru pour les moutons.

262. Résidus industriels. — Les différentes industries de transformation des produits agricoles laissent des résidus qui sont un précieux appoint pour l'alimentation des animaux domestiques.

La meunerie fournit les *menus grains*, les *sons* et les *farines basses*. Il faut employer les menus grains avec circonspection, car ils peuvent renfermer des graines nuisibles et vénéneuses, ou seulement non assimilables. C'est surtout le son qui est utile à cet égard. Riche en matière azotée, il a une valeur alimentaire élevée. On le donne aux chevaux à l'état sec, aux vaches laitières additionné d'eau ; il ne faut pas en donner journellement de grandes quantités (2 kilogrammes pour les chevaux, de 4 à 5 kilogrammes pour les bovins), à cause du gonflement qu'il peut occasionner des organes de la digestion, car le son absorbe quatre ou cinq fois son volume d'eau.

Enfin les farines basses, remoulages, recoupes, sont

utilisables : on les donne en boisson, en buvée, surtout aux jeunes animaux ou aux femelles qui viennent de mettre bas.

La brasserie fournit des *drèches,* des *touraillons;* ce sont des aliments très aqueux, qui conviennent aux ruminants, mais dont il ne faut pas exagérer l'usage.

Les *pulpes* de distillerie ou de sucrerie sont également très peu riches et très volumineuses. La sucrerie produit des mélasses qu'on a cherché à utiliser en les mélangeant à de la paille hachée (païlmel), à des fourrages, aux cosses de cacao, au son, à la mousse de tourbe, etc. C'est un aliment riche en sucre, par conséquent favorable aux animaux de travail (bœufs et chevaux).

Les *tourteaux,* qui proviennent des huileries, sont très précieux pour le bétail, quand ils n'ont pas été traités par le sulfure de carbone. Ils sont constitués par les résidus des graines oléagineuses pressées ; à ce titre, ils sont riches en azote et contiennent une quantité appréciable de matière grasse. C'est donc un aliment concentré dont il ne faut pas abuser, de crainte d'échauffer le bétail. Ils se donnent brisés et délayés dans de l'eau. Chaque nature de tourteau a des qualités qui lui sont spéciales ; cependant, en général, ils conviennent aux animaux à l'engrais et aux vaches laitières.

263. **Lait et résidus de la laiterie.** — Le lait est, par excellence, l'aliment des jeunes animaux. C'est à la fois un aliment complet, au point de la composition chimique, et un aliment de protection, en raison des vitamines qu'il renferme.

L'industrie du beurre et du fromage laisse disponibles des quantités importantes de lait écrémé et de petit lait utilisables, moyennant quelques précautions, pour l'alimentation des animaux.

Le lait écrémé a été privé d'une partie de sa matière grasse. A condition qu'on y ajoute des matières hydrocarbonées susceptibles de lui rendre la proportion de matière sèche qu'il a perdue et qui joue, au point de vue alimentaire, un rôle comparable à celui de la matière grasse, on peut le donner aux veaux destinés à la boucherie et aux porcs à l'engrais. Les produits qui conviennent le mieux pour compléter ainsi le lait écrémé sont les farines, notamment d'orge et de manioc.

Le petit lait convient parfaitement à l'engraissement des porcs, quand on l'a additionné de tourteaux, ou de farines, en particulier de farine de maïs, et qu'on a fait cuire le tout.

264. Préparation des aliments. — Elle a pour objet de rendre les aliments plus facilement et plus complètement assimilables. Les différentes méthodes de préparation sont : le nettoyage, la cuisson, la fermentation, la macération, la division mécanique.

a) Nettoyage. — On lave les pommes de terre, les betteraves, les carottes, pour les débarrasser de la terre qui y adhère. On secoue le foin pour faire sortir la poussière. On passe les graines au tarare pour enlever les cailloux et autres corps étrangers.

b) Cuisson. — La cuisson se fait à l'eau ou à la vapeur. L'eau dissout les principes solubles contenus dans l'aliment ; elle ramollit les principes insolubles ; cette dissolution et ce ramollissement favorisent la digestion. De plus, sous l'action de la chaleur, les cellules d'amidon se gonflent, éclatent, et les sucs digestifs peuvent les pénétrer. Ainsi les pommes de terre crues sont digérées difficilement ; quand elles sont cuites, leur fécule est presque tout entière absorbée et se transforme en graisse. La cuisson ne s'applique pas aux fourrages.

c) Fermentation. — La fermentation apporte dans l'intérieur des tissus des modifications physiques et chimiques assez profondes. Les substances féculentes, lorsqu'elles subissent la fermentation, se transforment en substances sucrées, très solubles dans l'eau, très digestibles et, à cause de ce petit goût sucré, très recherchées par les animaux.

La fermentation ramollit les substances dures des fourrages secs ou des pailles. Pour la produire, il suffit d'arroser la paille hachée avec un liquide sucré, ou encore de mélanger intimement, dans des cuves en bois, la paille hachée, les balles de céréales, le foin, avec des betteraves hachées, des pulpes, etc. La fermentation s'établit; au bout de 24 à 36 heures elle est terminée.

d) Macération. — La macération consiste à mélanger avec l'eau les substances alimentaires. On peut faire macérer les fourrages dans l'eau pure, dans l'eau salée, dans des vinasses. On ajoute quelquefois au mélange, du lait, de la farine, du son, des tourteaux, de manière à constituer une espèce de bouillie appelée buvée, soupe, barbotage. Dans ce cas, on divise les fourrages le plus possible.

Les farines et grains concassés, délayés dans le lait, constituent en grande partie l'alimentation des jeunes animaux, surtout au moment du sevrage.

La macération est quelquefois combinée avec la cuisson.

e) Division mécanique. — Comme nous l'avons dit, la division mécanique précède souvent la macération, la fermentation ou la cuisson. Un aliment cuit fermente ou macère d'autant plus facilement qu'il est plus divisé. D'un autre côté, si un aliment est haché menu, il sera très aisément mastiqué par les dents, imbibé par la salive, digéré par les sucs stomacaux et intestinaux. Du reste, les fourrages épineux, comme l'ajonc, ceux qui sont très durs et incrustés de ligneux, doivent nécessairement subir la division mécanique, avant d'être donnés aux bestiaux.

Les instruments dont on se sert sont : le coupe-racines, le hache-paille, le broyeur d'ajoncs, le brise-tourteaux, les aplatisseurs et concasseurs.

CHAPITRE III

265. Distribution des aliments. — *a) Régularité des
repas.* — L'animal doit consommer sa ration en plusieurs
fois ; il fait plusieurs repas par jour. La quantité de nourriture donnée à chaque repas doit répondre aux conditions
suivantes :

1° Suffire à apaiser la sensation de faim ;

2° Etre complètement digérée au moment du repas suivant ;

3° Etre en rapport avec le volume du tube digestif ;

4° Elle ne doit pécher ni par excès ni par défaut. Si elle
péchait par excès, l'animal pourrait s'engourdir ou se congestionner, après avoir mangé ; si elle péchait par défaut,
il aurait encore faim après avoir fait son repas. — Généralement, les animaux de trait, bœufs et chevaux, reçoivent au moins trois distributions par jour : l'une le matin,
avant le travail ; la deuxième vers midi, après la première
attelée ; la troisième vers le soir, après la journée faite. La
distribution la plus confortable et de moindre volume doit
précéder le moment du plus fort travail : les chevaux
prennent l'avoine ou l'orge à midi ; cet aliment concentré
soutient leurs forces, sans les congestionner. Au contraire,
le foin devra leur être donné de préférence le matin, quand
l'appétit est aiguisé. Enfin, la paille, qui est peu digestible
et renferme beaucoup de ligneux, devra être mise le soir
dans le râtelier ; l'animal, maintenant au repos, aura ainsi
tout le temps de mastiquer et de digérer.

Les vaches laitières, les moutons, les porcs peuvent,
s'ils restent toute la journée à l'étable ou à l'écurie, recevoir par jour, à intervalles réguliers, trois ou quatre

repas. Si les vaches vont au pâturage, on peut ne conserver que les distributions du matin et du soir. On donnera
alors le matin l'aliment de moindre qualité ; l'animal, sti-
mulé par son appétit, l'absorbera plus facilement. Le soir,
on donnera le fourrage de qualité supérieure, c'est-à-dire
le plus riche en principes nutritifs.

Pour les animaux à l'engrais, le nombre des repas pourra
être de quatre ou cinq. Dans ce cas, ce qu'il faut obtenir,
c'est que l'animal utilise complètement les aliments qu'on
lui donne. Aussi ne faudra-t-il jamais donner plus de cinq
repas ; l'azote introduit en excès dans le tube digestif
serait rejeté sans profit avec les excréments.

b) Variété dans les repas. — Une condition essentielle
pour maintenir l'appétit est d'introduire la variété dans les
repas.

Quand les aliments ne sont pas mélangés, on donne
chacun d'eux isolément ; le moins agréable le premier, en
dernier lieu le plus agréable ou le plus digestible. Cette
pratique doit d'ailleurs être suivie constamment, s'il s'agit
d'animaux à l'engrais.

Quelquefois les aliments sont mélangés, de manière à
former un tout à peu près homogène. La ration journalière
est alors divisée en trois, quatre ou cinq parties égales :
l'animal reçoit une part à chaque repas. Cette façon de
procéder est peut-être plus commode pour le cultivateur,
mais elle est moins favorable à l'engraissement, l'appétit
étant moins excité.

c) Changement de régime. — A chaque saison, les animaux passent par un changement de régime : ainsi au
printemps, les aliments verts sont substitués aux aliments
secs ; l'inverse a lieu en automne.

Le changement de régime trouble toujours un peu la
nutrition des animaux. Il est nécessaire de le préparer
progressivement, en mélangeant d'abord une petite quantité de fourrage vert au fourrage sec, puis en augmentant
progressivement la proportion d'aliments aqueux.

266. Substitution des aliments. — Nous avons vu à
quelles règles doit être soumis l'établissement de la ration.

Le calcul théorique des rations auquel oblige l'application de ces règles est long et difficile. Dans la pratique, les cultivateurs opèrent par substitution. Connaissant d'une part la quantité de foin qui constitue la ration type de leurs animaux, d'autre part les aliments qu'ils possèdent (foin, racines, pailles, grains, etc.) ou qu'ils peuvent acheter (tourteaux, sons, etc.), ils substituent à tout ou partie du foin de la ration type les aliments dont ils disposent, en tenant compte des règles exposées précédemment.

Les proportions sont indiquées dans le tableau ci-dessous, qui est suivi de quelques exemples d'application.

TABLEAU D'ÉQUIVALENCE DES ALIMENTS
(D'après M. J. CREVAT)

100 kilos de bon foin ordinaire sec peuvent être remplacés par :

87 kilos de			luzerne sèche.
82	—		regain sec.
87	—		sainfoin sec.
91	—		trèfle violet.
50	—	grains de	blé.
59	—	—	seigle.
66	—	—	orge.
57	—	—	avoine.
50	—	—	maïs.
67	—	—	sarrasin.
42	—	—	fèves.
46	—	—	féveroles.
65	—	son de	blé.
62	—	—	seigle.
71	—	—	maïs.
64	—	—	orge.
36	—	tourteau de	lin.
40	—	—	colza.
30	—	—	noix.
33	—	—	sésame.
28	—	—	arachides décortiquées.
42	—	—	arachides non décortiquées.
176	—	paille de	blé.
200	—	—	seigle.
155	—	—	orge.
160	—	—	avoine.

146 kilos de balles de blé.
168   —   siliques de colza.
252   —   drèches de brasserie.
105   —   marcs de raisin.
294   —   pulpes de betteraves pressées.
469   —   pulpes de betteraves fraîches (turbinées).
241   —   pommes de terre.
290   —   topinambours.
484   —   betteraves.
434   —   carottes.
485   —   rutabagas.
700   —   raves.

SPÉCIMENS DE RATIONS POUR DIFFÉRENTS ANIMAUX
(d'après M. Montoux).

I. — *Ration d'un cheval de 500 kilogrammes de poids vif, ne faisant aucun travail.*

Ration type (nourriture nécessaire) :

10 kilogrammes foin de pré (qualité moyenne).

Rations équivalentes :

Ration n° 1 { 6 kilog. foin de pré.
{ 2^k,500 avoine en grains.

Ration n° 2 { 6^k,500 paille hachée (de blé de préférence ; réser-
{ ver la paille d'avoine pour les ruminants).
{ 4 kilog. avoine en grains.

II. — *Ration d'un cheval de culture de 500 kilog. de poids vif, travaillant 10 heures par jour.*

Ration type (nourriture nécessaire) :

7 kilog. foin de pré (qualité moyenne).
5 kilog. avoine en grains.

Rations équivalentes :

Ration n° 1 { 6 kilog. paille de blé (en partie hachée).
{ 7^k,500 avoine en grains.

Ration n° 2 { 6 kilog. paille de blé (en partie hachée).
{ 3   —   avoine en grains.
{ 2   —   orge en grains.
{ 2   —   son de blé.

III. — *Ration d'entretien d'une tête de gros bétail de 500 kilog. de poids vif, au repos ou à l'étable.*

Ration type (nourriture nécessaire) :

de 9 à 10 kilog. foin de pré (qualité moyenne).

Rations équivalentes :

Ration n° 1 { 8 kilog. paille d'avoine.
{ 2ᵏ,500 tourteau de colza.

IV. — *Ration de production pour vaches laitières de 500 kilog. en état de gestation.*

(Produisant 3 000 litres de lait par an.)

Ration type (nourriture nécessaire) :

16ᵏ,400 foin de pré (qualité moyenne).

REMARQUE. — *Ration volumineuse absorbée seulement par les vaches habituées à ce genre d'alimentation.*

Rations équivalentes :

Ration n° 1 { 7 kilog. paille (d'avoine de préférence).
{ 2 — avoine.
{ 2 — son de blé.
{ 1 — tourteau de lin.
{ 1 — tourteau de coprah ou de colza.

Ration n° 2 { 7 kilog. paille d'avoine.
{ 1 — avoine.
{ 2 — son de blé.
{ 1 — tourteau de lin.
{ 2 — tourteau de coprah.

267. Condiments. — Ce sont des substances administrées aux animaux pour stimuler les fonctions digestives. Les condiments toniques ou excitants sont de véritables infusions. Le vin, surtout le vin chaud, la bière, le cidre, sont aussi des excitants.

Le *sel* est à la fois un condiment et un aliment. Il convient aux jeunes animaux et aux adultes de constitution molle et lymphatique. Il active la circulation, favorise les échanges et la sortie des déchets de désassimilation. On peut en donner de 25 à 30 grammes par jour par tête de gros bétail. La viande des animaux qui ont mangé du sel est bien meilleure que la viande de ceux qui n'en ont pas

consommé. On peut citer comme exemple le renom univer-
sel de la chair des moutons de prés-salés.

On peut utiliser les fourrages avariés en les arrosant
avec une dissolution de sel marin, s'ils sont secs. S'ils
étaient aqueux, on se contenterait de les saupoudrer de
sel. Il faudrait mettre environ 30 kilogrammes de sel pour
1000 kilogrammes de fourrage.

On sale quelquefois les foins, pour leur donner une plus
grande qualité alimentaire ; dans ce cas, la dose de sel à
employer est moindre que pour le fourrage avarié. On peut
se contenter d'en mettre de 5 à 10 kilogrammes pour
1000 kilogrammes de foin en meule ou en grange.

268. Boissons. — L'organisme perd continuellement de
l'eau, par les urines, par la sueur, par la respiration. Il
faut lui restituer cette eau, dont le défaut produit la sensation de la soif.

Eau potable. — Pour que l'eau produise de bons effets,
il faut qu'elle soit potable. Il faut aussi que sa température
atteigne un certain degré de chaleur, au-dessous duquel
elle pourrait être nuisible. Au-dessous de 10°, elle est froide
et abaisse la température de l'animal. C'est, dans ce cas,
un élément de dénutrition, et elle peut amener des indiges-
tions et des coliques. Quand les animaux ont chaud, le danger est plus grand, et les eaux froides peuvent occasionner
leur mort, en arrêtant subitement la circulation. Aussi
faut-il ne donner aux bestiaux que de l'eau prise à la température d'environ 15°.

Quand on donne aux vaches laitières de l'eau dont la
température varie de 25° à 35°, la production du lait s'élève
d'un tiers ou d'un quart. De toute façon, on pourra laisser
séjourner l'eau au soleil ou dans l'étable avant de la donner aux bestiaux.

L'eau qui convient le mieux au bétail est l'eau de rivière,
celle de citerne et celle de puits. Il faut rejeter les eaux de
mare[1].

---

1. Voir dans la Bibliothèque des *d'hygiène* du docteur Thoinot, cha-
Écoles primaires supérieures le *Cours* pitre III.

Quantité d'eau nécessaire aux bestiaux. — Cette quantité est essentiellement variable. D'une façon générale, la règle à suivre est d'habituer l'animal à boire modérément.

Un fort cheval de trait peut recevoir par jour de 30 à 45 litres d'eau ; un cheval de petite taille peut se contenter de 20 litres.

Avec chaque kilogramme d'aliment supposé sec, il faut environ 2 ou 3 kilogrammes d'eau au cheval et au mouton, de 4 à 5 1/2 au bœuf, de 5 à 6 1/2 à la vache, de 7 à 8 1/2 au porc.

Les animaux boivent trois ou quatre fois par jour en été, deux ou trois fois en hiver.

CHAPITRE IV

REPRODUCTION DES ANIMAUX DOMESTIQUES
LOIS DE L'HÉRÉDITÉ

269. Notion de la race. — Les animaux domestiques, qu'il s'agisse des espèces chevaline, bovine, ovine, porcine, etc., sont répartis en groupes naturels, auxquels sont spéciaux un certain nombre de caractères communs à tous les animaux de ce groupe. Ces groupes sont les *Races,* plus ou moins importantes au point de vue de la population et occupant des étendues plus ou moins grandes de territoire.

Ces caractères spéciaux aux races sont dus aux deux ordres de causes suivants :

Ils sont naturels, c'est-à-dire dus à l'influence du milieu dans lequel ces races vivent : climat, nature du sol. Ainsi la race bretonne est de format réduit, parce que le sol breton est pauvre en chaux et en acide phosphorique. C'est ce qui permet de dire que la race est le reflet du sol ;

Ils sont acquis quand ils sont dus à l'intervention humaine. Ainsi le format de la race bretonne s'est agrandi avec l'apport de chaux et surtout d'engrais phosphatés.

En même temps que ses caractères, chaque race possède des aptitudes qui lui sont propres : production du lait, ou de la viande, ou de la laine, etc.

Les caractères spéciaux à la race sont transmissibles des ascendants aux descendants ; les aptitudes le sont également, quoique un peu plus sujettes à varier. Là est la base de l'amélioration du bétail par l'emploi des reproducteurs.

270. Notion de la fécondité. — *La fécondité est la faculté de se reproduire que possèdent les animaux.* Elle nécessite le concours des deux sexes et varie suivant les animaux mis en présence. Si les reproducteurs sont de la même famille, la fécondité est faible. Elle augmente quand les reproducteurs sont pris dans des familles différentes, et même dans des races différentes ; elle diminue s'ils appartiennent à deux espèces différentes, elle peut même alors devenir nulle. Ainsi, dans la fécondation de la jument par le baudet (espèces voisines), les cas de stérilité sont fréquents et les produits (mulets) sont toujours stériles.

271. Notion de l'hérédité. — *L'hérédité est le phénomène grâce auquel les caractères des ascendants se reproduisent chez les descendants.* Cette transmission des caractères s'effectue selon des modes bien différents ; il importe d'examiner les principaux d'entre eux, sur lesquels sont basées les méthodes de reproduction des animaux domestiques.

a) Hérédité prépondérante. — On dit qu'il y a hérédité prépondérante quand l'un des reproducteurs transmet à ses descendants ses caractères ou ses aptitudes au détriment de ceux de l'autre. Les éleveurs connaissent bien cette faculté de certains reproducteurs qu'ils appellent des *Raceurs*. Lorsque les caractères ou les aptitudes transmis sont des utilités, telles qu'une bonne conformation pour la boucherie, une aptitude laitière développée, une grande précocité, la finesse de la toison, cette faculté de racer devient précieuse, et il faut en profiter soigneusement.

A l'origine de toutes les grandes races d'animaux domestiques se trouvent des raceurs, créateurs pour ainsi dire de la race. Les fameux taureaux Hubback, Bolingbroke, Favourite, Comet, dans la race Durham ; le bélier qui fut la souche de la race, aujourd'hui presque disparue, dite mérinos de Mauchamp, furent des raceurs remarquables, qui ont laissé à leurs descendants la marque indiscutable de leur origine.

b) Hérédité bilatérale. — Sous cette forme de l'hérédité, le *descendant possède des caractères qui proviennent de chacun de ses ascendants.* C'est le cas qui se présente le plus fréquemment et qui donne aussi les résultats les plus incertains, les plus imprévus. Les caractères, en effet, des géniteurs peuvent être fusionnés ou juxtaposés de façon extrêmement diverse ; il en est de même des aptitudes. Il n'est pas possible de prévoir, en cette matière, comment se fondront, se combineront les caractères et les aptitudes des ascendants. C'est ce qui arrive dans les pays où les cultivateurs mettent en présence des reproducteurs de caractères physiques et physiologiques disparates ; il en résulte une population animale en état de *variation désordonnée*.

Ce phénomène se rencontre dans les pays placés entre plusieurs régions d'élevage de races pures : par exemple, entre Paris, Orléans, Dijon, on rencontre des bovins tenant à la fois des races normande, charolaise, hollandaise, montbéliarde.

c) *Hérédité ancestrale ou atavisme.* — Ce mode d'hérédité est connu de tout le monde ; c'est celui en vertu duquel les *descendants ressemblent* non pas à leurs ascendants immédiats, mais à des *ancêtres remontant à plus d'une génération*. C'est à l'atavisme qu'il faut attribuer les *retours en arrière*. Ainsi l'atavisme est susceptible de faire apparaître dans une génération donnée des caractères provenant des anciennes générations. Si ces caractères sont du même ordre que ceux que cherche l'éleveur, l'atavisme se traduira par un renforcement du type désiré. Si, au contraire, les caractères sont opposés à ceux que cherche l'éleveur, l'atavisme se manifestera par un retard ; il sera un obstacle à l'amélioration de la race.

Tout animal nous apparaît donc, en réalité, comme *la résultante de toute la lignée dont il descend*. C'est pourquoi les bons éleveurs attachent une très grande importance à l'arbre généalogique d'un reproducteur ; voilà pourquoi ont été créés les livres généalogiques du bétail et pourquoi ils sont la condition *sine qua non* de la réussite d'un élevage ayant pour but l'amélioration de la race.

d) *Importance du rôle des reproducteurs mâles.* — Une longue pratique a mis en évidence l'importance du rôle joué dans l'amélioration du bétail par les reproducteurs mâles. Ceux-ci exercent toujours une influence plus considérable que la mère sur l'ensemble des produits de l'élevage. Cela tient d'abord à ce qu'ils sont, d'une façon générale, plus raceurs que les femelles, mais surtout à ce que, en raison de la durée de la gestation, l'influence de la mère ne s'exerce pendant toute son existence que sur un nombre restreint d'élèves, tandis que celle du mâle s'exerce sur un nombre considérable de descendants. Aussi ne saurait-on trop recommander aux éleveurs d'apporter les plus grands soins dans le choix des mâles, Aucun sacrifice ne saurait être trop lourd quand il s'agit de se procurer des mâles de choix. Il est malheureusement encore trop fréquent chez les cultivateurs de considérer comme une charge l'entretien d'un mâle et de négliger de lui donner les soins nécessaires ; quant aux cultivateurs qui ne peuvent pas s'imposer d'avoir un mâle dans leur troupeau, ils conduisent leurs femelles là où les saillies coûtent le moins cher.

Les méthodes de reproduction, c'est-à-dire l'ensemble des procédés employés par les éleveurs en vue de multiplier les animaux domestiques, sont fondées sur les lois scientifiques qui précèdent. Ces méthodes de reproduction peuvent se ramener à trois : la *sélection*, la *consanguinité* qui n'est qu'une forme de la sélection, le *croisement*.

272. Sélection. — La sélection consiste à faire reproduire des géniteurs appartenant à une même race et choisis en raison des caractères et des aptitudes qu'ils possèdent et dont on veut assurer la conservation.

La sélection est la méthode de reproduction indiquée par la nature elle-même.

Les conditions naturelles de l'existence, la difficulté de la recherche de la nourriture, les rigueurs du climat, les combats continuels contre les ennemis, en un mot, la lutte pour la vie, jouent vis-à-vis des animaux sauvages le même rôle que joue l'éleveur vis-à-vis des animaux domestiques. De même que l'éleveur élimine de la reproduction les individus ne présentant pas les caractères qu'il recherche, de même ces agents retranchent de l'existence ceux des animaux qui ne possèdent pas les qualités nécessaires pour triompher dans la lutte. Seuls résistent, se reproduisent et, par suite, sont assurés d'une postérité à laquelle ils transmettent leurs qualités, ceux qui sont armés pour le combat. C'est là de la sélection naturelle, tandis que l'éleveur pratique la sélection artificielle.

Le choix de l'éleveur peut être déterminé par deux considérations différentes. Tel peut se proposer de retenir comme reproducteurs les animaux qui possèdent purement et simplement les caractères de la race à laquelle ils appartiennent;

il ne cherchera qu'à conserver la race telle qu'elle existe ; il pratiquera ainsi la sélection conservatrice, qui correspond à l'exploitation du bétail. Au lieu de s'en tenir à des reproducteurs très rapprochés du type de la race exploitée, tel autre recherchera ceux qui présentent des particularités individuelles constituant une amélioration par rapport à l'ensemble des caractères de la race. C'est alors de la sélection progressive, qui correspond à l'amélioration du bétail.

La sélection s'appuie surtout sur les deux modes d'hérédité suivants : hérédité prépondérante et atavisme.

Evidemment, le choix de l'éleveur doit porter sur des animaux présentant tous les caractères requis, mais surtout sur ceux possédant le pouvoir de transmettre ces caractères. La sélection, en effet, sera d'autant plus efficace qu'elle s'adressera à un plus grand nombre de reproducteurs raceurs : les résultats fournis par cette méthode de sélection sont, en effet, sous la dépendance immédiate de la puissance d'hérédité des reproducteurs, et, si l'on pouvait imaginer qu'il fût possible de ne livrer à la reproduction que des raceurs, les résultats en seraient rapidement acquis et durables.

A côté de l'hérédité prépondérante, l'atavisme intervient pour une grande part, car tout reproducteur porte en lui le pouvoir de transmettre non seulement ses caractères, mais ceux de ses ascendants. Aussi l'éleveur doit-il s'appliquer à éliminer avec soin toutes les causes d'atavisme défavorable et à développer par contre chez ses reproducteurs une force d'atavisme favorable à ses projets. Pour faire de la sélection en toute sécurité, il faut que l'éleveur connaisse l'ascendance de chaque reproducteur et élimine tous ceux dans l'arbre généalogique desquels s'est glissé quelque élément d'impureté. Toute sélection bien comprise doit donc être accompagnée de la création d'un livre généalogique de la race sélectionnée.

Avantages de la sélection. — La sélection, on le voit, est une méthode de reproduction lente, les résultats fournis par elle ne s'acquérant que par degrés, de génération en génération ; c'est seulement lorsque les qualités de plusieurs générations se sont affirmées sans interruption que l'amélioration peut être considérée comme acquise ; mais aussi, en raison de ce que la sélection élimine toute impureté due à l'atavisme, en raison de la constance, de la fixité qu'acquièrent les caractères ainsi transmis, la sélection est la méthode la plus sûre, la plus régulière, la plus puissante, puisqu'elle accumule sur une seule génération la force d'hérédité acquise par toutes les générations qui lui sont antérieures.

Ce n'est pas tout ; elle ne nécessite, de la part de l'éleveur, que de l'attention, de l'esprit de suite, mais aucune dépense d'un autre ordre (il n'en sera pas de même pour le croisement) ; c'est donc une méthode peu coûteuse.

Enfin, toute race améliorée a besoin d'un régime (hygiène et alimentation) également amélioré ; il est donc indispensable, pour l'éleveur, à mesure qu'il transforme son bétail, d'accroître la qualité et la quantité de la nourriture qu'il lui fournit, de transformer, par conséquent, d'une façon parallèle, ses méthodes de culture ; or, avec la sélection, en raison même de la lenteur avec laquelle sont acquis les résultats, les améliorations dans les modes d'exploitation du sol peuvent être progressives et, par suite, économiques et marcher de pair avec les améliorations obtenues sur le bétail.

273. Consanguinité. — La consanguinité est de la sélection restreinte à une seule famille. Elle a pour conséquence de fixer un ou plusieurs caractères qui n'étaient qu'accidentels. Mais, poussée à l'excès, elle présente l'inconvénient de diminuer la fécondité ; il peut arriver qu'elle occasionne des accidents fâcheux, tels que l'abâtardissement des caractères, la tendance à la stérilité. Il faut alors pratiquer le rafraîchissement du sang en recourant pendant un temps à des reproducteurs pris dans une famille différente.

274. Croisement. — Le croisement a pour objet de faire reproduire deux animaux de race différente. Les produits qu'on obtient sont des métis ; on les qualifie avec les deux noms des races croisées en mettant le premier celui de la race à laquelle appartient le mâle. L'accouplement, par exemple, du taureau Durham et de la vache Mancelle est un croisement dont les produits sont des métis Durham-Manceaux.

Le croisement par des voies différentes de celles qui sont propres à la sélection a pour but, comme cette dernière, l'amélioration du bétail.

La théorie et l'observation ont montré depuis longtemps que, lorsque les reproducteurs appartiennent à deux races différentes, en règle générale, les métis obtenus possèdent des caractères qui dérivent de chacune des races des reproducteurs : d'où la possibilité, pour atteindre à un ensemble de caractères que ne possède pas une seule race, de fusionner par le croisement deux races dont l'une apporte à l'autre ce qui lui manque.

Bases du croisement. — Les manifestations de l'hérédité prépondérante qui jouent un rôle considérable dans la sélection seront, dans le croisement, moins favorables, d'une façon générale, à l'obtention des résultats désirés. La raison du croisement est d'obtenir une fusion, plus ou moins égale, des caractères de deux races et non la prépondérance d'une seule à l'exclusion de l'autre. C'est donc l'hérédité bilatérale surtout qui interviendra.

Mais, de même qu'il y a des reproducteurs raceurs, il y a des races qui, dans le croisement, ont une puissance considérable d'implantation de leurs caractères. Cette puissance varie avec l'état d'amélioration de la race, avec son ancienneté, avec le degré de sélection auquel elle est parvenue. On a vu plus haut que la sélection est la méthode la plus puissante pour fixer les caractères d'une race ; il est donc à prévoir que, lorsque deux races sont mises en présence par le croisement, la mieux sélectionnée implantera plus profondément ses caractères ; elle jouera vis-à-vis de l'autre le rôle de raceur.

Comme dans la sélection, l'atavisme intervient constamment dans le croisement ; mais là ce n'est pas pour renforcer les caractères acquis, c'est pour les mélanger, les brouiller, les éléments ancestraux étant dissemblables. Les manifestations de l'atavisme se traduiront donc par l'instabilité, l'irrégularité des caractères. Il est difficile à l'éleveur de s'y soustraire ; les différentes méthodes de croisement lui permettent seulement d'en tirer le meilleur parti possible.

CHAPITRE V

275. Pratique de la sélection. — Dans la pratique de la sélection, l'éleveur doit considérer les deux points de vue suivants :

1° Ses reproducteurs sont des individus susceptibles de faire passer dans leur descendance leurs caractères propres ;

2° Ils sont en même temps les descendants de toute une lignée d'ancêtres dont les caractères peuvent se reproduire chez les élèves auxquels ils donneront naissance.

a) Des reproducteurs considérés dans leurs caractères personnels. — La première condition à remplir pour les reproducteurs est qu'ils possèdent bien les caractères de leur race et de leur sexe.

En second lieu, l'éleveur doit rechercher et conserver avec soin les reproducteurs raccurs. Ils sont rares, et il faut compter surtout sur des géniteurs des deux sexes de puissance héréditaire à peu près équivalente. Il faut, pour cette raison, apporter la plus grande attention à l'appareillement des reproducteurs ; c'est-à-dire qu'il ne faut accoupler que des reproducteurs dont les caractères concordent et soient susceptibles de fusionner. Les résultats obtenus par la sélection seront ainsi plus rapides, car, dans ces conditions, les manifestations de l'hérédité bilatérale viennent renforcer celles de l'hérédité prépondérante, tandis que, sans cette précaution de l'appareillement, il pourrait y avoir opposition entre ces deux modes d'hérédité, la femelle pouvant apporter des caractères différents de ceux du mâle.

Nous avons vu qu'en raison de l'influence prépondérante des mâles, l'éleveur ne doit reculer devant aucun sacrifice pour se procurer des reproducteurs mâles de choix. Mais les prix des mâles, généralement élevés, ne sont pas accessibles à toutes les bourses. L'association seule permettra aux éleveurs de se procurer des reproducteurs de choix sans être obligés de consentir à des dépenses considérables.

Ils doivent pour cela se grouper en syndicats d'achat de reproducteurs mâles ; ils constituent ainsi de véritables sociétés coopératives, montées par actions, les intérêts de ces actions étant représentés par les prix des saillies. Chacun des participants a droit à un nombre de saillies proportionnel aux parts qu'il a prises et aux femelles qu'il possède. Au terme de la carrière du mâle, une partie du capital d'achat est remboursée par le prix de vente de l'animal pour la boucherie. Ces associations sont très nombreuses en Suisse, où elles sont un des principaux éléments de prospérité de l'élevage.

Il est quelquefois pratique d'appliquer la sélection à l'une des aptitudes spéciales d'une race, pour développer cette aptitude de laquelle on tire un profit plus considérable. Ainsi on sélectionne les ovins pour la finesse de leur laine, les bovins pour les qualités beurrières de leur lait. Les reproducteurs sont éprouvés au point de vue spécial que l'on vise ; on suit sur leur descendance les manifestations de ces aptitudes et l'on arrive à créer ainsi des familles chez lesquelles ces utilités sont particulièrement développées.

Ce genre de sélection a pris une extension notable en ce qui concerne la production du beurre chez les vaches laitières. En Normandie, les concours beurriers sont fréquents, dans les îles anglo-normandes également ; en Danemark, des sociétés de contrôle exercent une surveillance continuelle sur les vaches qui leur sont soumises. La richesse du lait en beurre est ainsi considérablement accrue, et ce n'est pas pour ces pays une des moindres sources de richesse.

b) Des reproducteurs considérés dans leurs caractères ancestraux. — Tout reproducteur est, nous l'avons montré, la résultante de toute une lignée d'ancêtres dont il peut transmettre les caractères à ses descendants. Il faut donc attacher autant d'importance à l'ascendance d'un reproducteur qu'à ses qualités propres ; toute sélection bien comprise doit se pratiquer avec l'aide de registres spéciaux sur lesquels sont consignées les ascendances des reproducteurs. Ces registres sont appelés *livres généalogiques*, ou encore, du nom qui leur a été donné en Angleterre où ils ont été créés, Herd-Book (livre d'étable), Flock-Book (livre de bergerie), Stud-Book (livre d'écurie), selon qu'il s'agit des espèces bovine, ovine ou chevaline.

L'importance de ces livres généalogiques est considérable et, en raison de la sécurité qu'ils fournissent concernant les ancêtres des reproducteurs, leur emploi se généralise dans tous les pays d'élevage ; les acheteurs de bétail prennent l'habitude de se référer aux livres généalogiques : dans la plupart des concours, l'ascendance des concurrents est soigneusement déclarée et, dans toutes les régions d'élevage, la valeur des reproducteurs s'est accrue en raison directe de l'ancienneté de leur ascendance constatée. En résumé, les livres généalogiques sont dès maintenant le complément obligatoire de tout élevage rationnel.

276. Fonctionnement des livres généalogiques. — Avant toute création d'un livre généalogique, il faut bien fixer les caractères physiques et physiologiques de la race qui doit faire l'objet du livre. Puis une commission, qui fonctionne une fois ou deux par an et pendant quelques années seulement, procède aux inscriptions d'origine des reproducteurs réunissant tous les caractères requis. Chaque animal inscrit possède une page de registre sur laquelle sont portés les résultats de son élevage. Chaque éleveur, possesseur de mâles inscrits, reçoit pour chacun d'eux un carnet sur lequel doivent être notées les saillies effectuées par ce mâle sur les femelles inscrites au même livre ; les naissances sont ensuite déclarées. Les jeunes animaux, lorsqu'ils ont atteint l'âge de reproduire, sont visités de nouveau par la commission, qui examine si, par atavisme ou pour quelque autre cause, il ne s'est pas manifesté chez eux d'impuretés ; dans ce cas, les jeunes reproducteurs ne seraient pas inscrits ; si, au contraire, ils comportent bien les caractères de leur race, ils sont inscrits définitivement, et leur descendance est inscrite dans les mêmes conditions.

Au bout de quelques années, les animaux inscrits à l'ouverture du livre ont donc fait souche de descendants ; on clôt alors la liste des inscriptions d'origine et l'on n'admet plus que les descendants de parents déjà inscrits. Les premières inscriptions au livre généalogique devant être l'origine de la population sélectionnée qu'on cherche à créer, il importe d'effectuer ces inscriptions avec beaucoup de prudence et de se montrer difficile sur les caractères requis. Les registres doivent aussi renfermer le plus de détails possible sur la valeur des animaux inscrits, leurs différents prix, de vente quand ils passent de main en main, les prix obtenus dans les concours, les résultats de leur appréciation par les tables de pointage, s'il y a lieu, etc.

277. Exemple de sélection et de consanguinité. — L'histoire de presque toutes les grandes races d'animaux domestiques fournit d'excellents exemples de sélection et de consanguinité.

Ainsi, c'est à ces deux méthodes de reproduction que la race bovine Durham doit la faveur dont elle jouit. Cette race, fort ancienne, date de la fin du XVIII° siècle. A cette époque, la population bovine dont descend la race Durham habitait la vallée de la Tees, en Angleterre. Des éleveurs habiles, les frères Colling, prirent à tâche de développer par la sélection les qualités de cette population bovine, qui paraissait particulièrement apte à la production de la viande. L'un des frères Colling remarqua notamment la bonne conformation du taureau Hubback ; il l'acheta et lui fit saillir les vaches les mieux conformées de ses étables. Après Hubback, Bolingbroke fut accouplé avec des vaches qui furent célèbres comme mères de familles réputées dans la race Durham, notamment Duchess, Phoenix. Après Bolingbroke, un de ses fils avec Phoenix, du nom de Favourite, fut conservé seize ans et procréa un grand nombre d'animaux dont la valeur fut considérable. C'est ainsi que Favourite et sa mère Phoenix eurent un fils, Comet, qui fut vendu plus tard 26 250 francs ; il faut citer une vache, Clarissa, qui était fille, petite-fille et arrière-petite-fille de Favourite jusqu'à la septième génération. On le voit, la consanguinité a tenu une grande place à l'origine de la race Durham. La sélection que pratiquèrent les frères Colling porta surtout sur la bonne conformation de la bête de boucherie. Il faut le dire aussi, la sélection fut aidée puissamment par une amélioration sérieuse du régime alimentaire ; pour cette raison, la précocité se développa et devint héréditaire, ce qui explique qu'aujourd'hui les animaux de cette race sont extrêmement difficiles sur leur régime.

Lorsque les frères Colling cessèrent leur élevage, leur troupeau fut vendu aux enchères, et c'est pour conserver les traces de la sélection faite par eux que, peu de temps après, fut institué en Angleterre le Herd-Book de la race Durham, accessible au bétail de tous les éleveurs de cette race.

278. Pratique du croisement. — Alors que la sélection, en raison de sa nature, ne peut être pratiquée que d'après un seul mode, le croisement, à cause de la diversité des combinaisons susceptibles d'être adoptées, peut se pratiquer de plusieurs façons.

1° *Croisement de retrempe.* — Lorsque, à force de pra-

tiquer la sélection, on constate un certain abâtardissement
des caractères de la race sélectionnée, il est prudent de lui
rendre de la vigueur, de la vitalité par l'affusion du sang
d'une autre race, mais peu différente de caractère.

2° *Croisement continu.* — C'est par le croisement continu
que l'éleveur peut modifier le plus rapidement et le plus
complètement une population animale quelconque. En principe, il consiste en ceci : étant donnée une race indigène,
on introduit des reproducteurs mâles purs d'une race
étrangère, et les femelles de la race locale sont accouplées
toujours avec ces mâles purs étrangers ; leurs produits
femelles le sont aussi, et cela pendant plusieurs générations,
au bout desquelles on peut admettre que la race indigène
est supprimée et remplacée par la race croisante. A aucun
moment du croisement continu, on ne fait intervenir les
mâles indigènes, ni ceux nés du croisement ; on utilise
continuellement les mâles purs de la race introduite.

Un peu d'arithmétique fera mieux saisir ce qui se passe. Un
mâle étranger pur et une femelle indigène donnent à la première
génération un métis qui, de par les lois de l'hérédité bilatérale,
possède une moitié de sang étranger et une moitié de sang indigène.
La première génération fournit des métis ayant un demi de sang
étranger et un demi de sang indigène. A la deuxième génération,
une femelle ayant un demi de sang étranger est saillie par un mâle
étranger pur, le produit tiendra toujours moitié du père et moitié
de la mère. Or, comme celle-ci n'est déjà que demi-sang indigène,
le produit sera moitié moins riche en sang indigène ; et, à chaque
génération nouvelle, la richesse du sang indigène baissera de
moitié de ce qu'elle était à la génération précédente, au profit du
sang étranger. Les générations successives de métis seront donc
ainsi constituées :

1re génération.......	1/2 sang étranger	1/2 sang indigène
2e —	3/4 —	1/4 —
3° —	7/8 —	1/8 —
4° —	15/16 —	1/16 —
5° —	31/32 —	1/32 —
6° —	63/64 —	1/64 —

On se rend compte que, dès la cinquième génération, les produits n'ont plus que 1/32 de sang indigène, ce qui est bien peu,
puis 1/64, puis 1/128, ce qui devient tout à fait insignifiant, et l'on

peut admettre que, dès la sixième ou septième génération, la race croisante a presque totalement supplanté la race croisée.

Les résultats obtenus par le croisement continu sont d'autant plus vite acquis et d'autant plus durables que les mâles employés implantent avec plus de force leurs caractères. Ici intervient donc l'hérédité prépondérante, et l'on peut avoir avantage, dans une certaine mesure, à employer des mâles raceurs.

Les conditions de réussite du croisement continu sont les suivantes : la race introduite doit s'acclimater facilement dans le pays où elle est apportée et elle doit s'appareiller avec la race croisée.

Il est des races qui s'acclimatent facilement partout, des races pour ainsi dire cosmopolites, par exemple nos races bovines de l'est de la France, la race de moutons mérinos ; d'autres sont d'un acclimatement plus difficile, comme les races bovines normande, flamande. En général, les races d'animaux domestiques passent sans souffrir d'une contrée pauvre à une contrée riche ; le contraire se produit difficilement.

L'appareillement des races mises en contact est une condition indispensable de réussite du croisement ; faute de quoi, on n'obtient que des sujets disparates, prédisposés aux maladies, aux tares et difficiles à utiliser.

Les races indigènes qu'on soumet au croisement sont, en général, des races rustiques, se contentant de conditions d'existence et d'un régime alimentaire souvent défectueux. Les races améliorées croisantes sont, au contraire, très difficiles au point de vue alimentaire. Par suite, les métis résultant du croisement entre ces deux races sont d'un entretien beaucoup plus difficile que la race indigène ; aussi, lorsque le pays ne jouit pas d'un système de culture déjà très avancé, le croisement continu doit être accompagné d'une amélioration très importante dans les méthodes de culture et dans les procédés d'exploitation du bétail. Si ce croisement n'est pas accompagné d'une amélioration des cultures, le bétail amélioré ne peut pas vivre ; telle est l'une des causes les plus fréquentes d'échec du croisement continu, méthode rapide d'amélioration du bétail, mais en même temps méthode coûteuse.

3° *Croisement alternatif.* — Par le croisement alternatif, l'éleveur ne cherche plus à substituer une race à une autre, mais seulement à introduire dans une race indigène des éléments étrangers appelés à en modifier dans une certaine mesure les caractères et les aptitudes.

Dans la pratique, l'éleveur utilise à son gré comme reproducteurs soit les mâles de la race étrangère importée, soit les sujets provenant du croisement et qu'on appelle des *métis*. Il n'y a pas de règle qui fixe l'ordre à suivre; seule intervient la perspicacité de l'éleveur.

Dans cette méthode de reproduction interviennent donc tous les modes d'hérédité considérés au chapitre précédent; de cette opération, qui s'appelle le *brassage du sang*, résulte un véritable *affolement des caractères*.

Quand l'éleveur est arrivé à produire un type auquel il décide de se tenir, il arrête le croisement et pratique la reproduction entre eux des métis ainsi fabriqués. C'est de cette façon qu'on crée des races métisses (race ovine de la Charmoise, race bovine Durham-Mancelle).

4° *Croisement industriel.* — Dans cette dernière forme de croisement, on s'efforce d'obtenir, au moyen de reproducteurs purs de races différentes, des métis demi-sang qui ne sont pas destinés à la reproduction et qu'on utilise pour leurs qualités spéciales.

On ne peut mieux comparer le croisement industriel qu'à la production des mulets, obtenus par l'accouplement de baudets étalons et de juments; les mulets, on le sait, sont inféconds; il ne saurait donc être question de les faire reproduire entre eux; mais leur utilité est telle que leur production est toujours très florissante. Cette analogie a fait que le croisement industriel est appelé industrie mulassière, pseudo-mulasserie.

On vise à fabriquer des métis possédant des utilités supérieures à celles des races pures qui les ont formés. En règle générale, on obtient de bons résultats en croisant les femelles de races communes avec des mâles de races améliorées. La mère donne au produit sa résistance, sa rusticité ; le père, sa précocité, sa faculté d'engraissement.

Dans le croisement industriel, il y a très peu d'aléas. La pratique a établi depuis longtemps quels produits on obtient en accouplant des reproducteurs provenant de telle ou telle race ; l'atavisme n'intervient pas, puisque le croisement ne va pas au delà de la première génération. Tout au plus est-il nécessaire d'éliminer les reproducteurs mâles ou femelles qui seraient des raceurs.

Le croisement industriel est utilisé surtout en vue de la production de la viande. Ainsi l'on produit les agneaux gras destinés à la consommation des grandes villes par le croisement de femelles de race commune (races mérinos, solognote, berrichonne, nivernaise, pyrénéenne, caussenarde, etc.) et de béliers Southdown ou Dishley. Ces agneaux s'engraissent avec facilité et répondent parfaitement à la qualité de viande demandée aujourd'hui : le petit gigot, la côtelette fine. Dans tous les pays, aux environs des grandes villes, ce mode de croisement permet de fournir en abondance de la viande de bonne qualité à la boucherie. Chez les porcins, il en est de même. Nos races sont moins précoces, moins grasses que les races anglaises, qui ont plus de lard, mais dont la viande est moins savoureuse. Le croisement continu avec les races améliorées anglaises enlèverait à nos porcs la qualité spéciale de la viande, tandis que le croisement industriel conserve aux produits des qualités mixtes. Les femelles des races indigènes (normande, craonnaise, bressanne, dauphinoise) sont croisées avec le verrat yorkshire ou berkshire. Il en est de même pour les animaux de basse-cour : la cane commune avec le canard d'Ailesbury, l'oie commune avec le jars de Toulouse, la poule de ferme avec le coq Dorking, Houdan, Crèvecœur.

279. Choix judicieux d'une méthode de reproduction. — Le choix judicieux d'une méthode de reproduction est la base de tout élevage rationnel.

Pour résoudre ce problème, l'éleveur examinera au préalable :

1° Les circonstances dans lesquelles il opère ;
2° Le but qu'il se propose d'atteindre.

Si le pays dans lequel il opère ne possède pas encore de population animale ou ne possède qu'une population sauvage inutilisable, comme c'est le cas pour certains pays neufs : République Argentine, Australie, Cap de Bonne-Espérance, l'agriculteur devra procéder par introduction directe de bétail ; il lui faudra, avant de se déterminer, étudier les conditions de climat, de nature du sol, de production fourragère de cette région.

En Australie, par exemple, où l'éleveur cherche à produire du lait, en vue de la fabrication du beurre et de la viande, les meilleurs rendements sont fournis par le croisement des races bovines Ayrshire-Durham. En République Argentine, où la production de la viande prime tout, les éleveurs se trouvent bien des croisements Durham et Hereford.

Mais, dans le cas le plus général, s'il existe déjà dans le pays une population animale, l'agriculteur devra l'examiner avec soin. Souvent, il convient simplement de sélectionner les qualités et les aptitudes de ce bétail, de l'améliorer lentement, et de s'assurer ainsi des résultats durables. Le cas s'est présenté de nombreuses fois dans les pays originaires d'anciennes races que, par négligence ou pour d'autres raisons, on avait laissées se transformer par des croisements irraisonnés. La sélection est intervenue pour rendre à la race indigène, en même temps que la prépondérance, les aptitudes qu'elle avait perdues. En Bretagne, par exemple, après avoir croisé longtemps les vaches de race bretonne avec des taureaux Durham, les éleveurs, en présence des résultats peu avantageux obtenus, se sont décidés à revenir par la sélection à la race bretonne pure et à créer le Herd-Book de la race bretonne.

D'autres fois, la région est peuplée par des animaux de diverses races voisines, dont le mélange s'est effectué sans règle. Dans ce cas, il peut y avoir intérêt à choisir, parmi ces races, celle qu'il serait le plus avantageux de fixer et d'améliorer par la sélection.

Il est arrivé aussi, dans des situations analogues, que le plus avantageux était de croiser méthodiquement les races en présence et de fabriquer une population métisse susceptible d'aptitudes plus nombreuses que celle des races croisantes.

Ainsi a été créé le mouton de la Charmoise (Loir-et-Cher), qui est un métis demi-sang Kent et demi-sang mélangé solognot, berrichon, tourangeau, mérinos.

Il faut encore attacher une grande importance aux conditions culturales du milieu de l'élevage et ne pas oublier que les métis sont toujours plus difficiles, au point de vue de l'alimentation et du régime, que les races indigènes. Il ne faut donc user du croisement que dans les régions à exploitation agricole déjà perfectionnée. L'amélioration des méthodes culturales doit, à tout prix, précéder l'amélioration du bétail; sinon, les résultats seraient désastreux. C'est pour avoir méconnu ce principe que nombre de cultivateurs, dans les pays neufs surtout, ont été ruinés dans leurs opérations d'élevage.

En raison de la consommation toujours croissante de la viande, la tendance actuelle de l'élevage est de fournir des animaux qui aux aptitudes spéciales de leur race joignent celle de terminer avantageusement, pour leur propriétaire, leur carrière à la boucherie. Cette dernière aptitude se développe surtout par le régime alimentaire. C'est aux aptitudes fondamentales (lait, viande, travail, laine) qu'il faut attacher de l'importance. D'une façon générale, la sélection est la meilleure méthode qui permet de les développer ; aussi, dans la plupart des cas, c'est à elle que les cultivateurs préfèrent recourir. C'est ainsi que les qualités laitières et surtout beurrières de la race normande ont été développées, que l'étendue et la densité de la toison ont été améliorées chez les moutons mérinos. La durée de l'opération est largement compensée par la sécurité des résultats.

Souvent la race indigène n'est pas susceptible de fournir les résultats cherchés. On pratique alors le croisement et l'on introduit ainsi une certaine quantité de sang d'une race étrangère améliorée. En Algérie, la race ovine indigène présente de réelles qualités d'endurance, de rusticité ; mais ses aptitudes économiques sont faibles ; le croisement continu avec la race mérinos de la Crau paraît donner, surtout dans les départements d'Oran et d'Alger, des résultats satisfaisants, à la condition de revenir de temps à autre aux béliers indigènes, seuls capables de conserver à la race sa rusticité. C'est, nous l'avons dit, par le croisement alternatif qu'a été créée la race bovine Durham-Mancelle. L'ancienne population mancelle présentait peu d'aptitudes pour la production du travail ou du lait, mais une propension marquée à l'engraissement ; son amélioration fut effectuée par l'introduction du sang Durham, qui a donné de bons résultats partout où la fertilité du sol a permis d'entretenir ce nouveau bétail.

L'agriculteur dispose donc de méthodes variées de reproduction. Qu'il y apporte du jugement, de la méthode, de la persévérance, de l'esprit de suite, et il disposera du plus puissant moyen d'amélioration de ses animaux domestiques, dont l'exploitation est aujourd'hui pour lui une source si considérable de revenus.

CHAPITRE VI

HYGIÈNE DE L'HABITATION

280. L'hygiène. Sa nécessité. — L'hygiène appliquée aux animaux domestiques est l'ensemble des lois dont l'observation permet à l'agriculteur de maintenir ses animaux dans l'état de santé le plus favorable à la production économique des utilités qu'il leur demande : viande, travail, laine, lait, etc.

Il s'agit moins pour le cultivateur de conserver son bétail en parfait état de santé, que de le maintenir dans un état tel qu'il fournisse économiquement la plus grande quantité possible des produits en vue desquels il est exploité. Il est évident qu'un bœuf à la fin de la période d'engraissement n'est pas en bonne santé, qu'une vache est rapidement épuisée par l'abondante production de lait qu'on exige d'elle. Or, pour fournir ainsi de la viande, du lait, etc., il est nécessaire que les animaux domestiques soient placés dans des habitations remplissant des conditions spéciales d'aération, de confort ; qu'ils reçoivent des soins corporels et une alimentation appropriés ; que les instruments de travail qui leur sont imposés, harnais et ferrure, soient parfaitement adaptés à leur destination et facilitent le travail que l'on demande à ces animaux ; que des précautions soient prises pour défendre leur organisme contre les maladies contagieuses. Les règles relatives à ces différents objets : habitation, soins corporels, alimentation, harnachement, défense contre les épidémies, constituent dans leur ensemble l'hygiène.

281. Hygiène de l'habitation. Conditions générales. — A l'état sauvage, les animaux ne recherchent que des abris sommaires (bouquets d'arbres, creux de rochers).

Mais, dans cette situation, les produits qu'ils fournissent, sauf leurs dépouilles, sont nuls ou de peu de valeur. Si, au contraire, le cultivateur se propose d'exploiter ces animaux, c'est-à-dire de tirer d'eux du lait, de la viande, du travail, de la laine, il doit leur fournir des conditions plus favorables ; il doit les soustraire aux exigences de la lutte pour la vie qui dominent leur existence à l'état sauvage ; notamment, il doit les garantir des intempéries, les réunir dans un local où il les ait sous la main, où il puisse leur distribuer leur nourriture, surveiller et régler leurs accouplements ; d'où la nécessité de leur construire des habitations, où cependant ils trouveront la quantité d'air qui leur est nécessaire, le sol qui leur convient le mieux, les dispositifs les plus favorables pour la distribution de leurs aliments.

Sans entrer, à propos des logements des animaux, dans les détails techniques de leur construction, nous indiquerons seulement les conditions que doivent réaliser ces habitations, afin de permettre aux cultivateurs d'apprécier sainement des constructions déjà établies, de comprendre quelles transformations ils doivent y apporter et de procéder eux-mêmes à des modifications simples et parfois très nécessaires.

Les conditions générales que doivent remplir les habitations des animaux domestiques ont rapport à l'orientation, à l'emplacement, à l'aération et aux matériaux employés.

L'orientation à donner aux habitations des animaux domestiques dépend du pays dans lequel on se trouve placé. Dans le Midi, l'orientation des ouvertures vers le nord apporte de la fraîcheur ; dans le Nord, au contraire, l'orientation vers le sud soustrait les animaux à l'action des vents froids. Dans les régions tempérées, l'exposition à l'est est la plus avantageuse ; pour les étables destinées aux vaches laitières, l'orientation à l'ouest, ou mieux au sud-ouest, paraît favorable en raison de l'humidité qu'apportent les vents d'ouest et qui est nécessaire à la lactation, à condition toutefois que les ouvertures puissent en temps de pluie être closes hermétiquement.

Le choix de l'emplacement ne demande pas moins de soins.

Aucun animal n'accepte de vivre sur des sols humides ; tous, au contraire, en souffrent. Pour cette raison, il sera nécessaire, quels que soient les animaux qu'il s'agit de loger, de placer les habitations en situation saine, de défoncer le sol, d'y établir plusieurs lits superposés de cailloutis, de disposer même, s'il y a lieu, un système de drains entourant l'habitation pour évacuer les eaux arrivant de l'extérieur, de façon que la surface sur laquelle reposent les animaux soit toujours bien sèche. Beaucoup de cultivateurs se contentent de constituer le sol de ces habitations en terre battue. Cela est insuffisant, car la terre s'imprègne peu à peu des déjections et laisse se dégager des gaz ammoniacaux délétères, par conséquent irrespirables et nuisibles.

L'aération ne doit pas être négligée, parce que l'air est indispensable à tous les êtres vivants.

Le cube d'air nécessaire aux animaux est considérable ; s'il fallait donner aux écuries et aux étables des dimensions en proportion avec cette quantité d'air, il faudrait construire des habitations extrêmement vastes. Il n'en est heureusement pas ainsi.

Dans les régions montagneuses et froides, à climat rude, les logements du bétail sont, au contraire, de dimensions réduites, afin de conserver la plus grande quantité possible de chaleur et d'en éviter la déperdition au dehors. Il en est ainsi, parce que les gaz traversent les parois des murailles d'autant plus vite que la différence entre les températures de l'intérieur et de l'extérieur est plus grande ; elle varie aussi avec la nature des matériaux employés. Ainsi s'échangent les gaz viciés de l'intérieur contre l'air pur du dehors. L'acide carbonique en particulier, incapable d'entretenir la respiration, est appelé, en quelque sorte, au dehors parce que, précisément, il se trouve en plus grande quantité et à une température plus élevée au dedans qu'à l'extérieur.

Mais si les murailles se laissent traverser par l'acide

carbonique, il n'en est pas de même pour les émanations délétères des déjections : gaz ammoniacaux ou sulfhydriques. Pour évacuer ces gaz, il faut prévoir des ouvertures. Elles doivent être disposées de façon à ne pas nuire au bétail par l'arrivée de l'air froid. Les fenêtres seront placées assez haut pour que la lumière vive ne gêne pas les animaux et ne favorise pas la multiplication des insectes. Elles s'ouvriront à l'intérieur par un châssis vitré tournant autour de

Fig. 144. — Fenêtre pour logement d'animaux.

son bord inférieur (fig. 144 et 145), ainsi l'air froid frappera d'abord le plafond. Des cheminées d'appel permettent,

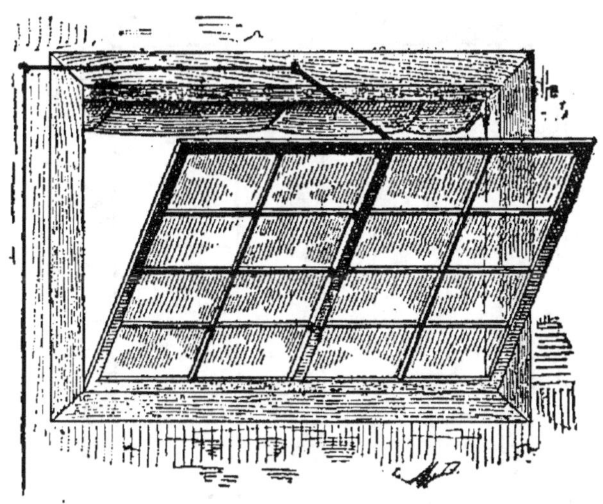

Fig. 145. — Fenêtre pour logement d'animaux.

quand toutes les autres ouvertures sont fermées, l'évacuation des gaz chauds et viciés, et des barbacanes, petites ouvertures placées au ras du sol et aussi loin que possible des animaux, favorisent l'entrée de l'air extérieur.

Quant aux matériaux à employer, il faut s'en tenir à la

maçonnerie ordinaire, en raison des échanges de gaz qui s'y effectuent. La charpente sera ou en bois, ce qui accroît, il est vrai, les dangers d'incendie, ou en fer, à condition que les poutrelles de fer soient logées dans un hourdis de briques revêtues de ciment, de façon à éviter les condensations d'humidité.

282. **Écuries.** — Les dimensions à donner aux écuries sont telles que chaque cheval adulte — chevaux de gros trait et de labour — puisse disposer d'une surface d'environ 3 mètres de longueur sur 1 m. 50 de largeur. Derrière les animaux doit courir une allée de service de $1^m,80$ de largeur (fig. 146-147).

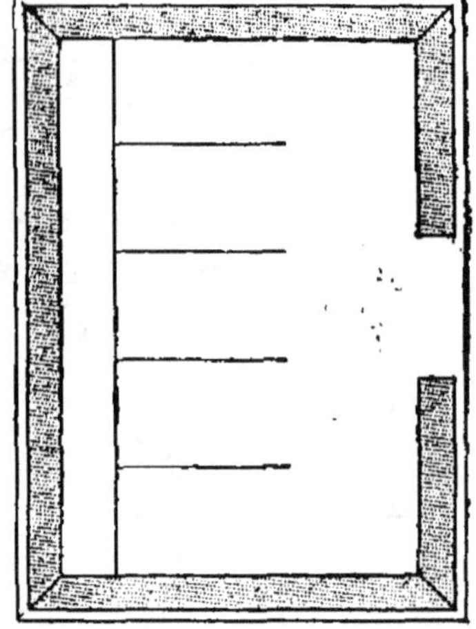

Fig. 146. — Plan d'une écurie simple.

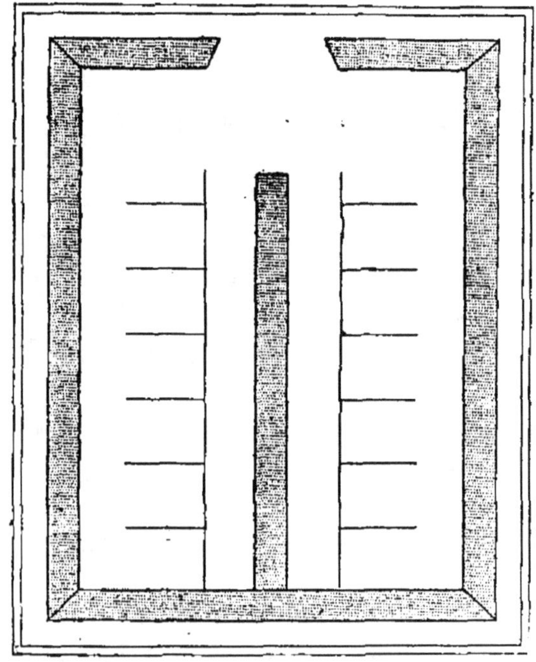

Fig. 147. — Plan d'une écurie double.

La surface du sol et de l'allée doit être pavée. C'est le

pavage qui convient le mieux aux chevaux. Le bois est glissant pour eux; le ciment ou la brique se briseraient sous les chocs répétés des sabots; mais le pavage doit

Fig. 148. — Bat-flancs.

être autant que possible strié et surtout jointoyé avec soin, de façon à ménager les membres des jeunes chevaux surtout, qui risqueraient d'avoir leurs aplombs faussés sur un pavé inégal.

Pour permettre l'évacuation des urines, il est indispen-

Fig. 149. — Détail du dispositif communément adopté
pour les bat-flancs.

sable de donner une très légère pente au sol. Pour la partie placée sous les animaux, la pente ne doit pas être supérieure à un centimètre par mètre, et en arrière des chevaux doit courir une rigole à pente légère qui évacue les urines dans la fosse à purin placée au dehors,

Les chevaux doivent être séparés les uns des autres par des cloisons fixes autant que possible; ils sont ainsi plus indépendants, prennent plus aisément leur nourriture et

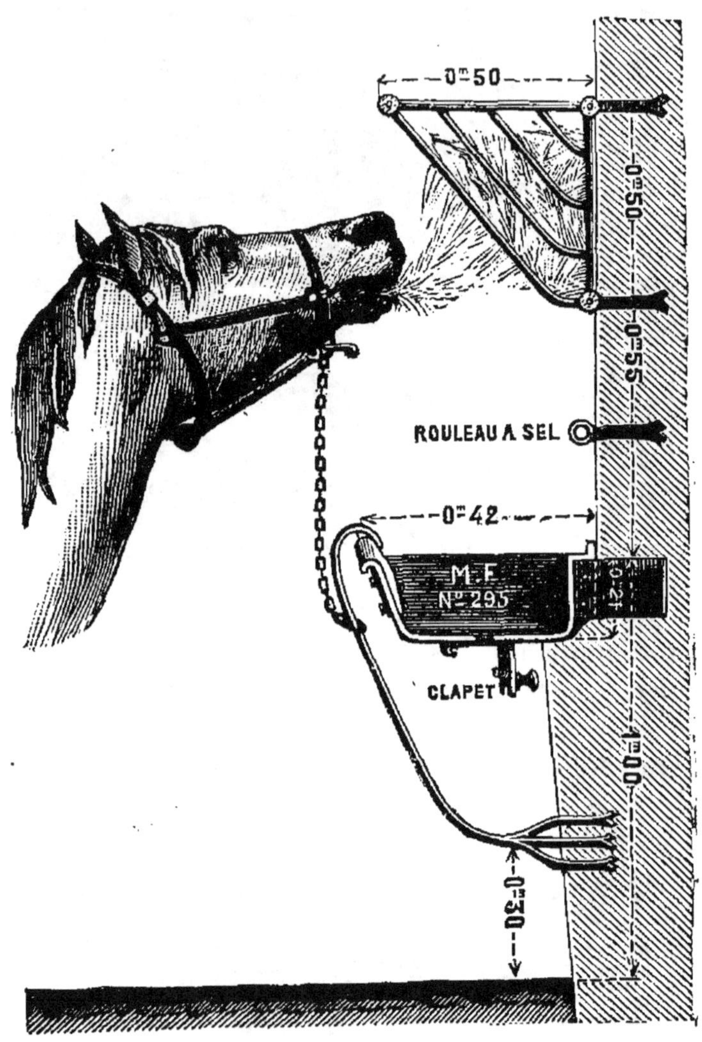

Fig. 150. — Râtelier, mangeoire, mode d'attache des chevaux.

surtout se reposent mieux. Dans les exploitations rurales, on se contente de placer entre eux des bat-flancs mobiles (fig. 148 et 149). Mais, pour éviter les accidents au cas où les chevaux s'embarrasseraient dans ces bat-flancs en ruant, il faut munir ceux-ci de *sauterelles,* appareils permettant de les décrocher sans peine, ou même automatiquement.

La nourriture est distribuée aux chevaux dans les mangeoires et les râteliers. Il est bon que chaque animal pos-

Fig. 151. — Intérieur d'une écurie.

sède sa mangeoire et son râtelier individuels; cela permet de donner à chacun la nourriture qui lui convient, de

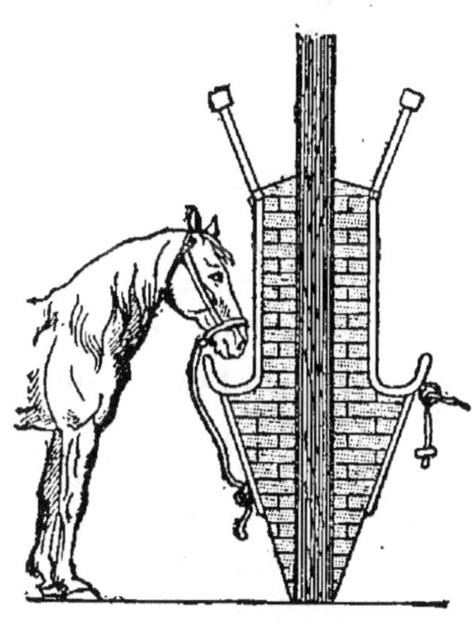

Fig. 152.

mettre l'un des animaux à un régime spécial, si c'est nécessaire. Le râtelier ne doit pas être à une hauteur supérieure à 1 m. 60. La mangeoire doit être placée sous le râtelier à environ 1 m. à 1 m. 20 au-dessus du sol (fig. 150 et 151). Il est utile qu'elle soit toujours étanche, ce qui permet de donner aux animaux des aliments liquides. Il est indispensable qu'au-dessous de la mangeoire la paroi ne tombe pas verticalement, depuis le bord extérieur jusque sur le sol; cela occasionnerait aux chevaux des blessures aux genoux.

Enfin, le mode d'attache des chevaux à l'écurie doit être

tel que l'animal ait assez de liberté pour tirer sur sa longe sans en éprouver de la gêne, celle-ci restant tendue, pour qu'il ne s'y embarrasse pas (fig. 152).

Dans une exploitation où se pratique l'élevage du cheval, il faut chercher à donner aux juments pleines ou qui allaitent, des boxes complètement indépendants et assez vastes où ces animaux ne soient pas attachés (fig. 153).

Fig. 153. — Cheval dans un box individuel.

283. Étables. — Les bovins ont besoin de moins d'air que les chevaux, et de moins de place. Aussi les dimensions des étables sont-elles en proportion plus petites que celles des écuries (fig. 154 et 155). Il suffit que chaque animal dispose d'un emplacement de 1 m. 30 à 1 m. 40 sur 2 m. 60 environ, et la hauteur de l'étable peut être, surtout dans les pays froids, réduite à 3 m. ou 2 m. 50 au minimum.

La meilleure garniture de l'aire sur laquelle reposent les animaux est la brique, surtout la brique creuse. Celle-ci est, en effet, très mauvaise conductrice de la chaleur et elle donne le meilleur coucher aux animaux. La surface des briques peut être creusée de petites rainures qui facilitent l'écoulement des liquides et empêchent les animaux de glisser.

Là encore une pente faible de un centimètre par mètre

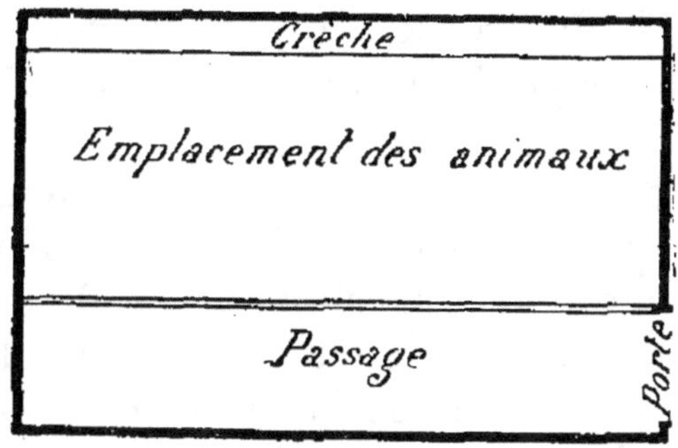

Fig. 154. — Plan d'nne étable simple.

est nécessaire pour l'évacuation des urines dans une rigole qui traverse l'étable derrière les animaux.

Il est inutile de séparer les bovins. Ils sont, au contraire,

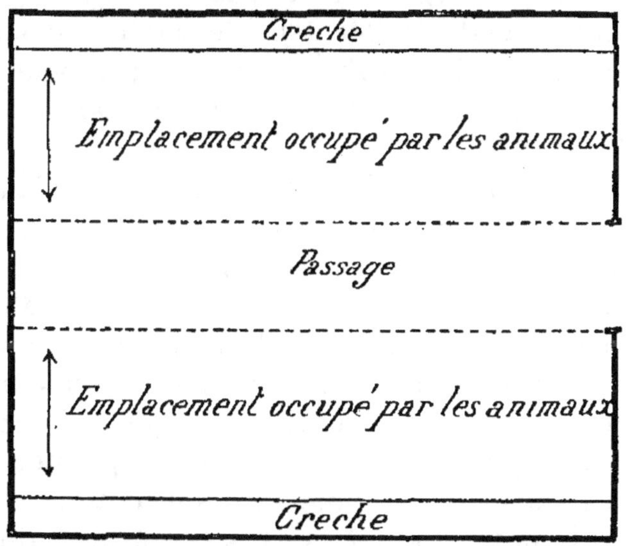

Fig. 155. — Plan d'une étable double.

d'un meilleur entretien quand ils sont réunis. Seuls ou séparés les uns des autres, ils perdent l'appétit. Les bœufs de travail accouplés au même joug demandent à être placés l'un à côté de l'autre à l'étable ; mis à l'engrais, il vaut mieux les laisser réunis. Dans l'étable des vaches laitières, il faut que le taureau, s'il est placé dans une stalle spéciale, puisse voir les vaches de son étable.

Il importe de diviser la mangeoire ou crèche. Si la crèche est commune, la différence d'appétit de deux animaux voisins fait que le plus glouton enlève la nourriture destinée à l'autre.

Le râtelier n'est pas nécessaire aux bovins. La nature elle-même l'a d'ailleurs indiqué : ces animaux sont faits pour rechercher leur nourriture près de terre et non en relevant la tête. Si le râtelier peut être toléré pour les adultes, — car il a l'avantage d'éviter le gaspillage d'une petite quantité de fourrage, — il doit être proscrit pour les élèves, auxquels il donne, à cause de l'attitude qu'il les oblige à prendre, des tendances à s'enseller.

La crèche doit être d'une parfaite étanchéité, ce qui permet de distribuer les aliments liquides, buvées et barbotages, qu'on donne régulièrement aux bovins.

On recommande d'adopter dans les étables des dispositifs qui permettent de dérober la crèche à la vue des animaux. Cela permet de préparer les repas sans troubler le repos des bovins.

Enfin, on prendra soin d'éviter les courants d'air, d'éloigner les insectes pendant l'été en tamisant la lumière par des toiles qui garniront les ouvertures.

284. Bergeries. — Aux moutons ou aux brebis il faut beaucoup d'air, mais peu de soleil ; leur toison, qui les garantit contre les intempéries, leur rend la chaleur solaire difficilement supportable. Aussi les bergeries sont-elles le plus souvent largement ouvertes sur un ou plusieurs côtés, de façon à assurer une abondante ventilation, et on les oriente vers le nord. Toutefois dans les pays à climat rude on aura des bergeries fermées sur les quatre côtés, avec seulement des ouvertures assez vastes, garnies d'un treillage en bois. Il n'est pas nécessaire de donner une pente au sol, parce que les moutons ne produisent que peu d'excréments liquides et qu'il est d'usage de laisser la litière s'accumuler sous leurs pieds ; elle y est tassée, et on ne la retire qu'à de longs intervalles. Les bergeries ne sont ordinairement nettoyées qu'au commencement de chaque saison. Il suffit que le sol en soit sain, bien drainé, si c'est nécessaire, et bien damé. Pour les portes, il faut préférer celles qui roulent sur des galets (fig. 156).

La distribution de la nourriture sera assurée à l'aide de râteliers (fig. 157 et 158), disposés de telle sorte que le fourrage ne tombe pas sur la toison.

Dans les exploitations de quelque importance, il est

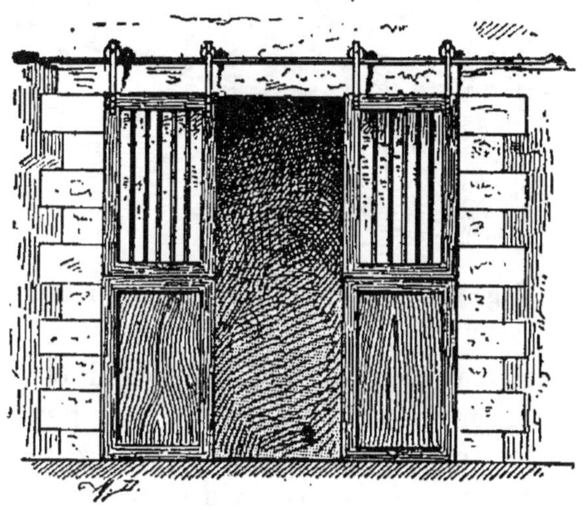

Fig. 156. — Porte roulant sur des galets pour bergerie.

nécessaire de séparer non seulement les animaux de races différentes pour éviter des croisements irréguliers, mais encore les animaux de sexe et d'âge différents, qui doivent être soumis à des régimes dissemblables.

285. Porcheries. — Le porc, malgré sa réputation de malpropreté, est un des animaux qui réclament le plus de soins. Son logement doit satisfaire à des conditions multiples.

On sait quelles odeurs nauséabondes et gênantes pour tous, hommes et animaux, dégagent les porcheries. Pour cette raison, il faut donner à ces bâtiments l'emplacement le plus reculé dans l'exploitation, permettre une large aération des locaux et les placer sous le vent dominant, afin que les odeurs soient entraînées au loin. L'orientation, en raison de ce que le porc souffre beaucoup de la chaleur, doit être tournée vers le nord ou l'est.

L'aire de la porcherie, établie sur terrain très sain, car

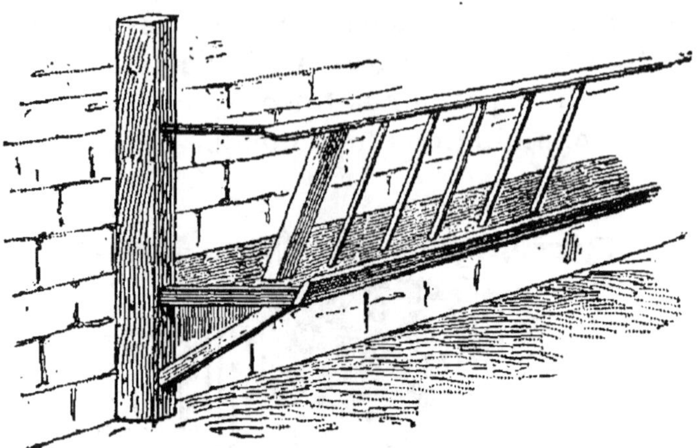

Fig. 157. — Râtelier pour bergerie.

le porc craint beaucoup l'humidité persistante, doit être parfaitement bétonnée et posséder une pente sensible, double de celle des étables, c'est-à-dire d'au moins deux centimètres par mètre. Le porc donne, en effet, d'abon-dantes déjections, qu'il im-porte d'évacuer complète-ment. A cet effet, il sera utile de pouvoir disposer de grandes quantités d'eau pour assurer le lavage abon-dant des porcheries.

Les porcs seront placés par groupes dans des loges spacieuses; seul, le verrat sera isolé dans la sienne. Les truies portières occu-

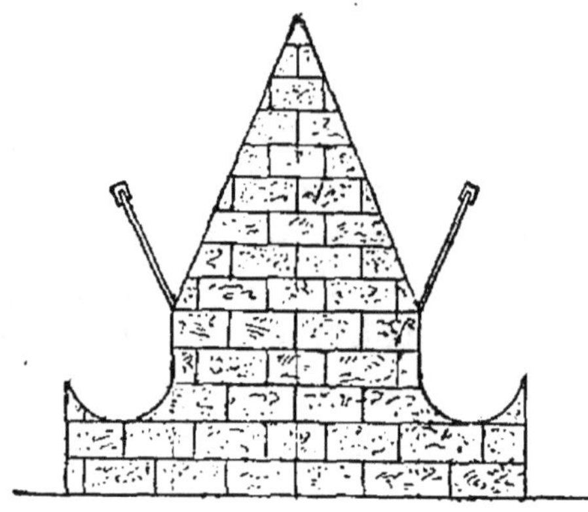

Fig. 158. — Râtelier pour bergerie.

peront avec leurs petits une loge ayant environ 4 mètres carrés, et toutes les fois que ce sera possible, il y aura, attenant à chaque loge, une cour de dimensions un peu plus grandes et où il est désirable que les animaux trouvent de l'eau courante en abondance.

Les parois des loges devront être en maçonnerie ; les parois en bois, et surtout en bois tendre, dureraient peu, les porcs rongeant continuellement et démolissant tout ce qui n'est pas solidement établi. Il est nécessaire de disposer les auges de telle sorte que le service puisse en être fait du dehors ou de l'allée de service (fig. 159) ; comme les parois, elles seront construites en une matière que ne puissent détruire les animaux : maçonnerie, grès vitrifié,

Fig. 159. — Auge pour porcherie.

fonte. Quant aux auges destinées aux porcelets, il est préférable qu'elles soient mobiles ; on recommande de placer ces augettes, qui contiennent du lait ou des buvées à base de farine, dans un angle séparé du reste de la loge par une sorte de râtelier entre les barreaux duquel les porcelets peuvent passer, tandis que la truie ne peut pas les suivre.

En raison de la grande quantité d'excréments qu'émettent les porcs et de l'odeur désagréable qu'ils dégagent, il est indispensable de procéder au nettoyage des porcheries au moins une fois par jour, et toujours à grande eau.

CHAPITRE VII

286. Objet des soins corporels de propreté. — Comme les hommes, les animaux ont besoin de soins qui assurent à leur corps la propreté, condition indispensable au maintien de la santé et au bon exercice des fonctions de la peau.

La peau joue dans la santé de l'animal un rôle important. C'est par les pores dont elle est couverte, que s'élimine la sueur, produite soit pendant les chaleurs, soit au cours du travail. Or, la sueur est un véritable poison pour l'organisme; comme l'urine, à laquelle elle est analogue par la composition, elle est le produit de l'usure des organes, par suite inutile et même nuisible au corps; elle doit être éliminée. Il est donc indispensable que l'ouverture dés pores ne soit jamais obstruée, afin que l'évaporation de la sueur se fasse normalement.

Le nettoyage régulier du corps débarrasse la surface de la peau des poussières qui la souillent en s'agglutinant avec les matières grasses sécrétées par les glandes placées sous l'épiderme; par l'excitation qu'il produit à la surface de la peau, il régularise les fonctions du corps, rend le travail de la digestion plus parfait, plus complet, facilite le contact du sang avec l'air ambiant et son renouvellement; en débarrassant l'épiderme des poussières qui causent les démangeaisons, et des parasites qui épuisent les animaux, il met ceux-ci à l'abri des diverses maladies de la peau; enfin, il donne au poil des animaux ce brillant, cette netteté qui les mettent en beauté.

Il importe de nettoyer le corps des animaux quand ils rentrent du travail, plus ou moins couverts de boue, quand ils se sont couchés sur une litière souillée d'excréments.

On les étrille alors ; quand ils sont en sueur, on les bouchonne avec une poignée de paille ou mieux de foin.

287. Pansage. — Le pansage des chevaux, des bovins et des porcs doit être quotidien. Il a pour objet le nettoyage complet de l'épiderme et pour conséquence une excitation des fonctions de la peau.

Pour les chevaux, les ânes, les mulets, le pansage comporte d'abord l'étrillage, à l'étrille ou avec une forte brosse de chiendent, puis la toilette de la tête, des membres, des sabots. L'usage de l'eau jetée sur les membres à grands seaux est à recommander.

Toutes ces opérations, un peu longues, ne sont pas superflues : l'état de santé des chevaux, leur activité au travail, leur résistance à la fatigue, en un mot l'utilisation complète de leur énergie, dépendent de la bonne exécution du pansage.

Les bovins se pansent à l'étrille. La simple réflexion montre et la pratique prouve qu'un bœuf travaillera mieux, ou s'engraissera plus sûrement, qu'une vache laitière fournira une lactation plus longue et plus abondante si les échanges entre leur organisme et l'air ambiant se font parfaitement, si la sueur peut s'éliminer facilement, si les fonctions de leur corps et notamment celles de la digestion sont accrues par l'excitation que produit le pansage, s'ils sont mis par des soins journaliers à l'abri des parasites.

Les moutons et les brebis, en raison de la toison qui couvre leur corps, ne sont pas pansés.

Le porc doit, plus peut-être que les autres animaux, être pansé régulièrement ; son engraissement est beaucoup plus facile quand on tient soigneusement nettoyée la surface de son corps. Le pansage se fera avec une brosse dure et il devra être suivi d'un bain, comme nous l'indiquerons plus loin.

288. Tondage. — C'est l'opération qui consiste à raccourcir les poils qui couvrent à peu près la totalité du corps des animaux.

Le tondage est utile pour les chevaux adultes : il favorise l'aptitude au travail. A l'égard des bovins, il rend des services pour les animaux à l'engrais, mais il faut l'éviter pour les vaches laitières. Quant aux ovins, cette opération, appelée « tonte », s'effectue pendant l'été, les refroidissements n'étant pas alors à craindre.

289. Usage de l'eau. — Les bains conviennent à tous les animaux domestiques ; ils seront pris seulement au cours de la saison chaude, et ils doivent être, autant que possible, suivis d'une réaction au soleil. Pour les porcs, les bains sont particulièrement salutaires, à tel point qu'il serait à désirer que dans toute exploitation faisant l'élevage des porcs, ceux-ci eussent à leur disposition, dans chacune des courettes attenant à leur boxe, une quantité d'eau propre où ils pourraient, à leur guise, se baigner.

Les affusions et les douches ne s'appliquent guère qu'aux chevaux ; elles sont fortifiantes, toniques et d'un effet particulièrement heureux pour le traitement de la fatigue des membres (fatigue générale, effort du boulet, etc.).

290. Préservation des maladies infectieuses. — Les soins d'hygiène générale ne sont pas suffisants pour protéger nos animaux domestiques de celles des maladies dues aux microbes pathogènes, notamment : la *fièvre aphteuse* ou *cocotte,* le *charbon* ou *sang de rate,* la *tuberculose,* la *morve,* le *farcin,* la *rage,* etc. La manière de lutter contre ces maladies et de se préserver spécialement de chacune d'elles, relève de la médecine vétérinaire ; mais il est des précautions d'ordre général que doivent observer les agriculteurs soucieux de conserver leur troupeau indemne de ces maladies.

La première précaution à prendre consiste dans l'isolement des animaux qui présentent des signes de maladie. Chaque cultivateur devrait disposer d'une écurie, étable, bergerie ou porcherie séparée des autres bâtiments et dans laquelle il conduirait sans délai tout animal chez lequel se serait déclarée une maladie contagieuse. Ce même bâtiment lui permettrait de mettre en quarantaine les animaux provenant du dehors, afin de ne pas laisser en contact des animaux sains avec une bête dont on ignore la provenance et qui peut porter avec elle des germes infectieux.

Autre précaution indispensable : désinfecter les locaux habités par les animaux. Elle se pratique par aspersion d'une matière antiseptique au moyen d'un pulvérisateur ou par badigeonnage d'un lait de chaux.

On peut employer, pour cette désinfection, le bichlorure de mercure ou sublimé corrosif, à la dose maximum de 1 gramme par litre d'eau ; même à une dose moitié moindre, il détruit rapidement les germes nocifs, et son emploi est alors peu dangereux pour les ouvriers qui l'utilisent ; l'acide phénique dilué dans l'eau dans la proportion de 20 grammes par litre, l'acide sulfurique à la même dose, le chlorure de zinc à la dose de 5 grammes par litre d'eau, désinfectent parfaitement les sols, boiseries, fumiers, etc. Le permanganate de potassium est un excellent désinfectant, mais il est cher.

Si la fièvre aphteuse se déclare dans la région, il sera indispensable d'interdire rigoureusement l'entrée des logements des animaux et même des cours où ils sortent habituellement, à tous, et surtout aux étrangers, commissionnaires en bestiaux, bouchers, maquignons, etc. Une excellente précaution consiste à répandre à la porte de chaque logement d'animaux une couche de sciure de bois ou de tannée tenue humide grâce à une solution de crésyl à 5 p. 100, ou bien creuser une fosse de 1 mètre environ de largeur, sur 3 mètres de longueur et 0 m. 35 ou 0 m. 40 de profondeur ; cette fosse sera remplie à moitié d'un liquide désinfectant, tel que le précédent, à base de crésyl, et les animaux avant de rentrer dans leur étable seront obligés de la traverser.

Enfin, il est à recommander de pratiquer la vaccination préventive contre le charbon ainsi que la tuberculination des bovins, et surtout de ceux qui viennent d'être achetés.

APPENDICE AU CHAPITRE VII

291. Vices rédhibitoires. — On appelle vices rédhibitoires, des défauts ou vices généralement cachés qui donnent à l'acheteur d'un animal chez qui ces vices sont reconnus le droit de demander la résolution, c'est-à-dire l'annulation de la vente.

Une loi du 2 août 1884, modifiée par une loi du 23 février 1905, et qui forme le titre VIII du livre I du Code rural, énumère les vices dits rédhibitoires, pour lesquels seuls ce droit est reconnu. Ce sont : pour les chevaux, ânes et mulets : l'immobilité, l'emphysème pulmonaire, le cornage chronique, le tic proprement dit, avec ou sans usure des dents, les boiteries anciennes intermittentes, la fluxion périodique des yeux ;

pour l'espèce porcine : la ladrerie.

Cette action, d'autre part, ne peut être ouverte que pour les ventes ou échanges d'animaux dont le prix ou la valeur dépasse 100 francs.

La loi susvisée indique en détail les formalités de délais, etc., applicables en la circonstance.

292. Police sanitaire des animaux domestiques. — C'est l'ensemble des mesures administratives prises pour combattre les maladies contagieuses du bétail. Ces mesures font l'objet de la loi du 21 juin 1898 (livre III, titre I, section 2 du Code rural) et du décret du 6 octobre 1904. Elles se rapportent aux deux objets suivants: 1° éteindre les foyers d'infection où se déclarent ces maladies ; 2° empêcher la propagation du mal.

Actuellement, les maladies réputées contagieuses qui donnent lieu à déclaration et à l'application des mesures de police sanitaire ci-après sont :

la rage dans toutes les espèces ;

la peste bovine dans toutes les espèces de ruminants ;

la péripneumonie contagieuse, le charbon emphysémateux et symptomatique et la tuberculose dans l'espèce bovine ;

la clavelée et la gale dans les espèces ovine et caprine ;

la fièvre aphteuse dans les espèces bovine, ovine, caprine et porcine ;

la morve et le farcin, la dourine dans les espèces chevaline, asine et leurs croisements ;

la fièvre charbonneuse ou sang de rate dans les espèces chevaline, bovine, ovine et caprine ;

le rouget, la pneumo-entérite infectieuse dans l'espèce porcine.

Le décret du 6 octobre 1904 distingue les animaux suspects des animaux contaminés. Les premiers sont ceux qui présentent des symptômes de maladies ne pouvant pas être rattachés à une maladie non contagieuse ; les animaux contaminés sont ceux qui ont cohabité avec des animaux atteints de maladie contagieuse.

Devoirs des propriétaires d'animaux. — La loi leur impose deux sortes d'obligations : la première est la *déclaration* de la maladie au maire de la commune, aussitôt que l'un de leurs animaux est atteint ; la seconde est l'*isolement* de ces animaux. Aussitôt après la visite du vétérinaire, le déclarant doit suivre toutes les prescriptions imposées. La vente d'un animal atteint est interdite ; si elle a lieu, elle est nulle de plein droit, et l'acheteur a un délai de 45 jours pour réclamer la nullité de la vente et de 10 jours après l'abatage, si l'animal a été abattu avant les 45 jours.

Mesures administratives. — Le maire doit, dans les 24 heures après la déclaration, aviser la préfecture ou la sous-préfecture, qui doit faire prendre un certain nombre de mesures : arrêté d'infection interdisant la circulation du bétail, suspension des foires et des marchés, désinfection, séquestration, abatage, si c'est nécessaire.

Ces mesures sont prises par un service spécial, à la tête duquel est placé dans chaque département le *vétérinaire départemental*, assisté des vétérinaires sanitaires.

Différentes lois prévoient le montant des indemnités qui peuvent être accordées aux propriétaires dont les animaux ont été abattus en exécution des prescriptions du service sanitaire.

CHAPITRE VIII

LE CHEVAL

I. — *Extérieur du cheval.*

293. Régions du corps. —

NOMENCLATURE DES PARTIES DU CORPS D'UN CHEVAL (fig. 160)

1. Tête.
2. Front.
3. Toupet.
4. Nuque.
5. Oreilles.
6. Salières.
7. Tempes.
8. Joues.
9. Chanfrein.
10. Naseaux.
11. Bout du nez.
12. Barbe.
13. Menton.
14. Bouche.
15. Carotide.
16. Encolure.
17. Cou.
18. Jugulaire.
19. Crinière.
20. Garrot.
21. Epaule.
22. Pointe d'épaule.
23. Bras.
24. Coude.
25. Avant-bras.
26. Genou.
27. Châtaigne.
28. Canon.
29. Boulet.
30. Paturon.
31. Fanon.
32. Ergot.
33. Dos.
34. Reins.
35. Passage des san-gles.
36. Côtes.
37. Ventre.
38. Flanc.
39. Creux du flanc.
40. Ombilic.
41. Croupe.
42. Hanche.
43. Queue.
44. Tronçon.
45. Anus.
46. Fesse.
47. Cuisse.
48. Jambe.
49. Jarret.
50. Pli du jarret.
51. Tendon.
52. Sabot.

294. Appréciation de l'âge.

— La connaissance approximative de l'âge des animaux domestiques s'acquiert par l'examen des dents et surtout des incisives. Celles-ci en effet poussent continuellement et s'usent en même temps ; la position relative des dents, d'une part, et l'aspect de la surface d'usure (*table dentaire*) varient donc avec l'âge de l'animal.

Voyons donc comment est constituée la dentition du cheval, comme celle de l'âne et du mulet, pour comprendre les aspects successifs de la table dentaire.

Le cheval mâle possède 40 dents, dont 24 molaires, 12 incisives et 4 crochets (canines). La femelle n'en possède que 36; elle n'a pas de crochets. Dans chaque mâchoire, les deux incisives du milieu sont nommées les *pinces,* les deux suivantes, à droite et à gauche des pinces, sont les *mitoyennes,* et les deux incisives extrêmes sont les *coins.*

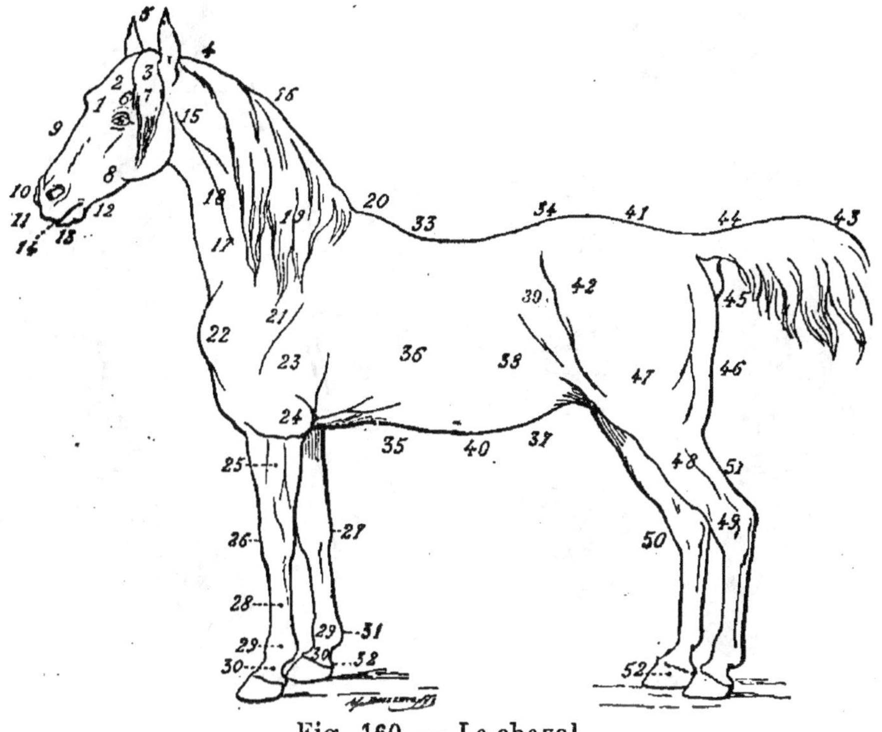

Fig. 160. — Le cheval.

Une incisive a la structure indiquée dans la figure 161. En *a* se trouve une cavité qui communique avec l'extérieur; c'est le *cornet dentaire externe;* elle est bordée d'une couche d'*émail b* qui, lorsque la dent n'est pas usée, communique avec la couche externe d'*émail d*; en *c* se trouve l'*ivoire,* d'aspect jaunâtre, alors que les deux couronnes d'émail sont blanches. En *e* se trouve une cavité nommée *cornet dentaire interne,* qui, avec l'âge, se remplit d'ivoire de formation nouvelle. Les différentes phases de l'usure se présentent donc dans l'ordre suivant : lorsque la dent n'est pas usée du tout, le cornet dentaire externe offre des bords coupants (voir fig. 162 les pinces d'une mâchoire de 3 ans), puis, l'usure commencée, le cornet dentaire externe est entouré d'une couronne blanche d'émail, puis d'une couronne jaune d'ivoire, puis de la couronne externe d'émail blanc (2 de la fig. 161). L'usure se poursuivant, le cornet dentaire externe disparaît, la dent est *rasée,* le

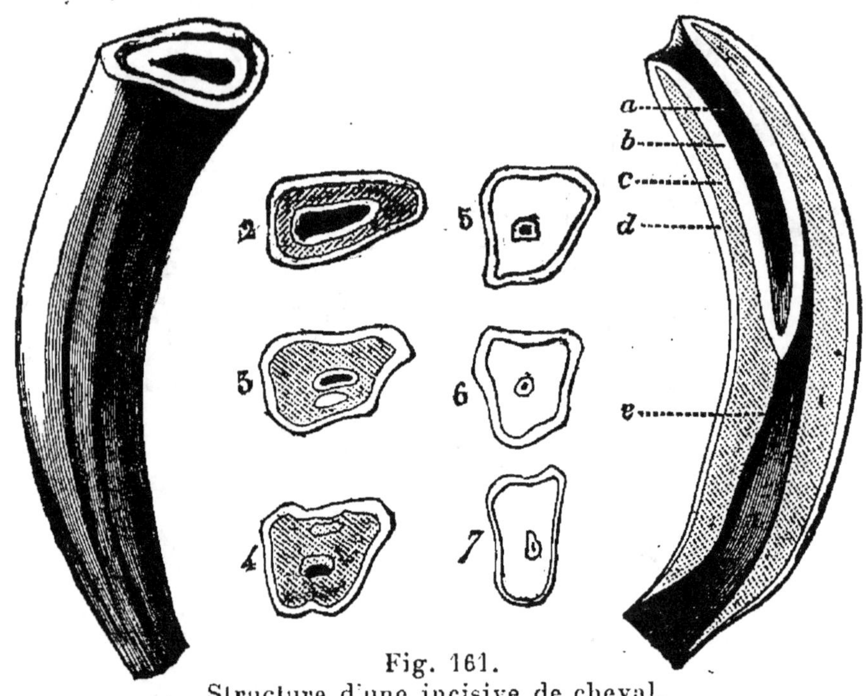

Fig. 161.
Structure d'une incisive de cheval.

cornet dentaire interne formé d'ivoire nouveau apparaît presque à la même époque (3 de la fig. 161). Puis, il se développe, s'arrondit, devient de plus en plus visible au centre de la dent, c'est l'*étoile dentaire* (4, 5, 6, 7 de la fig. 161). En même temps, les incisives changent de forme; de plates, elles sont devenues arrondies, puis triangulaires.

Enfin il faut savoir que, comme tous les mammifères, le cheval a deux dentitions successives : la dentition de lait, qui apparaît à la naissance pour tomber à 4 ans, et la dentition adulte, dont les premières dents apparaissent à 3 ans pour aller jusqu'à la fin de l'existence.

En partant de ces données scientifiques, il sera facile de

comprendre, au seul examen des figures suivantes, comment on détermine l'âge d'un cheval. Cette estimation peut être faussée, cependant, par des irrégularités naturelles de dentition ou par des manœuvres frauduleuses de maquignons.

Dentition de lait. — De 6 à 10 jours, sortie des pinces de lait.
de 6 à 7 semaines, sortie des mitoyennes de lait ;
de 6 à 8 mois, sortie des coins de lait ;
à 10 mois, les pinces sont rasées ;
à 18 mois, les mitoyennes sont rasées ;
à 2 ans, les coins sont rasés.
Dentition adulte. — A 3 ans (fig. 162), sortie des pinces adultes ;
à 4 ans (fig. 163), les mitoyennes adultes sont à niveau ;
à 5 ans (fig. 164), les coins adultes sont à niveau ;
de 3 à 5 ans, chez le mâle, les crochets sortent ;
à 6 ans, les pinces sont rasées ;
à 7 ans, les mitoyennes sont rasées ;
à 8 ans, les coins sont rasés ;
à 9 ans, les pinces s'arrondissent ;
à 10 ans, l'émail interne a complètement disparu dans les pinces, à 11 ans, dans les mitoyennes. A partir de cet âge, il est impossible de déterminer exactement l'âge d'un cheval.

II. — *Principales races chevalines.*

295. La production chevaline en France. — Dans presque toutes ses parties, la France est favorable à la production chevaline. La diversité de son sol, de son climat, de ses herbages, lui permet de produire tous les genres de chevaux, depuis le lourd limonier jusqu'au cheval de trait et de selle. Les plaines grasses et humides fournissent les races de grande taille, un peu lourdes et épaisses; c'est le cas du Boulonnais et de la plaine du Nord. Les herbages sains et substantiels du Perche, de la Normandie, nourrissent des chevaux aux allures plus nobles, aux formes plus harmonieuses. Dans les montagnes à l'air vif et sec, les Pyrénées, par exemple, c'est le cheval de trait léger, le cheval de selle qui sont élevés; partout ailleurs même on peut élever des chevaux de types divers appropriés aux différents services.

Il convient de laisser aux ouvrages de zootechnie pure le soin
de décrire les races d'animaux domestiques en les groupant entre

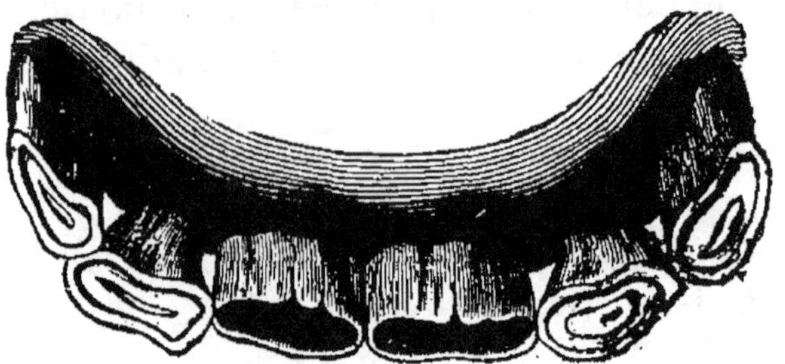

Fig. 162. — Mâchoire d'un cheval de 3 ans.

elles d'après des caractères scientifiques qui peuvent être fondés
sur les dimensions du crâne (races brachycéphales, à crâne court;

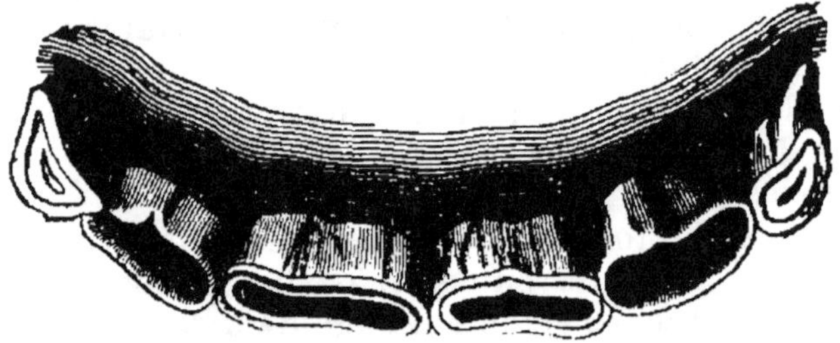

Fig. 163. — Mâchoire d'un cheval de 4 ans.

races dolichocéphales, à crâne long) ou sur le profil (profil con-
cave, rectiligne ou convexe), ou sur les proportions (hypermétri-

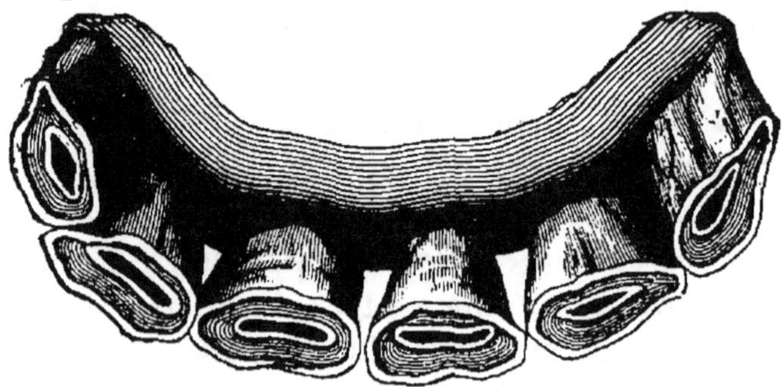

Fig. 164. — Mâchoire d'un cheval de 5 ans.

ques, eumétriques, ellipométriques). Nous croyons préférable ici
de passer très succinctement en revue, en indiquant seulement
leur utilisation et non leurs caractères ethniques, les races ran-
gées d'après leur habitat géographique.

296. Races françaises. — *Cheval boulonnais* (fig. 165). — Élevé dans les régions riches du Boulonnais (Pas-de-Calais). Animal de haute taille, de 1 m. 58 à 1 m. 70[1]. Exploité pour le gros trait.

Cheval normand. — C'était un gros cheval, lourd et de haute taille ; il est remplacé presque complètement par le cheval anglo-normand (voir § 298).

Fig. 165. — Cheval boulonnais.

Cheval breton. — On trouve en Bretagne, selon la région, divers types de chevaux. Sur le littoral (Ceinture dorée), le cheval du Léon est de forte taille (de 1 m. 55 à 1 m. 65); dans l'arrondissement de Brest, le cheval du Conquet est plus trapu; taille de 1 m. 48 à 1 m. 50. On trouve également des chevaux de selle, dits bidets d'allure, rustiques et énergiques. Dans l'intérieur, on élève un petit cheval sobre et rustique. Enfin, en différentes régions, on produit des demi-sang anglo-bretons (voir § 298).

Fig. 166. — Cheval percheron.

Cheval percheron (fig. 166). — Son aire d'élevage occupe la région du Perche (arrondissements de Nogent-le-Rotrou,

1. La taille d'un cheval se mesure au garrot.

Châteaudun, Mortagne, Saint-Calais et Vendôme). C'est un pays à herbages fertiles qui produit des chevaux énergiques et vifs ; excellents chevaux de trait, très appréciés en France et à l'étranger.

Cheval du Poitou (fig. 167). — Ils sont élevés dans la Vendée et les Deux-Sèvres ; ce sont des animaux peu distingués, mais forts, de

Fig. 167. — Cheval du Poitou.

grande taille, de 1 m. 50 à 1 m. 70. Les juments sont exploitées surtout pour la production du mulet.

Cheval nivernais. — Cheval de trait robuste, de forte taille, ayant une grande ressemblance avec le percheron. Il est élevé dans les herbages du Nivernais, du Charolais. du Brionnais, et aussi dans l'Allier et le Cher.

Cheval comtois. — Élevé sur les plateaux de la chaîne du Jura ; cheval de trait léger, robuste et rustique, de taille moyenne : de 1 m. 54 à 1 m. 58.

Fig. 168. — Cheval ardennais.

Cheval ardennais (fig. 168). — Animal vigoureux et endurant ; il a été croisé avec le belge, ce qui a donné un cheval de trait lourd, et avec le lorrain, ce qui a fourni un type plus léger.

Races diverses. — Il existait, dans un grand nombre de régions de la France, des races indigènes dont les principales qualités étaient la résistance et la rusticité. Elles ont été peu à peu remplacées, au point d'avoir aujourd'hui presque totalement disparu, par des croisements avec des chevaux demi - sang étrangers ou d'autres races françaises. C'était le cas du cheval limousin, du tarbais (fig. 169), du landais, du camarguais, du corse.

Fig. 169. — Cheval tarbais.

297. Races étrangères. — Parmi les races chevalines étrangères susceptibles d'être utilisées en France, il faut citer les suivantes :

Cheval pur sang anglais (fig. 170). — Ce cheval a beaucoup de distinction et de noblesse ; il est très nerveux ; on l'élève comme cheval de selle et aussi pour améliorer par le croisement beaucoup de nos populations chevalines indigènes.

Fig. 170. — Cheval pur sang anglais.

Cheval arabe (fig. 171). — Il est originaire de la Syrie. Les chevaux arabes sont de petite taille, mais possèdent une grande noblesse de formes et d'allures et beaucoup de résistance.

Ils sont élevés en France en vue de l'amélioration des populations chevalines du Midi surtout.

Cheval barbe. — Originaire du nord de l'Afrique. Les animaux de race barbe, avec moins de distinction que le cheval arabe, sont extrêmement résistants. On les élève dans le midi de la France.

Race belge. — Le cheval belge est un cheval de gros trait, aux formes puissantes, au tempérament lymphatique, très apprécié pour les charrois lourds. Dans le Nord, c'est le type du cheval de brasseur.

298. Races demi-sang diverses. — Il existe en France un certain nombre de races métisses obtenues à l'origine par croisement alternatif (voir § 278) entre une des races anglaises pur sang ou arabe ou plus rarement barbe et une race locale française. On donne à ces races le nom de demi-sang en y ajoutant le nom de la race française croisée.

Fig. 171. — Cheval arabe.

Alors que, théoriquement, l'expression « demi-sang » devrait signifier produit issu d'un pur sang avec une race locale, on donne, dans le cas des chevaux, le nom de demi-sang aux produits issus de demi-sang alliés entre eux.

Les races les plus intéressantes sont les suivantes : *demi-sang anglo-normand* (fig. 172). Il provient du croisement pur sang anglais, ou pur sang arabe, ou demi-sang anglais par trotteur normand. Cette race est continuellement améliorée par introduction de pur sang anglais. On l'élève dans les herbages fertiles de l'Orne, de la plaine de Caen et de la Manche. C'est un excellent cheval de selle, de trait léger, avec beaucoup de distinction ; on reproche à cette race de manquer encore d'homogénéité ; mais ce défaut s'atténue de plus en plus. Le demi-sang anglo-normand se rapproche beaucoup du pur sang arabe et du pur sang anglais, avec un peu plus de rusticité et de résistance.

Demi-sang breton. — Par introduction dans la population chevaline bretonne de reproducteurs de pur sang anglais,

Fig. 172. — Cheval demi-sang anglo-normand.

on a obtenu des produits plus distingués, susceptibles de faire de bons chevaux de trait demi-léger, carrossiers ou postiers (fig. 173). On les élève surtout dans les départements du Finistère et des Côtes-du-Nord.

Fig. 173. — Cheval postier breton.

Demi-sang vendéen et charentais. — Ce cheval est comparable à l'anglo-normand comme distinction et comme destination. On l'élève dans les gras pâturages de la Vendée et de la Charente-Inférieure.

Demi-sang du Midi. — Le sud-ouest de la France possède une population chevaline qui provient de l'amélioration des anciennes races du pays : pyrénéenne ou tarbaise, landaise et gasconne, croisée avec des étalons pur sang anglais, pur sang arabe ou demi-sang anglo-arabe. Ce sont des animaux dont la taille n'est pas supérieure à 1 m. 58 ; nerveux et résistants. Ils sont produits dans les Pyrénées (origine tarbaise), dans le Gers et les Landes (origine landaise et gasconne).

A cette population on peut rattacher le demi-sang de la Camargue et le demi-sang de la Corse.

Demi-sang du Centre et de l'Est. — Enfin, dans diverses autres régions de la France, on se livre à l'élevage du demi-sang (Berry, Forez, Dombes, Lorraine, etc.). Ces croisements sont dus surtout à l'influence du Service des Haras.

299. Le Service des Haras. — Depuis le milieu du siècle dernier, en raison de la nécessité pour la France de produire des chevaux utilisables par les armées, il a été institué un service d'Etat, sous le nom de Service des *Haras*, auquel a été confiée l'application des lois sur la réglementation de la monte des étalons. La loi actuellement en vigueur est celle du 21 mars 1874, d'après laquelle tout étalon ne peut être livré à la saillie, en dehors de l'écurie de son propriétaire, qu'à la condition d'être *approuvé* ou *autorisé* par l'administration des Haras. Dans le premier cas, l'étalon reçoit une prime ; dans le second cas, il n'en reçoit pas. A côté des étalons particuliers qui doivent être approuvés ou autorisés, les Haras entretiennent, dans des dépôts et dans des stations de monte, des étalons nationaux, qui font généralement la saillie à des prix moins élevés que les étalons particuliers. C'est par ce moyen que les Haras ont eu une grande influence sur l'élevage du cheval indigène, qu'en maintes régions ils ont croisé avec des pur-sang ou des demi-sang pour obtenir un cheval de selle ou d'artillerie. Les résultats ont été parfois l'amélioration de la population chevaline locale, parfois la production, au contraire, de sujets disparates et moins résistants.

On tend aujourd'hui à revenir à la sélection des races indigènes locales.

III. — *Exploitation du cheval en France.*

300. Élevage du poulain. — Après l'âge de trois ans, les femelles sont capables de reproduire.

A sa naissance, il faut faire absorber au poulain le colostrum de la mère ; ce lait facilite l'évacuation de la matière noire qui remplit le tube digestif du jeune.

Quant à la mère qui vient de mettre au monde un poulain, il faut la bouchonner, lui donner de l'eau de son tiède, la couvrir, puis la laisser tranquille pendant quelques heures. On la mettra à part, avec son petit, pendant une dizaine de jours, et on la nourrira avec du très bon foin, un peu d'avoine et d'orge mélangés ; on lui donnera de l'eau de son comme breuvage. Au bout de ce temps, le jeune poulain est assez vigoureux pour sortir ; on pourra le laisser suivre sa mère, soit au travail, soit à la prairie.

Vers l'âge de deux mois, les poulains commencent à manger ; il faut leur fournir, dès cette époque, des aliments appropriés à leur âge, de digestion facile.

Très souvent la mère et le poulain passent l'été au pâturage, où ils ont de l'herbe à discrétion. Si l'on tient, dans ce cas, à avoir des produits de valeur, il faut faire des distributions de grains le matin et le soir.

Le sevrage consiste à séparer le poulain de sa mère, afin de supprimer le lait de sa nourriture. Les jeunes poulains paraissent tristes et inquiets, dès qu'on les éloigne de leur mère ; ils refusent même quelquefois de manger. Le sevrage est rendu moins pénible quand il est effectué graduellement ; on arrive ainsi à une séparation complète au bout de cinq à six jours. Si, en même temps, on prend la précaution de soumettre la jument à une diète légère, elle n'a presque plus de lait, et le sevrage s'opère ainsi sans crise.

Les poulains doivent être sevrés vers l'âge de cinq à six mois ; c'est pour eux, comme pour leur mère, le moment le plus favorable. Si la poulinière n'est pas en état de gestation, il y a moins d'inconvénient à prolonger l'allaitement.

Le sevrage ayant ordinairement lieu à la fin de la belle saison, les poulains sont à cette époque rentrés à l'écurie. Il est essentiel de leur fournir une certaine quantité de grains. Ce n'est qu'en distribuant des rations de grains pendant l'hiver qui suit le sevrage qu'on peut obtenir des chevaux de service énergiques et bien conformés.

Il faut habituer immédiatement les jeunes animaux à se laisser manier, panser, lever les pieds, attacher, etc. On les frottera d'abord avec un linge, et, au bout de quelque temps, avec l'étrille.

L'éleveur devra chercher à s'attirer l'affection des poulains par de bons traitements ; il fera aussi sentir son pouvoir en résistant à propos à leur volonté, en punissant leur désobéissance et en récompensant leur docilité.

A la fin de l'hiver, dans l'ouest de la France, les poulains sont mis au pâturage ; dans d'autres pays, au contraire, les jeunes animaux sont laissés à l'écurie d'un bout de l'année à l'autre. Les deux méthodes d'élevage, intelligemment dirigées, peuvent donner d'excellents animaux ; les poulains élevés au pâturage sont cependant plus difficiles à dompter que ceux qu'on élève à l'écurie.

Vers l'âge de dix-huit mois, il faut commencer le dressage des poulains, en les habituant à porter de temps à autre les diverses pièces du harnachement.

A deux ans, on pourra commencer à les faire travailler légèrement, sans les fatiguer. Avant cet âge, les animaux ne sont pas assez formés pour faire un travail sérieux sans en souffrir.

Les premières séances de travail doivent toujours être courtes ; puis, peu à peu, on en augmentera la durée. Il faut également ne jamais imposer aux poulains un travail qui pourrait excéder leurs forces et les rebuter. Un jeune cheval habitué progressivement à vaincre la résistance qu'on lui oppose est presque toujours franc du collier.

Quand les poulains ont deux ans, on se contente de leur donner les mêmes soins qu'aux adultes. Si on les fait travailler, le travail doit être très modéré.

IV. — *Exploitation de l'âne et du mulet.*

301. L'âne. — Cet animal peut rendre de très grands services à la petite culture. Bien pris dans sa taille, solide, dur à la fatigue, propre à la selle, au bât, à la voiture, à la charrue, patient, sobre, laborieux, il coûte peu à nourrir, et supporte aisément la fatigue, les intempéries et les privations.

On reproche à l'âne d'être entêté et capricieux ; c'est peut-être là son seul défaut. De bons traitements et quelques corrections administrées à propos, justement et sans colère, suffisent pour le rendre docile et serviable.

Fig 174. — Ane du Poitou.

Fig. 175. — Ane d'Afrique.

Malheureusement, ce pauvre animal est trop souvent mal nourri et mal pansé. Son écurie est généralement un réduit sombre, et son râtelier est rarement garni du meilleur fourrage.

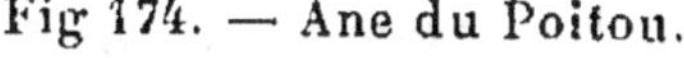

Sa peau ne reçoit presque jamais l'action bienfaisante de l'étrille : aussi éprouve-t-il des démangeaisons qui l'obligent à se frotter contre les murailles ou à se rouler dans la poussière ou dans la boue.

Les soins à donner aux ânes sont en principe les mêmes que ceux qu'on donne aux chevaux.

Fig. 176. — Mulet.

Il existe deux types d'âne : l'âne d'Europe que représente bien la race du Poitou (fig. 174), dont la taille varie de 1 m. 30 à 1 m. 45, et l'âne d'Afrique (fig. 175) (âne d'Egypte et bourricot d'Algérie), de petite taille (de 1 m. à 1m. 30 au maximum), mais sobre et vigoureux.

302. Le mulet (fig. 176). — C'est le produit de la jument par le baudet. C'est donc un hybride, et, comme tel, il est stérile. Il a des qualités d'endurance, de sobriété, qui le font beaucoup apprécier. La production du mulet en France se fait surtout dans le Poitou et en Gascogne.

L'élevage du mulet demande plus de soins que celui de l'âne. Il faut apporter une grande attention dans le choix des reproducteurs. Il faudra choisir le baudet, comme la jument, à tête légère, mais au corps trapu, au poitrail large, au rein court, aux membres musclés.

Dans leur jeune âge, il faut éviter aux mulets les intempéries et le froid, auxquels ils sont très sensibles.

A côté du mulet, il faut signaler le *bardot*, produit hybride de l'ânesse par l'étalon ; on l'élève peu en France.

CHAPITRE IX

LES BOVINS. — EXPLOITATION

I. — *Extérieur des bovins.*

303. Régions du corps des bovins. —

NOMENCLATURE DES DIFFÉRENTES PARTIES DU CORPS
D'UN TAUREAU (fig. 177).

1. Tête.	20. Chignon.	39. Talon.
2. Cornes.	21. Cou.	40. Sole.
3. Front.	22. Gorge.	41. Dos.
4. Oreilles.	23. Veine jugulaire.	42. Côtes.
5. Tempes.	24. Fanon.	43. Rein.
6. Sourcils.	25. Poitrail.	44. Flanc.
7. Paupières.	26. Garrot.	45. Creux du flanc.
8. Yeux.	27. Epaule.	46. Ventre.
9. Joues.	28. Bras.	47. Nombril.
10. Ganache.	29. Coude.	48. Croupe.
11. Mâchoire.	30. Avant-bras.	49. Hanche.
12. Menton.	31. Genou.	50. Queue.
13. Chanfrein.	32. Canon.	51. Anus.
14. Naseaux.	33. Boulet.	52. Fesses.
15. Mufle.	34. Paturon.	53. Cuisses.
16. Miroir.	35. Ergot.	54. Grasset.
17. Bouche.	36. Couronne.	55. Rotule.
18. Lèvres.	37. Sabot.	56. Jarret.
19. Nuque.	38. Pince.	

304. Connaissance pratique de l'âge. — *a) Par la dentition.* — On peut reconnaître l'âge des bêtes bovines par leurs dents. Le bœuf a trente-deux dents, dont vingt-quatre molaires et huit incisives. La mâchoire supérieure est dépourvue d'incisives ; à leur place est un bourrelet formé d'une peau dure et épaisse.

Les incisives se divisent en pinces (1), premières mitoyennes (2), deuxièmes mitoyennes (3), coins (4) (fig. 178).

Le bœuf a deux dentitions, comme le cheval : une de lait
ou caduque, et une de remplacement ou adulte.

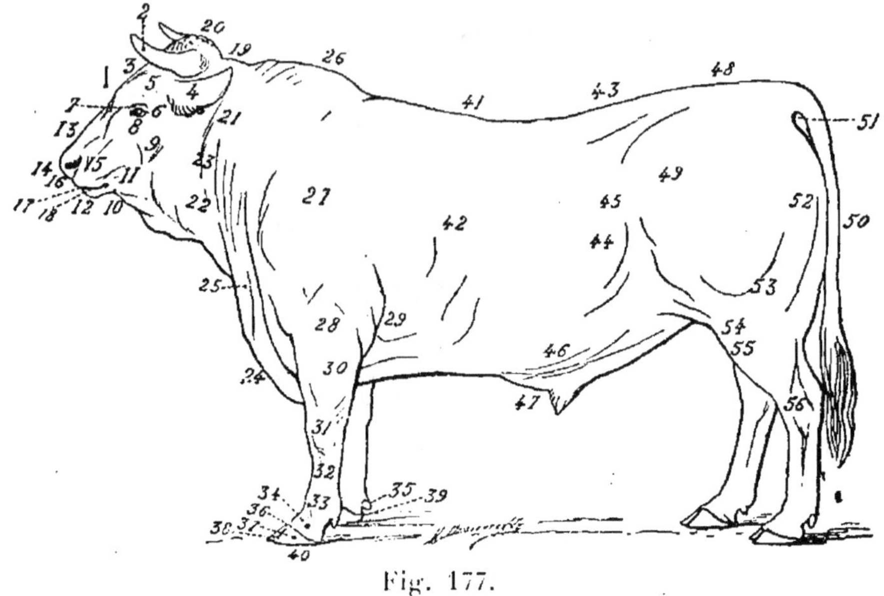

Fig. 177.

Les dents de lait incisives sont très petites ; les dents
adultes, beaucoup plus larges et faciles à distinguer d'avec
les autres.

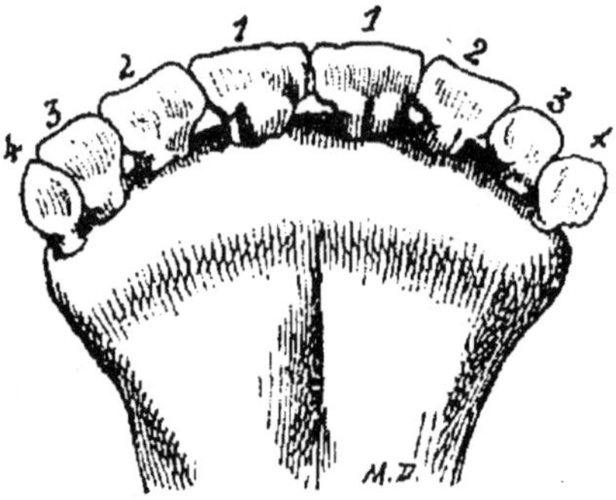

Le veau naît le plus souvent
avec les pinces et les premières mitoyennes. Vers le
dixième jour apparaissent les
deuxièmes mitoyennes. Les
coins viennent ensuite, du
vingt-cinquième au trentième
jour.

A dix-huit mois (fig. 179),
les pinces de remplacement
font leur éruption ; elles ont

Fig. 178. — Mâchoire de bovin.

poussé à deux ans. Les deux premières mitoyennes font
leur éruption à partir de deux ans et sont entièrement
poussées à trois ans (fig. 180). A partir de trois ans, les
deuxièmes mitoyennes font leur éruption, et leur remplace-
cement est complet à quatre ans (fig. 181).

De quatre à cinq ans, a lieu l'évolution des coins de

remplacement. La dentition d'adulte est achevée à cinq ans (fig. 182).

A partir de cette époque, on peut encore apprécier l'âge par l'usure des dents, mais cela devient difficile.

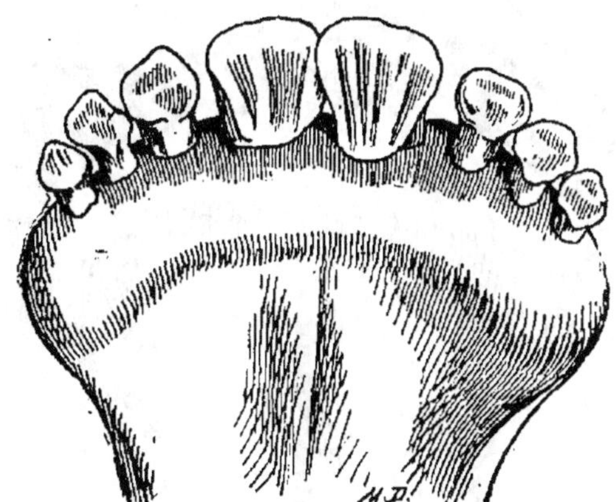

Fig. 179. — Mâchoire d'un bovin de 18 mois à 2 ans.

b) Par l'examen des cornes. — L'état des cornes peut aussi servir pour évaluer l'âge des bêtes bovines. Chaque année, se produit à la base de la corne une sorte de bour-

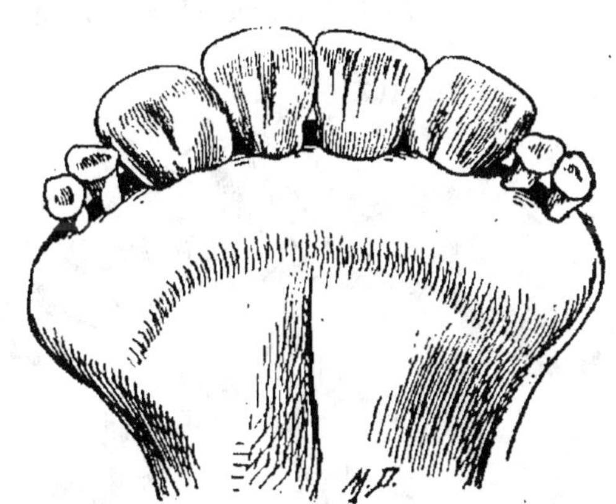

Fig. 180. — Mâchoire d'un bovin de 3 ans.

relet circulaire suivi d'une dépression, qui indique la pousse de l'année. Il ne se montre pas d'anneau appréciable sur les cornes avant l'âge de trois ans. Il en résulte que, pour savoir l'âge d'un bœuf, il suffit de compter le nombre de bourrelets et de l'augmenter de deux. Un animal dont les cornes auraient quatre bourrelets serait donc âgé de six ans. Lorsque les animaux travaillent au joug, les bourrelets disparaissent. Les marchands de bestiaux excellent

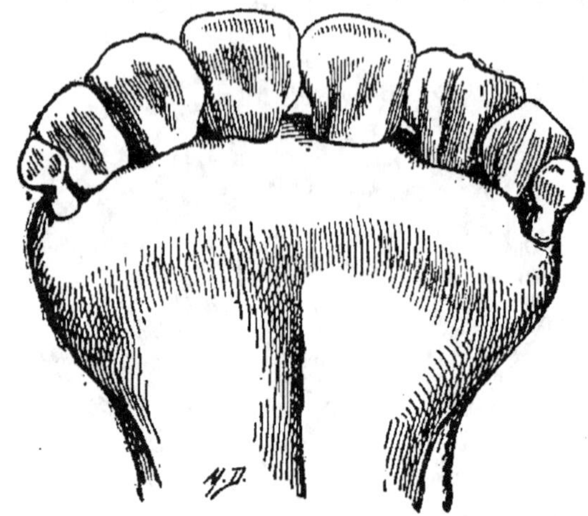

Fig. 181. — Mâchoire d'un bovin de 4 ans.

aussi dans l'art de travailler les cornes ; ils font disparaître une partie des bourrelets, quand ils sont très nombreux.

II. — *Exploitation des bovins.*

305. Élevage des veaux. — Les bovins sont en âge de

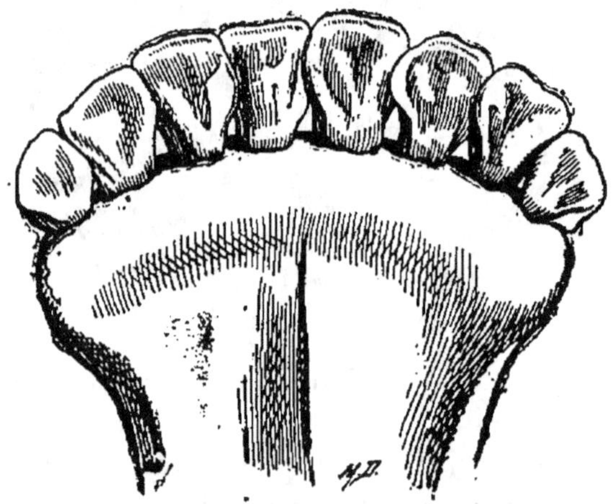

Fig. 182. — Mâchoire d'un bovin de 5 ans.

se reproduire, les mâles après 14 ou 15 mois, les femelles vers 2 ans,

A sa naissance, le veau doit absorber le colostrum qui remplit la tétine de la mère, car ce colostrum, qui est un lait riche en matières azotées, est indispensable pour l'évacuation des matières qui remplissent l'organe digestif du jeune.

Dans la première période de l'existence du veau, c'est-à-dire jusque vers 6 mois, la meilleure alimentation est le lait. C'est d'ailleurs celle qui correspond à l'état des différents organes de la digestion : dans la bouche, 4 dents seulement sont sorties. Des quatre poches de l'estomac, la panse est à peine développée; la caillette, au contraire, l'est beaucoup. On peut pratiquer l'allaitement naturel, c'est-à-dire laisser le jeune veau téter la mère; c'est le procédé employé pour les races peu laitières, la mère étant laissée au pâturage avec son élève. Mais il est généralement plus profitable pour l'éleveur de pratiquer l'allaitement artificiel, soit avec du lait entier qu'on réserve aux sujets de choix destinés à l'élevage et plus tard à la reproduction, soit avec du lait écrémé complété avec des farines. Pendant toute la durée de l'allaitement, la mère devra être nourrie abondamment avec des aliments riches en matières azotées.

Le sevrage ne devrait jamais s'effectuer avant l'âge de six mois. Il doit être progressif, c'est-à-dire qu'il ne faudra effectuer la suppression totale du lait qu'en plusieurs semaines.

306. **Production du travail.** — La conformation la meilleure pour le bœuf de travail est la suivante : tête courte et large, avant-main brève et musclée, poitrine large, croupe longue et ample, membres solides.

C'est surtout aux bœufs qu'on demande du travail; cependant, il est bon de faire exécuter par les taureaux et par les vaches des travaux légers.

L'alimentation qui convient le mieux aux animaux de travail est celle qui fait une place importante aux matières sucrées et hydrocarbonées (mélasses, pulpes, farines, etc.), à la condition que le volume des aliments aqueux (pulpes, drèches) soit réduit autant que possible.

Les bovins étant adultes à cinq ans, il n'est pas nécessaire d'attendre cet âge pour les faire travailler. Il suffit, quand ils sont plus jeunes, de mesurer le travail qu'on leur demande à leur âge et à leur développement.

307. Production de la viande de boucherie. — La production de la viande est la destination générale de tous les bovins ; sauf de rares exceptions, ils terminent leur carrière à l'abattoir. Quelques-uns sont spécialement exploités

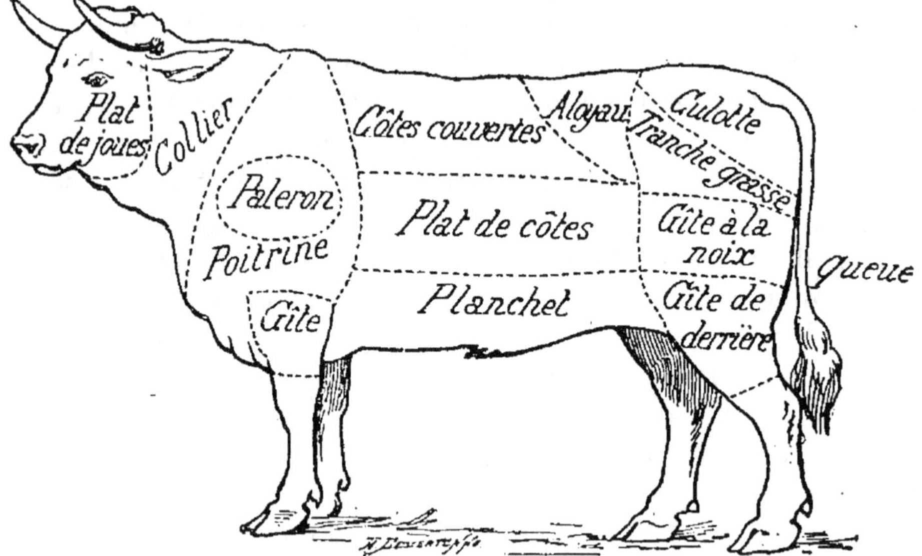

Fig. 183. — Catégorie de viande du bœuf de boucherie.

pour fournir de la viande de boucherie : bœufs de travail notamment, vaches laitières ayant terminé leur carrière, taureaux n'ayant pas plus de deux ans, génisses de vingt-quatre à trente mois, ou veaux élevés pour la boucherie.

Lorsqu'on s'adresse aux adultes, on recherche surtout, pour les livrer à l'engraissement, les sujets les mieux conformés pour la boucherie, c'est-à-dire à arrière-train développé par rapport à l'avant-train, et on les choisit appartenant à des races d'engraissement plus facile (voir chap. X).

On recherche le développement de l'arrière-train, parce que c'est lui qui fournit la viande de meilleure qualité. On peut en effet classer ainsi les catégories de viande que fournit le bœuf (fig. 183).

1ᵣₑ qualité : culotte, tranche grasse, aloyaux, gîte à la noix, côtes couvertes;

2ᵉ qualité : plat de côte, poitrine, paleron ;

3ᵉ qualité : collier, joues, flanchet, gîtes.

Plus un animal de boucherie présentera de développement dans les régions qui fournissent la viande de première qualité, plus sa valeur sera élevée ; c'est précisément ce qui arrive chez les races spécialisées pour la production de la viande (races charolaise, limousine, etc.).

L'état d'engraissement s'apprécie à la main par le toucher de certaines régions du corps où s'effectuent les dépôts de graisse, et qui s'appellent les *maniements*. Les principaux maniements sont les suivants : abords, hampe, travers, flanc, cœur, contre-cœur, poitrine, dessous de langue. Suivant l'état dans lequel se trouve l'animal, on dit qu'il est *mi-gras, gras* ou *fin-gras*.

308. **Pratique de l'engraissement.** — L'engraissement s'effectue soit à l'herbage, soit en stabulation, soit en mode mixte.

L'engraissement à l'herbage, ou dans les prés d'embouche, convient admirablement aux animaux encore jeunes, à condition que la nature de l'herbe soit favorable. Le rendement des herbages varie avec la nature du sol; l'habileté de l'engraisseur, appelé quelquefois emboucheur, consiste à doser exactement le nombre d'animaux qu'il met à l'herbe et la durée de l'engraissement. Il faut commencer par charger modérément les embouches, puis, selon la poussée de l'herbe, on peut augmenter le nombre des animaux. Le séjour du bétail au pré dure tant que l'herbe pousse.

Les herbages les plus fertiles peuvent en une saison (de mars à octobre) engraisser deux bovins de 500 à 600 kilogrammes à l'hectare; les moins fertiles, un seul animal. La viande ainsi produite est d'excellente qualité.

Dans l'engraissement en stabulation, il y a des précautions à prendre pour maintenir l'appétit de l'animal, surtout à la fin de la période d'engraissement. Il faut faire entrer autant que possible du foin dans toutes les rations adoptées, pour maintenir en activité le tube digestif; la ration est complétée par les aliments qui se trouvent à la disposition de l'engraisseur et qui sont le moins chers.

Le professeur Dechambre, de l'École Nationale d'Agriculture de Grignon et de l'École vétérinaire d'Alfort, recommande les rations suivantes :

EXEMPLES DE RATIONS POUR BOVINS A L'ENGRAIS

Rations de bœufs limousins.

Foin	4 à	5 kilos.
Betteraves	15	20	—
Tourteau (colza ou coton)..	3	5	—
Son	3	5	—

Pour bovins charolais de 800 kilos.

I

Foin	6 kilos.
Pommes de terre cuites....	15 —
Farine d'orge.............	5 —
Tourteau de colza	3 —

II

Foin	8 kilos.
Paille	4 —
Pommes de terre	24 —
Orge.....................	1 — 500.
Fèves	3 —

EXEMPLES D'ENGRAISSEMENT A LA PULPE DE SUCRERIE

	1re QUINZAINE	2e QUINZAINE	3e QUINZAINE	4e QUINZAINE
Pulpes	50 kilos.	50 kilos.	45 kilos.	40 kilos.
Menues pailles......	5 —	5 —	5 —	4 —
Fourrage	5 —	5 —	3 —	3 —
Tourteau	1 —	2 —	3 —	3 — 500.

Pulpes de sucrerie.......	40 kilos.
Menues pailles..........	5 —
Luzerne................	5 —
Tourteau d'arachides	3 —

Pulpes de sucrerie.......	50 kilos.
Paille hachée...........	5 —
Farine de maïs..........	1 — 500.
Tourteau d'œillette	1 — 500,
Tourteau de lin,.,.,,.,,.,	1 —

RATIONS AVEC PULPES DE DISTILLERIE (POIDS VIF DE 800 KILOS)

Pulpes..........................	90 kilos	80 kilos
Foin............................	10 —	10 —
Pommes de terre.................	3 —	3 —
Tourteau de coton...............	3 —	2-3 —

On constate que ces rations sont riches surtout en sucres et en féculents, qui sont les aliments les plus aptes à la production de la graisse.

L'engraissement mixte est commencé par le séjour à l'herbage à la fin de la belle saison et se termine à l'étable.

Une fois l'engraissement terminé, l'animal est conduit à l'abattoir. Le rendement en viande nette, c'est-à-dire le rapport des quatre quartiers de viande de boucherie au poids total de l'animal, varie avec la perfection de l'engraissement et avec le sujet. Les bonnes races à viande (charolaise, limousine, Durham) fournissent communément un rendement supérieur à 60 p. 100. Les animaux de race non spécialisée pour la boucherie et dont l'engraissement n'est pas poussé très loin fournissent des rendements variant de 52 à 58 p. 100 de viande.

309. Exploitation des veaux de boucherie. — La viande de veau est très recherchée, et dans certaines régions on produit, par croisement de première génération (voir § 278), des veaux spécialement destinés à la boucherie.

Lorsque le veau a été nourri exclusivement au lait, il fournit une viande blanche particulièrement renommée. S'il a été sevré et mis à l'herbe, sa viande est moins tendre et plus colorée.

Pour l'engraissement au lait, il faut compter en moyenne de 10 à 11 litres de lait pour fabriquer un kilogramme de viande. Une excellente méthode consiste à utiliser le lait écrémé auquel on ajoute des farineux, qui ne modifient par la blancheur de la viande.

310. Facteurs de la production du lait. — Le lait est un liquide dont nous étudierons avec quelque détail la composition, au chap. III de la 7e partie.

Il suffit pour le moment de savoir qu'il renferme de la

matière grasse (crème), de la matière azotée (caséine), du sucre (sucre de lait) et des matières minérales (phosphates, surtout), ce qui en fait un aliment parfait pour les animaux en voie de croissance.

Le lait est produit par les mamelles, de forme hémisphérique et constituées par quatre compartiments ou quartiers complètement indépendants l'un de l'autre. A chacun de ces compartiments correspond un trayon. Le lait est sécrété par des glandes qui remplissent chacun des quartiers.

La lactation commence immédiatement après le vêlage et se prolonge plus ou moins longtemps pour cesser quelque temps avant le vêlage suivant. Sa durée, sa régularité et la quantité totale de lait produite varient selon l'animal considéré, son âge, sa race, son alimentation et les conditions de son hygiène.

Examinons ces différents facteurs dans l'ordre suivant : 1° qualités individuelles; 2° hygiène; 3° alimentation de la vache laitière.

311. Caractères de la vache laitière. — Une bonne laitière doit posséder la conformation générale d'une bonne femelle, c'est-à-dire posséder un arrière-train développé, le bassin large, la poitrine mince et profonde, l'encolure et la tête fines. Le squelette doit être non grossier, la peau souple et mince, douce au toucher et se détachant facilement des muscles sous-jacents. Le poil doit être fin et brillant, les cornes petites, plates et effilées, la queue grêle, longue et flexible.

Le lait étant produit dans la mamelle, il faut rechercher une mamelle développée, à forme régulière, à tissu souple et onctueux. Les trayons doivent être régulièrement disposés; tous les quatre doivent fonctionner normalement, et même la présence en arrière de trayons supplémentaires est un indice de qualités laitières développées.

La mamelle est irriguée par l'artère mammaire qui se trouve à l'intérieur ; mais le sang, après avoir été utilisé dans la mamelle, retourne au cœur par les veines mammaires qui partent en avant du pis, du côté droit et du côté gauche, se dirigent vers l'abdomen dans lequel elles entrent par deux orifices situés sous le ventre et à peu près en son milieu, et qu'on appelle les « portes » ou les « fontaines » du lait. Plus la veine mammaire est grosse et possède de ramifications puissantes en avant de la mamelle, plus le diamètre des portes du lait est grand, mieux est faite l'irrigation de la mamelle et plus est développée la fonction laitière.

Enfin, il est des signes, purement empiriques, auxquels on a attaché à un moment donné une certaine importance : ce sont les écussons de Guenon, formés par le contrepoil qui se présente avec des formes assez variables de chaque côté du périnée depuis la naissance de la queue jusqu'à la téline. Guenon avait établi des types différents d'écussons selon leur forme et leur étendue ; mais l'observation n'a pas démontré qu'il y eût un rapport défini entre la forme de l'écusson et la productivité en lait. Tout au plus admet-on qu'un écusson étendu est un signe favorable. Ce ne sont là en somme que des signes empiriques ; il en est de même des « épis » (tourbillons de poils situés au-dessus de la mamelle), et dont la valeur pratique n'a pas été démontrée par l'expérience. La figure 184 représente un exemple d'écusson, dit « écusson d'équerrine ».

Pour conclure, nous dirons donc que, dans l'appréciation des qualités laitières d'une vache, il faut s'en tenir aux caractères rationnels et ne se préoccuper des signes empiriques qu'au cas où les premiers sont insuffisants, par exemple dans l'examen d'une femelle n'ayant pas encore vêlé.

En dehors de ces caractères individuels, il faut tenir compte de l'âge. La production du lait est maximum en général à partir de cinq ans et jusque vers huit ou neuf ans ; ensuite elle décroît.

312. **Le contrôle laitier.** — Les aptitudes laitières tiennent pour une certaine proportion à la race. Certaines races sont bonnes laitières ; d'autres le sont peu. En outre, ces aptitudes sont surtout personnelles et se transmettent par hérédité. Il est donc possible d'améliorer la production en lait d'un troupeau en appliquant la sélection à ce point

de vue spécial. C'est là l'objet du contrôle laitier, auquel
s'ajoute le plus souvent le contrôle beurrier.

Ce contrôle est effectué par des associations spéciales
dont les agents déterminent, d'abord par un examen à l'é-
table, puis par des analyses au laboratoire, les quantités
de lait produites par chaque vache soumise à ce contrôle et
la richesse en beurre de ce lait; ensuite ils n'admettent à la
reproduction que les vaches qui présentent les aptitudes
les plus développées. On conserve éga-
lement comme mâles les taureaux qui
descendent de ces mêmes vaches. De
cette façon, on crée des familles de
vaches abondamment laitières.

Ce contrôle laitier et beurrier
s'exerce depuis longtemps déjà à Jersey, en Hollande, au Danemark, et son
influence sur la productivité en lait des
races indigènes de ces pays a été considérable.

313. Hygiène des vaches laitières.
— Le cultivateur doit s'efforcer de
maintenir ses vaches dans des conditions extérieures telles que leurs

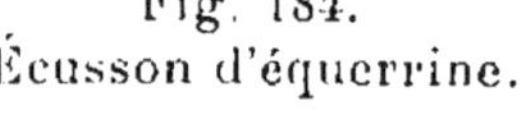

Fig. 184.

Écusson d'équerrine.

aptitudes naturelles à produire du lait soient conservées et
même excitées.

L'atmosphère la plus favorable à la lactation est une
atmosphère humide, tempérée, autant que possible, régulière et peu variable. C'est pourquoi, en France, la
région de l'Ouest, les bords de l'Océan et de la Manche
sont peuplés de races laitières.

Le séjour au pâturage convient à ces régions à climat
maritime. Dans le centre de la France et de l'Europe, ce
séjour au pâturage n'est favorable à la production du lait
que pendant la belle saison.

A l'étable, les vaches doivent être placées dans un milieu
à température constante et, autant que possible, voisine
de 15 à 18°.

L'éclairage ne doit pas être trop violent, la sécrétion

du lait en est contrariée ; il est bon, pour cette raison, de revêtir les vitres d'un enduit bleuté.

Les soins de propreté sont indispensables et doivent être aussi complets que possible.

314. Alimentation des vaches laitières. — La ration des vaches laitières doit remplir les qualités suivantes : elle doit être suffisamment aqueuse pour fournir à l'organisme la quantité d'eau sécrétée par la mamelle ; le lait contient en effet 87 p. 100 d'eau ; elle doit être pourvue de matières azotées qui passent dans le lait où elles se trouvent sous forme de caséine ; elle doit renfermer des sels minéraux : chlorure de sodium et phosphate de calcium, pour satisfaire à la fois à la composition du lait et aux besoins de l'organisme, toute vache en période de lactation portant généralement un veau ; et enfin elle ne doit pas renfermer de produits odorants ou nuisibles au lait, qui s'y incorporent très facilement.

Les aliments qui conviendront le mieux aux vaches laitières sont : le bon fourrage, soit à l'état vert, soit à l'état sec ; dans ce dernier cas, l'abreuvement doit être abondant. Les vaches, plus que n'importe quel autre animal, s'accommodent parfaitement des fourrages verts : luzerne, moha de Hongrie, maïs-fourrage. Parmi les foins, les regains qui sont plus fins, plus digestibles, sont toujours réservés aux vaches laitières, celles-ci assimilant mal les fourrages grossiers, provenant des prairies basses, renfermant des carex, des laîches, qu'il vaut mieux réserver aux chevaux, quand on est obligé de les utiliser. Les racines, betteraves demi-sucrières surtout, coupées en cossettes et mises à fermenter vingt-quatre ou trente-six heures, sont particulièrement appréciées. Les farines et les sons donnés en barbotages ou buvées sont un excellent aliment. Les tourteaux, par leur richesse en matière azotée, sont un complément très recherché des rations à base de racines fourragères ; les tourteaux d'arachides décortiquées et ceux de coprah sont parmi les meilleurs. Tous ces aliments, sons, farines, tourteaux, sont donnés délayés dans de grandes quantités d'eau et apportent ainsi, en même temps que des matières nutritives, la boisson indispensable aux animaux en lactation.

La boisson doit être abondante : les vaches absorbent jusqu'à 50 litres d'eau par jour. Il est utile de donner cette eau dégourdie, c'est-à-dire à la température de l'étable, l'eau froide ayant sur l'organisme une action fâcheuse.

Voici quelques exemples de rations pour vaches laitières rapportés par le professeur Dechambre :

Rations d'hiver pour vaches de 500 kilos :

I

Foin..............	8 kilog.
Betteraves...........	20 k.
Menues pailles.......	1 k.
Son.................	1^k,500.
Tourteau d'arachides.	1^k,500.

III

Foin.................	6 kilog.
Betteraves...........	12 k.
Pulpes de sucre......	15 k.
Menues pailles.......	3 k.
Son.................	2^k,500.

II

Foin..............	8 kilog.
Betteraves...........	15 k.
Paille..............	2 k.
Son.................	1^k,500.
Tourteau de lin......	1^k,500.

IV

Foin.................	4 kilog.
Paille d'avoine.......	5 k.
Betteraves...........	20 k.
Menues pailles.......	2^k,500.
Tourteau d'arachides.	1^k,500.

Rations pour vaches laitières de 600 kilos :

I

Betteraves...........	40 kilog.
Menues pailles......	4 k.
Son.................	4 k.
Remoulage..........	0^k,500.
Tourteau de lin......	2 k.
Luzerne............	5 k.

II

Betteraves...........	25 kilog.
Menues pailles.......	2^k,500.
Drèches de brasserie fraîches............	15 gr.
Tourteau de lin.. ...	2 kilog.
Luzerne............	5 k.

III

Betteraves...........	25 kilog.
Menues pailles......	2^k,500.
Foin..............	6 k.
Maïs moulu..........	2 k.
Pulpes de sucrerie...	10 k.

IV

Betteraves...........	30 kilog.
Menues pailles.......	2 k.
Luzerne............	7 k.
Paille..............	A discrétion.

Rations avec pulpes de sucrerie :

I		II	
Pulpes et menues pailles	40 kilog.	Pulpes	20 kilog.
Tourteau de coton ...	3 k.	Betteraves	15 k.
Foin	3^k,500.	Menues pailles	4 k.
		Foin	2^k,500.
		Son	0^k,750.
		Tourteau de lin	0^k,750.

Rations de vaches flamandes dans le département du Nord
(M. Monvoisin).

I		II	
Foin	3 kilog.	Pulpes	30-35 k.
Pulpes	25-30 k.	Son	2 k.
4 à 5 k. d'un mélange de :		Orge	2 k.
Maïs	2 parties.	Seigle	1 k.
Seigle	1 —	Tourteau de lin	2 k.
Orge	1 —		

Alimentation des vaches de l'Ecole d'Agriculture de Strickhof,
près Zurich (race de Schwytz).

Ration d'hiver.

Foin et regain	14 à 16 kilog.
Betteraves	8 à 12 k.
Drêches de brasserie desséchées	1^k,500.
Tourteau d'arachides	0^k,500 à 0^k,750.

En été, les animaux ne reçoivent que de l'herbe. Toutefois, quand la qualité de l'herbage laisse à désirer, la ration est complétée par 0 k. 500 de drêches de brasserie et 0 k. 250 de tourteau d'arachides. Les vaches sont mises en pâture au printemps, pendant quelques jours, et en automne, pendant 6 à 8 semaines.

CHAPITRE X

315. **Races françaises des rives de la Manche et de l'Océan.** — 1° *Race flamande.* — Les animaux flamands sont de grande taille, à robe brun acajou. Les vaches présentent, en général, une grande finesse de squelette et de peau. Elles sont bonnes laitières : leur rendement annuel varie de 3000 à 3600 litres de lait, quelques sujets atteignent le maximum de 4000 litres. Cette race occupe notamment les départements du Nord et du Pas-de-Calais. Dans les régions de Dunkerque et d'Hazebrouck, le bétail est laissé au pâturage toute l'année; dans celles de Douai et de Lille, il est, au contraire, conservé en stabulation. Il ne s'exporte pas beaucoup hors de son pays d'origine, car, éloigné de la mer, il ne conserve pas ses qualités laitières.

2° *Race normande* (fig. 185). — C'est une des plus réputées de la France. Les bêtes normandes sont de grande taille, lourdes, avec un squelette développé. La robe est rouge brun avec des taches blanches, avec, sur le fond rouge, des bandes noires verticales et parallèles, nommées « bringeures ». Ses aptitudes laitières sont développées. Le rendement annuel moyen en lait d'une vache est 3400 litres; la teneur en beurre correspond au rendement de 1 kilogramme de beurre pour 23 ou 24 litres de lait. La

1. Nous examinerons les principales races bovines de France et celles qui, originaires de l'étranger, présentent chez nous quelque importance, en suivant l'ordre géographique, sans tenir compte des classifications fondées sur des considérations d'ordre purement scientifique et qui reposent sur les dimensions du crâne (le crâne court correspondant à la brachycéphalie ; le crâne long à la dolichocéphalie) et sur la nature du profil qui peut être convexiligne, rectiligne ou concaviligne. Nous indiquerons pour chaque race ses principales aptitudes économiques.

Société d'agriculture de la Seine-Inférieure a organisé le contrôle laitier et beurrier, grâce auquel les rendements moyens ont notablement augmenté. Les bœufs normands

Fig. 185. — Vache normande.

sont de bons animaux de boucherie qui présentent un rendement en viande nette de 52 à 56 p. 100.

L'aire géographique d'élevage de la race normande occupe les départements de la Manche, du Calvados, de

Fig. 186. — Vache bretonne.

l'Orne, de l'Eure et de la Seine-Inférieure. Mais cette population s'étend beaucoup dans la région parisienne.

D'une façon générale, la vache normande est exploitée pour son lait et laissée le plus longtemps possible dans les herbages qui sont si développés et de si bonne qualité dans toute la Normandie. Le lait est traité pour la fabrication du beurre et des fromages à pâte molle (Livarot,

Camembert, Pont-l'Évêque, Neufchâtel). Dans la région parisienne, les vaches sont entretenues à l'étable, où elles se montrent assez exigeantes pour la nourriture.

3° *Race bretonne* (fig. 186). — La race bretonne est de petite taille et du poids moyen de 300 kilogrammes environ. Ce développement réduit du squelette a pour cause la faible proportion de calcaire et d'acide phosphorique que renferme le sol breton. La robe est généralement pie

Fig. 187. — Vache parthenaise.

noire ; la sous-race du Léon est à robe froment. La finesse générale des bêtes bretonnes est très développée, et également leurs aptitudes laitières. Une vache bretonne donne en moyenne par lactation 1600 litres d'un lait très riche en beurre, car il suffit de 18 à 20 litres pour faire un kilogramme de beurre.

Cette population bovine s'étend sur les départements d'Ille-et-Vilaine, des Côtes-du-Nord, du Finistère et du Morbihan. C'est exclusivement pour

Fig. 188. — Taureau parthenais.

son lait, dont la plus grande partie est transformée en beurre, qu'est élevée la race bretonne.

4° *Race parthenaise ou vendéenne* (fig. 187 et 188). — Cette race est caractérisée par sa robe fauve, à extrémités et à muqueuses noires. Elle est de taille et de poids moyens et à aptitudes mixtes. La vache est moyenne laitière ; elle donne environ 2800 litres par lactation ; son lait est très riche en beurre. De 18 à 20 litres de lait font un kilogramme de beurre. Les bœufs vendéens sont de bons animaux de travail, très appréciés dans tout l'Ouest. On les apprécie également pour la boucherie. Depuis longtemps déjà on a sélectionné ce bétail en vue de la production du lait et de sa richesse en beurre.

Le centre d'élevage de la race parthenaise se trouve dans le Bocage vendéen (régions de Cholet, de Parthenay) et dans le Marais, région comprise entre Niort et l'Océan. Mais l'élevage s'est très étendu et ces animaux occupent actuellement les territoires compris entre l'embouchure de la Loire et celle de la Charente jusqu'à la Vienne et à l'Indre. Dans les Deux-Sèvres, le sud de la Vendée et le nord des Charentes, la race parthenaise est exploitée pour la production du lait et la fabrication, en sociétés coopératives, du beurre dit des Charentes, particulièrement apprécié sur le marché de Paris.

316. Races de l'est de la France. — 1° *Race tachetée jurassique.* — On réunit sous cette dénomination des populations bovines à aptitudes assez variables, caractérisées par une robe pie rouge (le rouge allant du rouge acajou au jaune et au café au lait). Ces animaux sont à aptitudes mixtes, producteurs de lait moyens, animaux de travail et de boucherie également moyens. Ils ont l'avantage de conserver leurs aptitudes laitières même quand ils ont quitté leur climat d'origine et ils ne sont pas très exigeants pour l'alimentation ; aussi sont-ils particulièrement recherchés par les nourrisseurs des grandes villes, du Midi et de l'Algérie. Dans la région de l'Est, ce bétail est exploité pour la production du lait, transformé en fromage de gruyère dans les fromageries coopératives ou « fruitières ».

En réalité, ce bétail présente des traces de croisement nombreux ; en différentes régions, on s'est appliqué à l'améliorer par la sélection. Les types ainsi créés sont les suivants :

2° *Race montbéliarde* (fig. 189). — Elle est de format moyen, à robe pie rouge franc, à tête blanche, à taches bien délimitées. Son aptitude dominante est la production du lait. Très développée par la sélection, elle atteint aujourd'hui une moyenne de 2800 à 3200 litres et elle se conserve bien même sous d'autres climats. La principale région d'élevage de la race montbéliarde est le département du Doubs.

3° *Race gessienne.* — C'est une race de plus grand format, avec quelque aptitude à la production de la viande. Elle est élevée dans l'arrondissement de Gex (Ain).

4° *Race d'Abondance.* — De taille plus petite que les précédentes, rustique et bonne laitière, elle fournit de 2000 à 2200 litres de lait par an. Elle est élevée dans le département de la Haute-Savoie et surtout dans les régions dont Thonon et Bonneville sont les centres.

5° *Race tarentaise ou tarine.* — Robe fauve froment, à extrémités et muqueuses noires. Elle est assez bonne laitière, produisant de 2000 à 2200 litres de lait par lacta- tion. Elle a surtout,

Fig. 189. — Bœuf de race montbéliarde.

comme les autres races de l'est de la France, l'avantage de conserver ses facultés laitières en dehors de sa région d'origine ; aussi la rencontre-t-on dans beaucoup de localités du sud-est et du midi de la France.

Elle est exploitée dans la Savoie pour la production du lait transformé en fromages (gruyères, vacherins, tignards, etc.), surtout dans les pâturages d'été des Alpes.

6° *Race du Villard de Lans.* — De taille inférieure à la moyenne, à robe froment. Ses aptitudes laitières sont faibles ; elle donne au plus de 1500 à 1800 litres de lait par an. C'est une race de travail et de boucherie. Elle est exploitée dans la région du Villard de Lans (Isère).

317. Races du centre de la France. — 1° *Race charolaise et nivernaise* (fig. 190 et 191). — C'est une race très caractéristique, à robe blanche, sans aucune trace de pigmentation. Elle est de format moyen et possède des aptitudes développées pour la boucherie et pour le travail ; par contre, c'est une mauvaise race laitière ; les vaches ne donnent pas plus de 1100 à 1200 litres de lait par lactation.

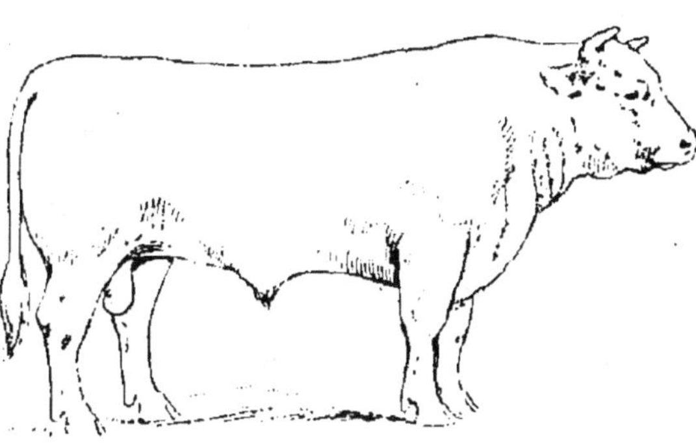

Fig. 190. — Taureau charolais.

Elle est élevée dans l'arrondissement de Charolles (Saône-et-Loire, dans la Nièvre, le Bourbonnais et jusque dans la vallée de Germigny (Cher). Mais elle est exportée sur une très grande échelle dans les régions de grande culture où les travaux pénibles, charroi des betteraves, labours, sont exécutés par les bœufs charolais : régions du Nord, de la Picardie, du Soissonnais, de la Brie. Dans les départements du Centre où les herbages (prés d'embouche) sont abondants, les animaux charolais sont élevés au pré ; les mères nourrissent leur veau sans que le lait soit autrement exploité ; les mâles sont castrés de bonne heure et vendus pour les régions où ils vont travailler. Les bœufs charolais, s'ils sont conduits jeunes à la boucherie, donnent un rendement élevé, jusqu'à 60 p. 100 en viande nette de leur poids vif.

Fig. 191. — Vache charolaise.

2° *Race ferrandaise.* — C'est une race à la robe pie rouge brique, à aptitudes laitières moyennes, fournissant 2500 litres de lait environ. L'habitat de cette race est le massif montagneux qui s'étend entre les départements de la Loire et du Puy-de-Dôme.

Le lait est utilisé pour la fabrication du fromage (fourme).

3° *Race du Mézenc.* — Bétail à robe froment, habitant les montagnes des Cévennes, à aptitudes mixtes ; les bœufs sont bons travailleurs et les vaches laitières passables.

4° *Race de Salers ou auvergnate* (fig. 192). — C'est une race caractérisée par sa forte taille, sa belle ossature, ses muscles développés, ce qui est dû incontestablement à la richesse en acide phosphorique des montagnes d'Auvergne sur lesquelles elle est élevée. Sa robe est acajou uniforme. Les bœufs sont d'excellents animaux de travail, surtout pour les régions accidentées ; ils s'engraissent facilement, et les vaches sont des laitières à aptitudes assez variables, mais généralement bonnes. Le lait est exploité surtout pour la fabrication du fromage (fourme du Cantal). Le département du Cantal est le berceau de l'élevage de la race de Salers.

Fig. 192. — Taureau de Salers.

Fig. 193. — Taureau limousin.

5° *Race d'Aubrac.* — La race d'Aubrac est à robe généralement fauve, à extrémités noires. Les vaches sont de médiocres laitières, ne fournissant pas plus de 1200 à 1400 litres de lait ; mais les bœufs sont bons travailleurs.

Cette race s'élève surtout dans le département de l'Aveyron.

6° *Race limousine* (fig. 193). — De robe froment rouge

vif, bien musclée, à squelette développé, présentant la conformation des animaux de boucherie, les sujets de race limousine sont d'aptitude laitière médiocre, mais bons travailleurs et excellentes bêtes de boucherie.

On élève ces animaux dans la Haute-Vienne, dans l'arrondissement de Civray (Vienne) et dans une partie de la Corrèze. La destination de ce bétail, en raison de la similitude des aptitudes, est la même que celle du bétail charolais.

318. Races du Sud-Ouest. — 1° *Race bordelaise.* — D'importance réduite, elle occupe la région de Bordeaux, où elle est exploitée pour la production du lait destiné à l'alimentation de Bordeaux.

2° *Race bazadaise.* — Bétail à robe charbonnée, de taille moyenne, à aptitudes mixtes ; race à la fois assez bonne laitière (2000 litres environ par lactation), bonne aussi pour le travail et la boucherie. Elle occupe l'arrondissement de Bazas (Gironde), le nord des Landes et le nord-ouest de Lot-et-Garonne.

3° *Race gasconne.* — Race de grande taille, à robe grise, à muqueuses claires chez les uns, auréolées chez les autres. Ces animaux, élevés dans le Gers, les Hautes-Pyrénées et la Haute-Garonne, sont médiocrement laitiers (1400 litres de lait en moyenne), mais bons travailleurs.

4° *Race garonnaise.* — Élevée dans la vallée de la Garonne, à pelage froment et à haute taille, à musculature puissante, elle fournit de bons animaux de travail et de boucherie, mais de mauvaises laitières, dont la productivité ne dépasse guère 1000 litres par lactation.

5° *Races diverses des Pyrénées.* — Dans les vallées des Pyrénées on élève des bovins de taille au-dessous de la moyenne, mais bien adaptés aux conditions de travail dans les montagnes et assez bons producteurs de lait. La race *d'Aure et de Saint-Girons* dans l'Ariège fournit par an de 1500 à 1800 litres d'un lait riche en matières grasses. La race de Lourdes (Hautes-Pyrénées) est un peu inférieure à la précédente. Les races basquaises (d'Urt, de Bedous, d'Aspe, etc.) sont assez faciles à engraisser, mais sont les moins laitières (1000 litres environ par lactation). Elles conviennent à la production du veau de boucherie.

Est-il nécessaire de citer deux races bovines qui fournissent exclusivement des animaux pour les courses de taureaux, la race landaise et la race de la Camargue ?

319. Races étrangères. — Parmi les races étrangères, quelques-unes sont particulièrement appréciées en France ; aussi convient-il de les étudier.

1° *Race Durham* (fig. 194). — Cette race est originaire d'Angleterre, et, grâce au soin avec lequel les éleveurs créateurs de cette race (voir § 277) sélectionnèrent les sujets Durham, les caractères et les aptitudes de cette race atteignirent vite une perfection telle que ces animaux furent recherchés pour l'amélioration d'un grand nombre de races bovines.

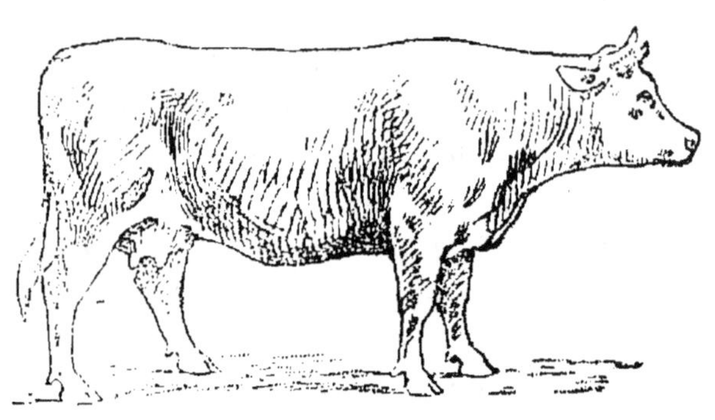

Fig. 194. — Vache Durham.

La robe, assez variable, est généralement rouanne, le rouge étant prédominant. Ces animaux sont moyennement laitiers, bons travailleurs ; mais c'est surtout dans les aptitudes pour la boucherie que la race Durham a été spécialisée : le squelette est réduit, la tête petite, la poitrine ample, profonde, le dos et le rein sont droits et larges ; toutes les masses musculeuses et graisseuses sont développées.

Le Durham a été beaucoup élevé en France avant 1870, il l'est moins aujourd'hui. Un Herd-Book Durham est officiellement tenu au ministère de l'agriculture.

Une population bovine française, dite Durham-Mancelle, existe encore dans le Maine (départements de la Mayenne, de Maine-et-Loire, de la Sarthe, notamment). Ce sont surtout des animaux de boucherie.

2° *Race de Jersey.* — C'est une race extrêmement laitière et beurrière, à robe gris souris et de petite taille. On trouve des vaches jerseyaises dans les étables autour des grandes villes de la région parisienne.

3° *Race hollandaise* (fig. 195). — Parmi les trois types différents qui peuplent la Hollande, l'un surtout, la race pie noire, est assez développé en France. La robe est à fond blanc avec taches noires; les caractères laitiers sont très développés : la production en lait atteint et dépasse même 4000 litres par lactation.

En France, on trouve des sujets hollandais dans les étables des nourrisseurs; une population bovine de l'arrondissement d'Avesnes, dite *race bleue du Nord*, provient du croisement de la race indigène avec le bétail hollandais.

Trois races suisses se rencontrent dans certaines parties de la France; toutes les trois sont très bonnes laitières; ce sont les suivantes :

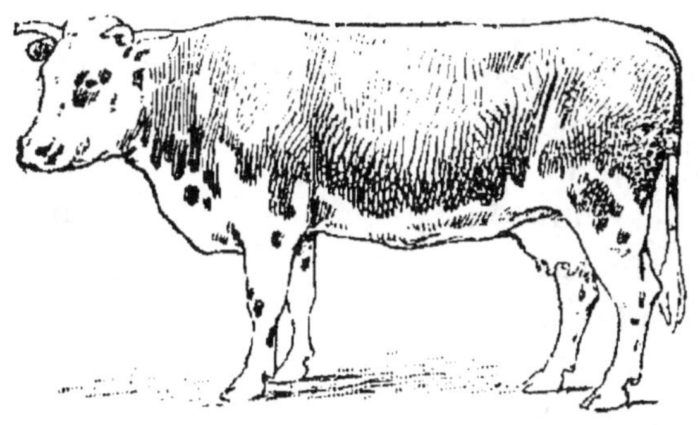

Fig. 195. — Vache hollandaise.

4° *Race simmenthal*. — Bétail de grand format, à robe pie rouge clair ou jaune et dont il existe des traces manifestes de croisement avec les populations bovines de l'est de la France. Elle a quelque tendance à fournir de la viande, due à une sélection trop poussée vers la régularité des formes.

5° *Race fribourgeoise*. — Robe pie noire; race très bonne laitière.

6° *Race schwytz*. — Robe grise; cette race, très bonne laitière, se trouve dans quelques étables de la Côte-d'Or et du Midi; ses aptitudes laitières y sont très appréciées.

CHAPITRE XI

320. Connaissance pratique de l'âge. — On apprécie l'âge des ovins d'après les mêmes règles que l'âge des bovins. La première dentition marque l'âge du mouton au cours de la première année; on se fonde ensuite sur la dentition permanente. Les dents de lait sortent du premier au troisième mois; puis les pinces de remplacement sortent au onzième ou douzième mois chez les races précoces, au dix-huitième mois chez les races communes. Les autres dents sortent successivement et la mâchoire est faite à trente-deux mois chez les moutons précoces, à cinquante mois chez les moutons de race commune. Ensuite, l'âge s'apprécie à l'usure des incisives.

321. Les produits du mouton. — Les ovins sont exploités en vue de la production de la viande, de la laine ou du lait.

a) Production de la viande. — C'est une exploitation avantageuse, car la consommation de la viande de mouton est considérable en France. Certaines races se prêtent admirablement à cette spéculation, en particulier les races anglaises ou les races françaises croisées avec les anglaises. En outre, il y a profit à produire de l'agneau de boucherie, en croisant les brebis indigènes avec des béliers améliorés.

La valeur du mouton comme producteur de viande s'apprécie par la largeur du rein et de la poitrine, le développement des cuisses et l'écartement des membres. La précocité, c'est-à-dire le développement rapide du corps, est un signe de qualité.

b) Production de la laine. — Cette aptitude dépend surtout de la race, chaque race possédant une qualité de laine et une étendue de la toison qui lui sont spéciales. Certaines toisons sont tassées, denses, compactes, fermées, celle du mérinos, notamment ; d'autres sont ouvertes, mécheuses, celle du Dishley ; les toisons grossières sont formées d'une laine à brins écartés et, entre ces brins, de poils courts dits « jarre » ; c'est le cas des races africaines.

La laine se récolte sur le mouton adulte en juin ; la chaleur est alors suffisante pour que les animaux ne souffrent pas de la disparition de leur chaude toison. L'opération de la récolte de la laine s'appelle la tonte.

c) Production du lait. — Les ovins sont, en général, très médiocres producteurs de lait, et l'on demande seulement aux brebis d'allaiter leur petit. Cependant, en France, les races de Millery, du Larzac et de Corse sont exploitées pour la production du lait, qui sert pour la fabrication du fromage de Roquefort.

322. Exploitation du mouton. — L'exploitation du mouton en France est réservée aux régions sèches dont le fourrage convient parfaitement à son alimentation.

Dans certaines régions, le cultivateur se livre à l'élevage du mouton, en vue soit de son engraissement sur place, soit de sa vente ; dans d'autres régions, il se livre seulement à l'engraissement du mouton, au pâturage ou à la bergerie.

a) Élevage du mouton. — Les brebis peuvent porter à partir de quinze mois ; la durée de la gestation est de cent cinquante jours.

Pendant la période qui suit l'agnelage, les brebis ayant mis bas doivent rester quelques jours avec leurs agneaux, qui les tètent à volonté. Un peu plus tard, elles peuvent être envoyées au pâturage ; les agneaux qui restent à la bergerie ne peuvent plus les téter que deux fois par jour, avant le départ et après la rentrée des mères. Ce régime dure environ quatre mois ; on alimente ensuite progressivement les agneaux, de façon que le sevrage s'effectue sans peine. À cette époque, on réserve aux agneaux les pâturages les meilleurs et on leur donne du foin et des racines fourragères.

b) Entretien au parc. — Pendant l'été, il est d'usage, dans quelques régions du Centre et de la région parisienne, de parquer les moutons, c'est-à-dire de les mettre à la pâture en les enfermant dans des enceintes formées de barrières mobiles, dont on change l'emplacement deux fois par jour. Le principal avantage de cette méthode consiste dans la fumure ainsi donnée au champ et dans l'économie de litière qui en résulte pour toute la saison.

c) Entretien du mouton à la bergerie. — Il est rare que le mouton, pour la production soit de la laine, soit de la viande, soit entretenu exclusivement à la bergerie. Il est, généralement dans le milieu de la journée, conduit soit au pâturage, soit, aux mois d'août et de septembre, sur les chaumes. L'alimentation qui lui est alors fournie à la bergerie est un complément de ce qu'il trouve au pâturage. Cette alimentation est à base de fourrages secs (foin, pailles de légumineuses), de racines fourragères (betteraves, rutabagas, navets), de grains tels que jarosse, pois fourragers, etc.

Pendant la mauvaise saison, le mouton est entièrement nourri à la bergerie; la ration doit comporter la totalité des aliments qui lui sont nécessaires.

D'une façon générale, si le mouton est l'animal qui tire le meilleur parti des pâturages maigres, des chaumes, des landes, des jachères, il utilise peu économiquement, au contraire, les aliments de la ferme (grains, fourrages secs, racines); aussi son exploitation en stabulation permanente devient-elle onéreuse.

d) Transhumance. — Une pratique très employée dans les régions du Midi consiste à conduire les moutons sur des pâturages successifs où ils trouvent leur alimentation. La transhumance s'applique en France à plus d'un million de moutons, en Provence, en Languedoc et en Corse.

L'exemple le plus frappant de transhumance nous est fourni par le mouton d'Algérie, qui est sans cesse en déplacement. Pendant l'hiver, il pâture sur les limites du Sahara, où il trouve de l'herbe pendant trois mois de l'année ; puis, à mesure que les pluies cessent dans le Sahara, il est conduit vers le nord, où il exploite les pâturages des Hauts-Plateaux; en été, ceux du Sahel méditerranéen; à l'automne, il retourne au sud, traverse de nouveau les pâturages des Hauts-Plateaux et retrouve ceux du Sahara.

D'une façon générale, il n'y a pas de mode d'alimentation spéciale en vue de la production de la laine ; elle est favorisée par la bonne alimentation.

323. Étude des principales races ovines. — Les types d'ovins exploités en France sont très variés ; nous ne pouvons tous les passer en revue ; nous n'indiquerons que les principaux, en insistant sur leurs aptitudes et non sur leurs caractères ethniques, à propos desquels on est loin d'être d'accord.

1° *Race mérinos* (fig. 196). — C'est la race la plus répandue dans les différentes parties du monde. Le mérinos est un mouton de grande taille, à toison très développée, couvrant toute la tête et les membres et faisant de larges plis sur la poitrine. Les climats humides ne lui conviennent pas.

Fig. 196. — Mouton mérinos.

L'introduction en France du mouton mérinos est un des exemples les plus caractéristiques de croisement continu, dont la conséquence a été l'implantation de la race pure dans le pays.

Jusqu'à la fin du XVIIIᵉ siècle, l'Espagne avait eu le monopole de la production du mérinos. Vers 1776, un troupeau de race pure fut introduit à Rambouillet et il servit à fournir de mâles tout le centre de la France : Brie, Beauce, Soissonnais. Daubenton notamment, à Montbard (Côte-d'Or), travailla à l'amélioration du mouton indigène par infusion de sang mérinos. D'une façon générale, les béliers furent croisés avec les brebis de ces différentes régions, et peu à peu la race mérinos remplaça les races indigènes pour être aujourd'hui la seule race de mouton de ces pays.

Aujourd'hui, en France, la race mérinos est répandue en différentes régions. Le type du mérinos français est le mérinos de Rambouillet. Plusieurs variétés, différant surtout du type principal par le poids et la taille des animaux, se rencontrent ailleurs ; ce sont notamment les mérinos du

Soissonnais, de la Champagne, de la Bourgogne et du Châtillonnais, du Roussillon, de la Crau; il en existe également une variété en Algérie.

C'est surtout pour la laine que le mérinos est exploité à l'état pur, sa viande a un goût de suint assez prononcé. Mais on l'utilise en le croisant avec les sujets anglais ou indigènes pour obtenir un mouton amélioré.

2° *Races anglaises.* — Un certain nombre de races anglaises présentent pour la France un réel intérêt. Ce sont surtout les races Dishley et Southdown.

Fig. 197. — Mouton Dishley.

Le mouton *Dishley* (fig. 197) ou de *Leicester* est le mouton des cultures riches. On l'utilise en France pour obtenir un croisement *Dishley - Mérinos*, dit race de Grignon, à aptitudes mixtes : production de la laine et de la viande; le Dishley mérinos s'engraisse facilement.

Fig. 198. — Bélier southdown.

Le mouton *Southdown* (fig. 198) est plus fin, à peau pigmentée, à toison dense, à laine courte et frisée; il s'engraisse facilement et donne une viande excellente; mais il est parmi les espèces les plus délicates au point de vue du climat et du sol; il exige un habitat sec.

D'autres races anglaises, très appréciées, ne sont pas exploitées en France; ce sont : le mouton Kent, le Shropshiredown, l'Oxfordshiredown, le Cheviot (fig. 199), le Cotswootd.

3° *Races françaises du littoral.* — Les variétés de moutons qui vivent sur le littoral de la Manche et de l'Océan sont nombreuses ; en général, elles sont exploitées pour la viande ; ce sont : les races flamande, picarde, cauchoise, cotentine, poitevine et saintongeoise.

Fig. 199. — Mouton Cheviot.

Les races flamande (fig. 200) et picarde ont besoin d'être améliorées ; la race cauchoise est bonne productrice de viande et s'accommode parfaitement, d'avril à octobre, de l'exploitation au parc ; la cotentine fournit une viande estimée, surtout celle des agneaux dits de présalé ; les autres variétés sont exploitées aussi pour leur viande.

4° *Races françaises du Centre.* — Les moutons solognot, berrichon (fig. 201), marchois, limousin, auvergnat, bizet, sont en général des sujets

Fig. 200. — Bélier flamand.

sobres, rustiques, peu précoces, à toison de qualité médiocre et assez bons producteurs de viande. Ces races locales pourraient être améliorées par croisement avec des races anglaises ou avec le mérinos et donneraient ainsi plus de viande ou plus de laine, mais leur entretien serait un peu onéreux.

Il faut citer à part la race améliorée de la *Charmoise* (fig. 202), créée par Malingié vers 1837 et qui fut obtenue de la manière suivante : des brebis appartenant à une population de sangs mélangés, solognot, berrichon, tourangeau, mérinos, furent saillies par des béliers anglais de la race améliorée de Kent. Les produits furent sélectionnés avec soin, reproduits entre eux, et le résultat fut la population métisse de la Charmoise, caracté-

Fig. 201. — Mouton berrichon.

risée par une viande de boucherie appréciée, une toison lourde, à laine fine et tassée et en même temps par une rusticité qui lui suffit pour vivre et prospérer dans des contrées peu fertiles, comme la Sologne.

Fig. 202. — Mouton de la Charmoise.

5° *Races françaises du Midi.* — Diverses races ovines peuplent la région du Sud-Ouest et du Midi (races pyrénéenne, basquaise, béarnaise, landaise, lauraguaise, caussenarde). Ce sont, dans les Pyrénées surtout, des races transhumantes qui seules permettent l'exploitation des hauts pâturages. Parmi ces races, il faut faire une place à part aux races laitières du *Larzac* et de la *Corse*. La première habite le plateau calcaire compris entre Saint-Affrique, Millau, Florac, Lodève; sa toison est assez fine et tassée; c'est son rendement en lait qui est intéressant : il atteint 60 litres par lactation environ. Avec ce lait est fabriqué, grâce à une maturation dans des caves spéciales, le fromage de Roquefort, particulièrement estimé. La race corse peuple exclusivement l'île de Corse, et elle est parfaitement adaptée aux conditions difficiles d'existence qui lui sont faites : transhumance, vie en plein air en hiver sur les côtes et pâturages d'été dans les hautes montagnes du centre. La brebis corse produit de 35 à 40 litres de lait par lactation; ce lait sert à la fabrication du fromage local et du Roquefort, sa maturation se terminant dans les caves dont il est question plus haut.

6° *Races ovines d'Afrique.* — La race *barbarine,* qui peuple l'Algérie, où elle est soumise à la transhumance, est intéressante, parce qu'un nombre important de moutons barbarins est amené chaque été en France : depuis la Provence, ces animaux sont conduits dans les pâturages des Alpes et, à la fin de l'automne, vendus à la boucherie. Le mouton barbarin s'engraisse assez facilement; il est caractérisé par un volumineux dépôt de graisse à la naissance de la queue.

324. Élevage et exploitation de la chèvre. — La chèvre est considérée comme la vache du pauvre; elle rend de précieux services aux petits cultivateurs.

Elle est très rustique et s'accommode aussi bien de l'alimentation au pâturage qu'à l'étable.

Lorsqu'elle est conduite au pâturage, elle est très friande des jeunes pousses d'arbres; à ce titre, il faut surveiller les dégâts qu'elle commet dans les plantations.

On l'exploite surtout pour son lait; elle en produit environ 2 ou 3 litres par jour et sa lactation dure neuf mois. On reproche à ce lait d'avoir un goût spécial qui se retrouve dans tous les produits provenant de la chèvre; ce goût n'est pas appréciable quand la chèvre est traite avec propreté.

Ce lait est consommé en nature, ou transformé en fromages très appréciés (Mont-d'Or, Saint-Marcelin, etc.).

La chèvre est aussi utilisée pour l'alimentation des agneaux ou même des jeunes veaux; elle se prête très bien aux caprices de ses nourrissons.

La viande de la chèvre adulte n'est pas consommée; d'ailleurs, l'animal ne se prête pas à l'engraissement; mais la viande des jeunes chevreaux est excellente. La peau de la chèvre est très recherchée soit pour la fabrication des fourrures dites « peaux de bique », soit pour l'industrie de la mégisserie et de la ganterie.

Fig. 203. — Chèvre du Mont-d'Or.

L'âge de la chèvre se détermine de la même façon que celui de la brebis.

325. Principales races de chèvres. — Parmi les différentes races de chèvres qu'on exploite en France, il faut citer :

Fig. 204. — Chèvre de Cachemire.

la *chèvre des Pyrénées*, qui est très rustique et en même temps supporte très bien la stabulation; c'est elle qui peuple la plupart des chèvreries aux abords des grandes villes;

la *chèvre du Mont-d'Or* (fig. 203), particulièrement laitière, qui fournit de 3 à 4 litres de lait par jour.

Parmi les races étrangères, la chèvre du Thibet, celle de Cachemire (fig. 204) sont recherchées pour leur toison.

CHAPITRE XII

326. Importance de l'exploitation du porc. — Le porc est un animal particulièrement précieux, parce qu'il permet de tirer parti, d'une façon complète, de certaines substances qui, sans lui, resteraient sans emploi (eaux grasses de cuisine, résidus de laiterie, déchets divers) et parce que toutes les parties de son corps entrent dans l'alimentation (chair, graisse, sang, viscères, etc.).

Malgré ces qualités, le porc ne tient pas, en France, une place assez importante dans l'exploitation. Pour 1000 habitants, on n'y exploite que 195 porcs environ, au lieu de 286 en Allemagne et jusqu'à 900 en Serbie. Nous avons acheté — en ces dernières années surtout, à cause de la guerre — de grandes quantités de viande de porc à l'Amérique notamment, alors que nous devrions être exportateurs. Il y a donc, à cet égard, de grands progrès à accomplir et la possibilité d'augmenter notablement les ressources des cultivateurs. Pour y arriver, il faut non seulement développer l'exploitation du porc, mais l'améliorer. Cet animal est trop négligé dans les petites exploitations ; il faut le mettre dans des conditions d'hygiène meilleures, l'alimenter rationnellement, n'exploiter que des races pures ou des croisements entre les meilleures races. A ces conditions, son exploitation sera largement rémunératrice.

327. Élevage du porc. — Comme reproducteurs mâle et femelle, on devra choisir des animaux à tête aussi réduite que possible, larges de poitrine, de dos et de reins, et à membres courts.

Aussitôt nés, les porcelets sont mis à téter. L'éleveur doit ne laisser à la mère qu'un nombre de jeunes au plus égal au nombre de ses mamelles. Si elle a donné naissance à un plus grand nombre de petits, il faut faire élever ceux qui sont en supplément par une autre truie ou pratiquer l'allaitement artificiel.

Il faut veiller à ce que la mère n'écrase pas ses petits en se couchant ou que ceux-ci, en tétant, ne la blessent pas avec leurs jeunes dents, car la truie pourrait non seulement repousser les jeunes gorets, mais les dévorer.

Quand on désire presser le développement des porcelets, on leur donne un supplément de lait et de farine dès le huitième jour.

Le sevrage a lieu généralement au bout de deux mois, plus tôt si la mère n'est pas bonne nourrice.

Pendant la durée de la lactation, les aliments à donner comme supplément au lait de la mère sont les suivants : farines de riz, de manioc, de blé noir, de pois, fécule de pommes de terre, en cas de constipation farine d'orge, eau de son bouillie, eau de graines de lin.

Après le sevrage, qui doit être effectué progressivement, comme pour tous les animaux, les jeunes pèsent environ de 20 à 25 kilogr. Ce sont, suivant les pays, des *laitons, cochons de lait, cochonnets, gorets,* etc. L'engraissement commence alors; il s'effectue soit à l'étable, soit à la pâture. Les jeunes qu'on destine à la reproduction sont séparés de ceux qui seront engraissés; on leur donne alors une nourriture propre à développer leur précocité : soupes de farineux, pommes de terre, graines, légumes cuits; on les envoie aux champs dans la journée. Plus tard, la ration augmente; mais il faut éviter avec soin tout aliment susceptible de pousser à l'engraissement.

M. R. Gouin cite la ration journalière suivante donnée à un verrat de 100 kilogrammes :

Choux, carottes, navets cuits..	4 kilos.
Pommes de terre cuites........	5 —
Petit-lait....................	3 —
Eaux grasses	3 —

Détermination de l'âge. — La carrière des porcs étant toujours très courte, il n'est pas nécessaire de déterminer leur âge. D'ailleurs, l'examen de la mâchoire est très difficile; aussi y procède-t-on rarement.

Les porcs adultes possèdent 44 dents, savoir, à chaque mâchoire 6 incisives (2 pinces, 2 mitoyennes, 2 coins), 2 canines et 14 molaires.

A la naissance, le porc possède 8 dents de lait, 4 canines et 4 coins; à 3 mois, les incisives de lait sont au complet; à 9 mois apparaissent les canines adultes, en même temps que les coins adultes; à 18 mois, la mâchoire adulte est au complet, sauf les premières prémolaires qui ne sont pas encore remplacées.

328. Engraissement du porc. — A partir du sevrage commence la période d'engraissement des animaux qui ne sont pas destinés à la reproduction.

Dans certaines régions, l'animal est conduit au pâturage, soit au champ, soit au bois. Le pâturage au bois est excellent, parce que l'animal y trouve des faînes, des glands, des châtaignes; mais il faut le compléter par une ration supplémentaire.

A l'étable, on procède à l'engraissement en observant les règles suivantes : l'animal doit être placé dans des conditions favorables d'hygiène et de repos, et les repas doivent être réguliers et variés. A mesure que l'engraissement avance, l'appétit diminue; il faut donc fournir au porc à l'engrais des aliments de plus en plus concentrés et assimilables.

Voici quelques types de ration, cités par M. Goussé :

I. — Pommes de terre cuites	4 kilos.
Farine d'orge......................	1^k,500.
Petit-lait ou eaux grasses	6 à 7 litres.
II. — Pommes de terre cuites	5 kilos.
Farine de sarrasin	1^k,500.
Petit-lait ou eaux grasses	6 litres.
III. — Farine de maïs	1^k,500.
Pommes de terre cuites...............	4 kilos.
Carottes cuites....	2 kilos.
Eaux grasses ou lait écrémé.........	6 à 7 litres.
IV. — Déchets de viande cuite.............	0^k,500.
Pommes de terre ou carottes cuites..	5 kilos.
Eaux grasses ou lait écrémé.........	6 à 7 litres.

Dans certains pays, on ne commence pas l'engraissement aussitôt après le sevrage; on met d'abord les jeunes porcs au champ jusqu'à l'âge de 4 à 5 mois ; ils pèsent alors de 40 à 60 kilogrammes ; ce sont les *couratiers* qu'on engraisse ensuite et qui fournissent une proportion plus élevée de chair musculaire, qui est préférée à la graisse.

Les porcs s'accommodent parfaitement des tourteaux (arachides, coprah), des cossettes cuites de manioc, des débris de viande, de sang, pourvu qu'ils soient en bon état de con-servation, des rési-dus de laiterie (lait écrémé, petit-lait, babeurre). Leur ap-

Fig. 205. — Porc chinois.

pareil digestif étant beaucoup plus court que celui des ruminants, ils n'assimilent pas la cellulose. Pour cette raison, il est utile de faire cuire les aliments, tubercules, racines, qu'on leur fait consommer.

329. Les races de porcs. — On groupe les races porcines en trois types différen-ciés par le port des oreilles :

les races à oreilles dressées ou type asia-tique ;

Fig. 206. — Porc yorshire.

les races à oreilles pointées en avant ou type ibérique ; les races à oreilles tombantes ou type celtique.

a) Races à oreilles dressées. — Ce sont les races anglaises qui proviennent de croisements entre le porc chinois (fig. 205) et les races françaises. Citons les deux suivantes :

Race Yorkshire (fig. 206). — La tête est forte ; le corps est arrondi, de moyenne longueur ; les membres de dimen-sions réduites ; la robe blanche et les soies douces et courtes. Les fesses et les cuisses sont très développées.

Les Yorkshire sont très précoces ; ils atteignent 70 kilogrammes à 6 mois et 120 kilogr. à un an. La fécondité des truies est moyenne ; elles sont médiocres laitières.

Les Yorkshire sont souvent utilisés pour obtenir des croisements avec les races à robe blanche.

Race berkshire. — Cette race résulte de croisements obtenus entre les races celtiques indigènes et les races siamoise, cochinchinoise et napolitaine prises comme races améliviratrices.

Les porcs berkshire ont la tête allongée, les oreilles assez petites et pointées en avant. La robe est noire, avec une liste blanche, un groin et des balzanes blanches aux pattes.

Le corps est cylindrique, court, et les membres fins. Ce sont des animaux très précoces, fort mangeurs. On les utilise parfois en croisements avec les races pigmentées du type ibérique.

Fig. 207. — Porc périgourdin.

b) Races à oreilles pointées en avant. — Le caractère distinctif le plus net est constitué par une tête volumineuse, à oreilles étroites, allongées et dirigées presque horizontalement en avant. Le cou est court, de moyenne épaisseur ; le corps, cylindrique, moins long que celui du type celtique ; la ligne du dos est généralement droite, les membres bien musclés sont courts.

La peau est toujours pigmentée et les soies noires, grises ou rousses.

Les truies du type ibérique sont un peu moins fécondes que les truies du type celtique.

Races limousine, bressanne, dauphinoise. — Ces races présentent une robe blanche avec deux taches noires sur la tête et la croupe. La tache de la tête s'étend parfois jusqu'aux épaules ; celle de la croupe embrasse parfois toute **cette région. Les soies sont douces et peu abondantes.**

Les animaux appartenant à ces races fournissent une viande très estimée.

Race bourguignonne. — Les porcs bourguignons ont une pigmentation moins étendue que les précédents. La couleur noire ne se trouve quelquefois que sur l'extrémité du groin, sur une oreille ou à la base de la queue.

Race périgourdine (fig. 207). — La robe des porcs périgourdins est pie-noir, sans que les pigmentations soient régulièrement localisées. On rencontre des sujets entièrement gris, d'autres truités. On emploie un certain nombre de porcs périgour dins à la recherche des truffes.

Races gasconne et béarnaise. — Ces races ont une robe noire et blanche, avec prédominance du noir. La chair est savoureuse, le lard peu épais. La race est rustique, un peu tardive.

Fig. 208. — Porc craonnais.

c) Races à oreilles tombantes. — La tête est forte, garnie d'oreilles longues, tombant de chaque côté des joues. Le corps, très long, a six vertèbres lombaires, alors que le type asiatique n'en a que quatre. La taille est élevée par suite du développement des membres ; le poids vif est parfois considérable. La peau est dépourvue de pigment et recouverte de soies grossières jaunes ou rougeâtres.

Les animaux du type celtique sont bons marcheurs ; les femelles sont très fécondes (de 8 à 10 petits).

Race craonnaise (fig. 208). — Elle tire son nom de la petite ville de Craon, arrondissement de Château-Gontier (Mayenne).

La tête est moyenne, pourvue d'amples oreilles, franchement tombantes. Le cou est court, le dos long et épais, la côte ronde ; les cuisses sont bien développées, et les membres de moyenne hauteur. Les craonnais possèdent à un très haut degré l'aptitude à produire plus de viande que de lard.

La race craonnaise a une grande force d'expansion. On en trouve à peu près dans tout l'Ouest, dans le Nord, en Poitou, dans les Charentes, le Lot et l'Auvergne.

Race normande. — Cette race ressemble un peu à la race craonnaise, mais la conformation est moins bonne. Sa précocité est moindre ; sa viande n'est pas savoureuse.

Les truies normandes sont très prolifiques. Le porc normand est surtout élevé dans les départements de la Manche, de l'Orne et du Calvados.

Race bretonne. — La race bretonne est haute sur jambes, avec un corps mince, à dos voûté. La tête est forte. Cette race représente le type celtique non amélioré. Les truies sont très fécondes.

Race lorraine. — Cette race présente une tête très grosse, avec des oreilles pendantes de longueur moyenne. La robe est d'un blanc sale ; les membres sont moyennement longs ; le dos est quelquefois ensellé. La qualité est parfaite ; elle a fait la célébrité des charcuteries alsaciennes et lorraines.

CHAPITRE XIII

330. Produits de la basse-cour. — La basse-cour est la partie des dépendances de l'exploitation où l'on élève les petits animaux domestiques : poules, pigeons, oies, canards, dindons, pintades, lapins, etc.

Elle fournit des œufs, de la viande, des plumes et des peaux.

Œufs. — Ce sont les poules qui fournissent les œufs indispensables à l'alimentation humaine.

L'œuf (fig. 209) se compose, de l'intérieur à l'extérieur : du jaune ou vitellus, dans lequel se trouve le germe; du blanc, des chalazes, des membranes et de la coquille.

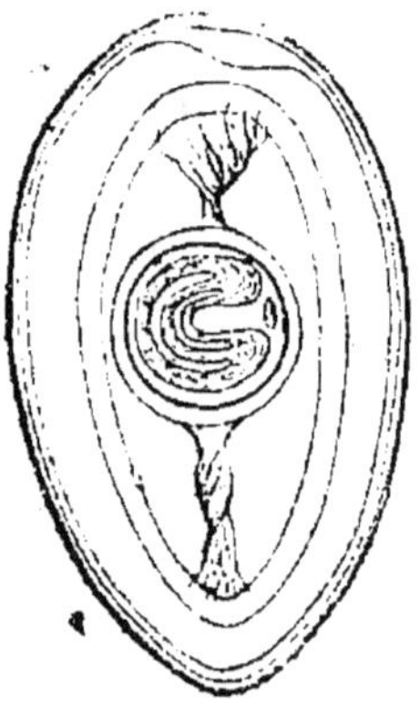

Le jaune représente de 28 à 29 p. 100 du poids de l'œuf; il est composé de matières organiques albuminoïdes, de sels organiques, de sels minéraux (phosphates), de matières grasses et de matières colorantes. Sa richesse en phosphore et en matière azotée en fait un précieux aliment pour l'homme. A l'intérieur du jaune se trouve le germe qui doit former le poussin.

Fig. 209. — Coupe d'un œuf montrant les différentes parties qui le composent.

Le blanc de l'œuf est constitué par de l'albumine renfermant de petites proportions de phosphore et de soufre. Il constitue de 58 à 60 p. 100 du poids de l'œuf.

A l'intérieur du blanc se trouvent les chalazes, sortes de ligaments de nature albuminoïde dont le rôle est de tenir le jaune suspendu au milieu de l'albumine.

L'œuf est renfermé dans une coquille qui présente la composition suivante :

Carbonate de calcium... 0,896
Phosphate de calcium .. 0,057
Gluten animal 0,047

Les sels de calcium donnent la dureté à la coquille ; le gluten animal réunit les sels calcaires. Lorsque les œufs n'ont pas de coquille (œufs hardés) ou qu'ils ont une coquille très mince, c'est que la proportion de calcaire dans l'alimentation des volailles est insuffisante et qu'il faut l'augmenter.

A l'intérieur, la coquille est tapissée par deux membranes, dont l'une adhère à la coquille, l'autre est simplement appliquée sur la précédente et s'en sépare à la grosse extrémité pour former la chambre à air, dont le volume s'accroît avec l'ancienneté de l'œuf.

Le poids des œufs varie, avec la race et suivant l'alimentation, entre 40 et 65 grammes.

Viande. — Tous les animaux de basse-cour fournissent de la viande, dont la qualité et la valeur alimentaire varient avec l'origine.

Les poules donnent une viande blanche légère, peu nutritive, mais agréable à consommer. Certaines races se prêtent à l'engraissement ; la volaille grasse (poularde ou chapon) est particulièrement appréciée.

Les pigeons, les pintades, les canards fournissent une viande plus colorée, mais savoureuse et, pour ce motif, très recherchée.

Le dindon, qui atteint de grandes dimensions, est vendu pendant l'hiver, surtout à l'époque de Noël ; il s'en exporte de grandes quantités.

L'oie donne une chair moins fine que celle de la poule, mais grasse, facile à conserver ; de plus, son foie qui, dans certaines races, s'hypertrophie, grâce à une alimentation spéciale, est un produit fort apprécié.

Enfin, le lapin fournit rapidement et économiquement une viande de consommation courante, utilisée aussi bien à la ferme que par la population urbaine.

Plumes et peaux. — La plume et les peaux sont des sous-produits qu'il ne faut pas négliger. La plume proprement dite est employée dans les industries de la mode (cygne, coq, canard) ; le duvet (oie), pour la fabrication des édredons ; enfin les plumes diverses pour l'industrie de la plumasserie (plumeaux, cure-dents, volants, pinceaux, articles de pêche, etc.). La peau du lapin, dont l'usage est de plus en plus répandu, fournit les imitations des plus belles fourrures. Tout ce qui ne convient pas à la fourrure est employé pour la chapellerie. Enfin, les déchets servent à la fabrication de la colle et des engrais.

Tous ces produits représentent une réelle richesse pour l'exploitation agricole, en raison de leur valeur commerciale et des conditions économiques dans lesquelles ils sont obtenus. Pour cette raison, il y a intérêt à développer cette production à la fois en quantité et en qualité. On y arrivera par une alimentation intensive des animaux et par le choix des races à exploiter et la sélection des reproducteurs.

Les chiffres suivants démontreront dans quelles proportions il est possible d'accroître la production des œufs en France.

En 1885, nous importions seulement pour quelques milliers de francs d'œufs, et nous en exportions pour 30 millions de francs, en Angleterre surtout ; en 1913, nous n'en exportions plus que pour 15 millions de francs et nous en achetions pour plus de 50 millions.

En 1889, Paris consommait 280 millions d'œufs, soit 110 par habitant, tous fournis par la province ; en 1913, Paris en consommait 450 millions, soit 175 par habitant, et, la province ne pouvant plus suffire à cette fourniture, un nombre d'œufs considérable était importé de l'étranger.

En 1914, les œufs importés nous étaient fournis par la Russie, la Turquie, la Belgique, l'Autriche-Hongrie, la Bulgarie, le Danemark, l'Egypte. Aujourd'hui, la plupart de ces pays ne peuvent nous alimenter en œufs ; il est donc utile que la production des œufs dans les fermes françaises augmente le plus possible.

I. — *Poules.*

331. Exploitation des poules (fig. 210 et 211). — La poule pond ordinairement avec de faibles intervalles , depuis janvier jusqu'à l'automne, et souvent jusqu'aux froids de la fin de cette saison. Les bonnes pondeuses donnent jusqu'à 200 à 220 œufs pendant une saison de ponte.

Dans le courant du printemps ou de l'été, la poule manifeste le désir de couver. On peut alors lui confier de 12 à 15 œufs. La durée de l'incubation est de 21 jours, au bout desquels le poussin sort de l'œuf en brisant sa coquille. Après l'éclosion, on peut se dispenser de donner à manger aux poussins pendant la première journée.

Le lendemain et les jours suivants, on leur donne des pâtées composées d'orties

Fig. 210.
Coq de race commune.

coupées en très petits morceaux et mélangées avec du son. On conseille également de leur donner du pain très émietté et trempé dans du vin, des feuilles de laitue, de l'orge bouillie, des jaunes d'œufs mélangés à du pain émietté.

On augmente peu à peu la grosseur des morceaux qui composent les pâtées et, au bout d'un certain temps, on donne aux poussins la même nourriture qu'aux adultes.

La production des œufs ou celle de la viande dépend à la fois de la race et de l'alimentation donnée

Fig. 211. — Poule de ferme.

aux animaux. On aura donc à tenir compte, dans le choix de la race à exploiter, des aptitudes spéciales à chaque race, et il sera toujours préférable d'exploiter dans une ferme une seule race ou plusieurs races ayant chacune leur parquet séparé, chaque parquet étant constitué par une

quinzaine environ de poules et un coq. Les produits
fournis par une telle basse-cour seront ainsi plus réguliers,
plus assurés que ceux que fourniraient des animaux de
races diverses croisés sans méthode et sans directive.

L'alimentation sera aussi en rapport avec les produits à
obtenir. L'abondance de la ponte est en rapport avec les

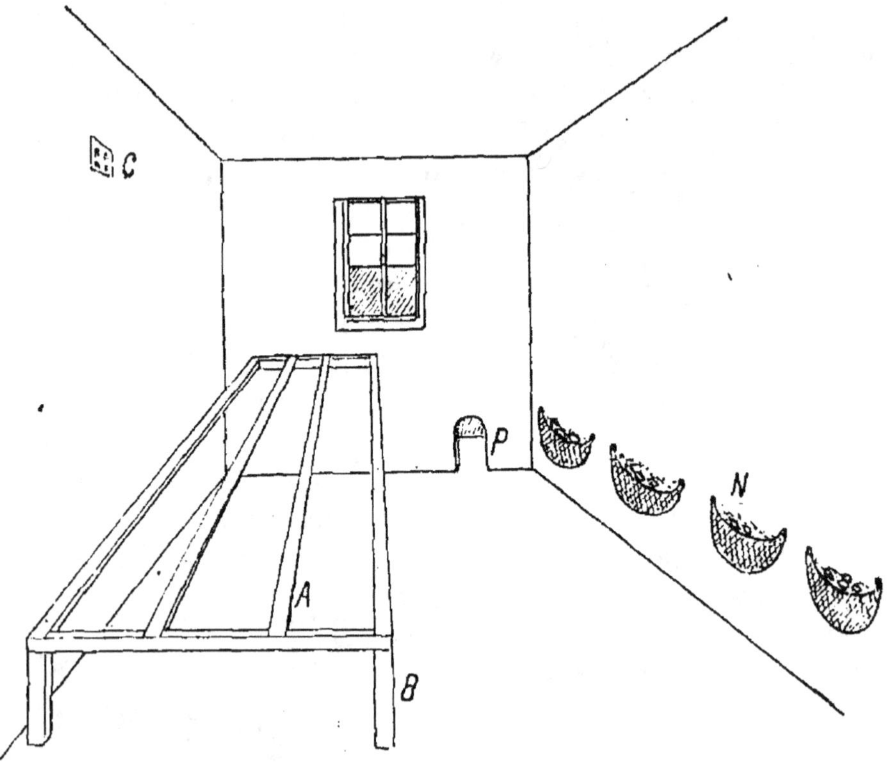

Fig. 212. — Intérieur d'un poulailler avec perchoir (A) et pondoirs (N).

fonctions de nutrition. L'alimentation doit satisfaire les
besoins développés de l'organisme; elle doit être abondante, variée et riche en matières azotées. Une bonne ration journalière, en période de ponte, comportera un repas
de grains: avoine, ou petit blé, ou maïs (de 20 à 30 grammes
par tête), et un repas de pâtée : pommes de terre, 50 gr.,
verdure hachée (chou, luzerne, 50 gr.) et son, 40 gr.; à
cette ration; il sera favorable d'ajouter de la farine, de la
viande ou du poisson ou du tourteau, 15 gr. De plus, la
ration devra contenir, surtout dans les pays non calcaires,

une dose notable de calcaire (chaux éteinte ou plâtras) qui sera à la disposition des poules.

Pour l'engraissement, l'alimentation, un peu différente, consistera surtout en pâtées farineuses (pommes de terre, orge, maïs), et les sujets seront placés en local clos, autant que possible à l'ombre.

332. Le poulailler. — Il devra être établi dans un lieu sain, être facile à nettoyer, car la propreté la plus absolue doit y régner. Il sera édifié avec la plus grande simplicité (fig. 212); on pourra le construire en bois ou en maçonnerie, suivant la facilité avec laquelle il est possible de se procurer tels ou tels matériaux.

On devra disposer dans l'intérieur une quantité suffisante de perchoirs pour permettre aux volailles de s'y poser pendant la nuit. Des pondoirs y seront également placés en assez grand nombre, ainsi que quelques augettes dans lesquelles on disposera de la nourriture.

Un petit appartement isolé du poulailler devra être spécialement affecté aux poules couveuses; on y fera parvenir peu de lumière, et l'on s'efforcera d'y maintenir la tranquillité la plus parfaite.

II. — *Autres animaux de basse-cour.*

333. Pigeon (fig. 213). — Les pigeons sont monogames et vivent par couple; le mâle et la femelle prennent part à la confection du nid et se partagent l'incubation en couvant à tour de rôle avec une grande sollicitude. La ponte se compose de deux œufs; elle donne généralement naissance à un nouveau couple de pigeons. Pendant l'année, les pigeons font cinq ou six pontes, et même plus, chez les espèces très productives.

A leur naissance, les pigeonneaux sont à peine recouverts d'un léger duvet; ils ont le bec très accusé et les yeux gros et clos. Au début, ils sont incapables de prendre eux-mêmes leur nourriture; le père et la mère sont obligés de les gaver pendant quelque temps.

Les pigeons se nourrissent de blé, d'orge, d'avoine, de

sarrasin, de millet, de vesce, de lentilles, etc. On doit leur
donner des grains deux fois par jour. Les races de pigeons
sont très nombreuses; les plus appréciées sont : le pigeon
mondain et le pigeon romain.

334. Canard. — De tous les oiseaux de basse-cour, le
canard est le plus productif. Il exige peu de soins : il ne
demande guère que de l'eau pour le jour et une retraite
pour la nuit.

Cet animal est très glouton ; il digère avec une rapidité

Fig. 213. — Pigeon.

incroyable et engraisse très vite, quand on ne lui ménage
pas la nourriture. Le canard peut être plumé en juin et
septembre. La cane, ou femelle du canard, commence sa
ponte en février; elle donne de 30 à 40 œufs. Pour augmenter la ponte des canes, on peut faire couver leurs
œufs par des poules. Les canes sont d'ailleurs de médiocres
couveuses ; elles abandonnent leur nid aux moindres con-
trariétés qu'elles éprouvent.

L'éclosion des canards a lieu au bout de **28** jours d'incubation. La nourriture des jeunes canards consiste en pâtées d'orties et de cresson hachés, mélangés à du son ou à de la farine d'orge ou de sarrasin. Ils sont très friands des vers et des limaces. Le canard adulte se nourrit à peu près seul; il cherche constamment sa nourriture, qui se compose de vermisseaux, de colimaçons, de têtards et de matières herbacées.

335. Oie. — L'oie est domestiquée depuis les temps les plus reculés. L'élevage de l'oie est très facile, surtout si l'on dispose de parcours suffisants pour la mener pâturer. Le mâle se nomme jars.

Les femelles commencent à pondre au mois de février; elles font de 15 à 20 œufs et demandent ensuite à couver.

Ce sont de bonnes couveuses, qui se livrent à l'incubation avec un soin extrême. Chacune des oies couveuses reçoit de 12 à 15 œufs qu'on place dans un bon nid; chaque matin, il faut les obliger à se lever pour prendre leur nourriture. On peut se contenter de mettre à leur portée de l'eau et des grains pour qu'elles puissent se nourrir sans s'éloigner de leur nid.

Lorsque le mâle connaît une couveuse, il s'écarte peu de son nid et montre un certain empressement à voir éclore les oisons. Il est bon de retirer ceux-ci de dessous la couveuse aussitôt qu'ils sont sortis de la coquille; on les met dans des paniers garnis de laine. Lorsque l'éclosion est complète, on les rend à la mère.

La première nourriture des oisons consiste en œufs cuits mélangés avec de la farine d'orge ou de sarrasin.

On peut y ajouter des jeunes pousses d'orties hachées menu.

Deux ou trois jours après leur naissance, on peut les faire sortir pendant quelques heures si le temps est beau. Au bout de dix à douze jours, ils peuvent sortir pendant toute la journée. Le pâturage est indispensable aux jeunes oies; aussi devra-t-on les mettre dans les prairies, aussitôt la récolte des foins achevée. Après la moisson, on les mettra dans les chaumes, où elles ramassent très exactement les grains tombés sur le sol

Les oies peuvent être plumées vivantes en juin et en septembre. La plume obtenue ainsi est dite plume vive; elle est de première qualité.

336. **Dindon** (fig. 214). — Le dindon se nourrit, comme la poule, de grains, de fruits, d'herbe, de chair d'animaux et de pâtées de toute espèce. C'est un hôte peu sociable dans une basse-cour; il secoue les poussins et les maltraite; pour cette raison, il convient d'avoir pour les dindons un local particulier.

La dinde commence à pondre à neuf ou dix mois, en

Fig. 214. — Dindons et pintades.

mars ou en avril; elle fait une seconde ponte en juillet ou en août.

La première ponte est de 15 à 20 œufs; la seconde, de 12 à 15. Les dindes sont de précieuses couveuses : une fois sur le nid à couver, elles y périraient sans prendre de nourriture, si l'on n'y veillait.

On peut même les faire couver dès le mois de janvier, en les plaçant sur des œufs et en les caressant pour les habituer à ne pas se lever.

La dinde promène doucement ses petits ou dindonneaux, mais elle mange leur nourriture sans aucune réserve; aussi doit-on la séparer d'eux au moment des repas.

Dans le jeune âge, les dindonneaux sont délicats; ils redoutent la pluie et le soleil trop ardent. On leur donne des pâtées d'orties ou de persil, des viandes cuites hachées et mêlées avec des jaunes d'œufs durcis par la cuisson, de la mie de pain trempée dans du vin, etc. On recommande beaucoup de leur donner des œufs de fourmis.

A l'âge de deux mois, le rouge commence à pousser aux dindonneaux; c'est pour eux une période très critique, qui cause la mort d'un grand nombre d'entre eux, si l'on ne les traite pas avec une attention toute particulière. Il faut surtout se défier des pluies froides et des variations brusques de température.

Quand la crise du rouge est passée, les dindonneaux sont très robustes et ne craignent plus les intempéries.

Les dindons peuvent être menés dans les champs après la moisson; ils trouvent sur le sol une quantité assez considérable de grains égrenés qui, sans eux, ne seraient pas utilisés. Ils consomment en même temps quelques sauterelles.

337. **Pintade.** — La pintade est peu répandue dans les basses-cours; sa chair est délicate et son élevage aussi facile que celui de la poule. Son cri est désagréable et elle a la fâcheuse habitude de cacher son nid dans les haies et les broussailles.

La pintade se nourrit de vers de terre, de larves, d'insectes et de menus grains.

Le mâle se distingue assez difficilement de la femelle; on peut cependant le reconnaître à ses paupières bleues, tandis que la femelle a les paupières rouges.

Un mâle pintade est suffisant pour dix ou douze femelles; celles-ci pondent environ de 60 à 80 œufs avant de demander à couver. Comme la ponte des pintades se prolonge quelquefois jusqu'en août, il vaut mieux donner leurs œufs à couver à des poules ou à des dindes.

Les pintadeaux s'élèvent de la même façon que les dindonneaux; si l'on veut avoir du succès dans leur élevage, il faut leur donner beaucoup d'œufs de fourmis.

338. **Lapin.** — Il n'est guère de basse-cour où l'on

n'élève le lapin, et l'on en trouve certaines où cet élevage prend de très grandes proportions. Cet animal, peu coûteux à nourrir, se reproduit avec une rapidité remarquable. La plupart des nourritures végétales lui conviennent et il s'accommode très bien de ce que les autres animaux refusent. La propreté est la condition principale de réussite dans l'élevage du lapin.

339. Chien. — Au point de vue purement agricole, on peut diviser les chiens en deux classes : 1° les chiens de garde; 2° les chiens de berger. Les chiens de garde ont la plus forte taille et, pour être bons, doivent être de caractère batailleur. Les meilleurs chiens de garde sont les plus hargneux.

Les chiens de berger doivent surtout être intelligents; il n'est pas besoin qu'ils possèdent une grande force musculaire. Un chien de berger intelligent est un auxiliaire précieux dans une ferme. Les meilleures races de chiens de berger sont celles de Beauce, de Brie et des Pyrénées.

CHAPITRE XIV

340. Importance de l'apiculture. — L'apiculture a pour objet l'élevage des abeilles en vue de la production du miel et de la cire, importants au point de vue alimentaire et industriel.

Le miel est un aliment et un médicament. Il apporte le sucre sous une forme facilement assimilable par l'organisme. Il entre dans la fabrication du pain d'épice, des pastilles, de l'hydromel. Contrairement à la plupart des produits sucrés, il possède des propriétés laxatives. L'acide formique qu'il renferme est un désinfectant de l'appareil digestif et il entre, pour cette raison, dans la composition de plusieurs produits pharmaceutiques (sirops, miel rosat, etc.).

La cire est utilisée en industrie (fabrication des encaustiques, du cirage, de la cire à cacheter, des bougies, des cierges, etc.) et en médecine (préparation des onguents).

Indirectement, les abeilles jouent un rôle utile en agriculture; elles sont, dans le plus grand nombre de cas, indispensables à la fécondation des fleurs, en transportant le pollen d'une fleur à l'autre.

Cette industrie de l'exploitation des abeilles est très ancienne; mais jusqu'au siècle dernier, elle ne reposait que sur la routine. On connaît aujourd'hui les mœurs des abeilles[1] et les conditions dans lesquelles on peut augmenter la production du miel. L'apiculture doit donc être pratiquée d'une façon rationnelle. A cette condition, cet élevage sera susceptible de fournir des produits importants,

---

1. Se reporter à l'*Histoire Naturelle* (E.-L. Bouvier et H. Simiand), Biblio-thèque des Ecoles Normales, 2ᵉ année (p. 203 et suiv.).

sans grands frais, avec seulement, de la part de l'apicul-
teur, des soins, de l'habileté et de
l'esprit d'observation.

341. **La ruche et le rucher.** —
Le mot *ruche* désigne communément
la demeure des abeilles.

On répartit les ruches en deux
catégories : celles à rayons fixes et
celles à rayons mobiles.

Ruches à rayons fixes. — Dans
les ruches à rayons fixes, les abeilles
fixent directement leurs rayons sur
les parois du vase. C'est la ruche
commune ou panier, qu'on fait le
plus souvent en paille ou en osier,
en bois, en liège. Elle a généralement la forme d'une calotte sphé-

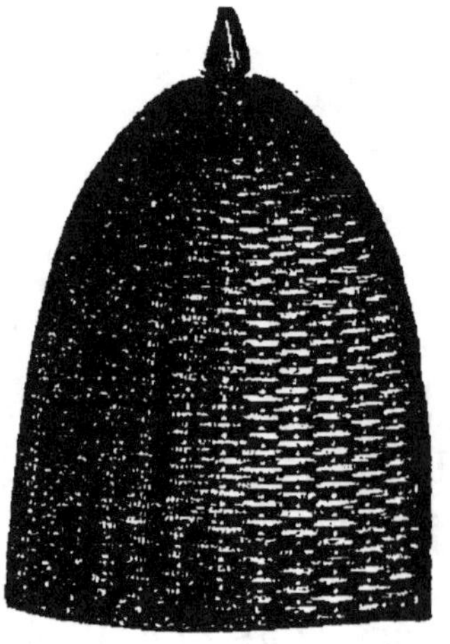

Fig. 215.
Ruche à rayons fixes.

rique reposant sur un plateau ou sur un tablier en bois
(fig. 215).

L'essaim qui y est recueilli y construit
ses rayons, et, lorsqu'on veut procéder
à la récolte du miel, on doit ou sacrifier
toute la colonie, ou découper, dans
l'intérieur, des rayons qu'on enlève, en
détruisant souvent de grandes quantités
de couvain. C'est pour obvier à ces
inconvénients qu'a été imaginée la
ruche à calotte (fig. 216); c'est une
ruche ordinaire divisée en deux parties,
un peu au-dessus de la moitié de la
hauteur, par un plancher en bois brut
percé d'une ouverture.

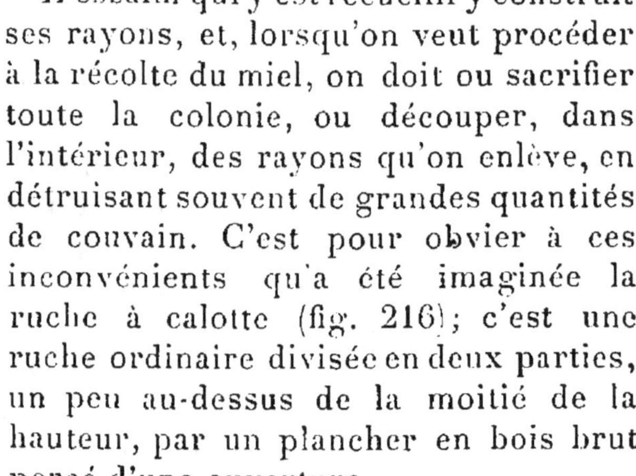
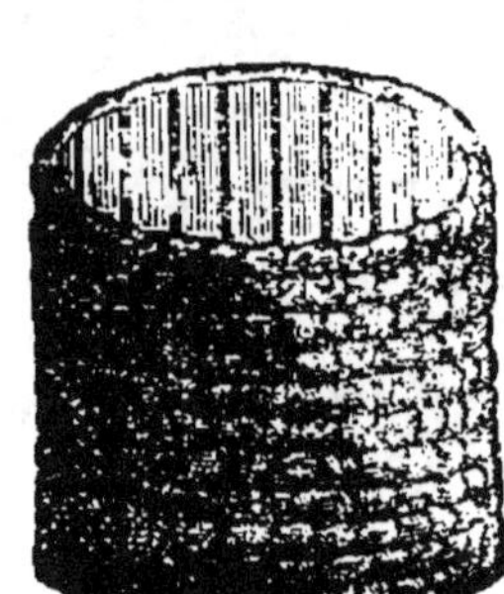

Fig. 216.
Ruche à calotte.

Cette ouverture peut être fermée, et
on ne l'ouvre qu'au moment de la
grande récolte du miel. Les abeilles,
après avoir rempli les rayons inférieurs, montent dans
cette seconde ruche et y construisent des rayons qui sont
remplis en quelques semaines.

On enlève alors la calotte, qu'on appelle aussi capot, et l'on ferme l'ouverture du plancher. De cette façon, on est en possession du miel sans avoir employé les procédés barbares d'étouffement ou d'extraction des rayons.

Ruches à cadres mobiles. — Une des meilleures ruches à rayons mobiles est la ruche Dadant (fig. 217). Elle consiste en une caisse à double paroi, longue de 50 centimètres, large de 45 et haute de 30 à 35 centimètres. Elle est munie d'un trou de vol sur le côté le plus étroit et elle repose sur un plateau.

Les cadres mobiles ont 30 centimètres de hauteur et 47 centimètres de largeur. La ruche en renferme onze. Les cadres sont recouverts par une toile fixée avec des lattes. Au dessus on place le couvercle en forme de toit. La ruche ainsi constituée est la ruche permanente, dite chambre à couvain.

Fig. 217.
Ruche Dadant à cadres mobiles.

Pour la récolte du miel, on y ajoute des hausses, caisses sans fond ni couvercle, longues et larges, comme la ruche, mais moitié moins hautes. La construction est la même, et elles sont garnies de cadres aussi larges, mais moitié moins hauts que ceux de la ruche. Au moment de la récolte du miel, on ajoute une, deux ou trois hausses.

Quand un rucher comprend un grand nombre de ruches semblables, il est bon de marquer chacune d'elles d'une façon différente. On évite ainsi aux abeilles butineuses le danger de se tromper de local, et cela est d'importance car, la plupart du temps, les abeilles qui se trompent de ruche sont mises à mort par de farouches gardiennes.

Rucher. — Dans un rucher bien tenules, ruches sont

placées en lignes parallèles. Elles sont séparées entre elles de 1 m. 50 environ, de manière à permettre une circulation facile. Les vents violents gênant les abeilles dans leur vol, on devra placer le rucher dans un endroit abrité, au pied d'un mur par exemple.

La meilleure orientation paraît être celle du sud-est.

342. Le miel. — Le miel est la substance sucrée déposée par les abeilles dans les cellules que portent les rayons. Il provient du nectar puisé par les abeilles dans les fleurs et transformé par elles après une sorte de digestion dans leur jabot. Il est constitué par une masse blanche ou jaune clair, demi-fluide, composée de sucre de raisin (glucose) mélangé à du sucre de canne (saccharose), à des acides organiques et à des substances aromatiques.

Toutes les fleurs ne donnent pas du nectar, et celles qui en produisent en donnent une quantité variable.

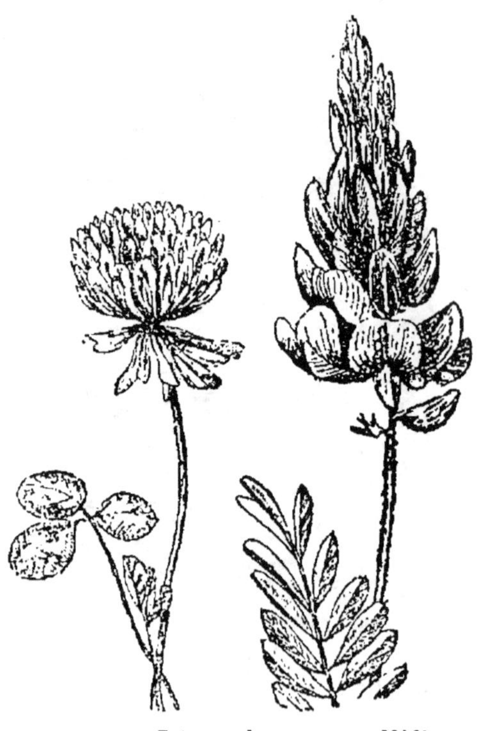

Fig. 218. — Légumineuses mellifères. A gauche, trèfle violet; à droite, *sainfoin*.

Le parfum du nectar varie avec la nature des fleurs qui le fournissent; aussi les abeilles préfèrent-elles certaines fleurs. Comme elles peuvent aller butiner dans un rayon de 2 kilomètres autour du rucher, il y a lieu, pour apprécier la productivité d'un rucher en miel, de considérer la nature de la flore du pays au milieu duquel est placé ce rucher.

Parmi les plantes mellifères, il faut placer celles de la famille des Labiées (thym, lavande, mélisse, etc.), certaines légumineuses (fig. 218) (sainfoin, minette, mélilot, diverses espèces de trèfle, etc.), le robinier faux-acacia, le tilleul, le pommier (fig. 219), quelques conifères. Plus ces plantes seront développées dans la contrée, plus le miel sera abondant.

La récolte du miel se fait de façons différentes, suivant qu'on a affaire à des ruches fixes ou à des ruches mobiles.

C'est généralement en automne qu'on récolte le miel dans les ruches fixes. On a, dans certains pays, la mauvaise habitude d'asphyxier les abeilles en faisant brûler du soufre à la partie inférieure de la ruche. Ceci se fait surtout pour les ruches communes.

Si la ruche fixe est à calotte, on procède d'une autre façon. On passe une lame de couteau entre la calotte et la ruche, afin de les séparer. On enfume les abeilles, pour les mettre en état de bruissement[1], puis on emporte la calotte dans une chambre. Là, on enlève les rayons à l'aide d'un couteau à miel; il ne reste plus ensuite qu'à séparer le miel des rayons de cire.

Fig. 219.
Plante mellifère : Pommier.

Si l'on a affaire à des ruches à rayons mobiles, on opère assez souvent une première récolte après la grande miellée, c'est-à-dire après la floraison générale des plantes. On enlève alors les cadres gorgés de miel et on les remplace par des rayons vides. Quand on fait cette opération, il faut avoir soin de bien dégager préalablement au couteau les cadres que les abeilles auraient pu souder aux parois de la ruche. On enlève ensuite les cadres avec des pinces

---

1. Les abeilles se gorgent de miel quand on les enfume; elles sont alors d'un caractère moins irascible.

spéciales. On fait tomber avec un léger balai les abeilles qui étaient sur les claies et l'on renferme les cadres dans une boîte close.

A l'automne, on procède à une seconde récolte de miel et l'on aménage la ruche pour l'hivernage.

A cet effet, on ne laisse que les rayons de miel nécessaires à l'approvisionnement d'hi-ver, et l'on restreint le volume de la ruche par des planches de partition. On diminue la largeur du trou de vol, en le rédui-sant aux proportions stric-tement nécessaires. Si les ruches sont en plein air, on doit même les abriter d'un peu de paille.

Le produit moyen an-nuel d'une ruche fixe est d'environ 10 kilogrammes de miel et 2 kilogrammes de cire. Les ruches à cadre mobile produisent deux, trois et même quatre et cinq fois plus de miel, mais moins de cire, car les rayons sont en grande partie conservés pour l'année suivante.

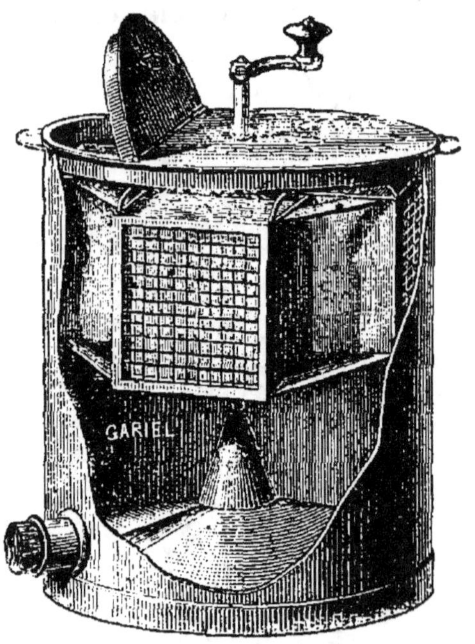

Fig. 220. — Extracteur de miel.
Dispositif intérieur.

Pour extraire le miel des rayons de cire où il est con-tenu, on opère de différentes façons, par la fonte ou par le broyage des rayons, ou bien encore on se sert de l'ex-tracteur.

Les premiers procédés s'emploient pour le miel obtenu dans les ruches fixes ; le procédé à l'extracteur est réservé pour les rayons obtenus dans les ruches à cadres mobiles.

Extracteur (fig. 220). — L'extracteur est une sorte d'es-soreuse dans laquelle on introduit les rayons de miel atta-chés à leurs cadres. Lorsqu'on met en marche la manivelle, on imprime un mouvement de rotation suffisant pour faire sortir le miel de ses alvéoles sans briser les rayons (fig. 221).

Lorsque l'extraction du miel est achevée, on peut donner les rayons de cire aux abeilles pour qu'elles les remplissent de nouveau. On augmente ainsi beaucoup la production du miel, car les abeilles, n'ayant plus à construire, concentrent leur activité sur la production.

343. Maladies des abeilles. — Les abeilles sont sujettes à quelques maladies, dont les plus connues sont : la dysenterie, l'indigestion et la loque.

La dysenterie ou diarrhée des abeilles se manifeste à la fin de février ou au commencement de mars ; elle est occasionnée par un bacille spécial qui se développe sous l'influence d'une humidité prolongée. Pour empêcher la dysenterie, il faut aérer les ruches et bien essuyer les plateaux sur lesquels elles reposent.

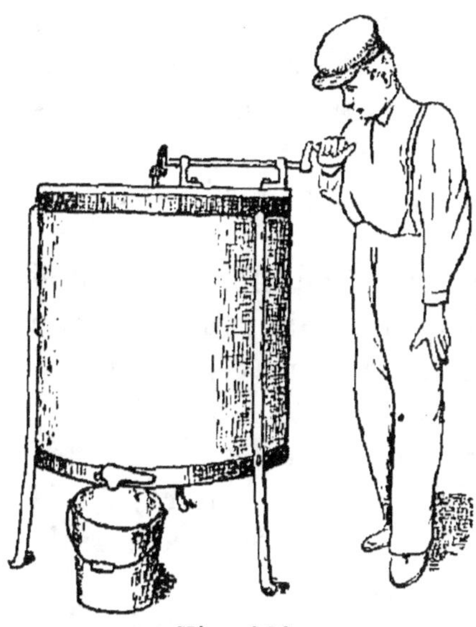

Fig. 221.
Extracteur de miel en action.

L'indigestion se produit lorsqu'une abeille, bien remplie de miel, est surprise par le froid. Elle ne peut digérer et périt.

La loque, ou pourriture du couvain, attaque les jeunes larves d'abeilles. Cette maladie se développe dans les ruchers sous l'influence du bacille des alvéoles.

Les larves atteintes jaunissent, deviennent molles, meurent, puis se dessèchent en prenant une couleur de café torréfié.

Quand on s'aperçoit qu'une ruche est atteinte de la loque, il faut en détruire les rayons et recueillir les abeilles dans une autre ruche. Avant de se servir de nouveau de la ruche contaminée, il faut la désinfecter par un lavage avec une solution de bichlorure de mercure au millième.

344. Ennemis des abeilles. — Les abeilles ont à se défendre contre les attaques de quelques ennemis : la teigne, la guêpe, le sphinx, la souris, le crapaud.

La teigne est une chenille qui provient d'un petit papillon de couleur blanc grisâtre. Cette chenille pénètre dans les gâteaux de miel, se construit un tuyau de soie qu'elle fortifie avec ses excréments et quelques parcelles de cire. Peu à peu, si les teignes sont nombreuses, elles envahissent les rayons et forcent les abeilles à les évacuer.

Quand on s'aperçoit de la présence de la teigne, on enlève les rayons contaminés. Si les dégâts sont trop grands, on vide entièrement la ruche et l'on met la population dans une autre habitation.

Les guêpes tuent et pillent les abeilles; aussi est-il bon de détruire les guêpiers.

Le sphinx tête de mort est un gros papillon qui entre dans les ruches pour y consommer du miel. Le meilleur moyen de prévenir ses ravages consiste à rétrécir l'entrée des ruches.

On peut éviter l'invasion des souris en prenant les mêmes précautions que pour le sphinx tête de mort; d'ailleurs les abeilles les tuent généralement à coups d'aiguillons, quand elles entrent dans les ruches.

Les crapauds se placent quelquefois à l'entrée des ruches et happent les abeilles qui se laissent choir à leur portée. Il faut éloigner les crapauds du rucher, mais sans leur faire de mal; car ce sont de grands destructeurs de limaces.

CHAPITRE XV

345. Importance de la sériciculture. — C'est l'ensemble des opérations qui ont pour objet l'élevage du ver à soie.

C'est dans l'Asie orientale que la sériciculture a pris naissance. Les Chinois connurent cette industrie les premiers ; elle ne se propagea que plus tard au Japon et dans l'Asie méridionale. Les Arabes l'introduisirent en Sicile et en Espagne vers le VII° siècle ; de là elle se propagea en Italie, puis en France. La sériciculture n'a véritablement commencé à prendre quelque importance dans notre pays qu'à la fin du XVI° siècle, grâce aux efforts d'Olivier de Serres. Depuis cette époque jusqu'au milieu du XIX° siècle, elle a pris un développement considérable. La production française, qui était annuellement de six millions de kilogrammes de cocons vers le milieu du XVIII° siècle, s'éleva progressivement et atteignit le chiffre de quinze millions de kilogrammes en 1853. Depuis cette date, la sériciculture a eu à lutter contre les épidémies qui sévirent sur les vers à soie, et la production française n'atteignit pendant longtemps que quatre à cinq millions de kilogrammes. Grâce aux découvertes de Pasteur, il fut possible de combattre ces épidémies, et la production put reprendre quelque essor. Elle atteint actuellement de huit à dix millions de kilogrammes de cocons par an.

La sériciculture intéresse exclusivement les contrées chaudes et sèches : Provence, Languedoc, où la température permet à la fois l'élevage du ver et la culture du mûrier. Elle se pratique dans les départements de la Corse, des Pyrénées-Orientales, du Var, du Gard, de l'Ardèche, de Vaucluse, de la Drôme, des Basses-Alpes et de l'Isère.

Auparavant, elle s'étendait beaucoup plus au nord (départements de l'Ain, des Savoies, de la Loire, du Rhône) ; mais la concurrence des soies d'origine étrangère a réduit chez nous la production et l'a restreinte aux régions où les résultats sont le plus certains.

346. Culture du mûrier. — Le mûrier blanc, dont la feuille constitue la nourriture exclusive du ver à soie, est un arbre de la famille des Ulmacées. On estime que, dans le sud-est de la France, il couvre environ 40 000 hectares.

Tous les sols lui conviennent, sauf ceux qui sont marécageux et froids. Il se multiplie généralement par graines semées en pépinières ; les sauvageons obtenus sont greffés à deux ans, et la mise en place définitive se fait à cinq ans environ. Ces arbres se conduisent soit à basse tige : on les espace alors de trois à quatre mètres, soit à haute tige ; on les espace de huit à douze mètres ; aussi le rendement à l'hectare en feuilles de mûrier est-il sensiblement le même avec les deux formes.

Il est indispensable de donner à ces arbres des soins de culture qui leur font défaut en maints endroits : labour d'hiver, fumure au fumier de ferme et aux engrais chimiques, taille qui se pratique après l'effeuillage d'été.

La feuille ne se prélève que sur des arbres âgés d'au moins six ans. La récolte s'effectue par temps sec, la feuille récoltée mouillée produit des accidents sur les vers. Elle peut être conservée quelques jours à l'abri de la pluie et du soleil, et se maintient fraîche.

Le rendement en feuilles est de 50 à 60 kilogrammes tous les deux ans, pour les arbres à haute tige. Pour les mûriers nains, il est inférieur. Le produit annuel est de 8 000 à 12 000 kilogrammes de feuilles à l'hectare.

347. La magnanerie. — On désigne sous le nom de magnanerie le local où s'effectue l'éducation des vers à soie (fig. 222). Ses dimensions varient selon la quantité de vers à élever. La pratique a démontré qu'une magnanerie pour l'éducation des vers produits par une once (25 grammes) de graines doit avoir 8 mètres sur 4 mètres de surface et 3^m,50 de hauteur.

En France, les petites magnaneries dominent ; elles sont souvent prises sur l'habitation du cultivateur.

Toute magnanerie doit répondre aux conditions suivantes exigées pour la santé des vers : température égale et soutenue entre 20° et 24° ; aération maintenant un air pur et sec.

Soins à donner au local. — Une extrême propreté est indispensable à la réussite de l'éducation des vers à soie. Pasteur a lui-même indiqué les précautions à prendre :

Fig. 222. — Magnanerie.

avant le commencement de l'éducation, lavage du plancher, blanchissage des murs à la chaux, puis, dans le local hermétiquement fermé, fumigation au soufre de tout le matériel ; pendant les éducations, ne jamais balayer à sec, mais essuyer le matériel et les murs avec un linge humide.

Matériel. — La partie essentielle du mobilier consiste en *claies,* sur lesquelles reposent les vers à soie. Elles doivent être légères, peu encombrantes, facilement renouvelables ; leurs dimensions sont environ de 70 à 80 centimètres de côté. Elles sont établies en roseau, en osier ou en treillis de fil de fer. On les superpose sur des étagères (fig. 223). Il faut compter utiliser au maximum pour les vers prove-

nant d'une once de graines une surface de 60 mètres carrés ;
c'est celle qui leur est nécessaire au cinquième âge.

Aux claies il faut ajouter un approvisionnement important de feuilles de papier fort, percé de trous de 2 centimètres de diamètre ; on les place, pour opérer le délitement, par-dessus la claie où se trouvent les vers, puis on y
répand quelques feuilles de mûrier ; les vers passent alors
par les trous et se répandent sur ce nouveau lit qu'on
place sur une autre claie, et l'on peut enlever les débris de
feuilles et nettoyer la première claie.

Fig. 223. — Claies pour l'éducation des vers à soie,
disposées sur des étagères.

Enfin, un poêle, un thermomètre, des manettes pour
porter les feuilles du mûrier complètent ce mobilier, ainsi
qu'un approvisionnement de rameaux de bruyère, de genêt
ou d'olivier, indispensables au moment où les vers « montent à la bruyère » pour filer leur cocon.

348. Éducation du ver à soie. — C'est le nom qu'on
donne à l'élevage du ver à soie. Elle comporte la série d'o-
pérations suivantes : incubation, entretien du ver, récolte
des cocons. Nous étudierons à part le grainage ou production des œufs.

a) Incubation. — La graine a besoin, pour éclore, de chaleur, d'air, d'humidité. On recourt pour cela aux chambres
d'éclosion ou aux couveuses.

Les chambres d'éclosion sont des locaux où l'on peut élever la température et où les graines sont étalées en couches très minces dans des boîtes plates. Une surface de 2 décimètres est nécessaire pour une once de graines (25 grammes).

Les couveuses sont des caisses en bois, où l'on place les boîtes à graine et dont on élève la température intérieure en y allumant une petite lampe à alcool.

L'incubation dure de cinq à six jours, si l'on élève la température d'un degré par jour en partant de 16°.

On soumet plus ou moins tôt les œufs à l'incubation, suivant la végétation des mûriers, car il est nécessaire que les jeunes vers aient de la nourriture dès leur naissance. Il faut recouvrir les boîtes d'éclosion à l'aide d'un tulle léger ou d'un papier percé de trous. On dépose des feuilles de mûrier sur ce couvercle, et, lorsque l'éclosion commence, les vers y montent pour y prendre leur nourriture. Quand les feuilles sont chargées de vers, on les transporte sur les claies de la magnanerie; c'est ce qu'on appelle faire une levée. Les levées se succèdent pendant toute la durée de l'éclosion, ce qui demande deux ou trois jours.

b) Entretien des vers. — Quand les vers ont été transportés sur les claies, on leur donne des feuilles de mûrier, qui ne doivent jamais être mouillées, si l'on ne veut pas subir de pertes.

Pendant le premier âge des vers, on donne des feuilles mondées, c'est-à-dire dégarnies des grosses nervures et hachées. On donne trois repas par jour. La température du local doit être de 18 à 19°. Il faut, pendant cette période, de cinq à six kilogrammes de feuilles pour les vers provenant d'une once de graines.

Au deuxième âge, on procède au délitement des vers. La nourriture consiste encore en feuilles mondées données en trois repas par jour. Il faut alors de 25 à 30 kilogr. de feuilles pour les vers provenant d'une once de graines. La température doit être maintenue entre 19 et 20°.

Au troisième âge, on donne trois fois par jour de la feuille non mondée. La température doit être maintenue entre 21 et 22°. Pendant cette période, les vers consomment de 75 à 80 kilogrammes de feuilles. Il est nécessaire de dédoubler les claies dès le début du troisième âge, car les vers augmentent beaucoup de volume à cette époque.

Au quatrième âge, la température du local doit varier entre 22 et 23°. On donne quatre repas par jour. Les vers provenant d'une once de graines absorbent de 150 à 155 kilogrammes de feuilles pendant cette période. Au début du quatrième âge, il faut encore dédoubler les claies.

Après la quatrième mue, c'est-à-dire au cinquième âge, on procédera à un nouveau dédoublement des claies. La température doit être maintenue entre 23 et 24°. Pendant le cinquième âge, les vers provenant d'une once de graines consomment de 550 à 560 kilogrammes de feuilles.

Pendant toute la durée de l'éducation, il faut maintenir les vers très propres ; et, pour cela, il sera nécessaire de les déliter au moins deux fois pour chaque âge.

c) Récolte des cocons. — Après la quatrième mue, on procède à l'encabanage des claies (fig. 224), pour que les vers puissent filer leurs cocons. Il faut attendre six ou sept jours après la montée pour procéder à la récolte des cocons. Avant de détacher les cocons, il est bon de s'assurer que les chrysalides sont formées ; pour cela, on secoue quelques cocons, et, si l'on entend un choc à l'intérieur, c'est que la chrysalide est entièrement formée.

Les opérations de la récolte des cocons se divisent en deux parties distinctes : le déramage et le débavage.

Le déramage consiste à enlever les cocons et à les étendre sur des claies propres en couches épaisses de 10 à 15 centimètres ; on met à part les petits cocons et ceux qui sont tachés ou percés.

Le débavage consiste à enlever les fils de soie extérieurs qui ne peuvent pas être filés.

Avant le débavage, on procède à un second triage des cocons. Ce triage a pour but de choisir les insectes les plus vigoureux qui donneront la graine l'année suivante.

Tous les autres cocons sont ensuite soumis à un courant d'air chaud, de manière à tuer les chrysalides avant de pro-

céder au dévidage de la soie; c'est ce qu'on appelle l'étouf-
fage.

349. Maladies des vers à soie. — Les vers à soie sont
sujets à plusieurs maladies, dont les principales sont : la
muscardine, la flacherie, la grasserie, la pébrine.

a) La muscardine. — Cette maladie est due au développement d'un cryptogame dans le tissu adipeux du ver.
Elle est caractérisée par une teinte rougeâtre ou brunâtre
que prend le ver à soie; il peut filer son cocon, mais il ne
se transforme pas en insecte parfait quand il est atteint
par la muscardine. On combat cette maladie en désinfectant

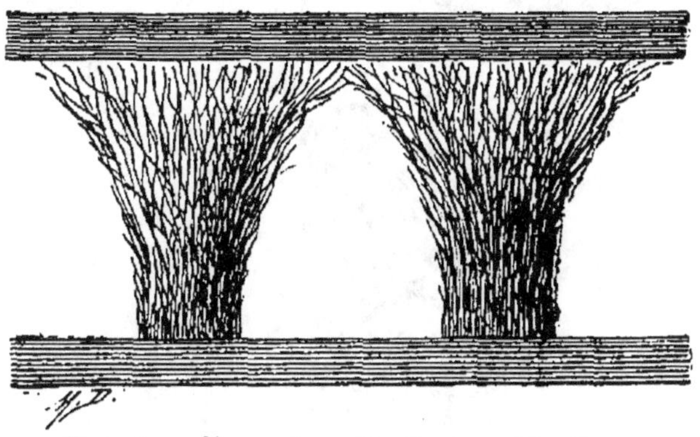

Fig. 224. — Bruyère disposée pour la montée des vers à soie.

énergiquement les locaux et le matériel servant à l'élevage
des vers.

b) La flacherie. — Cette maladie, connue aussi sous le
nom de maladie des morts-flats, est une épidémie qui
atteint les vers dans la dernière période de leur existence.
Ils restent petits, rabougris et meurent avant de filer leurs
cocons. Les vers atteints de la flacherie deviennent si lan-
guissants que leurs mouvements sont à peine sensibles.
Souvent, avant de mourir, ils rendent des excréments à
demi liquides. Une bonne hygiène et une nourriture propre
sont les meilleurs moyens de combattre la flacherie. Cette
maladie est causée par le microcoque du bombyx.

c) La grasserie. — La *grasserie* se traduit par un gonflement de toutes les parties du ver. Due à un microbe, elle
est contagieuse. On la combat par l'enlèvement des vers

atteints, l'alimentation au moyen de feuilles bien sèches et la désinfection des chambrées.

d) La pébrine. — La pébrine ou gattine est due à des micro-organismes sporozoaires qui, se développant dans l'appareil digestif du ver à soie, le font mourir assez rapidement. Cette maladie est épidémique et peut faire des ravages importants. On l'évite par la méthode du grainage cellulaire.

350. Obtention des œufs en graine. — Cette opération

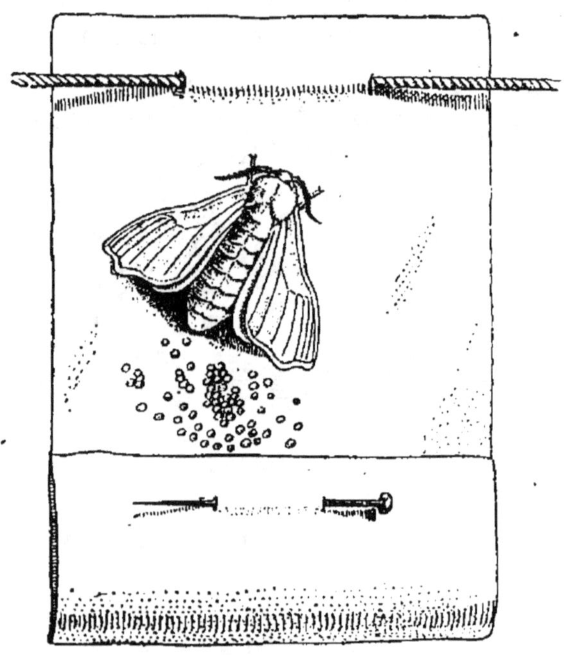

Fig. 225.

s'appelle le *grainage*. Autrefois, les éducateurs de vers à soie préparaient eux-mêmes leur graine ; ils se bornaient à réserver les cocons les plus gros pour la reproduction. Depuis les travaux de Pasteur sur la transmission de la pébrine, on procède d'une façon scientifique au choix des reproducteurs ; c'est ce qu'on appelle le *grainage cellulaire*. Il se pratique de la façon suivante :

Afin de sélectionner la graine de manière à ne conserver que les œufs provenant de papillons absolument sains, on ne prend d'abord les cocons que dans les chambres où il n'y a eu aucune maladie et où la mortalité a été le moins élevée.

On les enfile, après débavage, en chapelets de 70 à 75 centimètres de longueur, en en pinçant légèrement l'extrémité avec l'aiguille pour ne pas blesser la chrysalide.

Les chapelets sont ensuite suspendus dans une chambre sèche, aérée, un peu obscure, maintenue à la température

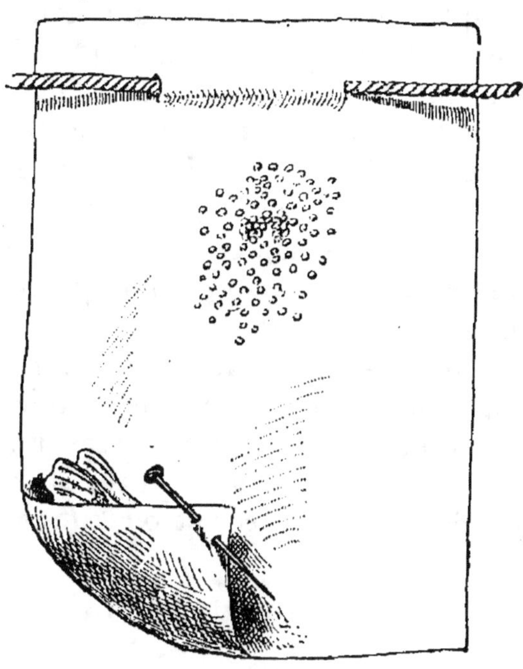

Fig. 226.

de 18 à 20° centigrades; c'est là que doivent se faire l'éclosion et la ponte.

Dans la chambre sont disposées des claies propres, recouvertes de papier. L'éclosion des papillons commence du dix-septième au dix-huitième jour après la montée des vers. Aussitôt après l'éclosion, les mâles et les femelles sont placés sur deux claies séparées.

Les mâles se distinguent des femelles en ce qu'ils sont de plus petite taille et ont le corps pointu. Quand les papillons sont ressuyés, on porte sur une troisième claie un nombre égal de mâles et de femelles. L'accouplement s'y produit. Au bout de dix à douze heures on procède au

désaccouplement en enlevant les mâles d'avec les femelles ;
puis on jette les mâles et, au lieu de fixer les femelles
ensemble sur une seule toile, on place chacune isolément
sur un morceau de tarlatane de 8 centimètres de largeur
sur 12 à 15 centimètres de longueur (fig. 225). La ponte a
lieu sur ce linge ; quand elle est achevée, on enferme la
femelle dans un coin replié du linge (fig. 226). Quelquefois,
au lieu d'une simple toile, on emploie une toile cousue dans
laquelle on enferme la femelle pour la ponte. On conserve
les toiles et, pendant l'hiver, on procède à l'examen micro-
scopique des femelles. Si l'on découvre que les papillons
étaient atteints de la pébrine, on rejette les œufs provenant
des insectes malades. Les œufs provenant de papillons
sains sont seuls conservés ; on les détache de la toile et on
les met dans des sachets en mousseline, jusqu'au moment
où on les soumet à l'incubation.

351. Rendements. — Les rendements varient avec les
années ; ce sont surtout les gelées printanières qui, en
détruisant les feuilles de mûrier, peuvent réduire beaucoup
les rendements. On a obtenu, en France, 25 kilogrammes
environ par les mauvaises années et 60 kilogrammes dans
les meilleures.

APPENDICE

A LA SIXIÈME PARTIE

Exercices pratiques. — *Détermination de l'âge des animaux.* — Apprendre à déterminer l'âge des animaux domestiques sur les foires ou aux abattoirs.

Étude des races. — On apprendra à reconnaître les caractères des races d'animaux domestiques du pays. S'il est possible de se procurer une collection de gravures reproduisant les principales races d'animaux domestiques (voir Bibliographie), on les fera passer sous les yeux des élèves pour leur montrer les principaux caractères de chacune d'elles.

Logement des animaux. — Examiner des écuries, des étables, des bergeries, porcheries, basse-cour, magnaneries. Faire la critique des dispositions données, des matériaux employés.

Bibliographie. — *L'Amélioration rationnelle du bétail par les syndicats d'élevage,* par KOHLER. — *Hygiène et maladies du bétail,* par CAGNY et GOUIN. — *Hygiène de la ferme,* par REGNARD et PORTIER. — *L'Alimentation des bêtes bovines,* par MOREAU-BÉRILLON. — *L'Alimentation du cheval,* par LAVALARD. — *Les Empoisonnements du bétail par les aliments,* par MARCHADIER et GOUJON. — *Logement des animaux,* 4 vol., par RINGELMANN. — *La Maréchalerie,* par LAVALARD. — *Élevage des bêtes bovines,* par H. DE LAPPARENT. — *La Vache laitière et le lait,* par LUCAS. — *La Vache laitière,* par P. DECHAMBRE. — *La Vache et ses produits,* par AUJOLLET. — *Le Bœuf,* par EM. THIERRY. — *Le Mouton,* par H. GIRARD et G. JANNIN. — *La Chèvre,* par HUARD DU PLESSIS. — *Le Porc,* par GOUIN. — *Le Porc,* par GOUSSÉ. — *Élevage intensif des veaux et des porcs,* par GOUIN et ANDOUARD. — *Basse-cour, pigeons et lapins,* par Mme MILLET-ROBINET. — *La Basse-Cour productive,* 4 vol., par BRECHEMIN. — *Le Poulailler,* par JACQUE. — *Fortune de la Fermière,* par ARNOULD. — *Les Abeilles,* par SAGOT et DÉLÉPINE. — *Apiculture,* par HOMMELL. — *Les Abeilles et le miel,* par GAGET. — *L'Apiculture moderne,* par CLÉMENT. — *Sériciculture,* par VIEIL.

SEPTIÈME PARTIE

LES INDUSTRIES AGRICOLES A LA FERME

CHAPITRE PREMIER

LE VIN

352. La fermentation alcoolique. — Le vin est le produit
qui résulte de la fermentation alcoolique du jus de raisin.

L'alcool que contient le vin provient de la transformation
du sucre sous l'influence de plusieurs *levures*. La réaction
qui se produit est la suivante :

$$C^6H^{12}O^6 = 2C^2H^6O + 2CO^2$$
$$\text{glucose} \qquad \text{alcool} \qquad \text{ac. carbonique}$$

La température à laquelle se produit cette fermentation
varie de 18 à 36°. Elle est le plus favorable de 22 à 25°;
au-dessus, la fermentation se ralentit; à 36° elle s'arrête,
le ferment devient inactif, mais il est tué à des températures
sensiblement plus élevées.

353. Les ferments du vin. — La transformation du jus
de raisin en vin se fait sous l'influence des levures suivantes : la *levure apiculée*, la *levure elliptique* et la *levure de
Pasteur*.

La levure apiculée (saccharomycète apiculée) (fig. 227) se
trouve sur tous les fruits sucrés; on la désigne ainsi parce
qu'elle est terminée par deux pointes. Elle est abondante
surtout au début de la fermentation; elle ne se plaît pas dans
les moûts trop sucrés, elle préfère les moûts un peu acides.
Lorsque la fermentation est en pleine activité, la levure
apiculée fait place à la levure elliptique.

La levure elliptique (saccharomycète ellipsoïde) (fig. 228)
est l'agent principal de la fermentation du jus de raisin,

Elle produit, pour une même quantité de sucre, une plus grande quantité d'alcool que la levure apiculée. Elle n'entre en fonction qu'après la levure apiculée, lorsque celle-ci a mis la fermentation en train. C'est la levure elliptique qui domine dans le vin à la fin de la fermentation tumultueuse, ainsi que pendant toute la fermentation secondaire.

Fig. 227.
Levure apiculée.

La levure de Pasteur (saccharomycète de Pasteur) (fig. 229) agit à la fin de la fermentation. Cette levure se présente sous la forme de bâtonnets irréguliers, soudés et formant des ramifications.

A côté de ces ferments utiles à la fermentation peuvent se développer des ferments nuisibles, tels que le *mycoderma aceti* ou ferment de l'acidité, les bactéries de la tourne et de la pousse, le ferment mannitique ou ferment de la mannite (il ne se développe que lorsque la température atteint de 38 à 40°) et les ferments de la graisse.

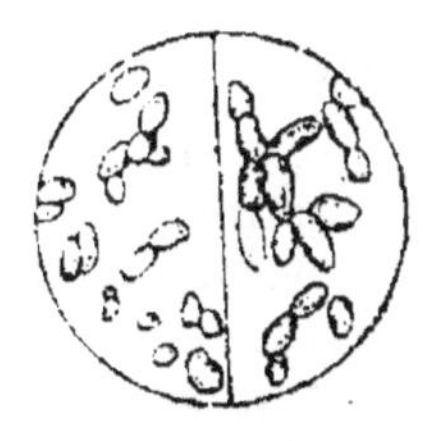

Fig. 228.
Levure elliptique.

Comme tous les ferments des maladies ne se développent qu'à des températures assez élevées, il y a lieu de chercher à maintenir la fermentation au-dessous de 35 ou 36°.

De même, les ferments des maladies ne pouvant prospérer dans les moûts suffisamment acides, il est bon de les acidifier, lorsqu'ils ne contiennent pas suffisamment d'acidité. On y arrive par le plâtrage, le tartrage, le phosphatage ou le tannisage.

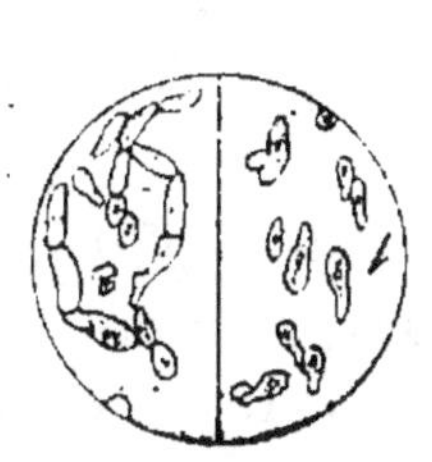

Fig. 229. — Levure de Pasteur.

354. Cueillette du raisin et foulage. — Le raisin ne doit être cueilli que lorsqu'il est mûr. On reconnaît la maturité aux caractères suivants : les grains ont la peau mince ; ils sont savoureux, doux, gluants à la main et se détachent facilement de la grappe. La grappe elle-même est pendante, et son pédoncule prend une couleur jaune. Les raisins sont portés à la cuve, après avoir été écrasés au moyen d'un fouloir. Quand on veut faire des vins blancs avec des raisins rouges, on ne recueille que le jus, car la matière colorante est localisée dans la peau des grains de raisins. La pulpe est mise à part et sert à faire des piquettes. Pour la fabrication de certains vins, on fait précéder le foulage d'une autre opération, l'égrappage, pour séparer les grains de la rafle qui les porte ; on le pratique à la fourche ou avec des égrappoirs mécaniques. Le vin contient alors moins de tanin.

355. Fermentation du moût. — Une fois foulés, les raisins sont mis à fermenter dans des cuves, où le jus de raisin ou moût se transforme en vin.

Le moût présente la composition moyenne suivante :

Eau..	83 à 86 p. 100
Sucre de raisin................................	14 à 15 p. 100
Gomme, mucilage, matières grasses, huiles essentielles, matières albuminoïdes, sels à acides végétaux, (tartrates, acétates, malates), sels à acides minéraux (chlorures, sulfates, nitrates, phosphates).....................................	2 à 3 p. 100

Les cuves à fermentation sont cylindriques ou en tronc de cône ; elles sont faites en bois ou en maçonnerie étanche, quelquefois avec parois de verre. Leur contenance moyenne est de 35 à 40 hectolitres. On doit remplir les cuves avec rapidité, pour que tout le jus fermente en même temps.

Lorsque la température est convenable (de 20° à 30°), la fermentation se fait rapidement, et de grandes quantités d'anhydride carbonique se dégagent, en faisant monter à la surface des matières étrangères, qui se rassemblent en une masse qu'on appelle *chapeau*. Lorsque la fermentation est très active, il y a danger à descendre dans les cuves : on peut être asphyxié par l'anhydride carbonique. Au bout de sept à huit jours, la fermentation est arrêtée ; on brise le chapeau, pour le faire plonger dans le liquide, et l'on remue la masse à l'aide d'une perche. La fermentation reprend, mais ne dure que peu de temps.

Au lieu de laisser le chapeau flotter librement dans la cuve, il vaut mieux l'immerger, en se servant pour cela d'un cadre en bois à claire-voie, plus étroit que la cuve.

Pour rendre le cuvage plus parfait et plus complet, les viticulteurs ont imaginé des cuves à étages.

356. Amélioration des moûts. — Voici quelques-uns des procédés les plus employés pour améliorer les moûts et obtenir des vins de qualité meilleure et plus régulière.

a) Emploi des levures sélectionnées. — Grâce à l'emploi de levures sélectionnées, on a pu obtenir des améliorations sensibles, tant pour la régularité de la fermentation que pour une plus complète utilisation du sucre, une bonne clarification et un meilleur bouquet.

L'emploi de ces levures est toujours utile dans les années pluvieuses, quand la pourriture grise s'est développée fortement, ou encore lorsque la température est basse.

D'une manière générale, les vins obtenus par fermentation avec levures sélectionnées sont plus alcooliques que les vins obtenus par les procédés habituels.

b) Sucrage. — La loi du 4 juillet 1907 apporte des restrictions à la faculté de sucrer les vendanges. La quantité de sucre ajoutée à la vendange ne doit pas dépasser 10 kilogrammes par 3 hectolitres de vendange récoltée.

Par fermentation, le sucre mis dans le moût donne naissance à de l'alcool. Pour augmenter un hectolitre de moût d'un degré d'alcool, il faut 1 k. 700 de sucre.

c) Plâtrage. — Cette opération consiste à mettre du plâtre en poudre sur les raisins, au moment de la mise en cuve.

Le plâtre forme, avec le bitartrate de potassium contenu dans le vin, du tartrate de calcium, du sulfate neutre et du sulfate acide de potassium. Ces deux derniers sels ont des propriétés laxatives, et il est dangereux de plâtrer trop fortement.

La loi du 11 juillet 1891 limite la proportion maximum de sulfate de potassium ou de sodium à 2 grammes par litre.

Le plâtrage rend les vins plus clairs et plus limpides.

d) Tartrage. — Cette opération consiste à ajouter de l'acide tartrique aux raisins. Comme pour le plâtre, l'addition d'acide tartrique au moût ne doit se faire que quand ce moût est insuffisamment acide.

L'emploi simultané du sucre et de l'acide tartrique est interdit par la loi du 4 juillet 1907.

La dose d'acide tartrique à employer ne doit jamais dépasser 50 grammes par hectolitre.

e) Phosphatage. — Il consiste dans l'addition à la vendange de phosphate bicalcique ou de phosphate d'ammonium.

Doses à employer : 1° de 175 à 300 grammes de phosphate bicalcique par 1000 kilogrammes de vendange, ou 2° de 500 grammes à 1 kilogramme de phosphate d'ammonium. On opère comme avec le plâtre.

Le phosphatage clarifie les vins et les améliore en les rendant plus nourrissants et plus fins.

Cette opération est préférable à celles du plâtrage et du tartrage et doit les remplacer toutes les fois qu'il est possible.

f) Tannisage. — Adjonction de tannin à la vendange. Cette opération assure la conservation des vins trop pauvres en tanin.

La loi permet l'addition de tanin au moût.

Dose : de 70 à 100 grammes par hectolitre de vendange.

g) Sulfitage. — Opération qui consiste à ajouter soit des bisulfites alcalins, soit de l'anhydride sulfureux aux moûts en fermentation.

Les liquides ne devront jamais retenir plus de 35 grammes d'anhydride sulfureux libre et combiné par hectolitre.

357. Décuvage et soutirage. — Le décuvage est l'opération qui consiste à séparer le vin d'avec le marc. L'habileté du vigneron consiste à choisir le moment où le degré voulu de pureté est atteint par le vin. A ce moment, le marc a cédé une quantité suffisante de tanin, de matières colorantes et de matières odorantes au produit liquide de la fermentation.

La meilleure manière de décuver le vin est de se servir

d'une pompe spéciale qui isole le liquide du contact de l'air. Le vin ainsi obtenu est appelé *vin de goutte*. Le vin soutiré laisse un résidu qui porte le nom de *marc;* ce marc contient encore une certaine quantité de liquide qu'on peut extraire à l'aide d'un pressoir. Le deuxième vin ainsi obtenu ou *vin de presse* est de deuxième qualité. On peut obtenir un troisième liquide vineux, en ajoutant de l'eau au marc pressé et en le soumettant de nouveau à l'action du pressoir. Ce nouveau liquide porte le nom de piquette. On peut aussi soumettre le marc à la distillation, pour obtenir ce qu'on appelle des *eaux-de-vie de marc.*

Après le décuvage, le vin est mis dans des fûts ; mais il ne faut pas cesser de le surveiller, car des réactions se produisent encore. On devra mettre le liquide à l'abri du contact de l'air et, à cet effet, remplir avec régularité le vide qui se produit par évaporation et dégagement d'anhydride carbonique. Il faut d'abord remplir (*ouiller*) tous les jours, ensuite tous les deux jours, puis à des intervalles de plus en plus éloignés, jusqu'au soutirage.

Celui-ci a pour but de séparer le vin clair de sa lie ; il est d'une importance capitale pour la conservation du vin.

On doit soutirer par un temps sec et assez froid ; il faut éviter de soutirer par un temps orageux, de même, aux époques de pousse des bourgeons ou de floraison de la vigne, car le vin *travaille* à ces différents moments. Un premier soutirage se pratique à la fin de décembre, et un deuxième trois mois plus tard.

Pour les vins fins, on soutire encore en juillet et août.

358. **Collage et filtrage.** — Le vin contient un certain nombre de matières en suspension qui peuvent nuire à sa bonne conservation et à sa qualité ; le collage consiste à ajouter au vin une substance qui précipite ces matières en suspension.

Les substances employées pour le collage sont : la gélatine, le blanc d'œuf, le sang. Il faut de 15 à 20 grammes de gélatine par hectolitre de vin ou deux blancs d'œufs pour la même quantité. Si l'on emploie le sang, il en faut 1 ou 2 décilitres par hectolitre de vin à coller.

On pratique le collage avant de soutirer. Toutefois, on ne colle jamais avant le premier soutirage.

On emploie également le filtrage pour clarifier les vins. Cette opération se pratique à l'aide de filtres-presses ou de filtres à manche.

Quelques autres procédés de correction des vins sont aujourd'hui employés. Les plus connus sont : le mûtage (emploi de l'alcool ou de l'acide sulfureux pour empêcher ou arrêter la fermentation), la carbonification (introduction d'anhydride carbonique dans le vin, comme action préventive), l'insolation (pour vieillissement des vins de liqueur ayant au moins 15° d'alcool), la congélation (pour obtenir la concentration des vins et la précipitation d'une certaine quantité de bitartrate de potassium), l'électrisation et l'ozonisation (pour enrayer certaines maladies et provoquer un commencement de vieillissement).

359. Maladies du vin, soins préventifs et traitements curatifs. — Les vins sont sujets à certaines maladies qui sont pour la plupart de nature bactérienne, c'est-à-dire dues au développement de microorganismes qui vivent aux dépens, soit de l'alcool, soit du sucre que renferme le vin.

Les plus répandues de ces maladies sont : l'*acescence*, la *fleur*, l'*amertume*, la *casse*, la *graisse*, la *pousse*, la *tourne*, la *mannite*.

On peut éviter ces maladies par des soins apportés à la fabrication du vin, en veillant à ce que la fermentation soit complète et s'effectue à la température la plus favorable.

Quant aux remèdes, ils varient selon les maladies. Lorsque le vin est piqué (acescence), il est à peu près inutilisable et ne peut qu'être converti en vinaigre. Contre la graisse, qui sévit surtout sur les vins blancs, on pratique le tannisage ou addition de tanin. Les autres maladies peuvent être enrayées par la pasteurisation, c'est-à-dire le chauffage à 60°.

CHAPITRE II

I. — *Fabrication du cidre.*

360. Récolte des pommes. — Le cidre est la boisson habituelle de la Bretagne, de la Normandie, du Maine et de la Picardie.

Pour obtenir un bon cidre, on doit récolter les pommes avec soin, de peur qu'elles se gâtent avant d'être employées.

Avant la récolte, il faut ramasser toutes les pommes tombées naturellement des pommiers, afin d'en faire un cidre de qualité inférieure, que l'on consomme le premier.

Lorsque les fruits sont bien mûrs, ce qu'on reconnaît à leur bonne odeur et à la couleur noire des pépins, on les fait tomber, en montant dans les pommiers pour les secouer. On choisira, autant que possible, un très beau temps pour récolter les fruits, car, lorsqu'il pleut, la terre adhère aux pommes, et il devient dès lors plus difficile de les conserver.

Les pommes récoltées devraient être mises sous des hangars à l'abri de la pluie; il n'en est pas ainsi, malheureusement, car la plupart du temps elles sont déposées sur l'aire qui a servi au battage des céréales. Ce procédé est fâcheux; les fruits, exposés à l'action des pluies, perdent une quantité assez notable de sucre.

La fabrication du cidre comporte les opérations suivantes : broyage des pommes, cuvage de la pulpe, pressurage, fermentation, soutirage.

361. Broyage des pommes. — Le broyage a pour objet d'écraser la pulpe de la pomme pour permettre au jus de s'échapper facilement sous l'action du pressoir.

Cette opération s'est effectuée jusqu'à présent dans le *tour à broyer*, constitué par deux meules verticales tournant dans une auge circulaire. Cet appareil encombrant, difficile à tenir propre, tend à disparaître et se trouve remplacé aujourd'hui par des *broyeurs* de pommes, qui tiennent beaucoup moins de place, exécutent plus vite le travail et sont d'un entretien facile.

362. Cuvage de la pulpe. — Lorsque les pommes ont été broyées, la pulpe obtenue est recueillie dans des cuveaux où elle séjourne de 12 à 15 heures. Pendant ce séjour dans les cuveaux, la pulpe subit une oxydation, qui lui donne une couleur jaunâtre.

On a l'habitude d'ajouter de l'eau à la pulpe pour faire des cidres de consommation courante ; cette eau doit être mise dans les cuveaux en même temps que la pulpe. De cette façon, le liquide qu'on ajoute a le temps de se charger des matières sucrées et des principes aromatiques que les fruits contiennent.

Le rôle du cuvage n'est pas encore exactement établi. Néanmoins, on est convaincu aujourd'hui que le cuvage favorise la multiplication de la levure, développe le bouquet et favorise la dissolution dans le cidre des sucres, des acides, des matières pectiques et des matières minérales. Il ne faut pas exagérer la durée du cuvage, parce qu'il y aurait perte de tanin : il ne faut pas qu'il dure plus de 12 à 18 heures et il faut pendant toute cette opération recouvrir les cuveaux où elle s'effectue de toiles qui préservent le moût des ferments aérobies pathogènes qui pourraient l'ensemencer.

363. Pressurage. — Le pressurage a pour but d'extraire le liquide sucré. Pour cela, on place la pulpe sur la maie du pressoir, en la disposant en couches successives qu'on sépare par des lits de paille ou par des claies en crins ou en bois de hêtre. La paille qu'on dispose ainsi empêche la pulpe de se tasser trop fortement et elle draine en quelque sorte la masse pulpeuse soumise à la pression. Les claies ont la même action que la paille.

Lorsque le pressurage est en partie terminé, on doit diminuer la vitesse de la pression ; au début, on peut opérer aussi rapidement que possible sans inconvénient.

Le cidre obtenu sans eau est dit *cidre pure goutte* ou *cidre mère goutte.*

Le marc de pommes qui a servi à obtenir le cidre pure

goutte peut être traité avec une certaine quantité d'eau, qui enlève une partie des principes sucrés qu'il contient. Le liquide sucré ainsi obtenu peut donner par fermentation un cidre d'assez bonne qualité.

Lors même que le premier cidre aurait été fait avec addition d'eau au marc, on pourrait encore obtenir un petit cidre léger, en remettant le marc déjà pressé dans des cuves, avec une certaine quantité d'eau.

264. Fermentation du moût. — Lorsque le moût des fruits est extrait par pression, on doit l'entonner dans des fûts très propres. Si ces fûts avaient un goût acide, on pourrait employer le lavage à l'eau de chaux.

Chaque tonneau devra être complètement rempli et l'on devra maintenir la bonde ouverte pour laisser échapper quelques produits de la fermentation (dégagement de gaz carbonique et évacuation d'une mousse brunâtre). On aura soin de maintenir les futailles toujours bien pleines pendant la première fermentation, de manière que la plupart des matières étrangères puissent être rejetées par la bonde.

Comme pour le vin, l'emploi de levures sélectionnées peut donner de très bons résultats dans la fabrication du cidre.

365. Soutirage du cidre. — Quand la première fermentation a cessé, on soutire le cidre, en remplissant bien les futailles dans lesquelles on le met, puis on les bonde légèrement. Si l'on veut conserver au cidre un goût agréable, il faut le soutirer encore une ou deux fois.

366. Cidre mousseux. — On obtient le cidre mousseux en mettant en bouteilles en mars, alors qu'il est encore doux ; il faut, pour cela, employer du cidre de mère goutte. Les bouteilles sont bouchées hermétiquement, et les bouchons consolidés par du fil de fer ou de la ficelle.

II. — *La distillation.*

367. Principe de la distillation des liquides alcooliques. — La distillation des liquides alcooliques a pour objet de séparer, à l'aide d'appareils spéciaux, en le vaporisant par la chaleur, puis en le condensant par le refroidissement, l'alcool qui, dans ces liquides, se trouve mélangé à l'eau.

Elle est fondée sur ce fait que la température à laquelle commence l'ébullition des liquides varie avec leur titre alcoolique. C'est là le principe qui permet de séparer l'alcool du vin, du cidre ou des autres liquides spiritueux. Toutes les boissons fermentées contiennent de l'eau, de l'alcool et des éthers. L'alcool et les éthers étant plus volatils que l'eau, il en résulte que les vapeurs qui se produisent lorsqu'on chauffe un liquide spiritueux sont plus riches en alcool que la masse du liquide qui reste dans le récipient soumis au chauffage.

Plus un liquide contient d'alcool, moins il faut élever sa température pour qu'il entre en ébullition.

Voici quels sont le point d'ébullition et la force alcoolique de la vapeur condensée, pour un certain nombre de mélanges d'eau et d'alcool :

Force alcoolique du liquide à faire bouillir.	Température à laquelle commence l'ébullition.	Force alcoolique de la vapeur condensée.
0	100	0
1	98,8	13
2	97,5	28
3	96,3	36
5	95	42
7	93,8	50
10	92,5	55
12	91,3	61
15	90	66
18	88,8	68
20	87,5	71
30	85	78
40	83,8	82
50	82,5	85
60	81,3	87
70	80	89
80	79,4	90,5
90	78,8	92

Si l'on distille un vin à 12°, l'eau-de-vie qu'on obtient au début de la distillation a 61°. Le liquide qu'on distille perd peu à peu sa force alcoolique, il en est ainsi de sa vapeur. Il arrive même un moment où il ne sort que de l'eau pure ; cela se produit quand le liquide distillé a perdu le tiers de son volume environ.

Les appareils dont on se sert pour la distillation portent le nom d'alambics. Il en existe deux systèmes : 1° les alambics à distillation intermittente ; 2° les alambics à distillation continue. Mais ces derniers sont des appareils industriels qui ne sont pas employés à la ferme ; nous ne les étudierons pas ici.

368. **Alambics simples**. — Les alambics simples se chauffent soit à feu nu, soit au bain-marie.

Le chauffage au bain-marie vaut mieux que le chauffage à feu nu, à cause de sa grande régularité.

L'appareil que nous représentons (fig. 230) est un alambic à distillation intermittente et à chauffage au bain-marie.

Il se compose d'une *cucurbite* ou chaudière dans laquelle on met le liquide à distiller 1, d'un bouchon à vis pour bain-marie 2, d'un bain-marie 3, d'un chapiteau 4, d'un bouchon à vis 5 pour le chapiteau, d'un col de cygne 6, d'un serpentin 7, d'un réfrigérant 8, d'un entonnoir pour le rafraîchir 9, d'un tuyau faisant communiquer le réfrigérant avec le chapiteau 10, d'un tuyau de trop-plein pour dégager l'eau chaude 11, d'un robinet de vidange 12, du bec inférieur du serpentin 13 et du support 14.

Avec cet alambic on distille d'abord le tiers du liquide. S'il dose 10 ou 12° d'alcool, on aura un liquide spiritueux de 30° à 36° ; ce liquide est désigné sous le nom de flegme ou de brouillis. Le résidu qui reste dans la cucurbite se nomme *vinasse*.

Quand la première distillation est terminée (le flegme atteint environ le tiers du volume du liquide à distiller), on vide la chaudière complètement pour procéder à une nouvelle distillation.

La deuxième distillation ne comprend que le flegme,

dont la force alcoolique est de 30° à 36°, suivant que le liquide à distiller dose 10 à 12°.

En admettant qu'au début de l'opération il ait été mis 100 litres de liquide à distiller, le flegme de repasse devrait avoir un volume de 33 litres environ.

Fig. 230. — Alambic à distillation intermittente et à chauffage au bain-marie.

Soumis à une deuxième distillation, ces 33 litres peuvent donner 18 litres d'eau-de-vie à 55° ou à 66°, suivant que le flegme dose 30 ou 36°.

Tel est le principe de la distillation avec les anciens appareils.

Les progrès de l'industrie ont apporté de nombreuses améliorations, telles que les rectificateurs, les chauffe-vin, le chauffage à la vapeur, etc.

369. **Alambics à rectification** (fig. 231). — Ce type comprend les mêmes parties que l'alambic simple avec, en plus, une lentille de rectification.

Cet alambic permet d'obtenir sans repasse des eaux-de-vie de 50° à 75°, et par repasse jusqu'à 90°.

La lentille se place directement sur le chapiteau; son but est d'augmenter la surface d'analyse des vapeurs en distillation, et de permettre aux vapeurs d'eau en excès

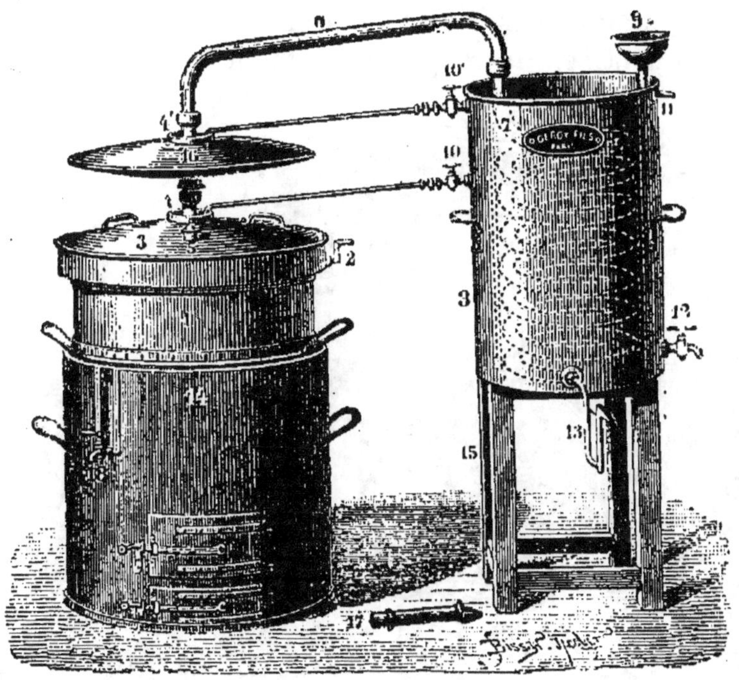

Fig. 231. — Alambic à distillation intermittente
et à rectification.

qui auraient franchi le chapiteau de venir se condenser, avant leur arrivée au col de cygne.

Cet organe est muni d'un dispositif particulier permettant l'humectation parfaitement uniforme de sa surface externe, au moyen d'un filet d'eau qui provient du réfrigérant et arrive par le robinet 10 dans la collerette 4.

Il en résulte une évaporation extérieure qui, pour se former, emprunte à l'intérieur une certaine quantité de chaleur, prise aux dépens des vapeurs d'eau qui se dégagent avec les vapeurs alcooliques. Les vapeurs aqueuses se condensent et rétrogradent vers la chaudière, entraînant avec elles les huiles empyreumatiques, tandis que les vapeurs d'alcool, plus légères et épurées, se rendent au serpentin, où elles se condensent et sont recueillies à l'état liquide à la sortie 13.

Le degré s'élève ou s'abaisse par la plus ou moins grande humectation de la lentille. Celle-ci peut, au besoin, être retirée quand on distille des matières riches en alcool. Dans ce cas, on la remplace par un manchon qui est de même

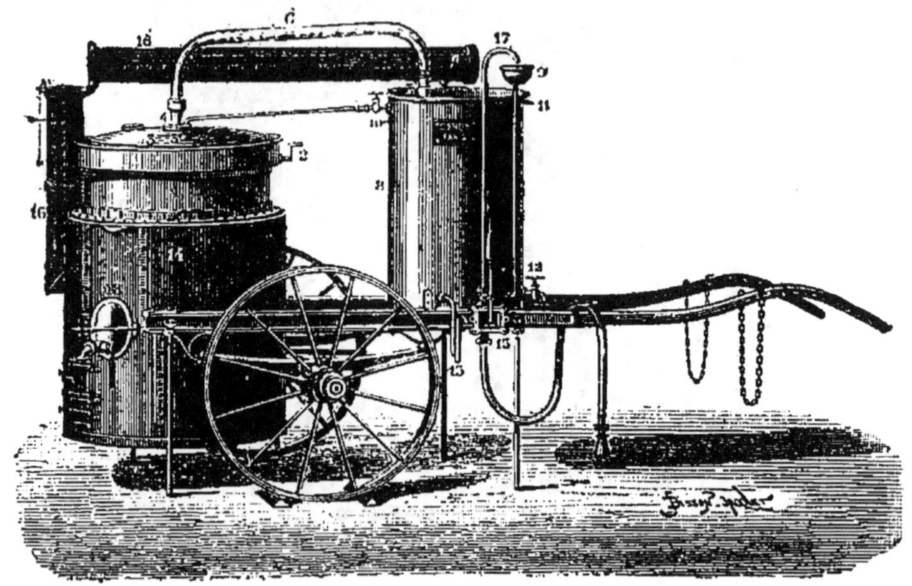

Fig. 232. — Alambic simple monté sur chariot.

hauteur, et s'emboîte dans les raccords du col de cygne et du chapiteau.

Il existe des appareils portatifs de l'un et l'autre système d'alambics; ils sont montés sur chariot en fer (fig. 232).

Les appareils décrits ci-dessus appartiennent à la catégorie des alambics à charges intermittentes.

Dans ces appareils, le chauffage s'opère avec lenteur, ce qui assure l'extraction des essences qui parfument l'eau-de-vie de leur bouquet particulier.

On peut, avec ces appareils, séparer les parties éthérées de tête et les huiles empyreumatiques de queue. Cette sélection des produits est nécessaire, si l'on veut obtenir des eaux-de-vie de bonne qualité.

Au début de chaque chauffe, il se dégage, en effet, certaines parties éthérées ayant une odeur désagréable. C'est ce qu'on appelle les mauvais goûts de tête. Les produits bons goûts du cœur de la distillation viennent ensuite : ce sont ceux-là qu'il faut recueillir. Enfin, vers la fin de l'opération, quand le degré alcoolique baisse et que la température s'élève par suite du chauffage plus actif nécessaire à l'épuisement des dernières parties d'alcool, les huiles empyreumatiques sortent à leur tour. Ces huiles empyreumatiques, ou mauvais goûts de queue, doivent être séparées des produits bons goûts du cœur de la distillation.

Lorsqu'on doit distiller d'importantes quantités de liquides, les alambics intermittents simples sont quelquefois remplacés par des appareils intermittents multiples. Ces appareils, composés de deux ou plusieurs chaudières, assurent une plus grande production, sans trop presser la distillation.

370. Principaux produits obtenus. — Par les méthodes qui précèdent, le cultivateur peut fabriquer, dans son exploitation même, différents types de spiritueux selon les régions.

Dans les pays de vignobles, par distillation du marc, on obtient l'eau-de-vie de marc.

Dans l'Ouest et le Sud-Ouest, certains vins sont préparés spécialement en vue de leur distillation qui fournit l'eau-de-vie de vin, dite cognac ou armagnac, selon la région. Dans le Midi, on distille d'importantes quantités de vins qui fournissent le trois-six, eau-de-vie de qualité inférieure, mais convenant parfaitement à la fabrication des liqueurs.

Les régions productrices de pommes et de poires à cidre donnent, par distillation des marcs, des lies et des cidres, l'eau-de-vie de marc de pommes, l'eau-de-vie de cidre, de poiré ou le calvados.

La distillation des fruits donne le kirsch (Franche-Comté, Lorraine, Alsace), qui provient de la cerise, l'eau-de-vie de prune, de mirabelle, de quetsch, fournie par la distillation des diverses variétés de prunes; le marasquin, que l'on retire des pêches et des abricots.

La méthode de fabrication consiste à écraser les fruits, à laisser fermenter et à distiller ensuite dans les appareils utilisés à la distillation des marcs.

Ce serait la place ici d'indiquer le régime législatif sous lequel sont placés les cultivateurs qui distillent à la ferme leurs propres produits et qu'on appelle les *bouilleurs de cru*; mais le régime actuel n'est que provisoire, il est appelé à être modifié; nous ne pouvons, pour cette raison, l'exposer ici.

CHAPITRE III

371. Propriétés physiques. — Le lait est un liquide blanc, légèrement jaunâtre, à saveur douce, à odeur rappelant l'animal qui l'a produit, à consistance un peu crémeuse.

La densité du lait est variable comme sa composition. Voici, pour des laits de différentes provenances, les chiffres moyens donnés par plusieurs auteurs :

        Lait de vache...   de 1,028 à 1,042
          —   chèvre ..   de 1,030 à 1,034
          —   brebis ..   de 1,035 à 1,040

Abandonné au repos pendant quelques heures, il se rassemble à la surface du lait une couche de couleur jaunâtre d'une matière à consistance grasse : la *crème*. Lorsque celle-ci a été enlevée, la densité du liquide qui reste est plus élevée, cette crème étant plus légère.

Lorsque le lait est soumis à l'action de la chaleur, il se forme à sa surface une pellicule blanche qui, s'opposant au dégagement de la vapeur, fait que celle-ci pousse le liquide au dehors ; il faut donc toujours surveiller le lait quand il est mis à bouillir, afin d'empêcher qu'il se *sauve*.

372. Composition chimique. — Cette composition est complexe et elle varie dans une certaine mesure avec l'origine du lait. Les principaux corps qui entrent dans sa composition sont les suivants :

1° *Eau.* — Les quantités moyennes d'eau contenues dans 100 parties de lait, d'après un grand nombre d'expériences, sont les suivantes :

        Lait de chèvre...   87,6 p. 100
          —   brebis...   82,0 p. 100
          — · vache ...   86,5 p. 100

2º Matière grasse. — La matière grasse, dite *crème, beurre,* est la partie du lait qui surnage au-dessus du liquide quand il demeure quelque temps en repos. La matière grasse flotte dans le lait sous la forme de petits globules de $1/100^e$ à $1/600^e$ de millimètre de diamètre.

La composition des matières grasses des divers laits varie un peu avec chacun d'eux. Suivant Chevreul, le beurre se compose de stéarine, de margarine et d'oléine, avec une petite quantité de butyrine, de caproïne et de caprine.

La quantité de matières grasses contenues dans le lait est très variable et dépend de nombreuses circonstances, telles que la nourriture, l'état de gestation plus ou moins avancé, le commencement ou la fin de la traite, etc. La densité moyenne de la matière grasse du lait est de 0,93.

Voici quelles sont les teneurs moyennes en matière grasse des différents laits, calculées sur un grand nombre d'analyses :

Lait de chèvre... 4,20 p. 100
— brebis.... 5,33 p. 100
— vache .... 4,05 p. 100

Tous les laits n'ont pas la même richesse butyreuse : celui du matin contient plus de matières grasses que celui du soir. Les vaches de certaines contrées (jersyaises, bretonnes) ont un lait très butyreux ; enfin, la même vache peut donner par kilogramme de lait :

2 mois après le vêlage... de 30 à 33 gr. de beurre.
4 — — ... de 37 à 40 —
8 — — ... de 45 à 50 —

3º Caséine. — La caséine est la matière organique azotée qui constitue la base du fromage. Elle se trouve dans le lait en partie à l'état soluble, en partie à l'état insoluble. Les moyennes d'un grand nombre d'expériences ont donné, pour la caséine totale contenue dans le lait, les résultats suivants pour 100 parties :

Lait de chèvre... 3,7 p. 100
— brebis... 6,1 p. 100
— vache ... 3,6 p. 100

On détermine la précipitation ou *coagulation* de la caséine insoluble par l'addition de présure, d'acides. En se coagulant, la caséine retient dans le caillé la presque totalité des éléments en suspension dans le lait.

4° *Sucre de lait ou lactose.* — Le lactose est un peu moins doux que le sucre ordinaire; il y en a de 50 à 58 grammes par kilogramme de lait. Le lactose se transforme par fermentation en alcool et en gaz carbonique. La densité du lactose est de 1,545.

Sous l'influence du ferment lactique, le lactose donne de l'acide lactique, qui fait coaguler la caséine ; on dit alors que le lait se caille.

Les quantités de sucre de lait sont en général peu variables. Voici la moyenne de plusieurs analyses :

```
Lait de chèvre...   4,0 p. 100
  —    brebis...    4,2 p. 100
  —    vache ...    5,5 p. 100
```

5° *Sels minéraux.* — Les sels minéraux contenus dans le lait s'y trouvent dans des proportions variant de 0, 60 à 0, 70 p. 100. Ils se divisent en sels solubles et en sels insolubles. Les sels solubles sont les phosphates et les carbonates alcalins, les lactates; les sels insolubles sont les phosphates de calcium et de magnésium.

Le lait renferme donc à l'état de solution dans l'eau de la caséine, du lactose et des sels minéraux ; à l'état de suspension, de la caséine et des sels minéraux ; à l'état d'émulsion, des globules de matière grasse.

373. Falsifications. — En raison du rôle extrêmement important que joue le lait dans l'alimentation humaine et de la variabilité de sa composition, le lait est l'objet de falsifications diverses, dont les deux plus importantes sont le *mouillage* et l'*écrémage*.

Le *mouillage* est l'addition d'eau, qui se révèle par une diminution de la densité. L'*écrémage* est le prélèvement de la matière grasse, qui a pour conséquence une augmentation de la densité.

Il est difficile de mettre en évidence de telles fraudes ; on y arrive seulement par un examen chimique approfondi et par l'analyse du lait.

374. La production du lait. — La traite est l'opération qui consiste à faire sortir le lait des mamelles. Cette opération réclame la plus grande propreté de la part des personnes qui l'exécutent. Celles-ci doivent se laver les mains avant la traite, laver au préalable la tétine de l'animal à l'eau tiède et ne se servir que de récipients très propres. A cet égard, les meilleurs vases à traire sont ceux en fer-blanc, d'une contenance de 10 à 12 litres, parce que leur nettoyage est très facile, ce qui est d'une importance capitale en laiterie. De plus, il faut traiter avec douceur l'animal que l'on va traire, afin qu'il donne tout son lait.

Nombre de traites. — La coutume générale est de traire les femelles laitières, notamment les vaches, seulement deux fois par jour, le matin et le soir.

L'expérience démontre que le rendement en lait pourrait être augmenté par une troisième traite faite dans le milieu de la journée. La mamelle vidée trois fois par jour, au lieu de deux, donne un rendement en lait plus élevé, car le temps perdu pendant lequel la mamelle reste pleine est ainsi complètement supprimé.

Les expériences n'ont pas porté seulement sur l'augmentation de rendement que produisent les traites plus nombreuses ; elles ont aussi été faites pour examiner si la composition du lait n'en était pas influencée. Les résultats ont été favorables à la pratique des traites nombreuses, car on a trouvé que la richesse du lait en principes butyreux était ainsi accrue.

Variation de la composition du lait pendant la traite. — Si l'on avait le soin de recueillir à part, dans des vases distincts, le lait d'une traite divisée en trois ou quatre portions, on observerait constamment que le lait recueilli le dernier est, d'une façon très notable, plus crémeux que celui recueilli en premier, deuxième ou troisième lieu.

Cela amène tout naturellement à penser que le lait se conduit dans la mamelle comme dans l'intérieur d'un vase ordinaire, c'est-à-dire que les principes qui le composent se superposent par ordre de densité.

375. **Les fermentations du lait.** — Le lait, en raison de sa composition, peut subir un certain nombre de fermenta-tions, qui peuvent se ramener aux trois types suivants : fermentation lactique, fermentation butyrique et fermenta-tion putride.

a) *Fermentation lactique.* — Elle consiste dans la trans-formation du sucre de lait (lactose) en acide lactique sous l'influence de ferments spéciaux.

Le plus commun de ces ferments est la *bactérie lactique,* découverte par Pasteur ; c'est celui qui agit quand du lait, abandonné à lui-même, se caille spontanément et devient aigre. Mais il existe un grand nombre d'autres ferments susceptibles de transformer la matière sucrée, et même une partie de la matière azotée, en acide lactique.

La réaction produite dans la fermentation lactique est la suivante :

$$C^6 H^{12} O^6 = 2C^3 H^6 O^3$$
$$\text{glucose} \qquad \text{acide lactique}$$

b) *Fermentation butyrique.* — Il y a fermentation buty-rique toutes les fois que le produit principal de la fermen-tation est l'acide butyrique. Cet acide est une sorte de résidu de la dislocation de nombreuses molécules de sucre, de matières grasses et de matières albuminoïdes, auxquelles les ferments butyriques, qui sont anaérobies, prennent l'oxygène qui leur est nécessaire pour respirer.

La fermentation butyrique, en effet, peut être représen-tée par la réaction suivante :

$$C^6 H^{12} O^6 = C^4 H^8 O^4 \quad + \quad 2CO^2 \quad + \quad 2H^2$$
$$\text{glucose} \quad \text{acide butyrique} \quad \text{acide carbonique} \quad \text{hydrogène}$$

qui indique que la dislocation de la molécule de glucose donne naissance à de l'acide butyrique, de l'acide carbo-nique et de l'hydrogène.

Le ferment butyrique est en forme de bâtonnet ; dans la

fermentation du lait, il succède souvent au ferment lactique, aussitôt que l'oxygène vient à manquer. Il est extrêmement répandu dans la nature ; il se trouve dans le lait, le petit-lait, les fromages, le fumier, tous les sols, la choucroute, les macérations aqueuses de grains riches en matières azotées, les racines charnues, les eaux d'amidonnerie, les jus de betteraves ; il est de plus extrêmement résistant.

Les produits de la fermentation butyrique, autres que l'acide butyrique, varient avec la substance fermentescible.

c) *Fermentation putride.* — La fermentation putride se développe sous l'influence de ferments appartenant à la famille du *Bacillus subtilis,* et que Duclaux, qui a étudié spécialement ces ferments, nomme *Tyrothrix.*

Ces microbes sont des agents puissants de la putréfaction des matières animales. Plusieurs espèces d'entre eux, notamment le Tyrothrix ténu, existent dans presque tous les laits et les fromages. Ils font coaguler le lait en le laissant neutre, et souvent le coagulum formé se dissout ; c'est parce que les ferments ont d'abord sécrété la présure qui a coagulé le lait et qu'ensuite ils ont donné de la caséase qui a dissous le caillé.

Dans les fromages, cette caséase produite par les Tyrothrix transforme la caséine du lait en caséone qui est beaucoup plus assimilable.

Les produits de décomposition de la matière albuminoïde fournis par la fermentation putride varient selon les matières fermentescibles et selon les espèces microbiennes qui entrent en jeu ; il peut se produire de la tyrosine, de la leucine, de l'urée, du carbonate d'ammonium et des acides volatils divers.

376. Conservation du lait. — Le lait est un liquide extrêmement délicat et d'une conservation difficile. Un régime hygiénique bien compris pour les animaux laitiers, une propreté scrupuleuse au cours de la traite, la filtration du lait, aussitôt la traite achevée, afin d'en séparer les impuretés, telles sont les conditions indispensables à la production d'un lait sain et de bonne qualité. Le manque de propreté, un temps orageux, trop de chaleur font aigrir le lait et activent la formation du caillé.

Différentes méthodes permettent de conserver le lait pendant un temps plus ou moins long.

a) Conservation par le froid. — Le froid ne tue pas les microbes : il ne peut que suspendre leur évolution. On refroidit le lait, soit en le mettant dans des bacs à circula-

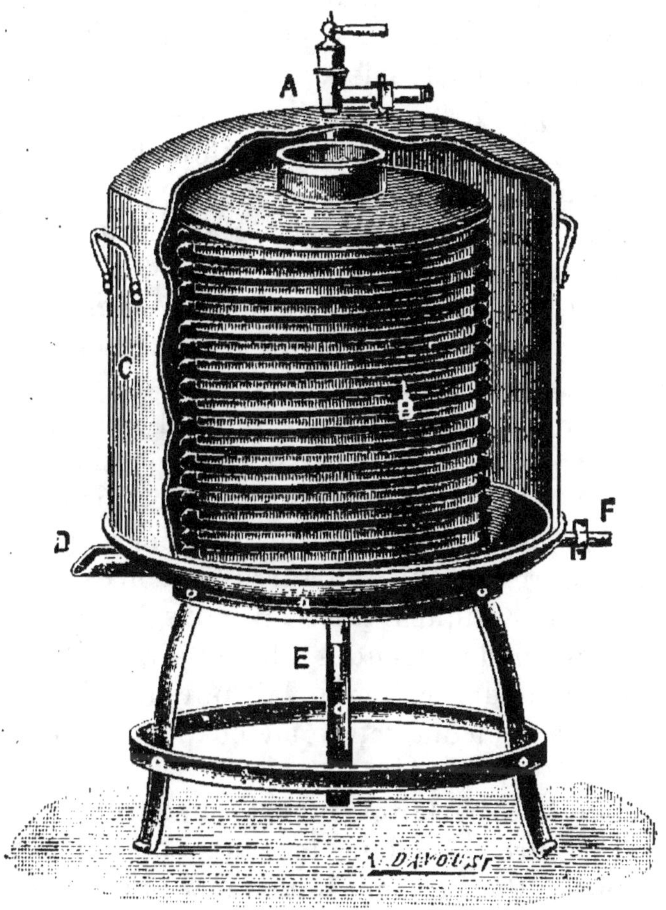

Fig. 233. — Réfrigérant à lait, ouvert pour montrer le récipient B à l'intérieur duquel circule l'eau froide et sur la surface ondulée duquel le lait ruisselle en couche mince.

tion d'eau froide, soit en se servant de réfrigérants spéciaux à circulation d'eau froide (fig. 233).

Pour transporter le lait à de grandes distances, il ne faut le faire voyager que la nuit et en wagons spéciaux, s'il est possible.

Conservation par la chaleur. — Un chauffage de 110° à
115° détruit tous les ferments; malheureusement, dès que
le lait atteint 70° ou 80°, il prend un goût de cuit. Pour
empêcher que ce goût de cuit se produise, on se contente de
la pasteurisation ou chauffage entre 66° et 68° pendant 25 à
30 minutes. On refroidit ensuite à 10-12°, et l'on conserve
en vases stérilisés. On se sert, pour cette opération, d'appareils spéciaux ou pasteurisateurs.

Conservation par les antiseptiques. — Quelques substances peuvent retarder la coagulation du lait, et, de ce
fait, assurent une plus longue conservation. Le carbonate
de sodium dans la proportion de 1/1000 rend la coagulation dix fois plus lente.

L'acide borique, le borate de sodium, agissent de la
même façon. Le formol et l'acide salicylique ont également
été recommandés à cet effet.

Enfin, dernièrement, on a préconisé l'emploi de l'eau
oxygénée à douze volumes, dans une proportion ne dépassant pas 2 p. 100, soit 0,06 d'eau oxygénée pour 100. Un
lait additionné de 2 p. 100 d'eau oxygénée ne s'acidifie
qu'après 90 heures à 11° et qu'après 26 heures à 20°.

Tous ces antiseptiques tombent sous le coup de la loi
sur la répression des fraudes alimentaires. On ne peut
pas, en effet, considérer comme lait pur un lait additionné
d'une substance quelconque, même en proportion infinité-
simale.

Le législateur a parfaitement eu raison de se montrer
sévère sur la pureté du lait, les substances en question
étant nuisibles à l'organisme humain et une légère erreur
de dosage pouvant suffire pour rendre un lait absolument
nocif.

**377. Fabrication du lait condensé et du lait en pou-
dre.** — Le lait destiné à subir de longs voyages peut être
concentré ou condensé.

Le procédé le plus répandu aujourd'hui consiste à ajouter de 10 à 12 p. 100 de sucre de canne au lait à conserver,
puis à évaporer le liquide dans le vide, au moyen d'appareils spéciaux. On réduit le volume du lait des deux tiers.

La concentration est à point quand le litre de lait a une densité de 1,280.

Le lait condensé est ensuite refroidi, puis mis en boîtes de 450 grammes, avec le contenu desquelles on peut préparer, par simple addition d'eau, de 4 litres à 4 litres et demi de lait.

On fabrique également du lait sec ou lait en poudre en faisant, par divers procédés, évaporer du lait presque instantanément à une température supérieure à 100°. La poudre de lait ainsi obtenue est soluble dans l'eau bouillante et permet de reconstituer un lait aussi agréable et aussi nutritif que le lait frais.

Mais tous ces procédés sont industriels et ne peuvent être mis en pratique à la ferme.

CHAPITRE IV

378. Étude du beurre. — Le beurre est le résultat de l'agglomération des globules gras du lait. C'est un corps onctueux, de couleur généralement jaune clair, solide à la température ordinaire, entrant en fusion vers 32°.

La matière grasse du beurre est un mélange de différents corps gras qui y entrent dans les proportions suivantes : margarine, 68 p. 100; oléine et butyroléine, 30 p. 100 ; butyrine, caprine et caproïne, 2 p. 100.

Exposé à l'air, le beurre *rancit*. Le rancissement est dû à une oxydation de la matière grasse et à la mise en liberté d'acides margarique, oléique et butyrique.

La couleur et le parfum du beurre proviennent surtout de l'alimentation du bétail. Certains aliments sont favorables à la qualité du beurre; d'autres, au contraire, sont nuisibles. Le régime du pâturage fournit un beurre excellent (Normandie, Poitou, Bretagne, région de l'Est), de couleur jaune d'or; le régime de l'affourragement sec fournit un beurre de couleur blanche et moins parfumé. L'excès des aliments tels que betteraves, pulpes, tourteaux, nuisent à la qualité, à la finesse du beurre.

La fabrication du beurre comporte les opérations suivantes :

écrémage du lait,

maturation de la crème,

barattage,

délaitage.

On ne saurait trop insister sur la nécessité de réaliser, durant toutes les opérations de la fabrication, la propreté la plus complète.

379. Écrémage du lait. — Le lait étant un mélange de matières grasses émulsionnées dans un liquide de densité plus élevée, ces deux éléments auront toujours tendance à se séparer. Cette séparation constitue l'écrémage, qui peut s'effectuer soit naturellement, soit par des procédés mécaniques.

a) Écrémage par le repos. — Lorsque le lait est abandonné à lui-même, les globules gras, plus légers que le

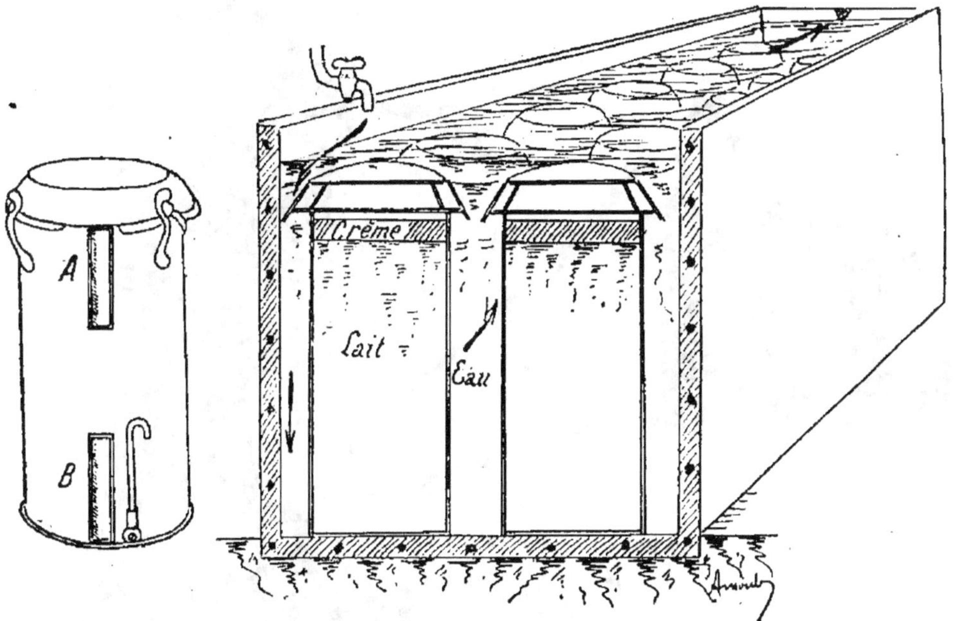

Fig. 234. — Écrémeuse Cooley.

liquide dans lequel ils sont émulsionnés, montent à la surface et y constituent une couche plus onctueuse que le reste du liquide et appelée *crème.*

A la température ordinaire, la montée s'effectue à une vitesse qui varie avec l'épaisseur de la couche de lait. Plus la température s'abaisse, plus l'écrémage est rapide. On a ainsi constaté que s'il faut, à une masse de lait dans des conditions données, 36 heures pour que l'écrémage soit complet à la température de 15°, il faudra 24 heures à 6° et 12 heures à 2°. Par conséquent, il faudra, pour pratiquer l'écrémage spontané le plus rapidement et le plus complètement possible, placer le lait dans un local frais, dans des récipients peu profonds et susceptibles, autant que possible, d'être placés dans un courant d'eau fraîche.

Dans certaines régions, on utilise des récipients pro-

Fig. 235. — Écrémeuse centrifuge.

fonds (écrémeuse Cooley, fig. 234) fermés et que l'on plonge dans des vases remplis d'eau froide ou de glace.

b) Écrémage centrifuge (fig. 235). — L'écrémage centrifuge est basé sur la propriété que possèdent les mélanges de liquides de se séparer en couches distinctes, suivant leur densité, quand on les soumet à un mouvement rapide de rotation. Si l'on imprime un tel mouvement au vase qui renferme le lait, les globules gras, plus légers que la masse ambiante, tendront à se réunir dans la partie centrale du vase, tandis que le sérum, plus dense, est rejeté vers l'extérieur.

Lorsqu'une écrémeuse est en marche, on active ou l'on diminue le travail en augmentant ou en diminuant l'arrivée du lait.

On écrème d'autant plus complètement que la vitesse de rotation du bol est plus rapide.

Les laits tièdes (de 24° à 26°) s'écrèment beaucoup mieux que les laits froids.

Les écrémeuses à moteur donnent généralement de meilleurs résultats que les écrémeuses à bras, à cause de leur plus grande régularité.

380. Maturation de la crème. — Si la crème était barattée immédiatement, le beurre serait fade et sans bouquet. L'arome du beurre, le goût de noisette que recherche le consommateur, est développé par une fermentation, une *maturation* que l'on fait subir à la crème. Celle-ci est abandonnée pendant 24 heures environ à la température de 18° à 20° dans un local où cette maturation se passe habituellement.

Sous l'influence de différents microbes, le sucre de lait est transformé en acide lactique qui, agissant sur les matières grasses, les saponifie et met en liberté les acides volatils (butyrique, caproïque, etc.), ce qui donne au beurre son bouquet.

381. Barattage de la crème. — Le barattage s'effectue dans des instruments spéciaux nommés barattes (fig. 236).

Il a pour but de souder les globules gras séparés les uns des autres par le lait qui les entoure. C'est en jetant ces globules les uns contre les autres qu'on arrive à obtenir leur soudure.

Si le bouquet du beurre dépend surtout de la fermentation, la finesse de la pâte dépend en grande partie du barattage. La baratte ne doit pas être remplie complètement, mais seulement aux deux tiers, avec la crème qu'on veut travailler. On baratte jusqu'à ce que les molécules butyreuses forment, en se soudant, une masse compacte qui s'isole des autres substances.

Cette opération ne se fait pas indifféremment à toutes les températures. D'après des expériences maintes fois répé-

tées, les meilleurs résultats sont obtenus entre 14 et 15°
centigrades en été et entre 16 à 18° en hiver. Il faut pour
cela que la crème soit, au moment de son introduction
dans la baratte, à la température de 12° en été et de 14° en
hiver, car, pendant le barattage, la température de la masse
s'élève de 2° environ. Quand les barattes sont pourvues
d'un bain-marie, on peut ramener la crème à la température

Fig. 236. — Baratte.

convenable par adjonction d'eau froide ou tiède, suivant les
cas. Dans beaucoup de fermes on verse, pendant le barattage de la crème, de l'eau froide ou tiède dans la baratte.
Cette eau est ainsi directement mélangée à la crème qu'elle
doit ramener à la température voulue. Ce procédé est
mauvais; il vaut mieux employer un bain-marie.

La vitesse du barattage doit être modérée : une lenteur
trop grande ne produit pas la soudure des globules; une
vitesse exagérée diminue les effets du remous, et la soudure des globules se fait mal.

Si la baratte employée est une baratte à piston, on ne
doit pas donner plus de 60 à 70 coups de piston par minute.

Dans le cas où la baratte est à manivelle, on ne doit pas faire exécuter plus de 50 à 55 tours à cette manivelle par minute.

Pour les autres barattes, il faut que le mouvement imprimé donne, dans le même laps de temps, un battement proportionnel à celui qui vient d'être indiqué.

En résumé, la vitesse du barattage doit varier suivant les dimensions et la forme de la baratte.

La durée du barattage varie avec la forme et le mécanisme de la baratte, ainsi qu'avec la saison et la qualité de la crème employée. Telle crème donne son beurre, en été, en une demi-heure et réclame, au contraire, plus d'une heure en hiver. Il faut un minimum de 25 à 30 minutes pour obtenir le beurre, et l'on peut considérer un maximum de 50 à 60 minutes comme très rarement atteint

382. Délaitage du beurre. — Lorsque les globules butyreux se sont agglomérés dans la baratte, ils tiennent encore emprisonné dans leur masse un liquide blanchâtre, appelé lait de beurre ou *babeurre,* dont il faut les débarrasser. L'opération par laquelle on obtient ce résultat porte le nom de délaitage; on y procède à l'eau ou à sec.

1° *Délaitage à l'eau.* — Le délaitage à l'eau est le plus généralement employé dans la fabrication du beurre en Normandie. On fait d'abord écouler le lait de beurre, puis on lave dans la baratte la masse butyreuse avec de l'eau fraîche, jusqu'à ce que le liquide sorte parfaitement clair.

2° *Délaitage à sec.* — Le délaitage à sec était autrefois beaucoup employé en Bretagne; il a été perfectionné par la méthode danoise.

L'emploi de l'eau est rigoureusement écarté dans cette méthode. Le beurre est enlevé de la baratte et mis sur un tamis, à travers lequel passe le premier excédent de lait de beurre. Il est porté ensuite dans une auge en bois dont le fond est percé d'un trou : là il est battu avec des spatules en bois dur, et ce battage a pour effet de chasser le petit-lait. On peut aussi délaiter le beurre dans une délaiteuse mécanique animée d'un mouvement rapide de rotation, qui force le babeurre à se séparer de la masse butyreuse.

Malaxage. — Le beurre, ayant été parfaitement lavé et délaité, doit encore être pétri. Cette opération a pour but de
le débarrasser complètement de toutes les parties aqueuses
qu'il peut encore contenir et de rendre sa pâte homogène.

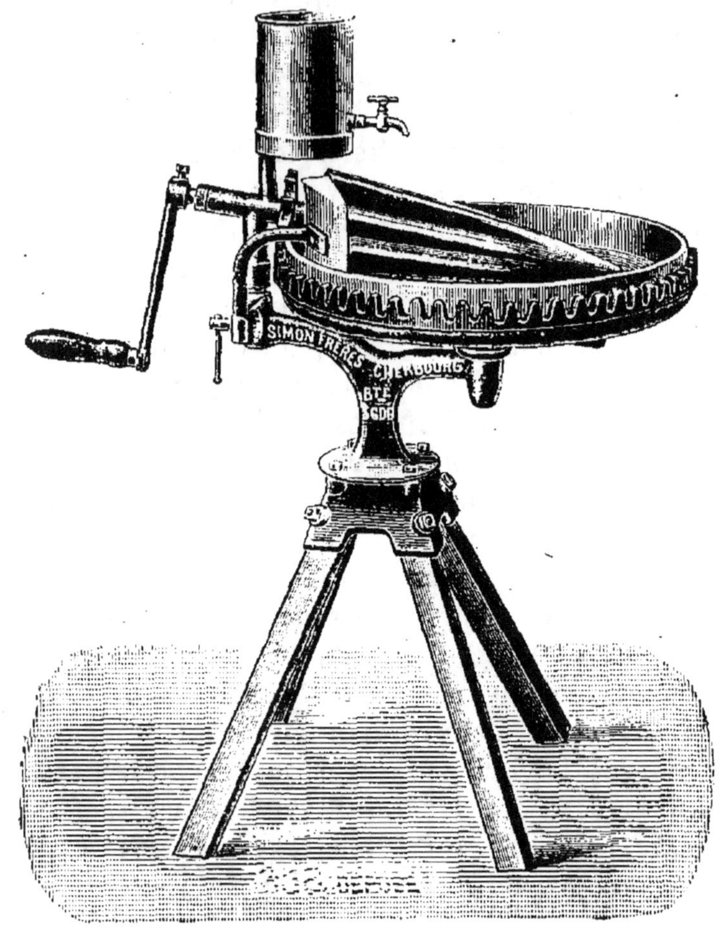

Fig. 237. — Malaxeur rotatif.

Le malaxage mécanique s'opère au moyen de malaxeurs
rotatifs de divers systèmes (fig. 237). Ces malaxeurs peuvent être mis en mouvement, soit par l'homme, soit par
différents moteurs.

Le babeurre qui sort de la baratte est utilisé pour l'alimentation des porcs.

383. Conservation du beurre. — Le beurre abandonné

à lui-même se conserve peu longtemps, surtout s'il n'a pas été parfaitement délaité. Il prend peu à peu un goût fort, dû à la décomposition des matières grasses sous l'action de l'air, de la lumière et des microbes. On peut retarder le *rancissement* en conservant le beurre à l'abri de l'air et de la lumière, soit enveloppé dans une mousseline, soit plongé dans un vase plein d'eau.

Le salage du beurre permet aussi d'augmenter sa durée de conservation. Il peut s'opérer en même temps que le malaxage du beurre, mais il peut aussi se faire sur du beurre en mottes.

Lorsqu'on opère le salage en même temps que le malaxage, on ajoute au beurre de 4 à 8 p. 100 de son poids de sel blanc pilé, soit environ de 40 à 80 grammes par kilogramme.

Si l'on sale du beurre en mottes, on l'étale en tranches sur une table mouillée et on le lamine avec un rouleau de buis. On le saupoudre de sel, à la dose de 40 à 80 grammes par kilogramme. On reforme de nouvelles mottes de beurre, qu'on écrase de nouveau jusqu'à ce que l'incorporation du sel soit complète. On peut ensuite mettre le beurre dans des pots de grès en le tassant fortement. Au-dessus du beurre on place un linge clair garni de sel blanc sec et l'on recouvre le pot avec une toile bien serrée et bien liée.

Le beurre est dit salé quand il contient 60 grammes de sel par kilogramme; il est dit demi-sel quand il n'en contient que 30 grammes.

Quand on entame le pot, il faut avoir soin d'enlever le beurre par couches horizontales et, après avoir égalisé chaque fois la surface, on comble le vide avec de l'eau salée.

On conserve également le beurre dans les ménages en le faisant fondre, soit à feu nu, soit au bain-marie.

A feu nu. — Quand on fait fondre le beurre à feu nu, on le place dans un chaudron sur un feu modéré. Les impuretés qui remontent à la surface pendant la fusion doivent être enlevées au fur et à mesure; sinon, on s'expose à les voir tomber au fond. Si elles tombent au fond, on remue doucement et l'on écume jusqu'à ce que la masse liquéfiée soit claire.

On modère le feu à 50 ou 60°, on décante le beurre fondu dans des pots de grès à étroite ouverture, et, quand il est solidifié, on le recouvre d'une couche de sel. On ferme ensuite le pot avec un fort papier ou du parchemin solidement lié. Le beurre ainsi fondu peut se conserver plus d'une année.

Au bain-marie. — Pour faire fondre le beurre au bain-marie, on place le vase qui renferme le beurre dans une marmite contenant de l'eau que l'on fait chauffer, jusqu'à ce que la matière soit en fusion.

On décante ensuite le beurre à travers une toile qui retient les impuretés. Si l'on sale le beurre après la fusion, il se conserve encore plus longtemps.

384. **Commerce du beurre.** — Le commerce du beurre a pris depuis longtemps en France une importance considérable; mais certains pays, et entre autres le Danemark, la République Argentine, nous font depuis quelques années une concurrence très sérieuse sur les marchés étrangers.

Sur nos marchés, le beurre frais se vend soit en pains allongés ou ronds du poids d'un demi-kilogramme, soit en mottes dont le poids varie de 5 à 20 kilogrammes, suivant les usages locaux. Le beurre demi-sel ou salé se vend de la même façon, mais on l'expédie aussi en boites métalliques ou en tonneaux du poids de 30 à 40 kilogrammes.

Les principaux centres de la production du beurre en France sont : les Charentes, le Poitou, la Bretagne et la Normandie. Les départements de la Manche et du Calvados ont acquis une réputation universelle, qu'ils conservent avec un soin jaloux. Les beurres d'Isigny et de Bayeux ont la meilleure des réputations sur tous les marchés du monde. Les beurres de Gournay (Seine-Inférieure) sont aussi très bien cotés sur tous les marchés. Les beurres centrifuges des Charentes et du Poitou sont aujourd'hui très estimés. La Bretagne fournit des beurres salés, qu'elle envoie surtout en Angleterre et au Brésil.

CHAPITRE V

LE FROMAGE

385. Principe de la fabrication du fromage. — Le lait renferme une matière azotée, la caséine, qui se coagule sous certaines influences. Cette caséine est séparée du reste du liquide dit petit-lait et elle subit un certain nombre de préparations : pressurage, égouttage, salage, maturation en milieux et sous l'action de microorganismes différents. Le produit finalement obtenu est le fromage, aliment précieux pour l'homme et caractérisé par une grande richesse en matière azotée.

Il existe un grand nombre de types de fromages, selon les modes de préparation adoptés. Voici la classification des principaux d'entre eux, d'après M. Houdet, ancien directeur de l'Ecole de laiterie de Mamirolle.

I. — FROMAGES OBTENUS PAR LA COAGULATION SPONTANÉE :
Fromages maigres, mous : à la pie, cancoillotte, etc.

II. — FROMAGES OBTENUS PAR L'EMPLOI DE LA PRÉSURE :

A) *Fromages à pâte molle.*

1° Fromages frais.......	Fromages à la crème, bondons, malakoffs, petits suisses, etc.
2° Fromages affinés avec moisissures à la surface..................	Brie, Coulommiers, Camembert, Neufchâtel, Gournay, etc.
3° Fromages affinés à croûte lavée.........	Géromé, Pont-l'Evêque, Munster, Saint-Rémy, Livarot, etc.

B) *Fromages à pâte dure.*

1° Avec moisissures à l'intérieur...........	Roquefort, Gex, Sassenage, Mont-Cenis, etc.
2° A croûte résistante ..	Cantal, Hollande, Port-Salut, Gruyère, Emmenthal.

Nous étudierons ici les plus importants de ces types dans chacune des catégories : le Neufchâtel, le Brie, le Camembert, le Géromé, le Roquefort et le Gruyère.

386. Coagulation du lait. Présure. — Le lait se coagule sous diverses influences.

Il peut se coaguler par suite de l'acidification naturelle du lait, due généralement au développement de la bactérie lactique sous l'influence notamment de la température.

Il peut se coaguler par l'addition d'acides minéraux ou organiques (vinaigre surtout). Dans les deux derniers cas, le caillé obtenu est dur, désagréable au goût et dépourvu de phosphate de chaux, ce sel ayant été dissous par les acides et entraîné dans le petit-lait.

Il se coagule enfin par l'addition de la *présure,* qui est un ferment soluble que l'on trouve surtout sur la muqueuse de l'estomac des jeunes ruminants, tant qu'ils sont soumis au régime lacté (caillette du veau).

La coagulation par la présure fournit un caillé léger, régulier, sans odeur, franc de goût et dépourvu d'acidité.

Autrefois, on employait la caillette elle-même, que l'on faisait macérer pour obtenir le liquide susceptible de faire cailler le lait. Les résultats obtenus étaient assez irréguliers. Aujourd'hui, on fabrique dans le commerce des extraits de présure inaltérables et d'une force coagulante connue.

La force coagulante d'une présure est désignée par le volume de lait qu'elle peut coaguler en 40 minutes et à la température de 35°. Ainsi une présure de la force de 10 000, coagule 10 000 fois son volume de lait à 35° en 40 minutes, ou bien 1 centimètre cube de présure coagulera 10 litres de lait à 35° en 40 minutes.

387. Fromage de Neufchâtel. — Les fromages vendus à Paris sous le nom de fromages de Neufchâtel ont la forme de petits cylindres ; ils ont une longueur de 0 m. 07 sur 0 m. 04 de diamètre.

On connaît trois espèces de fromages de Neufchâtel : 1° le *fromage de Neufchâtel maigre,* fait avec du lait écrémé ; 2° le *fromage de Neufchâtel à tout bien,* fait avec le lait naturel; 3° le *fromage de Neufchâtel à la crème*, pour lequel on ajoute de la crème au lait naturel.

La fabrication du fromage de Neufchâtel se fait de la manière suivante :

Aussitôt après la traite, le lait est coulé à travers une passoire et mélangé à la présure; le surlendemain, on vide le caillé obtenu dans des paniers en bois dont le fond est formé par une toile. Ces paniers sont placés sur des éviers, de manière que le fromage puisse s'égoutter. On le retire huit ou dix heures après avec la toile qui l'enveloppe et on le soumet à une légère pression pendant douze heures. On pétrit ensuite le fromage dans un linge blanc, jusqu'à ce que toutes les parties caséeuses et butyreuses forment une pâte bien liante. Ceci fait, on met le fromage dans des moules spéciaux.

Les fromages sont ensuite salés sur leurs bases et roulés dans du sel fin. Après les avoir fait égoutter pendant vingt-quatre heures, on les transporte dans une cave et on les dépose sur un lit de paille.

Les fromages sont laissés pendant trois mois dans la cave, de temps à autre on les retourne et on les change de place. Ils sont bons à consommer quand on voit apparaître sur leur pourtour de petits boutons rougeâtres, qui ne doivent être ni trop secs ni trop coulants.

388. Fromage de Brie. — Les fromages de Brie se fabriquent surtout en Seine-et-Marne, et particulièrement dans les arrondissements de Meaux et de Coulommiers.

Voici comment on les prépare :

Le lait est mis en présure aussitôt après son arrivée à la laiterie. La quantité de présure à employer doit être telle que la coagulation soit complète au bout de deux heures à deux heures et demie.

Lorsque le lait est caillé, on procède à la mise en moules. Au bout de vingt-quatre heures, on retourne les fromages et on les sale sur une de leurs faces; le lendemain, on sale sur l'autre face.

Les fromages sont ensuite placés sur des tablettes à claire-voie, où on les retourne tous les jours en surveillant l'état de la pâte. Au bout de vingt à trente jours, ils sont bons à être livrés au commerce. Pour affiner les fromages de Brie, on les transporte dans un endroit frais, une cave par exemple. L'affinage du fromage dure en moyenne d'un à deux mois.

On reconnaît qu'un fromage de Brie est bien affiné quand, après l'avoir coupé et en pressant avec le doigt sur le bord de la section, on voit se former un bourrelet sans épanchement liquide.

389. **Fromage de Camembert.** — Le fromage de Camembert doit son nom à la petite commune de Camembert (Orne), où on le fabriqua pour la première fois au siècle dernier. Il est fait avec du lait de vache partiellement écrémé. Pour obtenir un bon produit, on peut écrémer la traite du soir et la mélanger à celle du matin. On met le lait en présure, à la température de 26° à 27°; quand il est bien caillé, on le met en moules.

Les moules ont 0 m. 12 de diamètre et autant de hauteur; ils sont percés de trous pour l'écoulement du sérum.

Au bout de vingt-quatre heures, on retourne les fromages; deux jours après, on les retire des moules et on les sale sur toutes les faces. On les porte alors dans une chambre ou séchoir, garnie de râteliers couverts de claies en paille. Là, les fromages sont rangés en lignes sans se toucher; on les retourne tous les jours d'abord, et ensuite tous les deux jours. Peu à peu, on les voit se recouvrir de moisissures jaunâtres ou blanchâtres, qui envahissent de plus en plus les surfaces apparentes.

Lorsque les fromages ne prennent plus aux doigts, on les porte à la cave pour les affiner. Au bout de vingt-cinq jours passés à la cave d'affinage, les fromages de Camembert sont bons à manger.

Les fromages des deux types précédents, Brie et Camembert, subissent au séchoir des modifications profondes.

L'acide lactique, qui s'est formé à la coagulation et qui s'est développé ensuite, donne à ces fromages leur arome, leur bouquet.

Le but de l'affinage est de transformer au moyen d'une diastase soluble, la *caséase*, la *caséine* du lait en une matière plus soluble, plus digestible, la *caséone*. Cette transformation s'accomplit sous l'action de moisissures spéciales (*Penicillium album*). Le fromage est à point quand la couche crémeuse de caséone a envahi la totalité du fromage. Si le fromage n'est pas consommé à ce moment, sa pâte se ramollit, devient couleuse, et la fermentation putride se déclare.

390. Fromage de Géromé. — Il se fabrique surtout dans les Vosges. Le lait est emprésuré à la température de 28° à 32°, le caillé doit être pris en deux ou trois heures. Puis le caillé est divisé et mis en moules. Il est retourné le lendemain, démoulé quand il est devenu assez ferme, et ensuite salé ; le salage se répète chaque jour sur l'une ou l'autre face du fromage, après quoi celui-ci est frotté avec un linge imbibé d'eau tiède. On porte ensuite les fromages au séchoir et dans la cave d'affinage.

391. Fromage de Roquefort. — Le fromage de Roquefort est un des fromages français les plus connus ; il est fabriqué avec du lait de brebis, parfois mélangé avec du lait de chèvre ou avec du lait de vache.

On met dans le lait une quantité de présure suffisante pour que la coagulation ait lieu au bout de deux heures environ.

Quand le caillé est formé, on le pétrit comme de la pâte et l'on extrait le petit-lait par décantation. On met ensuite la pâte en moule en la comprimant avec les mains. Pendant ce pétrissage, on mélange au caillé un peu de pain moisi réduit en poudre. Le champignon qui produit la moisissure du pain, le *penicillium glaucum* donne naissance à une caséase qui transforme la matière albuminoïde du fromage en caséone.

Les moules employés pour le fromage de Roquefort sont en faïence ou en fer-blanc et ont 0 m. 21 de diamètre sur 0 m. 08 ou 0 m. 10 de hauteur.

Quand les moules sont pleins, on pose une planchette par-dessus et l'on charge avec un corps pesant. Au bout de douze heures, pendant lesquelles on a eu soin de retourner plusieurs fois les fromages, on les porte dans un séchoir. Pour empêcher qu'ils ne se dessèchent trop rapidement, on les serre fortement avec un linge de grosse toile.

Après quinze à vingt jours d'exposition au séchoir, les fromages sont transportés dans les caves d'affinage à Roquefort. Celles-ci sont creusées dans le roc et jouissent d'une température basse et constante de 5° à 7°. C'est à cette basse température qu'on doit les qualités que le fromage de Roquefort y acquiert.

A leur arrivée aux caves, les fromages sont salés sur une face ; on emploie pour cela de 15 à 18 grammes de sel fin. Vingt-quatre heures après, on les retourne et l'on sale l'autre face.

On range ensuite les fromages par piles, et sur ces piles on projette du sel. Au bout de huit jours, on les racle avec un couteau, puis on les essuie et on les dispose de nouveau en piles de huit à dix fromages. Le raclage doit être renouvelé de temps à autre. Le fromage est bon à manger quand la croûte se couvre d'un duvet rouge très court.

392. **Fromage de Gruyère.** — La fabrication de ce fromage est répandue dans les départements du Jura, du Doubs, de l'Ain et de la Haute-Savoie. La dimension des pièces fabriquées varie avec les pays et les modes de fabrication : le type Comté est un gruyère qui pèse de 35 à 60 kilogrammes ; le type Emmenthal, un gruyère qui pèse de 60 à 120 kilogrammes. Voici en quoi consiste la fabrication :

Le lait est versé dans une chaudière, soit mobile autour d'une potence qui permet de l'éloigner du foyer, soit fixe, le foyer situé sous la chaudière pouvant s'en éloigner à volonté. Le lait est porté à la température de 30 à 34 degrés. A ce moment, le chauffage étant supprimé, on ajoute la présure. Dans cette fabrication, on se sert d'une présure spéciale préparée par le fromager lui-même avec des caillettes de veau, et du petit-lait aigri provenant d'une fabrication précédente. La coagulation doit s'opérer en 35 ou 40 minutes. Le caillé est alors brisé avec le tranche-caillé et la masse entière est agitée avec le brassoir. On redonne le feu à ce moment ; la température est portée à 55° environ et le brassage est accéléré.

Lorsque le caillé réduit en grains de la grosseur d'un petit pois est formé et suffisamment ferme, il est retiré de la chaudière, placé dans un moule et porté sous la presse, où le fromage reçoit une pression croissante jusqu'au lendemain.

On démoule 24 heures après et on porte le fromage dans la cave froide (12° environ). On le sale énergiquement chaque jour sur chacune des deux faces. Après une quinzaine de jours, le fromage passe à la cave chaude, où il reste deux mois environ ; c'est là que la fermentation se déclare, que l'ouverture apparaît. Après quoi, le fromage peut être livré à la consommation ; mais il passe généralement un mois ou deux dans une cave dite d'affinage, où la maturation se termine.

APPENDICE

A LA SEPTIÈME PARTIE

Exercices pratiques. — *Industries agricoles.* — Les élèves seront conduits dans les différents locaux consacrés aux industries agricoles annexées à l'exploitation : cave, distillerie, laiterie, fromagerie. Ils suivront les opérations de ces industries et seront appelés à les apprécier.

Bibliographie. — *Le Vin,* par CHANCRIN. — *Vinification,* par PACOTTET. — *Vinification,* par L. MATHIEU. — *Le Cidre,* par TOUCHARD et LABOUNOUX. — *Pomologie et cidrerie,* par WARCOLLIER. — *Laiterie,* par Ch. MARTIN. — *Laiterie,* par POURIAN. — *La Laiterie moderne,* par WAUTERS et HAENTJENS.

HUITIÈME PARTIE

ÉCONOMIE RURALE

CHAPITRE PREMIER

MODES D'EXPLOITATION

393. Richesse agricole de la France. — La superficie de la France est aujourd'hui, en y comprenant l'Alsace et la Lorraine, d'environ 54 millions d'hectares. De cette surface, 6 p. 100 constitue le territoire non agricole, puis 12 p. 100 le territoire inculte, mais qui, par le travail, serait susceptible de produire. Le reste, soit 82 p. 100, constitue le territoire productif et sur lequel les différents sols agricoles se répartissent ainsi :

	Hectares, environ
Terres labourables soumises à l'assolement....	23.000.000
Prairies naturelles, herbages et pacages.......	9.000.000
Vignes...................................	1.600.000
Cultures maraîchères	307.000
Cultures diverses non assolées	1.000.000
Bois, forêts	10.000.000

Ainsi, le caractère principal de la production agricole en France est la diversité due à la variété des sols et des climats.

Cette production agricole est entre les mains de plus de 4 millions de propriétaires ruraux et elle intéresse la moitié environ de la population de la France entière, qui participe d'une façon plus ou moins directe à la culture du sol. C'est là une situation particulièrement favorable à la richesse de notre pays, les nations agricoles étant toujours les plus prospères, leur prospérité étant la plus assurée et la plus durable.

Des différentes questions qui se rattachent à l'Économie rurale, et plus spécialement à l'exploitation du sol, nous n'étudierons que les principales : modes d'exploitation du sol, systèmes de culture, morcellement des domaines.

394. Modes d'exploitation du sol. — On appelle ainsi le système adopté par le propriétaire du sol pour tirer de sa terre un revenu.

Le propriétaire peut cultiver sa terre de ses propres mains, c'est le *faire-valoir direct*. S'il n'a pas les aptitudes nécessaires, ou s'il se consacre à d'autres occupations, il peut pratiquer l'exploitation directe par *régisseur*.

Le propriétaire peut également donner ses terres à bail à un cultivateur qui les exploite, moyennant une redevance fixe ; ce mode d'exploitation est alors le *fermage*. Enfin, le *métayage* est une association entre le propriétaire et l'exploitant, qui partagent les produits suivant des règles déterminées.

395. Faire-valoir direct et par régisseur. — L'homme qui se livre à la culture directe de ses terres devrait avoir les connaissances les plus variées. Longtemps, on a admis que celui qui, dans une famille, ne pouvait pas arriver à embrasser une profession dite libérale avec quelque chance de succès, avait toujours assez d'intelligence pour faire un agriculteur. C'est une profonde erreur, car, pour faire la culture directe dans de bonnes conditions, il faut posséder une instruction plus variée et plus approfondie que pour parcourir toute autre carrière. Il faut, en outre, acquérir un coup d'œil, un tact, un esprit de décision tout particuliers.

Il faut être un homme du dehors et de l'intérieur, veiller à tout, à l'étable, à l'écurie, à la bergerie, à la basse-cour, aux machines, aux travaux des champs, aux chemins, aux engrais, aux cultures, etc.

La connaissance complète des lois et des usages, aussi bien que des ressources de la procédure, est indispensable.

On doit pouvoir appliquer à la découverte des propriétés des sols des connaissances étendues en chimie, en géologie, en physique et en physiologie végétale.

On le voit, pour pratiquer dans de bonnes conditions le faire-valoir direct, il faut développer un travail de tous les instants et avoir la possession constante de soi-même et de toutes les facultés de l'intelligence et du cœur.

On compte en France 3 390 000 cultivateurs ou agriculteurs exploitant directement leurs terres.

La culture par régie est adoptée presque exclusivement pour les grandes propriétés; elle peut donner les meilleurs résultats comme les plus mauvais : tout dépend du choix du régisseur.

Le régisseur est l'homme qui administre une exploitation rurale pour le compte d'un propriétaire.

Un bon régisseur doit avoir toutes les qualités et doit aussi posséder toutes les connaissances que nous avons énumérées pour le faire-valoir direct. On doit, de plus, réclamer de lui une prudence toute spéciale, car, administrant des biens qui ne lui appartiennent pas, il pourrait en peu de temps mener le propriétaire à sa ruine.

La rétribution du travail du régisseur se fait de différentes manières suivant les pays. Très souvent, elle est fixe ; d'autres fois, le régisseur reçoit un prix fixe plus une part du produit; d'autres fois encore, mais cela plus rarement, le régisseur ne reçoit qu'une part des produits, san aucune indemnité.

La rétribution du travail à prix fixe est mauvaise, car le régisseur n'est pas encouragé à faire une bonne culture. Moins il y a de travail, plus il se trouve heureux, quand il est ainsi rétribué.

Le régisseur intéressé aux bénéfices de l'exploitation s'efforce de faire rendre à la terre les produits les plus rémunérateurs. Il vaut mieux partager les produits nets que les produits bruts, car autrement les intérêts du propriétaire pourraient être lésés.

De toute façon, il importe que l'accord soit constant entre le propriétaire et son régisseur. Un ordre donné par le régisseur ne doit jamais être contremandé par le propriétaire : un défaut d'entente produirait le plus mauvais effet. L'accord est la condition indispensable pour le succès d'une entreprise de ce genre.

Le nombre des régisseurs tend à diminuer légèrement. Le faire-valoir direct s'est développé au détriment du fairevaloir par régisseur.

396. Fermage. — Le fermage est le mode d'exploitation dans lequel le propriétaire loue la jouissance de son sol, pour un temps déterminé, à un exploitant ou fermier, qui doit le cultiver, en payant annuellement une redevance fixe en argent ou en produits. On donne aussi le nom de fermage à la redevance payée par le fermier au propriétaire.

Dans ce mode d'exploitation du sol, la terre est considérée comme un capital que son détenteur cède temporairement à un fermier, et celui-ci paye une rente fixée d'avance. La redevance payée par le fermier est une partie des produits du sol, le reste des produits sert à l'indemniser des frais de culture, à rémunérer son capital d'exploitation, son travail personnel et son intelligence. On compte en France 1 061 400 fermiers.

Choix d'une ferme. — Le choix d'une ferme est d'une importance capitale pour le fermier. Il devra la visiter avec soin, avant de s'engager vis-à-vis du propriétaire par un bail à ferme. Il étudiera la nature du sol, en appréciera les avantages et les défauts, supputera les améliorations à entreprendre, examinera les bâtiments, les clôtures, les chemins, etc. Le fermier doit mettre dans cette visite tout ce qu'il a d'intelligence et de discernement.

Durée des baux. — La durée des baux est généralement trop courte en France ; un fermier vraiment intelligent cherchera toujours à conclure un bail de longue durée. Les avantages sont aussi grands pour le propriétaire que pour le fermier. Le fermier qui ne jouit que d'un bail de courte durée recule toujours devant les améliorations qui exigent des avances de fonds, car il craint de ne pas récupérer ses avances par l'augmentation de ses produits. Il faut, pour améliorer, une sécurité de jouissance qui garantit les efforts et les dépenses du fermier et que peut seul procurer un bail à longue échéance.

Variation des prix de fermage. — Comme toutes les industries, le fermage est soumis à la loi de l'offre et de la demande. Dans les périodes de prospérité et dans les contrées où certaines cultures donnent une succession de brillants résultats, la terre est recherchée; les fermiers s'offrent en grand nombre; la rente du sol s'élève; il y a hausse du fermage. Au contraire, dans les périodes de malaise ou de crise, après une série de mauvaises récoltes, la rente du sol s'abaisse et il y a baisse du fermage.

Établissement du bail. — Les plus grands soins doivent être apportés dans l'établissement des baux à ferme, dans lesquels il faut prévoir : la contenance détaillée des terres du domaine, le montant du fermage, les conditions d'entrée et de sortie du fermier, l'entretien des bâtiments et des terres, les impôts et les assurances, les soins à donner aux plantations, aux haies, aux chemins, les drainages, les assainissements, les irrigations et surtout les pailles et fumiers à produire et à utiliser sur l'exploitation. Sur toutes ces questions, il est prudent de s'en référer aux usages locaux.

397. **Métayage.** — Le métayage est le mode d'exploitation dans lequel le sol est cultivé par une association entre le propriétaire et le cultivateur ou métayer, les produits étant partagés entre l'un et l'autre suivant des conventions faites d'avance.

Le comte de Gasparin définit le métayage de la manière suivante : « Le métayage est un contrat par lequel, quand un tenancier n'a pas un capital ou un crédit suffisant pour le payement de la rente et des avances du propriétaire, celui-ci prélève cette rente par parties proportionnelles, sur la récolte de chaque année, de manière que la moyenne arithmétique de ces portions annuelles représente la rente. » C'est donc de l'union du propriétaire et du métayer que doit naître la prospérité commune.

Les métayers sont au nombre de 345 000 environ sur toute l'étendue du territoire.

Les régions où le métayage est le plus répandu sont ; l'Ouest central, le Centre, le Sud-Ouest et le Sud.

Le métayage a été pendant longtemps discrédité, à cause de l'état misérable dans lequel se trouvaient les divers pays où il était pratiqué. Ce mode d'exploitation était considéré comme étant la cause de cette triste situation, alors qu'il n'en était que la conséquence. Aujourd'hui, il n'en est plus ainsi et l'on tend à encourager le développement du métayage, qui est plutôt un élément de progrès dans les régions déshéritées, à sol pauvre, à culture peu avancée.

Le métayage réalise en quelque sorte l'association du capital et du travail ; le propriétaire dirige la culture ; mais le métayer a, lui aussi, sa part d'initiative pour l'exécution des travaux, l'élevage et l'engraissement du bétail, etc.

Si le métayer peut cultiver toute sa métairie sans le concours de serviteurs, avec l'aide de sa propre famille seulement, il se trouve dans de bonnes conditions ; dans le cas contraire, sa situation devient difficile.

Il ne faudrait pas que les métairies excédassent une surface de 20 à 30 hectares.

Le plus ordinairement, le partage des produits se fait par moitié entre le propriétaire et le métayer ; d'autres fois, le propriétaire ne reçoit que le tiers des récoltes ou toute autre proportion convenue entre les parties en présence.

Le partage des produits végétaux se fait, en général, aussitôt après la récolte. Le partage des animaux s'opère après la vente de ces derniers ; il se fait en argent.

CHAPITRE II

398. Systèmes de culture. — Les produits à retirer d'une exploitation dépendent à la fois des conditions naturelles dans lesquelles elle est placée (nature du sol, climat) et des conditions économiques (aménagement du sol, assainissement, irrigations, débouchés pour les produits agricoles, moyens de transport, main-d'œuvre, etc.).

C'est sur ces facteurs que sont fondés les *systèmes de culture* qui consistent dans l'orientation générale donnée à la production agricole dans une exploitation ou même dans une région tout entière. Les systèmes de culture varient donc avec les pays et aussi avec les époques.

Nous ne nous arrêterons pas à étudier l'évolution des différents systèmes dans l'histoire de l'agriculture ; cette étude n'a qu'un caractère rétrospectif ; car si, jadis, il n'était possible de passer d'un système à l'autre que lentement et progressivement, aujourd'hui, grâce aux moyens de transport multipliés, grâce aux engrais, il est possible de transformer presque très rapidement le système de culture d'un domaine et même de toute une région.

On dit qu'un système de culture est *extensif* quand le cultivateur se laisse dominer par les conditions naturelles et n'intervient que pour tirer parti de ces conditions sans chercher à les améliorer. Lorsque, au contraire, le cultivateur modifie à son avantage ces conditions et qu'il tire du sol des produits plus nombreux et de meilleure qualité, il fait de la culture *intensive*.

Ainsi, l'exploitation des pâturages des Cévennes et des Alpes Méridionales, comme terre de parcours pour le mouton, est de la culture extensive, tandis que l'exploitation des herbages de Normandie, du Charolais et du Nivernais, améliorés par les fumures, est de la culture intensive. La production du blé par les indigènes de l'Afrique du Nord est de la culture extensive ; celle, au contraire, du nord de la France et du Bassin Parisien est de la culture intensive.

Pour être livrée à un système de culture intensif, une région ou une exploitation doit répondre à la fois aux conditions suivantes : fertilité du sol et climat approprié, débouchés faciles pour les produits, main-d'œuvre disponible. Si ces conditions ne sont pas réunies, le système de culture se borne à tirer le meilleur parti possible de la situation.

Ainsi les terres riches des limons des plateaux du nord de la France sont consacrées à une culture intensive, parce qu'elles sont fertiles, parce que les moyens de transport y sont développés et que la main-d'œuvre, à l'époque où les travaux agricoles sont pressants, se recrute facilement (ouvriers belges pour les travaux de sarclage des betteraves et de moisson des céréales). Les régions du Sud-Ouest, vallées de la Garonne et du Gers, tout aussi fertiles, sont cultivées de façon moins intensive, parce que la main-d'œuvre y est insuffisante. La basse vallée de la Durance à terre légère, facile à travailler, a vu très rapidement se développer la production des fruits et des légumes de primeurs lorsque la Compagnie des chemins de fer P.-L.-M. eut organisé des services rapides de Messageries pour transporter dans les centres de consommation les produits de toute la région. Ailleurs, la culture, d'intensive qu'elle était, a dû devenir extensive, en raison de la réduction de la main-d'œuvre disponible. C'est le cas d'un grand nombre de pays de l'est de la France où la culture des céréales a été remplacée en grande partie par la production fourragère, beaucoup moins exigeante en main-d'œuvre. Mais cette diminution des surfaces cultivées doit correspondre à un accroissement des rendements à l'hectare ; en effet, la quantité des engrais produits à la ferme est plus grande, la fumure des terres doit donc être plus forte, et les soins culturaux donnés à des cultures de surface plus restreinte sont plus complets.

Enfin, le cultivateur doit tenir compte, quand il arrête le système de culture d'une exploitation, des capitaux dont il dispose. La culture intensive exige beaucoup de frais (engrais, améliorations foncières, main-d'œuvre); il convient de ne l'adopter que lorsqu'on peut y consacrer suffisamment de fonds. Une erreur souvent commise par des agriculteurs débutants, surtout par des industriels voulant se lancer dans l'agriculture, a été de vouloir faire fonctionner des entreprises de culture intensive avec des capitaux insuffisants; il en est presque toujours résulté de gros déboires financiers.

399. Morcellement des domaines. — On désigne sous ce nom l'état dans lequel se trouve un domaine constitué par un grand nombre de parcelles, celles-ci étant généralement de petites dimensions et dispersées à des distances souvent grandes.

Cet état de choses est fréquent dans les régions du Centre et surtout de l'Est; la cause principale réside dans l'application de l'article 826 du Code civil, d'après lequel chacun des cohéritiers peut exiger sa part en nature des meubles et des immeubles d'une succession. Il suffit d'un petit nombre de générations pour émietter un vaste domaine.

Les inconvénients du morcellement sont grands; les deux plus importants sont la perte de temps et les frais qu'il occasionne. Pour tous les travaux de culture qu'on est obligé de donner, on perd un temps considérable pour conduire les instruments aratoires d'une parcelle à l'autre. On ne peut parfois faire les récoltes en temps opportun; enfin, dans la plupart des cas, il est impossible d'employer les instruments à grand travail (faucheuses, moissonneuses) dans la culture morcelée.

400. Remèdes à apporter au morcellement. — Pour éviter le morcellement, il serait à désirer que, dans les successions rurales, les héritiers s'entendissent pour ne pas partager toutes les parcelles qui constituent l'héritage et même pour désigner l'un d'entre eux qui hériterait seul du domaine, à charge par lui de dédommager ses cohéritiers par un versement en argent.

Quand le mal existe, deux remèdes peuvent être appliqués : les échanges parcellaires et les remembrements territoriaux.

Échanges parcellaires. — Ce sont des échanges qui s'effectuent entre parcelles voisines ou situées sur un même territoire, de façon à grouper entre les mains des mêmes propriétaires des surfaces égales à celles possédées auparavant par chacun, mais en un plus petit nombre de parcelles.

La loi du 3 novembre 1884 favorise ces échanges en les exonérant des droits de mutation qui sont extrêmement élevés. L'article 1 de cette loi fixe à 0,20 par 100 francs le droit proportionnel d'enregistrement et de transcription perçu sur les immeubles échangés, lorsque ces immeubles se trouvent dans une même commune ou dans des communes limitrophes, ou lorsque, en dehors de ces limites, l'un des immeubles échangés est contigu aux propriétés de celui qui le recevra, et dans le cas seulement où ces immeubles auront été acquis par les contractants par acte enregistré depuis plus de deux ans ou recueillis à titre héréditaire. Le droit n'est perçu que sur la valeur d'un des immeubles échangés; l'autre, en effet, est considéré comme le prix du premier.

Remembrement. — C'est l'opération qui consiste à procéder, sur un territoire donné, à un nouveau groupement et à une nouvelle répartition des parcelles, établis de façon à faire disparaître l'émiettement et la dispersion des parcelles, à supprimer les enclaves et même à établir des chemins d'exploitation peu nombreux et susceptibles de desservir toutes les nouvelles parcelles.

Avant 1918, il fallait en France réunir le consentement de la totalité des propriétaires intéressés pour réaliser le remembrement d'un territoire ; aujourd'hui, cette opération est rendue plus facile grâce à la loi du 27 novembre 1918, dite « loi Chauveau », et dont voici les dispositions les plus importantes :

1° Le remembrement peut être imposé à tous les propriétaires intéressés quand le projet réunit l'adhésion d'une majorité représentant les deux tiers de la superficie du terrain et la moitié des propriétaires, ou la moitié de la superficie et les deux tiers des propriétaires ;

2º Toutes les contestations pouvant s'élever entre propriétaires, au sujet du classement ou de l'évaluation des terrains, ou de l'interprétation de l'acte d'association, sont arbitrées en dernier ressort par une commission arbitrale qui pourra statuer également sur les observations formulées par les tiers ;

3º Les privilèges, hypothèques et tous autres droits grevant les immeubles sont transférés de plein droit sur les immeubles reçus en échange par voie de remembrement ;

4º Les actes passés à l'occasion du remembrement sont exemptés de tous droits au profit de l'Etat.

Enfin, lorsqu'une association syndicale s'est constituée en vue de procéder au remembrement parcellaire d'un territoire, l'Etat lui accorde le concours des services techniques du Génie rural, ainsi qu'une subvention.

CHAPITRE III

401. Ministère de l'Agriculture. — A la tête de l'administration de l'agriculture, en France, se trouve le Ministre de l'Agriculture, sous les ordres de qui sont placés les différents services du ministère de l'Agriculture :

Les *Services départementaux agricoles* et l'*Enseignement agricole* (voir les §§ suivants) ;

Le *Service des forêts*, chargé : 1° de la conservation et de l'exploitation des forêts qui appartiennent à l'État (1 million 300 000 ha. environ) et aux communes (plus de 2 000 000 ha.) ; 2° de la police de la pêche ;

Le *Service des haras,* duquel relève l'entretien des étalons nationaux (voir § 299).

Le *Service du Génie rural*), constitué par un corps d'ingénieurs spécialistes dont le rôle est de guider les cultivateurs et les associations agricoles dans toutes les questions d'améliorations foncières, de constructions rurales, d'industries agricoles. D'une façon générale; tous les cultivateurs peuvent demander des conseils aux agents locaux de ce service (ingénieurs du Génie rural) ; mais toutes les associations agricoles (coopératives et associations syndicales surtout) peuvent demander au ministère de l'Agriculture, par l'intermédiaire du préfet et du directeur des Services agricoles du département, le concours gratuit de ce service en vue de l'établissement et de l'étude de tous les projets concernant les améliorations foncières (drainage, assainissement, irrigation, établissement de chemins, remembrement, industries agricoles, etc.) ;

Le *Service de la répression des fraudes,* chargé d'appliquer la législation relative à la répression des fraudes sur les engrais, les denrées alimentaires diverses (lait, vin, etc.);

Les *Services scientifiques* proprement dits, desquels dépendent les établissements d'études (laboratoires, stations agronomiques, etc.) ;

Le *Service vétérinaire,* dont le rôle est l'application de la législation sur les maladies contagieuses des animauux domestiques (voir § 292) ;

Le *Service de la météorologie agricole,* qui a pour fonction de renseigner les cultivateurs sur les prévisions du temps (orages à grêle, gelées, etc.) ;

L'*Office des renseignements agricoles,* dont l'une des fonctions est de dresser la statistique agricole annuelle à laquelle collaborent les fonctionnaires départementaux des services agricoles et les commissions communales et cantonales de statistique agricole. Cette statistique comporte le dénombrement des surfaces consacrées aux différentes productions végétales, des quantités produites des différentes récoltes et des animaux domestiques des différentes espèces.

L'exactitude de ce dénombrement repose sur les soins apportés dans chaque commune à l'établissement de l'état communal qui doit représenter chaque année les variations subies par les différentes productions.

Cette stastistique permet de se faire une idée des récoltes des différents produits agricoles pour la France entière et, par suite, d'établir, soit en temps de guerre, soit en année de disette, le plan de ravitaillement du pays. Nous ne saurions donc trop engager tous ceux qui doivent participer à sa confection, et surtout les secrétaires de mairie, à y apporter tous leurs soins.

402. Services agricoles départementaux. — Dans chaque département, les services agricoles sont placés sous l'autorité du directeur des Services agricoles, dont les attributions sont notamment les suivantes : vulgarisation des connaissances agricoles, enseignement agricole, service des intérêts économiques et sociaux de l'agriculture, mutualité agricole, statistique et ravitaillement, recherches diverses et direction des champs d'expériences et de démonstration.

Le directeur des Services agricoles est secondé dans sa tâche par des professeurs d'agriculture. Les cultivateurs, les associations agricoles de tout ordre et de toute nature, les maires des communes rurales, pour obtenir des renseignements techniques ou économiques sur toutes les questions qui touchent l'agriculture, peuvent s'adresser à ces fonctionnaires, qui sont l'intermédiaire nécessaire entre eux et l'administration centrale. C'est surtout comme conseillers techniques des Offices agricoles et comme vulgarisateurs des connaissances agricoles que les directeurs des Services agricoles et les professeurs d'agriculture jouent un rôle utile et considérable.

403. Offices agricoles. — En vue de faciliter l'intensification de la production agricole, la loi du 6 janvier 1919 a créé des Offices agricoles départementaux, à la tête desquels est placé un Conseil d'administration de 5 membres, nommé par le Conseil général. La direction technique en est confiée au directeur des Services agricoles. Le rôle de ces Offices est la recherche et l'application de toutes les méthodes susceptibles d'augmenter la production agricole, végétale ou animale. L'action de ces Offices peut être féconde quand ils s'appliquent à vulgariser et à encourager des procédés perfectionnés bien adaptés aux conditions spéciales de l'agriculture de chaque département.

A côté des Offices départementaux, ont été institués les Offices régionaux, formés des délégués des Offices départementaux et qui ont à s'occuper des questions qui ont un caractère interdépartemental. La France a été partagée en huit régions, groupant chacune de 10 à 12 départements.

404. Enseignement de l'agriculture. — L'enseignement de l'agriculture est régi par la loi du 2 août 1918; il est donné dans un certain nombre d'établissements supérieurs : Institut national agronomique; Écoles nationales d'Agriculture de Grignon, de Montpellier, de Rennes; École nationale d'Horticulture de Versailles, puis dans des Écoles d'Agriculture qui sont au nombre de 29 et dans des fermes écoles; dans chaque département, il peut être institué une ou plusieurs écoles d'hiver, fixe ou ambulante, et un certain nombre de cours post-scolaires. Il existe également un certain nombre d'écoles spéciales : école nationale des industries agricoles à Douai; écoles de laiterie à Mamirolle (Doubs) et à Poligny (Jura); école d'osiériculture et de vannerie à Fayl-Billot (Haute-Marne), école de bergers à Rambouillet; école professionnelle de laiterie de Surgères (Charente-Inférieure). Pour les jeunes filles, il existe des écoles ménagères à divers degrés : école supérieure à Coetlogon (Ille-et-Vilaine); écoles ménagères fixes de Kerliver (Finistère), du Monastier (Haute-Loire); écoles ménagères agricoles ambulantes existant dans une trentaine de départements et cours post-scolaires d'enseignement ménager dans tous les départements.

Il est utile de donner ici quelques détails sur les écoles d'agriculture d'hiver et sur l'enseignement post-scolaire de l'agriculture.

Écoles d'agriculture d'hiver. — Ces écoles ont pour objet de donner pendant quatre ou cinq mois d'hiver une instruction professionnelle aux fils des cultivateurs qui ne peuvent fréquenter les écoles d'agriculture. Elles sont généralement annexées à un établissement d'enseignement secondaire ou primaire supérieur ou à d'autres écoles dépendant du ministère de l'Agriculture. Elles sont placées sous la direction technique du Directeur des Services agricoles du département.

Pour être admis dans une école d'agriculture d'hiver, les élèves doivent être âgés de quinze ans au moins, et avoir fait de la pratique agricole pendant au moins deux ans; c'est là la garantie que l'enseignement technique qui leur est donné leur sera profitable.

L'enseignement est gratuit, les élèves ont seulement à payer les frais de leur entretien (pension, blanchissage, etc.). Le programme des études comporte toutes les matières relatives à l'agriculture générale et spéciale, à l'horticulture, aux différentes sciences sur lesquelles est basée l'agriculture, à l'élevage du bétail; il est toujours adapté aux conditions spéciales de l'agriculture du département.

A la fin de la deuxième année d'études, les élèves qui ont

satisfait aux interrogations et à l'examen final reçoivent le diplôme des Écoles d'agriculture d'hiver.

Enseignement post-scolaire agricole. — Les diverses écoles d'Agriculture ne peuvent donner l'enseignement agricole à toute la jeunesse rurale. Pour atteindre tous les fils de cultivateurs, il était indispensable de porter à la campagne cet enseignement et de le confier aux instituteurs ruraux eux-mêmes, qui, vivant au milieu des cultivateurs, connaissent leurs besoins, les conditions locales de l'agriculture et sont capables, grâce aux notions d'agriculture reçues à l'Ecole normale, de donner aux jeunes gens de seize à dix-huit ans l'enseignement technique dont ils ont besoin. Il ne peut être question naturellement que l'instituteur joue le rôle d'un professeur d'agriculture, qu'il enseigne la pratique des travaux ruraux; son rôle est tout autre : il doit se borner à expliquer le pourquoi des phénomènes agricoles, les lois sur lesquelles sont basées les méthodes de travail en usage, afin que l'élève soit amené à faire mieux chaque jour.

Cet enseignement est donné à l'Ecole généralement pendant l'hiver et complété en été par des excursions, des visites d'exploitation agricole, de champs de démonstration. Aux termes de la loi du 2 août 1918, il doit durer quatre ans et il a pour sanction le certificat d'études agricoles.

CHAPITRE IV

405. Formes diverses de l'association en agriculture. — Lorsqu'un certain nombre de personnes se réunissent dans un but d'intérêt général ou d'intérêt professionnel ne se présentant pas sous la forme de participation à des bénéfices, le groupement ainsi constitué est une *association*.

La *société* au contraire poursuit un but lucratif, partage de bénéfices ou jouissance d'avantages en nature.

Les diverses formes de l'association agricole sont les suivantes :

Les *Comices agricoles,* les *Sociétés d'agriculture,* associations placées sous le régime de la loi de 1851, ou sous celui de la loi de 1901 ;

Les *Associations syndicales,* constituées conformément aux lois des 21 juin 1865 et 22 décembre 1888 ;

Les *Syndicats agricoles* avec leurs divers objets, régis par la loi du 21 mars 1884, modifiée par celle de 1920 ;

Les *Sociétés coopératives,* tantôt de forme commerciale, elles sont alors régies par la loi de 1867, tantôt de forme civile, elles le sont par les articles 1836 et suivants du Code civil ;

Les *Caisses de crédit agricole mutuel,* véritables coopératives de crédit, dont la loi fondamentale est celle du 5 août 1920 ;

Les *Caisses d'assurances mutuelles,* placées sous le régime de la loi du 4 juillet 1900.

406. Comices agricoles et Sociétés d'agriculture. — Les comices et les sociétés d'agriculture sont des associations dont l'objet est la recherche et l'encouragement des meilleures méthodes de culture, d'élevage, etc. Les comices se proposent surtout l'organisation de concours ; les

sociétés d'agriculture, 'd'élevage, d'horticulture, d'apiculture, de pisciculture, etc., ont un objet d'études.générales
et d'encouragement sous toutes ses formes. Elles sont de
plus en plus développées.

Ces associations étaient généralement placées sous le régime de
la loi du 20 mars 1851; il est préférable aujourd'hui qu'elles se placent sous celui de la loi du 1ᵉʳ juillet 1901, qui reconnaît :
  Des associations simples;
  Des associations déclarées, qui peuvent percevoir des cotisa-
tions et recevoir des subventions;
  Des associations reconnues d'utilité publique, qui possèdent une
personnalité civile plus complète.

407. Associations syndicales. — Ce sont des groupements constitués soit librement (associations 'syndicales
libres), soit avec le concours de l'administration (associations
syndicales autorisées), en vue de l'exécution de travaux
d'intérêt collectif agricole (défense contre les inondations,
curage des cours d'eau, drainage, irrigation, remembrements parcellaires, desséchement de marais, ouverture de
chemins d'exploitation, etc.).

Elles permettent de substituer aux efforts individuels et
isolés des cultivateurs trop souvent impuissants, l'effort de
la collectivité.

Aux associations syndicales libres on applique les règles
du droit civil; les associations syndicales autorisées jouissent de certaines prérogatives dont la plus importante est
la suivante : une majorité d'intéressés déterminée par la loi
suffit à contraindre la minorité pour la réalisation des améliorations poursuivies.

408. Syndicats agricoles. — Créés par la loi du 21 mars
1884, les syndicats agricoles se sont multipliés rapidement dans la France entière. Leur rôle est extrêmement
vaste, ils peuvent en effet poursuivre les objets suivants :

1ᵉ Examiner toutes les mesures économiques et toutes les réfor-
mes législatives que peut exiger l'intérêt de l'agriculture, d'en
réclamer la réalisation des autorités et pouvoirs compétents,
notamment en ce qui concerne les charges qui pèsent sur la pro-

priété rurale, les tarifs de chemin de fer, les tarifs douaniers, les octrois, les droits de place dans les foires et marchés, etc. ;

2° Préparer, encourager, soutenir la création d'institutions économiques, telles que : sociétés de crédit agricole, sociétés de production et de vente, caisses d'assurances mutuelles contre la mortalité du bétail, la grêle, la gelée; sociétés de secours mutuel contre la maladie ; caisses de retraite pour la vieillesse, assurances contre les accidents, offices de renseignements pour les offres et les demandes de produits, d'engrais, d'animaux, de semences, de machines, etc. ;

3° Provoquer et favoriser des essais de culture, d'engrais, de semences; expérimenter les instruments perfectionnés et tous autres moyens propres à faciliter le travail, augmenter la production, diminuer le prix de revient et réduire autant que possible le coût de la vie dans les campagnes;

4° Provoquer l'enseignement agricole et le vulgariser par des conférences et tous autres moyens qui seront reconnus utiles;

5° Faciliter l'acquisition des engrais, instruments, animaux, semences, et de toutes matières premières ou fabriquées utiles à l'agriculture;

6° Se procurer des instruments agricoles destinés à être loués à ses membres pour leur usage exclusif;

7° Favoriser la vente des produits agricoles;

8° Donner des avis et consultations sur tout ce qui concerne la profession agricole, fournir des arbitres et experts pour la solution des questions litigieuses;

9° Encourager le travail agricole par l'organisation de concours, la création d'offices de renseignements pour les offres et demandes de travail.

À la vérité, les syndicats généralement se sont spécialisés dans un ou plusieurs des buts ci-dessus énumérés. C'est ainsi qu'il existe des syndicats d'approvisionnement, de vente, de battage, d'élevage, de hannetonnage, etc.

La loi du 21 mars 1884 donne aux syndicats la plus grande facilité pour se constituer; il suffit de déposer à la mairie en double exemplaire les statuts du syndicat et la liste de ses administrateurs, qui doivent être Français et jouir de leurs droits civils.

La loi du 12 mars 1920 a étendu la capacité civile donnée aux syndicats.

409. Sociétés coopératives. — Ce sont des groupements dans lesquels les associés mettent en commun leur capital, leur travail, leurs produits agricoles, pour en tirer le parti le plus avantageux.

Les coopératives de production ou de transformation ont pour objet le travail en commun des produits des associés (laiteries, beurreries, fromageries, distilleries, huileries, caves coopératives; coopératives de motoculture, de battage, etc.).

Les coopératives de vente groupent les produits de leurs associés en vue de la vente en commun (greniers coopératifs ou coopératives de vente de grains); les coopératives d'achat ou d'approvisionnement procèdent à l'achat en commun des denrées, instruments, etc , nécessaires à leurs membres.

Le principe du fonctionnement des sociétés coopératives est le suivant : les associés réunissent entre eux par souscription de parts sociales le capital nécessaire au fonctionnement de la société ; ces parts sont nominatives, elles rapportent un intérêt fixe ; mais les bénéfices que retirent les sociétaires du fonctionnement de la coopérative sont répartis entre eux non pas selon le capital qu'ils ont souscrit, c'est-à-dire sous la forme de dividendes, mais au prorata de la part prise par eux aux opérations de la société.

Prenons l'exemple d'une beurrerie coopérative constituée entre 2 000 membres qui ont réuni un capital de 200 000 francs par souscription de 2 000 parts de 100 francs. Il y aura lieu de prélever au préalable un intérêt de 5 p. 100 par exemple à servir au capital souscrit; puis les bénéfices seront répartis entre les membres au prorata des quantités de lait qu'ils auront apportées à la coopérative. Tantôt ces bénéfices se répartissent sous forme de ristourne, tantôt les sociétaires les reçoivent automatiquement, dans les coopératives de vente par exemple.

Par l'intermédiaire du crédit agricole (voir § suivant), les sociétés coopératives agricoles peuvent recevoir, dans certaines conditions déterminées, des avances à long terme, à intérêt réduit, et amortissables par annuités.

410. Crédit agricole mutuel. — Le crédit est aussi utile à l'agriculture qu'il l'est au commerce et à l'industrie; le cultivateur a besoin de ressources importantes, soit pour réaliser des travaux d'amélioration, soit pour se procurer les matières nécessaires à son exploitation (semences, engrais, bétail, etc.); il ne peut pas s'adresser aux banques qui sont les prêteurs habituels du commerce, parce que celles-ci exigent des gages matériels qu'il ne peut pas fournir. Il fallait donc trouver une forme de crédit qui s'adaptât aux conditions spéciales de l'exploitation agricole et qui admît les qualités de travail, d'économie, d'honorabilité comme garanties à exiger de l'emprunteur.

Ces conditions ont été réalisées par le crédit mutuel, organisé à l'origine au sein des syndicats agricoles et dans lequel des cultivateurs mettaient en commun quelques-unes de leurs ressources afin de constituer un fonds social destiné à être prêté à ceux d'entre eux qui en auraient besoin. Telle est l'origine des *Caisses locales* de crédit agricole mutuel, dont la création a été sanctionnée par la loi du 5 novembre 1894.

Réduites aux seules ressources de leurs membres, les Caisses locales eussent été impuissantes à rendre des services. Elles se sont groupées en *Caisses régionales* de crédit agricole mutuel auxquelles l'État consent des avances, sans intérêt, prélevées sur la redevance versée par la Banque de France. Le rôle des Caisses régionales est de consentir des avances aux Caisses locales et d'escompter les effets souscrits par les emprunteurs.

Les institutions de crédit agricole mutuel sont régies par la loi du 5 août 1920 qui codifie tous les textes antérieurs sur cette matière.

A la tête de cette institution se trouve l'*Office National du Crédit agricole mutuel* qui répartit entre les Caisses régionales les avances qui leur reviennent.

Les opérations auxquelles peuvent se livrer les Caisses de crédit agricole concernent le crédit à court terme, le crédit à moyen terme, le crédit à long terme.

Le *crédit à court terme* (six, neuf ou douze mois) s'applique aux opérations courantes de l'agriculture (achat d'engrais, de semences, d'outils, etc.); le taux des avances est celui consenti par les banques pour les opérations commerciales.

Le *crédit à moyen terme* (cinq à dix ans) permet au cultivateur d'équiper son domaine en matériel, bétail, etc. Le taux adopté est le même que pour le crédit à court terme.

Le *crédit à long terme* (au-dessus de dix ans) s'applique à la reconstitution de la petite propriété (crédit individuel, taux 2 p. 100 pour les cultivateurs ordinaires ; taux 1 p. 100 pour les pensionnés de la guerre), ou aux sociétés coopératives pour l'installation de leur matériel (crédit collectif, taux 2 p. 100).

411. Sociétés d'assurances mutuelles agricoles. — Pour se garantir contre les divers risques qu'ils peuvent courir (incendie, mortalité du bétail, accidents du travail, grêle), les cultivateurs ont constitué des caisses annexées à leurs syndicats, lesquelles, moyennant le versement d'une prime annuelle, payent en cas de sinistre aux assurés une indemnité en rapport avec le sinistre.

Cette institution a rapidement pris de l'extension, et il s'est constitué de véritables sociétés mutuelles d'assurances. La loi du 4 juillet 1900, dite loi Viger, a favorisé le développement de ces sociétés en les affranchissant de toute formalité, en les soumettant à la loi de 1884 sur les syndicats agricoles et surtout en les exemptant de tous droits de timbre et d'enregistrement.

Assurance contre la mortalité du bétail. — Les cultivateurs versent une prime annuelle généralement variable avec la valeur du bétail, et lorsqu'un animal meurt, l'assuré reçoit une indemnité égale à 75 ou 80 p. 100 de la valeur de l'animal assuré.

Assurance contre l'incendie. — Les mutuelles assurent contre les risques exclusivement agricoles d'incendie moyennant le versement de primes annuelles généralement égales à celles perçues par les compagnies d'assurances et diminuées du montant des impôts perçus par l'État.

Assurance contre la grêle. — Cette assurance est très difficile à réaliser, aussi est-elle encore très peu répandue ; il est même vraisemblable qu'elle ne pourra se réaliser qu'avec le concours de l'État.

Assurance contre les accidents de travail. — Cette assurance est encore peu développée, la loi de 1898 sur les accidents de travail n'étant applicable en agriculture qu'au cas de l'emploi de moteurs inanimés (moteurs à vapeur, à explosion ou électriques). Cependant, l'exploitant qui emploie du personnel a intérêt à se couvrir des risques d'accidents qui peuvent atteindre ce personnel ; c'est là un des moyens de retenir à la campagne des ouvriers qui la quittent, parce qu'ils trouvent plus de sécurité dans le travail à l'usine [1].

Réassurance. — Par mesure de sécurité, il est à recommander aux Caisses locales d'assurances mutuelles, quel que soit l'objet qu'elles assurent, de ne conserver par devers elles qu'une minime fraction des risques qu'elles garantissent et de réassurer le surplus à des caisses à grande circonscription (départementales ou régionales). C'est là une véritable assurance au deuxième degré, grâce à laquelle les risques sont partagés, et par suite couverts d'une façon plus certaine.

---

1. Une loi du 16 décembre 1922 rend l'exploitant responsable des accidents survenus à ses ouvriers ; l'assurance contre les accidents du travail va donc devenir obligatoire quand cette lo entrera en application, c'est-à-dire probablement le 16 décembre 1924.

CHAPITRE V

COMPTABILITÉ AGRICOLE

412. Objet de la comptabilité agricole[1]. — Le cultivateur, comme tout industriel ou commerçant, a le plus grand intérêt à tenir une comptabilité aussi précise que le permettent la variété et la nature de ses productions, afin de se rendre compte des bénéfices ou des pertes qu'il peut réaliser dans des conditions d'exploitation bien déterminées.

Une comptabilité sincère permet au cultivateur de remonter aux causes de ses profits et de ses pertes, de déterminer les cultures et les spéculations qui sont les plus avantageuses pour lui.

Par l'examen de la comptabilité de plusieurs années successives, il lui est possible de dégager des conclusions très utiles pour l'orientation de son exploitation. Il ne s'agit plus, en effet, comme autrefois, de produire du blé ou du bétail, pour assurer la subsistance des habitants et des animaux de la ferme, et de livrer l'excédent au commerce. L'agriculture moderne doit étudier à fond les conditions dans lesquelles se réalise sa production, ainsi que les lois économiques du jour, les cours des denrées agricoles, les nécessités du commerce et de l'industrie, tenir compte du goût de la clientèle, etc. Il doit diriger sa production intensive vers l'obtention de denrées dont la vente lui laissera le bénéfice le plus élevé et le mieux assuré, tout en tenant compte des lois générales de la succession des cultures, de la préparation des sols, qui peuvent l'obliger à se livrer à des cultures qui ne sont pas rémunéra-

---

1. Il ne saurait être question dans ce chapitre d'enseigner aux élèves-maîtres la comptabilité, mais seulement de leur montrer comment une comptabilité simple peut être adaptée aux opérations agricoles.

trices par elles-mêmes, mais qui sont indispensables pour
la réussite de spéculations avantageuses.

Mais la comptabilité ne lui apporte pas seulement des
données précieuses à ce point de vue; elle appelle son attention sur les causes du coût de telle denrée ou produit, sur
les avantages résultant de l'emploi de tel engrais dans la
fumure de telle pièce de terre, et pour telle plante, sur les
conséquences pour les productions animales de l'usage de
tel aliment nouveau, etc., et elle l'oblige à méditer sur
chacune de ces questions.

Si les cultivateurs tenaient des comptes, on verrait bien-
tôt la production agricole s'améliorer par la consécration
de telle nouvelle méthode culturale, de telle substitution
alimentaire, etc. Ils seraient aussi plus forts dans la défense
et la fixation de certains prix à la vente, notamment en ce
qui concerne le lait.

Rappelons aussi que les cultivateurs sont actuellement soumis
à l'impôt sur les bénéfices agricoles. Le fisc n'exige d'eux aucune
déclaration, et cet impôt est établi à forfait par un jeu de coeffi-
cients sur la valeur locative des terres exploitées. Cependant, ils
peuvent toujours demander une diminution de cette imposition,
s'ils sont en mesure de montrer que leurs bénéfices véritables sont
inférieurs à ceux fixés par le forfait. Comment pourraient-ils le
prouver sans comptabilité, si simple soit-elle?

Enfin, compter, c'est être à même de mieux diriger sa
ferme, et une meilleure orientation donnée à l'agriculture
aura pour corollaire l'accroissement de la production nationale. C'est la vie plus sûre et plus rémunératrice pour
l'agriculture, la vie moins chère pour le consommateur.

413. Méthode simple de comptabilité agricole. —
Dans une ferme de grande importance, il faut tenir une
comptabilité d'une certaine précision qu'il n'entre pas
dans le cadre de ce cours d'agriculture de décrire. Quant
aux petites et aux moyennes exploitations, on croit généralement qu'il est impossible et inutile d'y tenir une comptabilité. Ce serait vrai, s'il s'agissait d'une comptabilité
rigoureuse au centime; mais une comptabilité simple,

facile et rapide à établir, peut fournir assez de renseignements.

Il ne saurait être question, dans une semblable comptabilité, d'établir le compte, par Doit et Avoir, de chaque branche de la comptabilité agricole, comme cela se pratique dans la comptabilité commerciale, car dans une exploitation commerciale les différentes branches sont indépendantes l'une de l'autre ; dans une exploitation agricole, au contraire, chaque partie de l'exploitation est indissolublement liée aux autres, elle ne peut en être séparée, toutes évoluent parallèlement les unes aux autres ; ainsi, le cultivateur ne peut faire varier la production fourragère sans modifier du même coup l'exploitation du bétail ; les dépenses effectuées au titre des engrais ne sont profitables qu'autant qu'elles sont accompagnées de dépenses au titre de la main-d'œuvre, des semences, etc. Il ne faut donc demander à la comptabilité envisagée sous cette forme que des enseignements d'ordre général, qui peuvent apporter plus de clarté dans les opérations de la culture.

Une telle comptabilité, simple, rapide et approximative, comportera un seul livre à tenir journellement, le *livre de caisse* ou des *recettes et des dépenses,* et plusieurs livres dits auxiliaires, dont le plus important et le plus indispensable est le *livre d'inventaire,* et les autres sont : le *livre des cultures,* le *livre du bétail,* le *livre des frais généraux,* le *livre de maison.*

414. Livre des recettes et dépenses. — Sur ce livre, le cultivateur doit noter chaque jour ses recettes et ses dépenses, aussi bien de ménage que de culture. Pour éviter la confusion et pour être à même de fixer ensuite la part des recettes et des dépenses qui revient à chaque partie de l'exploitation, il faudra établir exactement le libellé de chaque opération et noter avec soin si les inscriptions incombent aux cultures, aux animaux, aux frais généraux, ou au compte maison. L'examen des deux colonnes, recettes et dépenses, renseignera à chaque instant le cultivateur sur l'état de sa caisse.

Il sera utile de faire tous les mois le bilan de la caisse,

c'est-à-dire la différence entre les recettes et les dépenses,
ainsi l'exploitant connaîtra exactement son avoir en caisse.

415. Livre d'inventaire. — Sur ce livre, le cultivateur
inscrit la valeur de tout ce qu'il possède, et qui constitue
son *actif*, et de tout ce qu'il doit, qui constitue son *passif*.
La différence entre l'actif et le passif lui donne l'état de sa
fortune; celle-ci est positive si l'actif est supérieur au passif, elle est négative si le passif est supérieur à l'actif.

L'inventaire doit être établi une première fois quand le
cultivateur entre dans une exploitation à titre de propriétaire ou de fermier, puis chaque année à la même époque, de
façon que, par la comparaison de deux inventaires successifs, le cultivateur puisse suivre l'évolution de sa situation
financière.

A l'*Actif*, le cultivateur inscrira : 1° ses immeubles (terres, bâtiments); 2° ses valeurs (titres, argent en caisse ou
en dépôt, créances sur divers); 3° son matériel de ménage
(meubles, linge, ustensiles divers de cuisine, de buanderie,
etc.); 4° son matériel de culture ou cheptel mort (instruments et machines agricoles, voitures, mobilier d'écurie,
de laiterie, de cave, etc.); 5° son cheptel vif, animaux
divers (chevaux, bovins, ovins, porcins, volailles, etc.);
6° ses denrées en magasin (fourrages, grains, engrais chimiques, fumiers, produits anticryptogamiques, etc.) comp-
tées au cours commercial au jour de l'inventaire.

Au *Passif*, seront portés les dettes contractées envers
divers créanciers ou fournisseurs, les factures non venues
à échéance, les emprunts au Crédit agricole, etc.

Il importe de ne pas surestimer ou sousestimer les différentes matières qui entrent dans l'inventaire. Pour cela,
il convient d'inscrire pour chaque objet l'année de son
acquisition, sa valeur d'acquisition, puis la valeur d'achat
du même objet au moment de l'inventaire, c'est-à-dire le
prix que l'on serait obligé de payer si l'on achetait l'instrument au moment de l'inventaire, et enfin sa valeur réelle,
déduction faite de l'amortissement, celui-ci s'appliquant à
la valeur d'achat au moment de l'inventaire.

416. Amortissement. — Les machines agricoles s'usent

à l'usage; elles peuvent aussi perdre de la valeur par suite d'une baisse de leur prix d'achat dans le commerce. La première diminution de prix s'évalue au moyen d'un forfait (basé sur l'expérience acquise dans le domaine), en convenant, par exemple, que, dans l'exploitation, une faucheuse dure en moyenne dix ans, une voiture quinze ans, une charrue vingt ans, une herse vingt ans. On devrait donc faire supporter chaque année et à chaque machine une diminution de valeur à l'inventaire égale, dans les exemples ci-dessus, à un dixième du prix d'achat pour la faucheuse, à un quinzième du prix d'achat pour la voiture, un vingtième pour une charrue, etc.

En ce qui concerne la baisse du prix commercial, le cultivateur soucieux d'établir un inventaire aussi exact que possible devra faire jouer les amortissements ainsi établis, non plus sur la valeur d'achat, mais sur la valeur courante au moment de l'établissement de son inventaire.

Prenons un exemple : un cultivateur a acheté une faucheuse en 1920; il l'a payée 1 800 francs. Cette faucheuse, devant être amortie en dix ans, aura supporté en 1923 trois baisses successives de 1/10 ou de 10 p. 100, soit 180 francs × 3 = 540 francs. Si le cours des machines n'avait pas varié, elle figurerait à l'inventaire de 1923 pour 1 800 — 540 = 1 260 francs. Or, si en 1923, les faucheuses de même marque ne valent plus que 1 000 francs dans le commerce, porter à l'inventaire un instrument usagé à un prix supérieur à celui du commerce serait inadmissible; il faudra donc que le cultivateur inscrive dans la colonne spécialement aménagée à cet effet la valeur commerciale de l'instrument neuf au jour de l'inventaire, et c'est sur ce prix qu'il devra faire jouer l'amortissement, soit sur 1 000 francs, si tel est le prix courant de l'instrument neuf à ce moment. Après avoir retranché de ce prix les 3/10 ou 30 p. 100 de cette valeur (exercices 1921-1922-1923), il aura le prix de 1 000 — 300 = 700 francs comme représentant la valeur réelle de sa machine au jour de l'inventaire. C'est sensiblement le prix qu'il retirerait s'il était amené à s'en défaire à ce moment.

En ce qui concerne le bétail, même observation, avec cette différence que l'amortissement, tout conventionnel suivant les tares, vices, conformations, etc., ne vient plus jouer que pour les chevaux. La valeur des bovins doit être établie d'après leur poids et le cours de la boucherie. Si les étables contiennent quelques sujets remarquables (sujets d'élevage exceptionnels, vaches laitières extraordinaires, etc.), il faut ajouter au prix de la boucherie un supplément en rapport avec les offres que ces animaux ont déjà provoquées ou sont susceptibles de faire naître.

Les moutons, volailles et lapins sont portés en bloc.

417. Comptes spéciaux. — Les recettes et les dépenses, inscrites au jour le jour sur le livre qui les concerne, sont groupées une fois par an et reportées sur chacun des livres spéciaux énumérés plus haut.

Les plus importants de ces livres dans une petite exploitation sont le *livre des cultures*, le *livre du bétail*, le *livre des frais généraux*, le *livre du ménage*.

a) Compte cultures. — Sur ce compte, on porte toutes les dépenses qui s'appliquent aux achats d'engrais, de semences, etc., et toutes les recettes qui proviennent de la vente des graines, des fourrages, etc. Il est difficile de séparer les comptes des diverses cultures, car l'influence des engrais en terre se fait sentir pour beaucoup d'entre eux pendant plusieurs années; l'exécution rapide et à propos des façons culturales exerce une action indéniable sur la bonne venue et la propreté non seulement des cultures de l'année, mais aussi sur celles qui suivront, etc. Une page sera utilement réservée à l'énumération des terres avec leurs emblavures et les récoltes qu'elles ont portées.

b) Compte bétail. — Sur ce compte figureront, en recettes, les ventes de chevaux, vaches, veaux, poules, ainsi que les produits qui en dérivent, lait, etc.; en dépenses, la valeur des aliments achetés ou produits à la ferme, cette dernière somme ayant été portée précédemment aux recettes du compte culture. Il est utile de joindre à ce compte un tableau des saillies des animaux et des naissances des élèves.

c) Compte frais généraux. — Comme les précédents, il n'est établi qu'une fois par année et à la même époque. C'est un livre dans lequel doit figurer tout ce qui ne trouve pas place dans les autres : aux recettes, on trouvera les profits divers; aux dépenses, le coût des attelages, les impôts, locations, frais de personnel, etc. En raison de la

complexité des travaux effectués à la ferme et de la difficulté qu'il y a à affecter à chacune des spéculations agricoles
la part exacte qui lui revient dans les dépenses de personnel, comme dans la plupart des frais généraux, le procédé
le plus simple consiste à répartir la totalité des recettes et
des dépenses du « compte frais généraux » en deux parties
qui seront affectées, l'une au compte cultures, l'autre au
compte animaux. Cette répartition se fera en tenant compte
de l'importance de chaque spéculation dans la ferme.
Exemple : dans la région montagneuse, où la production
laitière forme le but principal de l'exploitatian agricole, on
affectera les trois quarts des dépenses du compte frais généraux au compte animaux et un quart seulement au compte
cultures. En plaine, au contraire, 75 p. 100 ou 90 p. 100
même des frais généraux devront être portés au compte
cultures. — Ce compte frais généraux n'est donc pas un
compte spécial à proprement parler, puisqu'il est appelé
à disparaître pour se fusionner dans une proportion à
déterminer pour chaque ferme entre les deux comptes
précédents : cultures et animaux.

d) Compte ménage. — Là doivent être inscrits, en recettes,
les rentes, coupons, pensions, locations, etc. ; en dépenses,
celles de ménage, aliments achetés au dehors, voyages,
frais de médecin, ameublement, etc.

La totalité des recettes et des dépenses des trois comptes : culture, animaux et maison (le compte frais généraux
ayant disparu dans les deux comptes précédents), doit être
égale aux totaux obtenus dans le livre-journal des recettes
et des dépenses. Une page réservée à l'inscription des
échéances sera utilement jointe à ce compte.

Telle qu'elle est conçue, cette comptabilité, quoique
incomplète, présente d'incontestables avantages pour les
petits cultivateurs, parce qu'elle n'entraîne que la tenue
d'un seul livre en cours d'année (livre des recettes et des
dépenses) et l'établissement en fin d'année du livre d'inventaires ainsi que du classement des recettes et des dépenses
de l'exercice écoulé. L'établissement de ces derniers livres
pourra se faire à moments perdus. Les précieuses indica-

tions que fournira cette comptabilité, à défaut de la rigueur
des chiffres, suffiront à donner aux petits et moyens praticiens plus de confiance et de sécurité dans leur profession, plus de souplesse, de savoir-faire et d'esprit de
décision dans leurs entreprises; elle pourra, en outre,
leur fournir des bases de discussion, si besoin est, avec
le fisc.

Enfin, l'examen d'un beau bilan procurera au cultivateur la satisfaction légitime qui récompense le dur labeur
accompli.

APPENDICE

A LA HUITIÈME PARTIE

Étude agricole du département. — Le cours d'agriculture à
l'École normale d'instituteurs a pour conclusion naturelle et en
quelque sorte pour synthèse une leçon sur la *situation agricole du
département.* Dans l'impossibilité où nous sommes de donner ici
une leçon type, en raison de la diversité des caractères agricoles
de chaque département, *nous nous bornerons à en établir le plan.*
Ce sera le cadre dans lequel nos collègues pourront inscrire les
données du cours prévu au programme officiel du 2 décembre 1921.

Cette leçon devra comporter, pour chacun des chapitres de ce
cours d'agriculture, son application au département à un double
point de vue : situation actuelle et améliorations à y apporter. Le
plan pourra être conçu comme il suit :

I. Exposé rapide du climat propre au département. Ses conséquences au point de vue agricole.

II. **Le sol.** — Les différentes origines : terrains de transport,
terrains formés sur place. Les différentes formations géologiques,
leurs caractères agricoles. Les amendements, le drainage, l'irrigation, l'emploi des engrais : situation actuelle, progrès à réaliser.

Le travail du sol, façons culturales pratiquées dans le département; conditions de l'emploi des machines, extension à donner
au machinisme; motoculture : conditions favorables ou obstacles
à son développement.

III. **Production végétale.** — Examen des principales branches
de la production végétale : culture potagère, production des fruits,
céréales, plantes industrielles diverses, cultures fourragères.
Assolements en usage.

Avenir réservé à l'une et l'autre de chacune de ces productions. Il serait utile ici, avec l'aide de documents remontant à une cinquantaine d'années au plus (statistiques, rapports de prime d'honneur, etc.), de mettre en lumière l'évolution de la production agricole et d'en tirer des conclusions sur l'avenir qui lui est réservé.

VI. Production animale. — Examiner successivement, pour les chevaux, les bovins, les ovins, les porcs, la basse-cour, l'apiculture, la sériciculture, l'état actuel de la production animale, son état passé et son avenir. Mettre en lumière l'évolution qui a pu se produire, ses causes, ses effets. Examiner les races d'animaux domestiques exploitées dans le département, leurs caractères et leurs aptitudes. Amélioration de ces aptitudes. Débouchés commerciaux, leur extension possible.

V. Industries agricoles. — De même pour chacune des industries agricoles de la ferme, indiquer leur importance, la qualité des produits obtenus, les méthodes actuelles, les améliorations à y apporter.

VI. Économie rurale. — Passer en revue les questions les plus importantes : mode d'exploitation, division de la propriété, montrer comment les pratiques agricoles sont la conséquence naturelle de cet état de choses et comment il pourrait être amélioré.

Ici pourra se placer un tableau de l'agriculture du département par régions naturelles.

VII. Les associations agricoles. — Principales associations agricoles : associations ayant pour objet l'étude des questions agricoles et les encouragements à donner à l'agriculture. Syndicats agricoles ; caisses de crédit agricole ; sociétés coopératives diverses ; assurances agricoles mutuelles. Extension dont elles sont susceptibles.

VIII. Enseignement agricole. — Écoles d'agriculture. Cours d'agriculture d'hiver. Écoles ménagères. Enseignement postscolaire agricole et ménager.

Bibliographie. — *Cours d'Agriculture*, tome V, par DE GASPARIN. — *Systèmes de culture et assolements*, par H. HITIER. — *Comment exploiter un domaine agricole*, par VUIGNIER. — *Cultivateurs, comptez pour mieux diriger*, par H. GIRARD. — *Un Village syndical*, par C. METTON. — *La Terre à la famille paysanne*, par CAZIOT. — *La Mutualité agricole*, par Simonot.

FIN

BIBLIOGRAPHIE

COMPOSITION D'UNE BIBLIOTHÈQUE SCOLAIRE AGRICOLE
DE 500 A 600 FRANCS ENVIRON

Omnium agricole. — Dictionnaire pratique de l'agriculture moderne, relié .... 100 »

Larousse agricole illustré. — Encyclopédie agricole en deux volumes. — Reliés .... 225 »

(Un seul des deux ouvrages précédents suffira.)

Botanique agricole, par Schribaux et Nanot, 2 vol. br. 14 »

Irrigations et drainages, par Risler et Wéry, broché... 10 »

La Pratique de l'agriculture, par Heuzé, 2 vol. br... 15 »

Les Engrais, par C.-V. Garola, broché............. 10 »

La Motoculture, par Tony Ballu, broché .... 12 »

Manuel du conducteur de machines agricoles, par Gougis, broché............................... 12 »

Progrès en agriculture, par R. Dumont, broché...... 4 »

Les Céréales, par C.-V. Garola, broché .... 10 »

La Pomme de terre et le Topinambour, par E. Brétignière, broché................................... 7 50

Herbages et prairies, par Boitel, broché .... 16 »

L'Arboriculture fruitière en images, par J. Vercier, br. 7 50

L'Art de greffer, par Baltet, broché................ 7 »

Traité de la taille des arbres fruitiers, par Hardy, br. 12 »

Hygiène et maladies du bétail, par Cagny et Gouin, br. 10 »

Le Mouton, par H. Girard et G. Jannin, broché ..... 15 »

La Terre à la famille paysanne, par Caziot, broché.. 4 »

Un Village syndical, par C. Metton, broché .... 4 »

Nouvelle Bibliothèque du Cultivateur : Librairie de la Maison Rustique : 30 volumes, broché, chacun : 4,50. 135 »

    Le Blé, par F. et P. Berthault.

    Les Plantes industrielles, par L. Brétignière.

    Prairies et pâturages, par H. de Lapparent.

    Parasites végétaux des plantes cultivées (céréales, plantes sarclées, plantes fourragères), t. I, par L. Mangin.

    Parasites végétaux des plantes cultivées (vignes, cultures fruitières, cultures industrielles. Préparations anticryptogamiques), t. II, par L. Mangin.

Systèmes de culture et assolements, par H. Hitier.

La Fenaison par les procédés modernes, par Tony Ballu.

Elevage des bêtes bovines, par H. de Lapparent.

La Vache laitière et le lait, par J.-E. Lucas.

La Chèvre, par Huard du Plessis.

Le Porc, par R. Gouin.

L'Alimentation du cheval, par Lavalard.

L'Alimentation des bêtes bovines, par Moreau-Bérillon.

Les Empoisonnements du bétail par les aliments, par Marchadier et Goujon.

Les Abeilles, par Sagot et Délépine.

Basse-cour, pigeons et lapins, par Mme Millet-Robinet.

Aménagements des fumiers et purins, par Ringelmann.

Logement des Animaux, par Ringelmann.

    I. — Principes généraux.

    II. — Ecuries, étables.

    III. — Bergeries, porcheries.

    IV. — Basses-cours, chenils, etc.

Les Hybrides producteurs directs, par Rouart et Rives.

Le Châtaignier, par Tricaud.

Vinification, par L. Mathieu.

La Maréchalerie, par Lavalard.

Les Semences des plantes cultivées, par Louis François.

Le Noyer, par F. Lesourd.

Elevage intensif. — Veaux et porcs, par A. Gouin et Andouard.

Encyclopédie des Connaissances agricoles, Librairie Hachette, 27 volumes cartonnés, prix divers.

Chimie générale appliquée à l'agriculture, par Chancrin	4 50
Chimie agricole, par Chancrin	7 50
Les Céréales, par Desriot	4 20
Les Prairies, par Malpeaux	3 60
Les Plantes sarclées, par Malpeaux	4 -20
La Betterave à sucre, la Betterave de distillerie et la Chicorée à café, par Malpeaux	3 »

Les Plantes oléagineuses, par Malpeaux.........	2 40
Les Plantes textiles, par Bonnétat..............	1 80
Le Tabac, par F. de Confevron	1 80
Le Houblon, par Moreau	1 80
Arboriculture fruitière, par Vercier	10 »
Culture potagère, par Vercier.................	10 »
Viticulture moderne, par Chancrin	10 »
Forêts, pâturages et près-bois, par Fron	4 20
Le Blé, la farine, le pain, par Rabaté	3 60
Le Vin, par Chancrin	4 50
Le Cidre, par Labounoux.....................	4 50
Le Sucre, par Pagès.........................	3 »
La Bière, par Moreau	1 80
Les Eaux-de-vie et les alcools, par Pagès.......	3 60
Les Essences et les parfums, par Rolet..........	3 60
Laiterie, beurrerie, fromagerie, par Houdet.....	3 60
Huilerie agricole, par d'Aygalliers.............	1 80
Les Conserves alimentaires, par Lavoine	5 50
Les Abeilles et le miel, par Gaget..............	4 50
Le Ver à soie du mûrier, par Mozziconacci......	12 »
Le Porc, par Goussé.........................	6 »

Il sera fait, parmi les ouvrages spéciaux ci-dessus indiqués, un choix de livres s'appliquant à la culture du département.

A cette bibliothèque pourra s'ajouter une collection en flacons d'engrais chimiques, de produits anticryptogamiques et insecticides pour la constitution de laquelle il pourra être fait appel à diverses sociétés qui ont pour objet la vulgarisation de l'emploi des engrais, et notamment aux Sociétés suivantes :

Syndicat de propagande pour développer l'emploi des engrais chimiques, 3, rue de Penthièvre, Paris;

Délégation française des producteurs de Nitrate de soude du Chili, 60, rue Taitbout, Paris;

Comptoir français du Sulfate d'ammoniaque, 57, Chaussée d'Antin, Paris;

Bureau d'études sur les engrais, 30, avenue de Noailles, Lyon

TABLE DES MATIÈRES

SEPTIÈME PARTIE. — **Les industries agricoles à la ferme.**

HUITIÈME PARTIE. — **Économie rurale.**

8-23

IMPRIMERIE DELAGRAVE
VILLEFRANCHE-DE-ROUERGUE